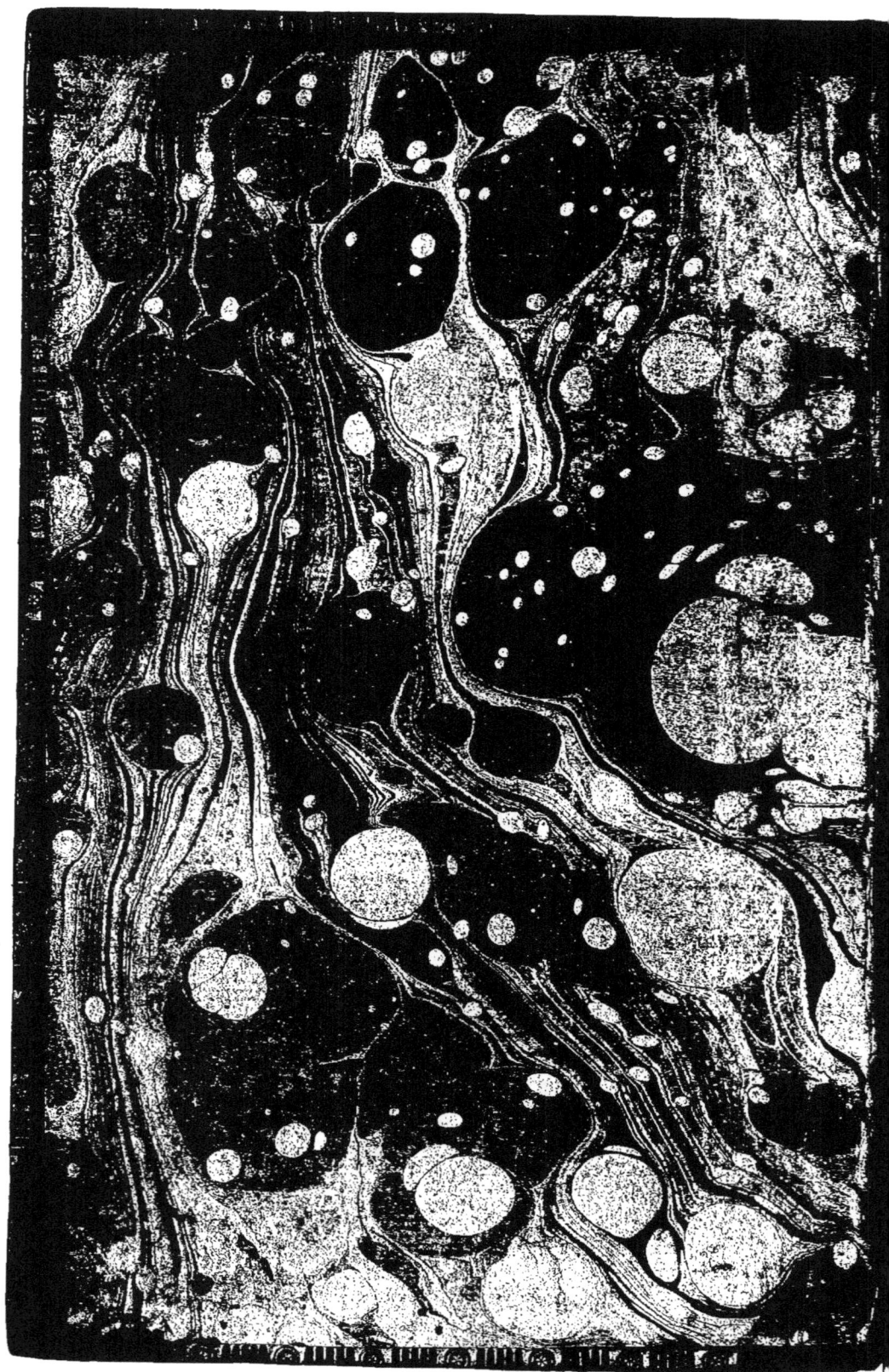

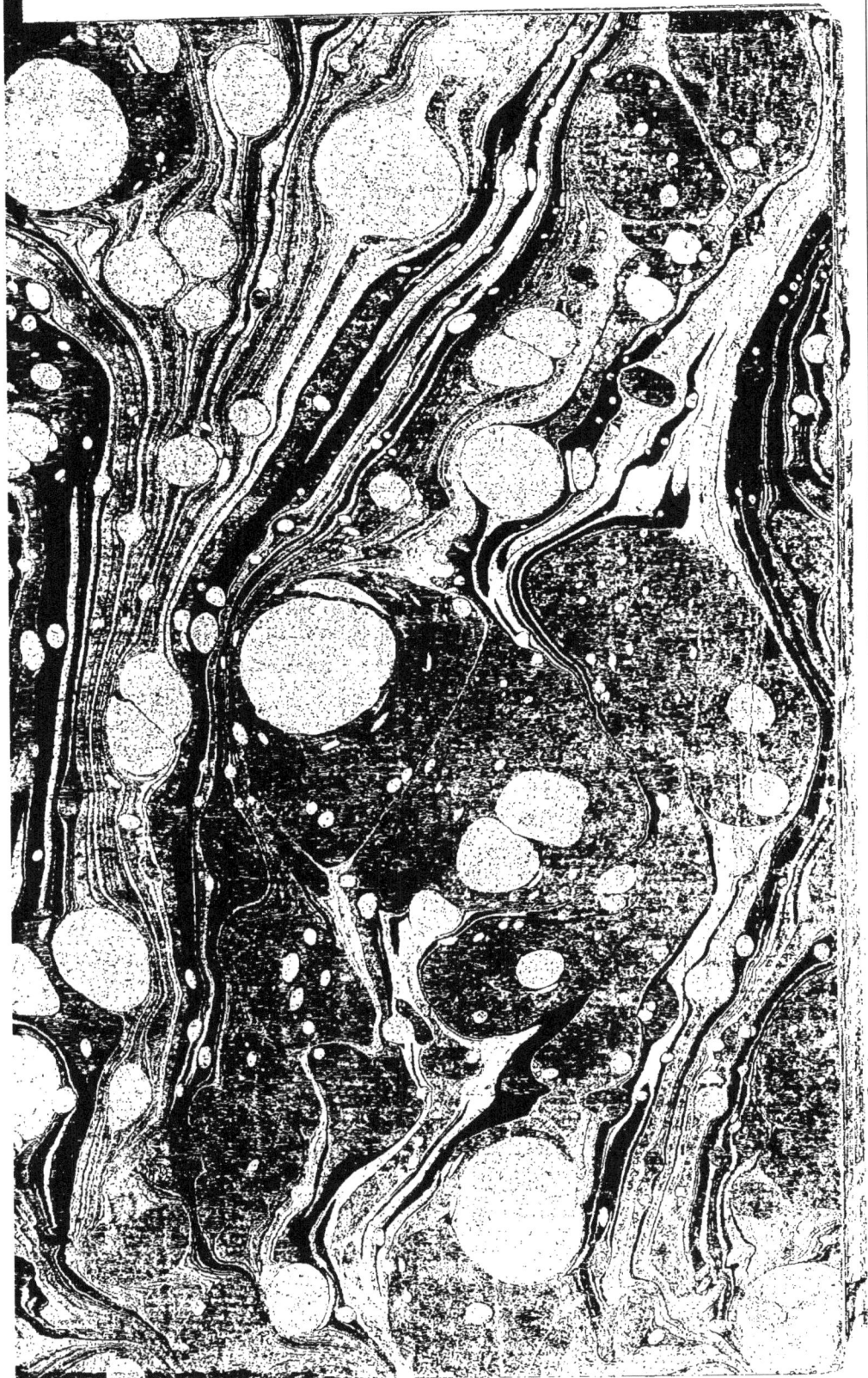

Consultable

§. 1353.
Bb.

à conserver

HISTOIRE
NATURELLE
DE
LA PROVENCE.
TOME PREMIER,

HISTOIRE
NATURELLE
DE
LA PROVENCE,

Contenant ce qu'il y a de plus remarquable dans les regnes Végétal , Minéral, Animal & la partie Géoponique.

Par M. DARLUC, *Docteur en Médecine , Profeffeur de Botanique en l'Univerfité d'Aix , de la Société Royale de Médecine , &c.*

TOME PREMIER.

A AVIGNON,

Chez J. J. NIEL , Imprimeur - Libraire , rue de la Balance.

M. DCC. LXXXII.

A

NOSSEIGNEURS

ET MESSIEURS

DES ÉTATS DU PAYS ET COMTÉ

DE PROVENCE.

Nosseigneurs et Messieurs,

Vous avez bien voulu me permettre de vous présenter mon Ouvrage contenant l'Histoire Naturelle de la Provence. Vous en avez accepté l'hommage avec cette bienveillance qui préside à vos moindres actions. Sous quels auspices plus glorieux pourroit-il paroître, que sous ceux des Peres de la Patrie? Une administration sage & éclairée qui a pour principe le vrai bonheur de l'homme, vous a mérité ce titre. Tout

a 3

porte l'empreinte de votre génie bienfaisant. Par vos soins généreux l'Agriculture, l'Industrie, le Commerce fleurissent de toutes parts ; les talens encouragés vous doivent leurs succès. Daignez jetter un coup d'œil favorable sur l'Ouvrage d'un Citoyen qui, en décrivant l'Histoire Naturelle d'une Province dont vous êtes le principal ornement, ose élever sa voix jusqu'à vous, pour vous en exposer quelquefois les besoins ; persuadé que vous accueillez favorablement tous ceux qui vous mettent à portée d'exercer les vertus patriotiques dont s'honorent vos cœurs. Mon ambition sera satisfaite, si vous m'accordez vos suffrages, & si vous trouvez dans mes écrits le vrai témoignage du zele qui me les a dictés.

Je suis, avec un profond respect,

NOSSEIGNEURS ET MESSIEURS,

Votre très-humble & très-obéissant serviteur. DARLUC, Docteur en Médecine, Professeur de Botanique en l'Université d'Aix, de la Société Royale de Médecine, &c.

PRÉFACE.

L'Histoire Naturelle d'une Province, qui n'auroit pour objet que la simple énumération de ses fossiles, la description de ses montagnes, celle de son climat & de ses productions, ne pourroit servir, tout au plus, qu'à satisfaire la curiosité, ou à nourrir imparfaitement le desir naturel à l'homme de vouloir tout connoître : celle qui lieroit au contraire toutes ces différentes parties entr'elles & tâcheroit d'en tirer les inductions relatives à l'espece humaine, & les rapporteroit, autant qu'il est possible, à l'utilité publi-

a 4

que, feroit d'autant plus précieufe aux yeux de la faine Philofophie, qu'en nous familiarifant, par une obfervation conftante, avec le vrai, elle nous apprendroit peut-être à nous défier de nos propres lumieres, & nous guériroit de la manie des vains fyftemes, qui veut expliquer tout ce que la foible portée de nos fens ne nous permet pas de bien connoître. Eft-il donné à l'homme de pénétrer la caufe de tant de phénomenes que la nature voile à fa curiofité, dans le magnifique fpectacle de l'univers ? L'Hiftoire Naturelle, qui contribue tous les jours aux progrès de la raifon, nous démontre combien l'intelligence fupérieure qui préfide à la formation des êtres, ainfi qu'à leur deftruction, eft fublime dans fes œuvres, combien fa marche eft au-deffus de nos recherches; mais, s'il ne nous eft

pas permis de pénétrer les opérations myſtérieuſes de la nature,
tâchons au moins de la bien obſerver, & d'expoſer aux yeux ce
qui nous a le plus frappés d'admiration. Détachons, s'il eſt poſſible, quelque partie de la chaîne
qui lie tous les êtres ſublunaires
enſemble, pour atteindre peu-à-
peu à la connoiſſance de ceux qui
ſont le plus à notre portée.

Tel eſt le plan que je me ſuis
propoſé dans la deſcription des
lieux dont je vais rendre compte
à mes Lecteurs. C'eſt le réſultat
de mes recherches ; ce ſont mes
propres obſervations que je ſou-
mets à leur jugement. L'amour
de l'humanité, le bonheur de
mes compatriotes, l'utilité publique ſont le principal objet que
j'ai eu en vue : heureux ſi je l'ai
rempli! Quoique ce ne ſoit ici proprement qu'un eſſai, il peut de-

venir d'autant plus intéreffant à
l'avenir, qu'il fournira continuellement de nouvelles matieres à
l'obfervation. Il n'y a pas jufqu'à
l'organifation intérieure de nos
montagnes , à la multiplicité de
leurs productions , à la variété des
fubftances qu'elles renferment,
dont on ne puiffe tirer des connoiffances relatives à la durée de
la vie , au tempérament & à la
conftitution de leurs habitans. Qui
doute que les climats n'influent
fur les différences que l'on remarque dans l'efpece humaine !

Quoiqu'on trouve peu de fecours dans les auteurs originaires
de la Provence , fon Hiftoire Naturelle n'avoit pas laiffé que de
leur faire quelque impreffion. Tous
fe font empreffés à nous tranfmet-
tre la defcription des principaux objets qu'ils avoient obfervés à côté
des monumens de l'antiquité ; ils

n'ont jamais oublié de nous peindre la nature, autant que leur philoſophie, encore dans l'enfance, le leur a permis. Solery, Bouche, Pitton nous ont laiſſé de notices précieuſes ſur quantité d'objets qu'il faut pourtant voir par ſoi-même, ſi l'on veut bien s'en inſtruire. On trouve dans l'Hiſtoire générale de Provence quelques détails intéreſſans ſur les terres & foſſiles de chaque dioceſe, ainſi que ſur les animaux & pluſieurs plantes utiles. Les recherches des uns & des autres intéreſſent les amateurs, & leur font connoître encore mieux le pays dont ils liſent l'Hiſtoire. La végétation de la Provence eſt traitée plus au long, ſoit par Garidel, ſoit par M. Gérard. Le premier nous a laiſſé l'énumération des ſimples qui naiſſent aux environs d'Aix, avec leur nomenclature nationale, & les principa-

les vertus que leur adjuge l'expérience ; le fecond a compris dans
fa Flore de Provence toutes les
plantes qui végetent fous un ciel
auffi variable, & par des expofitions auffi oppofées entr'elles. Il
nous indique les lieux où elles
naiffent, & l'on eft affuré de les
trouver partout où il les a vues
lui-même : fi quelques-unes ont
échappé à fes pénibles recherches,
elles font en trop petit nombre
pour devoir groffir l'ample moiffon
des plantes que ce laborieux Obfervateur a cueillies dans fa patrie.

Je ne me propofe pas d'ajouter
rien de confidérable aux obfervations de Botanique contenues dans
ces ouvrages immortels ; il me
fuffira d'indiquer feulement les
principales plantes dont on peut
tirer quelque avantage, tant pour
les remedes que pour les arts. En
décrivant les lieux où elles naif-

sent, je rendrai peut-être plus
attentifs ceux qui voudront les
parcourir. Je pourrai leur inspirer
du goût pour une science qui fait
les délices de bien de gens instruits,
& dont le livre se trouve répandu
sous leurs pas. J'ai cru que je pou-
vois donner ainsi une Histoire suc-
cincte des voyages que j'ai faits
uniquement pour visiter les plus
hautes montagnes & reconnoître
les différentes positions de la Province, ainsi que de mes courses
de Botanique entreprises dans l'espace de plusieurs années, non sans
beaucoup de risque & de peine.
L'histoire générale de nos animaux étant parfaitement connue,
il me suffira de nommer seulement
ceux que contient la Provence, &
de les ranger dans les classes que
les Naturalistes leur ont assignées.
S'il est des circonstances qui aient
échappé à leurs recherches, des

particularités qu'ils aient omifes, je me permettrai quelques légers détails fur les efpeces particulie-res, en défignant les lieux qu'elles fréquentent.

L'on n'a point encore découvert en Provence les minéraux rares & précieux qui excitent l'ambition & la cupidité des hommes ; mais nos montagnes n'en contiennent pas moins d'utiles & de premiere néceffité dans leur fein. Comme l'art de la métallurgie eft entiere-ment négligé parmi nous, & que nos mines n'ont point été exploi-tées jufqu'aujourd'hui avec toute l'intelligence qu'elles exigeroient, je rendrai compte, autant de leurs découvertes, que des moyens rui-neux qui ont dirigé la plupart des entreprifes hafardées à ce fujet : mais ce qui a dû m'occuper fen-fiblement, comme ayant plus de rapport à l'utilité publique, c'eft

l'Hiſtoire de l'Agriculture de Provence ; c'eſt l'état de ſon économie rurale ; c'eſt la Géoponie en
un mot ; j'ai plutôt loué les bonnes pratiques, que blâmé les vi-
cieuſes. Quel prix donner au plus
beau pays de l'univers, s'il n'eſt
point orné des riches productions
de l'Agriculture ? A quoi aboutiſ-
ſent tous les arts de luxe, l'induſtrie la plus éclairée, le commerce le plus étendu ? Si ce n'eſt
à diminuer ſouvent la population,
à dévaſter tout un pays, & à rendre l'humanité gémiſſante, ſous
les entraves de la cupidité & du
beſoin ; tandis que l'Agriculture,
en répandant le bonheur & l'aiſance de toutes parts, eſt la vraie
richeſſe des Etats.

Je ſuivrai dans cet Ouvrage,
qui contiendra deux ou trois Volumes, la diviſion des Dioceſes
de Provence qui m'a paru la plus

commode. La féparation de plufieurs d'entr'eux a été faite par la
nature elle-même, les uns étant fitués dans la partie Méridionale,
& les autres dans la Septentrio-
nale ; ce qui n'eft pas ainfi des
Vigueries, qui n'ont été établies
que pour la comptabilité, & dont
quelques-unes ne renferment que
le terroir des Villes où elles font
comprifes.

COURTE

COURTE DESCRIPTION

DES LIMITES ET DE L'ENCEINTE

DE LA PROVENCE.

LA Provence est bornée du côté du Midi par la mer Méditerranée, depuis l'embouchure du Rhône jusqu'au fleuve du Var qui la sépare du Comté de Nice ; c'est ce qui forme sa partie méridionale, dont la longueur, en suivant les bords de la mer, est au moins de quarante lieues : cette côte est bordée de très-belles plaines, depuis Arles jusqu'au Cap-Couronne près du Martigues. Un enchaînement de montagnes, coupées en plusieurs endroits par des golfes, des anses & des ports, se présente ensuite depuis Marseille jusqu'au-delà de Toulon. Ces montagnes sont plus ou moins éloignées des bords de la mer, & ne laissent souvent entr'elles que des échappées de vue ; elles sont toutes de nature calcaire, s'élevant au-dessus de l'horison par des couches paralleles, où l'on trouve souvent des coquilles pétrifiées. La plupart d'entr'elles ne paroissent point être des montagnes primitives, & avoir été créées originairement avec le globe terrestre. Leur hauteur au-dessus du niveau de la mer ne va pas au-delà de deux cent toises. Les coteaux attenans sont de même nature. Il y en a beaucoup, depuis Hieres en avant, de schisteux dont les couches sont feuilletées.

Les montagnes que l'on trouve après celles-là changent de nature. Plusieurs d'entr'elles s'élevent au-dessus des autres, comme celle de Notre-Dame des Anges à Pignans. Elles coupent presque à angles droits la côte maritime, & s'étendent au-delà

Tome I.   A

de Fréjus. La plupart font d'origine primitive. On peut les regarder comme formant une des zones vitrifiables que l'on observe dans l'enceinte de la province. Le grès, le quartz, le *hornstein* (a) la pierre de roche, concourent à leur principale organisation ; le plomb, les pyrites martiales & cuivreuses font généralement répandues dans leur sein, ainsi que tout ce qui est relatif au regne minéral. D'autres montagnes qui suivent la même direction vers Ramatuele, St. Tropez, Grimaud, font enrichies de pareils minéraux. On voit encore dans les limites de cette bande métallique qui va se terminer à la mer, des montagnes graniteuses ; le grès, le jaspe, le porphyre, le quartz ; leur élévation au-dessus du niveau de la mer, telle que celle du Cap-Roux à la partie méridionale de l'Esterel, leur donnent un air de vétusté qui les rapproche des montagnes primitives, si elles ne le font pas. Quelques-unes d'elles, contenues dans cet enchaînement, paroissent avoir été brûlées de feux souterrains. On trouve sur leurs sommets, à leurs pentes, dans les vallons, tous les accidens des volcans éteints, des bancs de laves poreuses, des pierres soufflées, de la pouzzolane, sans aucune apparence de crateres. Ces bouches de feu font plus marquées en d'autres endroits. Toute cette côte jusqu'à Antibes contient à peu de distance de la mer, des isles plus ou moins grandes qui ont fait partie du continent. On en juge par l'inspection de leurs montagnes, & de leurs coteaux tous également organisés comme ceux de la terre ferme, avec les mêmes couches, & couverts de pareilles

(a) Espece de pierre réfractaire qui sert d'enveloppe aux minéraux, qu'on nomme pierre de corne en François.

productions. Telles font les ftæchades vis-à-vis d'Hieres. Les autres ifles ne préfentent qu'une plaine peu élevée où l'on aborde de tous côtés.

Les montagnes primitives qui fe terminent par un promontoire fort élevé au Cap *Téoulé* près de la Napoule, lequel s'avance à un quart de lieue dans la mer, laiffent un efpace libre au bord de cet élément jufqu'à Antibes, ce qui forme le golfe de la Napoule, le port & la rade de Cannes, le golfe Jean jufqu'au bord du Var. De là en montant de l'Eft au Nord pour atteindre la hauteur des Alpes, depuis Entrevaux, Colmars, la vallée de Barcelonette jufqu'à l'Arche qui fépare la Provence du Piémont, on parcourt un nouvel enchaînement de montagnes dont la principale direction va du Midi au Nord. Celles qui leur font inférieures, font une dépendance des Alpes maritimes, toutes de nature calcaire jufqu'au-deffus d'Entrevaux ; mais à mefure qu'on fe rapproche des hautes Alpes en remontant au-deffus des fources du Var, de Barcelonette à Embrun, on trouve des blocs immenfes de grès détachés de leurs cimes, amoncelés dans les vallons. Les lits des torrens & des riviéres qui en découlent, font remplis de filex de plufieurs efpeces. Le granit, le petro-filex, le jafpe, la ftéatite, les variolites, les pierres ollaires, l'afbefte, indiquent l'organifation intérieure de ces montagnes. Cette zone vitrifiable depuis les extrémités fupérieures du Var, jufqu'aux montagnes du Dauphiné, contient des minéraux de plufieurs efpeces ; le cuivre, l'argent, le plomb, le fer y font répandus de tous côtés. L'or même s'y eft manifefté.

Les Alpes qui commencent à Colmars, & à Barcelonette font compofées de montagnes toutes gazonnées ; l'on y voit la végétation des plus belles

plantes ; des forêts d'arbres réfineux en couvrent
les fommets , & leurs pentes font autant de belles
plaines où vient dépaître , pendant cinq mois de
l'année , une quantité immenfe de bétail. Ce n'eft
que par l'examen de la partie qui eft adoffée aux
vallons , ou des montagnes fupérieures qui , en s'é-
levant au-deffus , forment autant de pics , que l'on
peut s'inftruire de leur organifation intérieure. Quelques-unes d'entr'elles font fchifteufes ; on voit que
le calcaire y domine encore , malgré les fauts brufques que la nature fait dans la lythologie en paffant
d'un genre à l'autre ; on y trouve également des
minéraux dans le feld-fpath , dans des couches
quartzeufes & dans la pierre apyre & réfractaire.
La diftance de la mer jufqu'à Barcelonette eft de
plus de vingt lieues.

Les montagnes qui féparent la Provence du
Dauphiné depuis la riviere d'Ubaye à Barcelonette
jufqu'aux bords du Rhône , ont une étendue d'environ vingt lieues. La nature y fuit la même marche
que ci-devant. Il en eft plufieurs qui ont leur bafe
entièrement fchifteufe , & dont les couches font inclinées à l'horifon. Lorfqu'elles contiennent des minéraux , elles paffent brufquement (a) à l'état vitrifiable , comme à Verdaches , à Barlés , à St.
Genis près de Sifteron. Plus on avance dans l'intérieur de la province , moins les montagnes ont
alors d'élévation. Il en eft pourtant quelques-unes
comme celles de Lure , du Leberon , du Mont-
Ventoux , qui étant détachées de la chaîne des Alpes,
n'y tiennent que par des coteaux intermédiaires.
Elles ont droit d'appartenir aux montagnes primi-

(a) Je dis brufquement , parce qu'on ne trouve fouvent
aucune gradation apparente qui mene du calcaire au
vitrifiable.

tives , furtout le Mont-Ventoux qui eft des plus
élevés. Cet enchaînement a fa direction du Nord
au Sud-Oueft.

La partie de la Provence qui eft comprife depuis
la principauté d'Orange jufqu'à la mer d'Arles , ne
forme proprement qu'une vafte plaine d'environ
une quinzaine de lieues. On peut donc regarder la
Provence comme un efpace circonfcrit entre plufieurs montagnes dont l'intérieur eft coupé par une
infinité de coteaux plus ou moins élevés ; ce qui
donne à fon terrain une variété remarquable. Le
climat eft dépendant de pofitions auffi différentes.
L'atmofphere , la végétation , la durée de la vie des
hommes , leurs tempéramens , les différences remarquables dans l'individu & les efpeces , tout fe
réfere à cette diverfité de pofitions. Pour mettre
plus d'ordre à ce que j'ai à dire , on peut divifer
l'efpace renfermé dans cette province en trois parties différentes que la nature a féparées elle-même.
Il importe de nous en former une pareille idée , fi
nous voulons aller à la fource des variétés qu'on
remarque dans l'efpece humaine qui l'habite , ainfi
que dans fon climat , fon territoire & fes productions fur lefquelles des expofitions auffi variées doivent influer néceffairement.

La partie méridionale de la Provence eft celle
qui prend depuis les bords de la mer jufqu'à quatre
ou cinq lieues dans les terres ; on y trouve de
grandes villes , des ports de mer , des bourgs rians ,
des campagnes peignées ; le commerce , l'induftrie,
les arts utiles & agréables y regnent à l'envi. Le
luxe , l'aifance , les commodités de la vie y ont
changé totalement l'efpece humaine. Je laiffe à
décider aux philofophes fi elle a dégénéré , comme
plufieurs le prétendent , & fi la nouvelle éducation
a contribué à un pareil changement. On peut dire

que les hommes n'y font plus auffi robuftes qu'autrefois ; que les femmes fe reffentent encore plus
de l'état de foibleffe & de langueur qu'une molle
éducation leur procure ; que les individus qui en
naiffent , fuccombent plus facilement aux dangers
qui menacent l'enfance. Tant de caufes ont concouru à ce nouvel état, qu'il feroit trop long de les
détailler ici.

Parmi cette claffe d'hommes que le féjour & le
climat relâché des villes maritimes amollit , qui
paffent leur vie dans l'indolence & l'oifiveté ; il
s'eft formé de nouveaux individus que la vie active
& laborieufe qu'on leur fait mener dès la plus
tendre enfance , difpofe infenfiblement à braver les
tempêtes , & à s'expofer fans réferve à tous les
dangers de la mer , je veux dire les pêcheurs. La
facilité de retirer un gain honnête de leur travail ,
oblige les peres à deftiner leurs enfans de fort bonne
heure à la pêche. A peine ont-ils fept à huit ans
qu'on les voit fur la greve jetter des filets dans la
mer, en retirer le poiffon , le faire fécher , conduire
eux-mêmes de petits bateaux , traverfer courageu-
fement les ports & les golfes d'un bout à l'autre.
Ils s'exercent à la nage , vont à pieds nus , font
habillés légerement , réfiftent aux coups de vents ,
& aux flots mutinés , & s'endurciffent au travail.
C'eft dans cette claffe d'hommes qu'on choifit les
matelots deftinés à favorifer le commerce , à défendre l'Etat , & à paffer la plus grande partie de
leur vie , fur le plus perfide des élémens. L'é-
ducation , les alimens , tout concourt à fournir
parmi eux des individus différens des autres qu'il
nous importe de connoître. Ils font trop précieux
à l'Etat ; ils tiennent trop au génie de la province pour ne pas nous y arrêter un moment ,
lorfqu'il en fera queftion. Leurs mœurs , la durée

de leur vie, & leurs maladies, dépendantes d'une conftitution mâle & vigoureufe, ont droit à nos recherches. La partie méridionale contient (comme j'ai dit) quantité de bourgs, de villages, de petits ports de mer avec des fituations fort agréables & un peuple toujours gai, affable, prévenant, dont la vue infpire la joie & le contentement. La population qui marche à côté du bonheur & de l'aifance, augmente fenfiblement dans ces heureufes contrées. Des hameaux, des campagnes défertes, font devenus dans l'efpace d'une génération des villages & des ports de mer fréquentés.

L'efpace que je nomme la partie moyenne de la Provence eft contenu dans une quinzaine de lieues de large, & s'étend depuis la partie maritime jufqu'au pied des montagnes fous-alpines. Cet efpace eft moins confidérable aux limites de la Provence, aux bords du Var, à Vence, où commencent les fous-alpines. Il s'élargit de plus en plus quand on avance vers le milieu de la province ; de Tarafcon jufqu'au Mont-Ventoux, ce n'eft qu'une plaine de quinze lieues de long : c'eft-là ce qui forme proprement la région tempérée de la Provence, où l'on voit quantité de coteaux & de montagnes fort élevées. L'atmofphere eft communément fort chaude pendant l'été dans cette partie moyenne ; & à moins qu'il n'y faffe du vent, on y effûye peu de frimats en hiver. Il y a beaucoup de villes du fecond ordre qui fe rapprochent de celles du premier par le luxe & le commerce. La population s'y maintient depuis nombre d'années dans le même état. Les voyages, la milice, les migrations la diminuent fouvent ; le pays fournit abondamment à fes habitans quantité de productions précieufes, par les

belles plantations dont les coteaux font couverts.
La vie moyenne des hommes y est un peu plus
longue que dans les grandes villes. Leurs principales maladies tiennent souvent à l'inégalité du climat , aux souffles impétueux des vents , au passage brusque du chaud au froid , & à la position
des lieux. C'est ici où habite proprement l'homme
de Provence , dont les approches de la mer , l'â-
preté des montagnes voisines , & l'inégalité du
climat n'ont point altéré le caractere primitif.

La troisieme partie de la Provence est celle qui
est comprise dans toute l'enceinte des montagnes
sous-alpines & alpines, qui commencent à Digne ,
Sisteron d'un côté , Vence , le Broc de l'autre ,
s'étendent jusqu'à Barcelonette , l'Arche , frontieres
du Piémont , & se joignent à celles du Dauphiné.
Ces montagnes forment encore une lisiere depuis
Lure jusqu'au Mont-Ventoux où le climat en
hiver a toute la rigueur des pays septentrionaux.
La population n'est pas nombreuse dans les montagnes sous-alpines. Elle paroît même avoir diminué considérablement en plusieurs endroits. Quantité de villages , de châteaux élevés dont la position étoit fort avantageuse pour défendre les gorges & les passages étroits , sont abandonnés entierement. Il n'y reste plus que des décombres & de
vieux murs qui tombent en ruine , indice trop assuré de la dépopulation qui s'empare lentement
de ces stériles contrées. Les terres qui ne sont la
plupart que des débris des schistes , calcaires , argi-
leuses , mélées de graviers & de pierres que les
torrens & les averses roulent du haut des montagnes , y sont presque par-tout d'un foible rapport. Les récoltes de froment y sont très-médio-
cres. La plus grande partie des terres ne peuvent

porter que du méteil, (*a*) ou du feigle. Le buis eft
le feul engrais dont on s'y fert au défaut des fumiers des troupeaux qu'on mene hiverner au voifinage de la mer. Prefque tous les laboureurs & les
payfans quittent leurs pays en hiver, pour venir
travailler les terres & bêcher les vignes de la baffe
Provence. Les femmes font auffi expofées à ces
migrations. Le féjour que les hommes des montagnes font dans nos villes & bourgs, les rapproche peu-à-peu de leurs habitans. Ils en prennent
les mœurs, fe nourriffent mieux, s'accoutument
au vin dont ils ne peuvent plus fe paffer, lorfqu'ils
font de retour chez eux.

Les montagnards font robuftes, quoique d'une
taille moyenne ; ils travaillent volontiers ; leur vie
eft plus longue de quelques années parmi les neiges
qui regnent chez eux, que celle des habitans des
villes. Ils font expofés à peu de maladies ; par-tout
où les terres font de mince valeur, où il n'y a que
de chétives récoltes, on ne rencontre que mifere &
ftérilité ; dans les lieux au contraire où elles font
d'un meilleur rapport, où la marne, l'argile dominent, où il n'y a point de migrations en hiver, & où
l'on fait un certain commerce, par la quantité de
bétail qu'on y retient, le peuple y vit dans une efpece d'aifance qui entretient la population ; c'eft ce
qu'on peut remarquer lorfqu'on a gagné la région
des montagnes alpines. La quantité de pâturages
& de gazons dont elles font couvertes, le féjour
d'une infinité de troupeaux qui viennent de bien
loin pour y dépaître en été, ceux qu'on tient enfermés en hiver, y répandent une quantité d'argent

---

(*a*) Méteil eft un mélange de feigle & de blé que l'on
feme pour récolter le grain qui profpere le plus dans les
terres maigres.

& entretiennent un commerce confidérable par la vente des laines , & du bétail , d'où procede l'aifance. Dans ces régions froides la vie des hommes eft beaucoup plus longue que dans tous les autres endroits de la Provence. On y voit beaucoup de vieillards octogénaires qui ne font point décrépits , & travaillent encore à cet âge. Il eft peu de maladies dans une atmofphere , où l'on n'eft point expofé à ces brufques alternatives de froid & de chaud qu'on effuye ailleurs dans le même jour. Le féjour de nos villes où les principaux citoyens de ces contrées viennent recevoir leur éducation , leur communique les mœurs de nos habitans ; mais le peuple , le laboureur , les payfans ont une empreinte ou caractere différent. Ce qui conftitue l'homme des montagnes , dont je parlerai , lorfque l'ordre des matieres m'y aura conduit.

Telle eft l'enceinte de la Provence qui contient au moins fept cent lieues quarrées , & plus de fix cent mille habitans. Sa fituation fur la Méditerranée fous une élévation de pôle depuis le quarante-deuxieme jufqu'au quarante-quatrieme degré, devroit en faire un climat des plus agréables & des plus tempérés , fi l'inégalité de fes pofitions , la coupe & la hauteur de fes montagnes , le fouffle impétueux des vents qui y regnent , ne contribuoient pas à le rendre auffi inconftant & auffi variable que nous l'obfervons.

HISTOIRE
NATURELLE
DE
LA PROVENCE,

Contenant ce qu'il y a de plus remarquable dans les regnes Végétal, Minéral, Animal, & la partie Géoponique.

CHAPITRE PREMIER.

DIOCESE D'AIX.

L E Diocefe d'Aix eft compofé d'environ quatre-vingt paroiffes ; on y voit, après la capitale, quelques villes du troifieme ordre, comme Pertuis, St. Maximin, Brignoles. Il eft borné au Levant par les Diocefes de Fréjus, de Riez ; au Nord par ceux d'Apt & de Carpentras ; au Couchant par ceux d'Avignon & d'Arles ; & au Midi par celui de Marfeille. Ses foffiles, fes eaux minérales, fon agriculture & fes productions font bien dignes d'exciter la curiofité d'un naturalifte. Je vais commencer par la capitale.

La ville d'Aix est située dans une plaine entourée
de coteaux qui forment une enceinte de sept à huit
lieues de circonférence. On y arrive par le Couchant & le Nord , au moyen d'une pente douce :
les chemins sont plus unis du côté du Levant & du
Midi. Cette ville jouit des expositions les plus favor-
rables. Le soleil éclaire à son lever jusqu'à son coucher de très-beaux édifices , & les échauffe en hiver
de ses rayons bienfaisans. Ses rues sont bien percées;
il y a peu de quartiers où l'on ne jouisse des influences d'une atmosphere toujours renouvellée par la
largeur & l'étendue, qu'on leur a données. Je ne
dirai rien de la beauté de ses maisons dont plusieurs
ont toute l'apparence de palais , de la grandeur de
ses places enrichies d'obélisques & de fontaines
jaillissantes , du superbe cours qui embellit cette
ville & de ses dehors enchanteurs où l'on peut se
promener toute l'année sous des arbres long-tems
couverts de verdure. Tout le monde connoît ces
sortes d'agrémens , & il n'est gueres de villes en
France qui soient aussi bien bâties.

La plupart de ses édifices sont construits avec
la pierre de taille , & d'une espece de moellon
rougeâtre que l'on tire de plusieurs carrieres situées
à quelque distance de la ville à côté du chemin de
Vauvenargues. La pierre de taille de nature calcaire connue sous le nom de pierre froide , *peiro
fregio* , est grise ou blanchâtre ; elle a le grain
fin & serré , & se laisse bien équarrir au ciseau.
Les portes d'entrée des maisons , les coins des
rues , les fenêtres , les voûtes , les édifices publics ,
comme fontaines , pyramides , sont construits avec
cette pierre dure. On taille plus aisément les moellons rougeâtres que l'on emploie encore à ces
sortes d'ouvrages : ils ne reçoivent point un poli
aussi fin que la pierre dure , étant chargée de mo-

lécules ferrugineufes. On y rencontre fouvent des coquilles bivalves, comme tellines, cames, moules dont les valves confervées en entier ne font pétrifiées que par juxta-pofition. L'humidité de l'air, les vents d'Eft, les fucs acides difféminés dans l'atmofphere, rongent lentement les moellons dont le grain eft moins compacte, diffolvent le gluten qui lie leurs molécules calcaires & leur caufent à la longue des crevaffes & des trous.

Je ne m'arrêterai fur les antiquités d'Aix, que pour éclaircir quelques points relatifs à l'hiftoire naturelle. Les curieux vont admirer le baptiftaire de l'églife métropolitaine de St. Sauveur. C'eft un dôme foutenu par huit colonnes de l'ordre Corinthien, dont fix font de marbre & deux de granit, qu'on a tirées vraifemblablement de quelque ancien temple de faux dieux. On voit une colonne de ce granit en partie brifée, à la porte de l'Eglife, ainfi qu'un tronçon de colonne que l'on a placé pour fervir de borne au coin de la rue de l'Archevêché. On ne peut méconnoître à leur afpect le granit des montagnes de Provence, qui fe laiffe polir difficilement; les molécules de quartz, le feld-fpath & le mica dont il eft compofé, y préfentent un affemblage peu uni & raboteux. On ne doit point chercher l'origine de ce granit dans les montagnes d'Egypte, ainfi que font plufieurs perfonnes. Il en eft de même des colonnes qui avoient été employées anciennement à la conftruction des tours du palais qu'on a démolies depuis peu; elles font encore de l'ordre Corinthien & au nombre de huit. On les a tranfportées dans une des cours de l'Intendance. Elles n'ont pas d'autre origine que les précédentes.

CHAPITRE II.

Climat de la ville d'Aix.

LA pofition de cette ville un peu baffe, & entourée de coteaux calcaires & gypfeux, l'expofe au réfléchiffement des rayons du foleil, & à toutes les chaleurs brûlantes de l'atmofphere en été, ainfi qu'à la rigueur des frimats en hiver, prefque toujours occafionnés par le fouffle des vents impétueux que les coteaux renvoient de toutes parts. Les plus grandes chaleurs qu'on effuya à Aix dans l'année 1774, au mois d'Août, firent monter la liqueur au thermometre de Réaumur au 31e. degré. L'air extérieur étoit fi chaud, qu'on ne pouvoit s'y expofer fans fe plaindre d'une vive impreffion de feu à la poitrine & au vifage. Le plus grand froid qui fe fit fentir la même année, fit baiffer le thermometre, au mois de Décembre, au 5e. degré fous la congélation. Heureufement l'air n'étoit point humide, la bife fouffloit pendant la nuit, fans quoi les oliviers auroient beaucoup fouffert; il en périt pourtant quelques-uns par la neige qui gela fur les feuilles & les branches de l'arbre.

Rarement fe plaint-on d'un froid auffi confidérable dans ces contrées. L'hiver de 1779 a été fi doux, fi tempéré, que le printems s'eft annoncé au mois de Février. La végétation a été des plus précoces, & l'état de l'atmofphere prefque toujours fereine & chaude, nous retraçoit le tems où nos peres prenoient (a) l'habit d'été

_____

(a) On peut dire la même chofe de l'année 1780, où la féchereffe après un hiver plus froid & plus rude a dominé long-tems.

à Pâques. Jamais les barometres n'ont été si hauts , lors même que l'horifon étoit chargé de nuages , que nous attendions la pluie avec impatience , que le fouffle du vent d'Eſt flattoit notre eſpoir, la colonne de mercure ſe tenoit toujours à la même élévation , le foleil diſſipoit les nuages qui s'étoient formés dans la nuit , & le tems redevenoit ſerein. Nous avons paſſé des mois entiers dans cette alternative , fans qu'il foit tombé la moindre goutte d'eau : tant la fé-chereſſe & l'aridité dominent dans ces contrées. (a)

Les vents du Nord & celui du Nord-Oueſt , *lou Miſtrau* (ainſi nommé de *vento Maeſtro* mot ita-lien) font preſque toujours la caufe des frimats qui ſe font fentir en hiver ; à moins que les neiges & les glaces n'y contribuent , ce qui eſt rare ; les variations promptes de l'atmoſphere rendent le cli-mat d'Aix fort inégal. L'on y paſſe bien fouvent du chaud au froïd , du tempéré au chaud , du fec à l'humide , fans gradation fenfible ; ce qui ne peut qu'altérer la fanté des habitans , & du peuple fur-tout , victime ordinaire de pareilles variations. Quoique les maladies épidémiques n'y foient pas fréquentes , & moins encore les épizooties par le défaut de pâturages qui ne permettent pas d'entretenir beaucoup de troupeaux , on y effuye pourtant dans les grandes chaleurs de l'été , des fievres éruptives , inflammatoires , des dyſſente-ries , des maladies de pourriture & autres affec-tions pareilles. Les froids fubits précédés de la cha-

(a) La quantité des pluies qui tombent annuellement dans le terroir d'Aix , n'a pas de bornes affurées ; il y pleut quelquefois plus dans les pluies d'orage & par grains , qui ne durent qu'une demi-journée , que dans une pluie de plufieurs jours de fuite. Les obfervateurs font d'avis qu'il y tombe, année commune, de 18 à 20 pouces d'eau ; cepen-dant il n'en eſt tombé que 13 pouces l'année derniere 1780.

leur de l'atmofphere, les vents du Nord & du Nord-Oueft qui foufflent après la pluie, font la caufe des rhumes fréquens, des fievres catharrales, des maladies de poitrine & des rhumatifmes dont on fe plaint. Il n'y a point de maladies endémiques. La phthifie paroît y faire feulement quelque ravage parmi le peuple ; parvenue à un certain degré, elle devient incurable.

La maladie des glandes, les dartres attaquent beaucoup de perfonnes ; la première fe propage fouvent dans les enfans par l'état languiffant des peres & des meres qui n'étant pas délivrés entierement des maux vénériens, gémiffent triftement fous le poids de la mifere & de l'indigence, & fe voient repouffés, lorfqu'ils fe préfentent pour fe faire guérir dans les afiles deftinés à l'humanité fouffrante. A peine peuvent-ils pallier dans l'état déplorable où ils font, les défordres de pareils maux dont ils empoifonnent peu-à-peu leur poftérité. Cette fauffe & cruelle politique tient encore aux préjugés des fiecles paffés dont il faudroit fe dépouiller enfin dans celui-ci, où les connoiffances & la philofophie ont fait tant de progrès à l'avantage de la raifon ; mais nous avons lieu de nous flatter qu'une adminiftration fage & éclairée fera ceffer au plutôt à la gloire de l'humanité, un ufage auffi pernicieux. (a)

On compte au moins ving-cinq mille ames dans la capitale, fans le peuple qui vit à la campagne. Il y naît communément plus d'enfans qu'il n'en meurt ; cependant la population n'y augmente pas depuis 1736 ; on croit même qu'elle a di-

---

(a) J'apprens avec plaifir que l'on s'occupe de pareils moyens, & que l'on trouvera bientôt les fonds néceffaires à une entreprife auffi utile.

minué.

minué. (a) La milice, les voyages, le célibat
font autant de caufes qui s'oppofent à fon accroiffement. Les femmes parvenues à l'âge de 60 ans,
y vivent un peu plus que les hommes. On y voit
très-peu de vieillards au-delà de 75 ans. La vie
moyenne des hommes ne s'étend pas au-deſſus
de 30.

Toutes les eaux de cette ville qui s'écoulent par
plufieurs fontaines, ne font pas également pures ;
celles qui viennent de la fource des Pinchinats,
font les plus légeres ; les pefes-liqueurs s'y enfoncent plus que dans les autres ; on n'en retire que
très-peu de terre par l'évaporation. Les eaux des
autres fources font plus pefantes. Celle de Bellegarde qui fe répand dans plufieurs quartiers de la
ville, charrie des molécules calcaires gipfeufes,
lefquelles venant à s'agglutiner entr'elles, forment
à la longue des maſſes confidérables. C'eſt ainſi
qu'on trouva dans les conduits fouterrains de cette
fontaine au terroir de Puiricard, des blocs pierreux
tenant du marbre par leur grain & leur fineſſe, au
point d'en occuper toute la capacité. Ces conduits
font de la plus haute antiquité, & datent, à ce
qu'on prétend, des premieres années où la ville fut
bâtie par les Romains. Il a fallu une fuite de plufieurs fiecles pour que de pareilles maſſes fe foient
formées dans ces canaux ; on les trouva adhérentes
à leurs parois. Quoique cette pierre n'ait pas tout-
à-fait la confiſtance du marbre, qu'elle foit un peu
plus tendre, elle en reçoit le poli ; on la nomme
marbre de la ville. Elle eſt de couleur terne grifâ-
tre, tirant un peu fur le fauve. On en conſtruit

(a) S'il faut en juger par les édifices & les faubourgs
qu'on a conſtruits hors la ville, on fera perfuadé du
contraire.

des tables & des encoignures qu'on voit chez les
curieux. Les veines de ce marbre préfentent une
efpece d'ondulation qui imite affez bien la marche
d'une eau qui s'écoule , plus tranfparente vers le
milieu où fon volume eft toujours plus confidérable,
moins pure , & plus chargée de parties hétérogenes aux bords de fon lit par les terres qu'elle y
dépofe. Tel paroît ce marbre dont les veines font
ainfi difpofées avec un air d'obfcurité aux extrémités du bloc ; il femble qu'on ne l'eftime pas affez ,
attendu fon défaut de confiftance , & fa couleur
fauve.

CHAPITRE III.

Eaux thermales de Sextius.

ON trouve dans l'enceinte de la ville des fontaines chaudes qui s'écoulent à côté des
froides , foit au cours , foit ailleurs : la fontaine
d'Orbitelle qui jette par des tuyaux différens de l'eau
chaude & de la froide en même-tems. Les premieres dépendent d'une fource minérale dont je vais
donner la defcription. L'hiftoire des eaux thermales d'Aix fe perd dans la plus haute antiquité.
Strabon qui vivoit dans les beaux jours de l'empire romain , prétend que Calvinius Sextius , pro-
conful de cette nation , après avoir fubjugué les
peuples Saliens qui habitoient cette contrée , fonda
une colonie auprès des eaux thermales auxquelles
il donna fon nom l'an de Rome 660. Il deftina les
eaux de cette fource au traitement de plufieurs maladies. Elles jouiffoient auparavant d'une fi grande
réputation , qu'on y accouroit de toutes parts. On
affuroit même qu'elles avoient déja beaucoup perdu

de leur vertu & de leur activité. Cette opinion a prévalu jufqu'aujourd'hui. Il n'y a point d'habitant dans la capitale qui ne vous dife férieufement, que les eaux chaudes fe mêlent avec les froides. On trouve en effet plufieurs puits d'eau froide dans fon enceinte, à côté d'autres qui en ont de chaude & minérale ; la ville d'Aix étant bâtie pour ainfi dire fur de pareilles fources. Cependant ces eaux minérales n'ont point varié depuis long-tems ; leur chaleur & leurs principes font conftamment les mêmes. Et fi Strabon (a) a avancé trop légerement une pareille opinion, il confte du moins qu'elles ont refté depuis longues années dans l'état où on les trouve encore aujourd'hui. On les a fi fouvent examinées dans le cours des fiecles derniers ; on en a fait tant d'analyfes différentes ; on en a retiré fi conftamment les mêmes principes, qu'il eft hors de propos de foutenir encore un fentiment fi mal fondé.

Les eaux thermales jouirent de leur réputation au moyen de plufieurs bains conftruits avec art, tant que les Romains furent maîtres de la Gaule Narbonnoife ; on les employoit non-feulement pour la fanté, mais encore pour entretenir la propreté & la foupleffe de la peau. C'étoit une pratique fort ufitée alors de fe baigner fouvent, de fe broffer la peau, de la frotter d'huile. Ce qui remplaçoit non-feulement le défaut du linge, mais prévenoit encore les rhumatifmes & les maladies cutanées fi communes dans une atmofphere ouverte,

_____

(a) Strabon s'exprime ainfi en parlant d'Aix ; *aquas quæ ibi funt, calidas partim in frigidas mutatas effe aiunt; lib. IV. pag. édition de Cafaubon. Solin ajoute long-tems après lui, nec jam par eft famæ priori. . . . . videtur fignificare, initio fuiffe calidos & frigidos fontes.*

B 2

telle que la nôtre. Plufieurs modernes n'oferoient
avouer cette opinion qu'ils croient fi contraire à
l'effet des huiles appliquées fur la peau ; mais l'expérience eft contr'eux.

Les bains des eaux thermales effuyerent la même
révolution que tant d'autres monumens érigés par
les Romains à la gloire des arts. Ils furent renver-
fés , comblés & détruits entierement , avec les
ruines de ce vafte empire envahi par les barbares.
(a) On ne fit plus mention de nos fources thermales , elles ne commencerent à fe relever un peu
de l'oubli où elles étoient tombées , qu'au douzieme fiecle ; encore n'ont-elles été bien connues qu'à
la fin du fiecle dernier. C'eft alors qu'on rétablit
les bains entierement ruinés , qu'on en conftruifit
de nouveaux , & que l'on fit ufage des eaux minérales dans les traitemens de plufieurs maladies.
Voyez les auteurs cités ci-deffus. Elles ont confervé
depuis la même réputation. Combien feroit-il aifé
à MM. les Adminiftrateurs & au Confeil de la ville
qui aiment les établiffemens utiles à l'humanité ,
d'y ajouter des nouvelles réparations qui , fans être
fort difpendieufes , donneroient encore plus de vertu
à ces eaux falutaires , augmenteroient l'affluence
des citoyens , & concourroient de plufieurs manieres à la fanté & à l'utilité publique. Ce projet
vraiment patriotique a été propofé nombre de fois ;
je connois des perfonnes éclairées qui n'ont jamais
défifté de l'avoir en vue. Je ne fais , par quelle fa-
talité il n'a point été exécuté. Pourquoi faut-il que
tout ce qui regarde la fanté & le bonheur de l'efpece humaine foit fufceptible de tant de difficultés ?

Quoique l'origine des eaux minérales foit très-

(a) Voyey les Traités des eaux minérales d'Aix par
Emeric , Pitton , Lauthier & autres.

bien connue , felon Lauthier , qui les fait fourdre
entre le couvent des RR. PP. Capucins & la colline de St. Eutrope , pour fe divifer en deux branches à la porte de Notre-Dame , dont la premiere
va fe rendre au quartier des RR. PP. Obfervantins ,
& la feconde à celui des Bagniers : plufieurs prétendent encore que cette fource naît au quartier
de Barret près la Touefle , où la ville fit ériger une
pyramide en 1724 avec des batardeaux pour obli-
ger les eaux minérales à refluer aux fontaines des
Bagniers & des Meynes d'où quelques particuliers
en creufant dans leurs fonds les avoient dévoyées.
Cela s'étoit pafIé près de Barret. Ils defiroient
pofféder en leur propre cette eau minérale & en
réunir plufieurs filets qu'on voyoit fourdre dans leurs
propriétés.

Tout ce qu'on peut affurer de pofitif, moyennant
les recherches que j'ai faites fur l'origine de ces
eaux , c'eft qu'on ne trouve rien de remarquable
dans le quartier de Barret fort au-deffous du niveau de la ville ; d'où l'on peut conclure qu'elles
ne viennent point des fources qu'on y voit : la chaleur de celles-ci n'eft jamais au-deffus du quin-
zieme degré au thermometre de Réaumur ; tandis
que les eaux de Bagniers & de Meynes vont
conftamment du 27 au 28e. degré du même thermometre. Il eft plus naturel de préfumer que la
vraie fource des eaux minérales de Sextius dérive
de l'endroit cité ci-deffus , d'où elles vont fe répandre dans l'intérieur de la ville , où il y a tant de
puits & de fontaines d'eau chaude qui jailliffent à
côté de la froide , & que les eaux de Barret , eu
égard à leur peu de chaleur & d'activité par le
trajet affez long qu'elles font obligées de parcourir
en venant de la ville , dépendent plutôt de la fon-

taine de Meynes & de Bagniers , que celles-ci ne dérivent d'une pareille origine.

Les principes que l'on extrait des eaux thermales de Sextius , font en fi petite quantité , que plufieurs chimiftes ne veulent point qu'elles foient minérales : ils fe contentent de les regarder feulement comme un peu falines & chaudes ; cependant les foffiles dont elles font imprégnées font d'une nature âcre & ftimulante , & ne font point indifférens dans le traitement de plufieurs maladies. La chaleur de ces eaux eft, ainfi que je l'ai dit , du 27 au 28e. degré au thermometre de Réaumur ; ce qui fait que dans les mois d'été où l'atmofphere eft extrêmement chaude , on les trouve froides relativement à l'état du corps qui éprouve alors un plus grand degré de chaleur ; ce qui n'arrive point dans les mois d'hiver par une raifon contraire. Ces eaux ont un goût infipide , ne font aucune impreffion fur l'argent & les métaux blancs, comme les eaux fulfureufes , & ne donnent qu'un petit précipité terreux avec l'alkali fixe en liqueur. On en a retiré par l'évaporation un peu de terre abforbante , des félénites en très-petite quantité & de l'alkali minéral. Ce fel eft toujours déliquefcent. Il faut le dépouiller de la partie graffe qui l'accompagne , fi on veut l'avoir fous forme feche & criftallifée : il eft âcre , pénétrant : il n'excede pas la quantité de quatre grains fur une livre d'eau minérale , à laquelle il communique une vertu apéritive , diurétique & defficative. Ce fel alkali inconnu aux anciens (a) conftitue la bafe du fel marin : il forme l'alkali de

---

(a) Lifez le traité des eaux d'Aix par Emeric , où l'on voit quantité de tentatives qu'il a faites pour connoître la nature de cet alkali , fans avoir pu le caractérifer.

foude ; on le trouve fous le nom de Natrum dans plufieurs eaux minérales ; il eft accompagné ordinairement d'une terre rougeâtre, abforbante, comme je l'ai trouvé dans les eaux de Sextius, enveloppé d'une fubftance graffe qui m'a paru bitumineufe, & dont je l'ai dépouillé pour le réduire en criftaux : on peut former du fel de Glauber en faturant ce natrum avec l'acide vitriolique, ainfi que du fel marin avec fon acide. Nos eaux minérales font également bonnes pour les maladies cutanées, les douleurs rhumatifmales, les engourdiffemens des membres & les bleffures. L'explication de leur chaleur qui eft toujours au même degré, tient à des notions phyfiques qu'il feroit trop long de détailler ici.

L'atmofphere d'Aix eft fouvent agitée par le fouffle des vents qui s'y font fentir plus qu'ailleurs : ils enfilent les efpaces que les coteaux laiffent ouverts entr'eux, & font réfléchis de part & d'autre. Les pluyes qui tombent en automne font toujours plus conftantes que celles des autres faifons. Elles caufent quelquefois des inondations confidérables. Ces pluyes font amenées par le vent du nord-eft, appellé vulgairement *Gregâli*, & celui du fud-eft qu'on nomme *Labech* : le vent du nord la *Tremontano* ou *Montagniero* caufe plutôt les frimats : le nord-oueft ou *Miftral* chaffe les nues, & rétablit la férénité ; fon fouffle eft toujours froid, parce que ce vent paffe ordinairement fur des montagnes couvertes de neige, & manque rarement de fe faire fentir après la pluye.

Les quartiers les plus élevés de la ville d'Aix & de fes environs, font toujours les plus fains. On croit qu'il eft imprudent de refpirer au cours l'air du foir en été après le foleil couché, & de s'y promener au ferein qui caufe des fluxions.

B 4

(*a*) Cela dépend du local qui trop refferré & couvert d'arbres, ne permet point aux vapeurs des
fontaines & aux exhalaifons de la terre de circuler
librement dans l'atmofphere ; mais une fois que
la fraîcheur de la nuit les a condenfées, & qu'elles
fe font précipitées, il n'y a plus rien à craindre.

Le terrain de tous les environs d'Aix eft entierement calcaire. Les argiles qu'on y trouve font do-
minées par des terres de cette nature : elles font
prefque toutes rougeâtres & ferrugineufes ; il y en
a de grifes & de blanches. Les pluyes qui les amon-
celent pénetrent difficilement entre leurs lames.
Leur foupleffe & leur liant leur donnent les apparences de la véritable argile ; mais toutes ces terres
glaifes fermentent avec les acides minéraux ; celles
dont on compofe les tuiles & les briques, quoique
plus molles & ductiles, tiennent encore du calcaire. La culture & les engrais ameublent le terrain ; il devient alors plus léger, plus poreux ; il
approche du terreau (*b*) par fa couleur noire, &
forme des fonds très-fertiles. On voit beaucoup de
champs couverts de ces terres légeres. Les coteaux
qui jouiffent des expofitions favorables & plufieurs
campagnes, font complantés de vignes & d'oliviers. L'agriculture y étale tous les ans les plus
belles productions. Il n'y a gueres que les coteaux

(*a*) Pitton prétend dans fon hiftoire de la ville d'Aix,
que les influences des plâtrieres contribuent à la mauvaife
qualité du ferein & de l'air qu'on refpire le foir. Cela
pouvoit être de fon tems où les rues étoient beaucoup
plus étroites & mal percées. Mais on ne connoît plus à
l'air du foir cette qualité mal-faifante aujourd'hui même
dans les endroits peu éloignés des plâtrieres, comme les
faubourgs.

(*b*) Terreau eft une terre végétale, formée par le mélange d'une terre franche & d'un fumier pourri.

expofés au nord dans la direction du levant au couchant , le long de la riviere de Larc qui commencent à fe reffentir de la négligence qui s'empare à
la longue de tous les arts. On fait que ces coteaux
étoient couverts autrefois des plus belles plantations ; mais la dégradation des terres mal foutenues
dans leur pente , les eaux pluviales , le fouffle des
vents impétueux les ont rendus prefque nus &
pelés ; la population qui n'a pas augmenté dans
ces quartiers n'y a pas moins contribué.

On n'aura pas de peine à comprendre comment
des terrains auffi légers que ceux dont je viens de
parler , conviennent parfaitement à la vigne & à
l'olivier. C'eft-là ce qui fait le principal commerce
de cette ville qui , riche de fes productions rurales
les exporte au loin , & met fon territoire en valeur par une bonne culture. La vigne eft plantée
non-feulement fur les coteaux , mais encore dans les
plaines & les bas fonds. Les oliviers aiment un
terrain un peu élevé , & fort léger ; ils font plantés
parmi les vignes , ce qui n'eft pas tout-à-fait conforme aux regles de la bonne agriculture. L'art
auroit beaucoup à ajouter à la culture de pareilles plantations , fi on vouloit le confulter plus
fouvent qu'on ne fait. Le territoire d'Aix qui contient plufieurs lieues de circonférence , n'étale pas
également partout des fonds auffi riches : on en
trouve d'argileux , de filicés & remplis de cailloux
de toute efpece ; l'on y voit du *petro-filex* , des
pierres de roche , d'autres qui renferment un mélange de terres gipfeufes , ftériles avec des terres
fortes. Je fens que j'aurois trop à dire , fi je voulois
m'étendre fur le choix varié des plantations que
l'on doit confier à ces fonds relativement à leurs
qualités primitives , lorfqu'on veut en faire l'objet
d'un commerce lucratif , ainfi que fur la maniere

de les améliorer par un mélange refpectif de terres différentes entr'elles , quand le befoin requiert cette préparation ; mais ferois-je bien afluré de me faire entendre à ces indolens cultivateurs que la routine & des pratiques infidelles , erronées , tranfmifes de pere en fils dirigent encore. C'eft en vain que des perfonnes intelligentes , journellement éclairées par le flambeau de l'expérience , s'attachent à leur faire part de leurs connoiffances & à corriger les pratiques vicieufes de l'agriculture par leurs réflexions lumineufes. Je doute que leurs préceptes foient exécutés à la lettre. C'eft ce qui fait que les vignes plantées indifféremment dans tous les fonds , & traitées par une culture uniforme & fouvent routinée , ne réuffiffent pas également bien & produifent des vins qui ont de la réputation pour la quantité & rarement pour la qualité.

Le même vice qui regne dans le choix du terrain pour la culture des vignes , eft encore plus confidérable dans celui des plants , (a) & fait , à ne pas en douter , que le mélange de divers plants des ceps de vigne , altere confidérablement la qualité du vin ; que les raifins blancs , par exemple , que l'on mêle indifféremment avec les noirs , font un obftacle à la perception des bons vins colorés ayant du corps , & enrichis d'un fuc muqueux , doux , d'où ils tirent leur principale force. L'expérience a fait connoître quels font les meilleurs raifins noirs , d'où l'on peut fe flatter de percevoir un vin généreux , ainfi que la nature des fonds & l'expofition qui conviennent le mieux à la vigne. Combien peu de perfonnes voudroient-elles s'aftreindre à fuivre cette pratique ! Malgré l'abandon

---

(a) C'eft une pratique judicieufe de tenir les ceps écartés les uns des autres.

des bonnes regles, on voit pourtant des cultivateurs nés pour éclairer leurs compatriotes, qui en nous faisant part de leurs succès, nous ont transmis les meilleurs préceptes pour y parvenir.

Il semble que notre ciel favorise également bien tous les plants que nous confions à la terre ; mais on ne doit pas moins s'en tenir aux especes dont la bonté est confirmée par l'expérience, & connoître le terrain qui leur convient. Avec de pareilles attentions, on composera des vins exquis, dignes de couvrir la table des Rois, & qui le disputeront en bonté & en finesse aux meilleurs vins du royaume. Avec nos raisins *catelans*, *manosquins*, *bruns*, *fourcals*, *nos unis noirs*, *l'uni rouge*, *le petit brun*, *le bouteillan*, & par-dessus tout *le morvede*, ou bien avec un mélange bien entendu de ces différentes especes, on fera toujours de l'excellent vin ; tant le choix du plant, la qualité du terrain, & la culture, puissamment favorisée par (a) le climat, concourent à la récolte d'un vin parfait.

Le vin forme une principale branche du commerce intérieur de la province, qui entretient une

___

(a) *Electio terrarum, aptissima cultura, cœlum favens & opportunum, vinorum generositatem promovent.* Quiqueran de laudibus provinciæ, lib. 2. pag. 15. On peut lire dans Garidel les especes de raisins connus de son tems ; parmi lesquelles se trouvent celles qu'on croyoit uniquement adoptées au sol de quelques pays, telles que le raisin d'Alicante dont on fait le vin de Tinto. C'est le raisin qu'on nomme *Catelan* à Aix. *Uva acino nigro subrotundo molli.* Il differe du *Morvede*, *uva acino nigro rotundo molliori*, qui n'a pas le goût si relevé. Le *Pimbert* ou plant de Bourgogne a des qualités opposées au Morvede. C'est notre *Manosquin. Uva acino nigro rotundo duriusculo, suavis saporis succo nigro labia inficiente. L'uni-rouge, uva longiori acino rufescenti & dulci.* Voyez les lettres sur la vigne par un citoyen éclairé, chez David.

dépendance mutuelle entre les habitans des montagnes , & ceux qui vivent dans la partie méridionale. Les premiers nous alimentent avec leurs grains , & nous leur fournissons le vin dont un climat froid les prive totalement. Nous verrons quels sont ces cantons respectifs : la plupart des villes d'Italie , comme Genes, Livourne , &c. reçoivent tous les hivers une quantité considérable de vins de Provence , qui se vendent très-bien sous le nom de *vino francese* , quoique leur qualité soit souvent des plus médiocres. Pourquoi ne pas augmenter cette production & ne pas faire valoir un peu mieux ce commerce essentiel ; le vin de Provence tiré des raisins que l'on cultive avec choix , qu'on laisse fermenter convenablement , qu'on soutire à propos , est très-bon pour la santé ; il n'est jamais capiteux , il est stomachique , releve les forces languissantes de la vieillesse , & lorsqu'il est un peu suranné , il flatte le goût , & fait les délices des tables les plus délicates. La quantité de vin que l'on perçoit en plusieurs endroits permet de les convertir en eau-de-vie. Ne pourroit-on pas distiller alors des vins de bonne qualité & nullement tournés ou atteints de pourriture , & abandonner totalement le marc du raisin dont on ne tire qu'une eau-de-vie foible & de nulle valeur , plus propre à décréditer cette production qu'à la faire estimer ? Puisse la police s'occuper un jour d'un objet aussi essentiel & empêcher les fraudes qui ne se commettent que trop dans la distillation des eaux-de-vie ! Il est un moyen essentiel de les prévenir : ce qui a été proposé à la société d'agriculture de cette ville. Cette branche de commerce établie en plusieurs endroits de la province , ne pourra que se perfectionner , dès que MM. les Administrateurs voudront bien l'assujettir aux pratiques judicieuses qu'on met en ufage ailleurs. Les étrangers & nos colonies qui favorifent l'exportation des eaux de vie , ne fe plaindront plus de leur mauvaife qualité , comme ils font tous les jours. Les diftillateurs favent mettre à profit leurs vins tournés , & pour vouloir trop gagner , ils fe trompent le plus fouvent dans leurs fauffes fpéculations. L'art du vinaigrier eft encore au berceau dans la capitale.

CHAPITRE IV.

De l'Olivier.

L'ESPECE d'olivier que l'on cultive dans tout le territoire d'Aix , ne s'éleve pas beaucoup ; elle en eft plus à l'abri des coups de vents qui caufent tant du mal à cet arbre. L'olive en eft oblongue , petite ; on la nomme plant d'Aix ou de Salon. C'eft une des meilleures efpeces que l'on connoiffe , qui femble uniquement affectée à ce terroir , dont la qualité lui convient fupérieurement. Elle ne réuffit pas fi bien ailleurs ; quoique ce plant foit fort répandu , comme à Pelliffanne , à Salon & aux environs , on n'en cultive pas moins d'autres efpeces ; mais on donne la préférence à celle-ci par rapport à la bonne huile. (a) La nomenclature des olives n'eft pas la même dans toute la province ; elle varie comme les efpeces de l'oli-

---

(a) *Olea fructu oblongo atro virente* , aulivo pounchudo , *olea media fructu comi. Olea maxima fructu fubrotundo. Olea media rotunda præcox.*

Les efpeces connues dans le territoire d'Aix & nommées par le vulgaire *aulivo barralenquo* , *aulivo faurenquo* , produifent la meilleure huile & la plus délicate. Voyez Garidel au mot *olea*.

vier. Il y a apparence que cette variété eſt due en partie aux olives qu'on a ſemées de part & d'autre pour la réproduction de ces arbres , comme il arrive aux graines d'une plante ſemées pluſieurs fois en divers terrains , de produire de nouvelles eſpeces. On en cultive au moins douze eſpeces différentes au terroir de Marſeille , ſix à Toulon , quatre à Graſſe , huit à Antibes dont les olives ſe nomment toutes différemment.

La taille des oliviers ſe pratique tous les deux ans ; ce qui n'eſt pas ſi général pour ceux de la grande eſpece qui s'élevent fort haut. Il eſt prouvé par des expériences nombreuſes , qu'il eſt plus à propos de tailler les arbres tous les ans pour réduire leurs productions annuelles à une récolte moyenne , (a) ce qui , loin de leur nuire , les conſerveroit dans un état de force & de vigueur que la grande récolte qu'on attend tous les deux ans ne manque pas d'épuiſer par le défaut de la taille annuelle. L'arbre jette néceſſairement du gros bois dans l'eſpace de deux ans , & donne peu de rameaux ; ce qui n'arrive point au moyen de cette taille qui fait main baſſe ſur les branches gourman-

---

(a) La plupart des oliviers ne donnent plus en Provence qu'une bonne récolte de deux en deux ans , tandis qu'ils ne produiſent que peu d'olives dans l'année moyenne. Cette végétation dépend-elle de la cauſe générale qui concourt annuellement à celle des plantes , comme les élémens , le terrain , le climat , ou bien eſt-ce la taille qu'on ne pratique ſur les oliviers que de deux en deux ans qui les a réduits en cet état ? Deux récoltes moyennes perçues chaque année d'après la taille annuelle équivalent-elles à la grande récolte de deux en deux ans ? En coûte-t-il moins alors pour la main d'œuvre & les frais de culture ? L'abondance du fruit ne nuit-elle pas à la qualité de l'huile ? C'eſt ce que je laiſſe à décider aux cultivateurs intelligens.

des , & oblige la féve à produire plus de rameaux. Or c'eſt préciſément ſur ces nouveaux jets qui doivent leur exiſtence à l'art du cultivateur , que naiſſent les olives ; & la taille pratiquée de la ſorte , force les branches retranchées à ſe réproduire en rameaux , & à pouſſer de rejettons de part & d'autre qui ſe couvrent de fruits. L'appas d'une récolte annuellement aſſurée n'a point encore déterminé les cultivateurs qui aiment mieux jouir tout-à-coup , à adopter cette ſaine pratique ; mais j'en connois pluſieurs qui n'ont qu'à s'en louer , & s'ils n'ont pas des années ſtériles comme tant d'autres , rarement compenſées par de grandes récoltes , ils en ont toujours de moyennes chaque année dont le produit conſtant a dés avantages réels.

L'olivier demeure long-tems enterré , avant qu'il porte ſon fruit , ſurtout lorſqu'on le plante en bouture : on le fait pouſſer plus vîte au moyen des plants enracinés nommés *ſepillons*. Comme il produit de grandes racines enrichies de beaucoup de chevelus , on les enleve de terre avec un peu de la tige , s'il eſt poſſible , on les tranſplante ailleurs , & à la faveur de ces plants enracinés , les ſepillons en exiſtence ſe couvrent plutôt de rameaux & de feuilles. Pluſieurs cultivateurs aiment encore mieux renouveller leurs oliviers par bouture ; on les greffe dans la ſuite en œil , en fente , &c. Quoique ce ſoit toujours franc ſur franc , la greffe bonifie la féve , l'olive en eſt meilleure & l'huile plus fine.

Les oliviers qui viennent de graine au moyen de l'olive qui ſe ſeme d'elle-même , préſentent une eſpece d'olivier ſauvage qui tarde plus long-tems à donner du fruit , & dont l'olive eſt beaucoup plus petite ; c'eſt peut-être là le premier fruit que la nature a fait porter à l'arbre. L'olive rend peu ; mais l'huile en eſt fort douce. La greffe , la culture , la taille ont perfectionné cette production. Beaucoup de particuliers greffent l'olivier sauvage ; d'autres lui laissent pousser ses fruits naturellement dont ils retirent toujours une huile fine, quoique moins abondante que dans les autres especes. Garidel prétend que l'olivier sauvage, *l'aulivier fer*, ne vient jamais de lui-même. Il n'est, selon lui, qu'un rejetton poussé par les racines d'un vieux olivier ; c'est une erreur ; l'olivier sauvage est un produit du noyau des olives qui se sont semées d'elles-mêmes. (*a*) J'ai vu sur des coteaux, quantité de petits oliviers sauvages qui n'étoient point venus des rejettons des vieux oliviers ; il n'y en avoit là d'aucune espece ; mais bien des olives que les oiseaux qui s'en nourrissent, comme les grives, les merles, les gros becs, *pesso aulivo*, y avoient portées. L'olivier sauvage s'éleve fort haut dans la suite ; il rend toujours beaucoup moins que l'olivier franc.

L'huile d'Aix passe pour être la meilleure, la plus douce, la plus fine de Provence. Le terrain léger, les engrais, la bonne culture & le plant choisi y contribuent surement ; mais l'art n'y est pas moins nécessaire. C'est à lui qu'on doit la meilleure maniere d'extraire l'huile d'olive qu'on en exprime, lorsqu'elle est encore verte, ou très-peu en maturité & nullement flétrie. On la choisit, pour ainsi dire, à la main ; l'on en écarte soigneusement toutes les feuilles de l'olivier qui ont un suc âcre & piquant, ce qu'on ne fait pas aussi attentivement ailleurs. On détrite l'olive sous la meule qui la brise & la réduit en pâte ; on exprime cette pâte sous des pressoirs convenables, après l'avoir enfermée

_____

(*a*) *Olea Silvestris provenit in sæpibus gallo-provinciæ australibus è seminibus oleæ sativæ enata.* Girard flora gallo-provinc. pag. 122.

dans

dans des facs nommés *efcourtins* , & l'on en retire fans le fecours de l'eau chaude une huile vierge
odorante qui a le goût du fruit ; elle perd bientôt
un œil louche & un fil d'amertume qu'on lui
trouve au fortir du preffoir , & ne conferve qu'une
fuavité fupérieure aux autres huiles , furtout fi l'on
a foin de la tranfvafer dans fon tems , & qu'on en
fépare les feces qu'elle dépofe.

Les olives que l'on garde pendant le cours de
l'hiver dans les magafins , fermentent dans leurs
tas, ou *rebouilliffent* , comme on dit ; on les voit fe
noircir, fe flétrir même fur l'arbre lorfqu'on les y
laiffe trop long-tems ; celles que l'on bat avec des
gaules, en frappant les branches de l'olivier pour les
faire tomber , & dont on ne fépare pas exactement les feuilles qui s'y mélent, rendent encore
une huile plus forte, plus âcre, dont l'acide venant à
s'exalter la fait rancir , & l'altere confidérablement. D'habiles obfervateurs prétendent que la
partie extractive de l'olive fe mêlant avec celle de
l'amande contenue dans le noyau , rend l'huile plus
fufceptible d'âcreté , lui communique à la longue
un goût défagréable & la fait devenir rance. Il eft
certain que l'acide de l'huile s'exalte plutôt par le
mélange de la partie mucilagineufe contenue dans
l'amande. Auffi ont - ils imaginé fagement de dépouiller l'olive de fon noyau , & de n'exprimer
fous le preffoir que fa partie extractive réduite en
pâte. (a) L'huile qu'on en retire eft alors beaucoup
plus fuave ; fans que l'action de l'air auquel on peut
l'expofer impunément , ni la vétufté même la faffent rancir , ainfi qu'il arrive aux autres huiles ;
mais comme le moulin qu'ils ont propofé aux ama-

_____

(a) Voyez le traité des oliviers par M. Sieuve de Marfeille.

teurs pour dépouiller l'olive de fon noyau, n'a point été pratiqué en grand, que ce n'eft proprement qu'une efpece de rape qui ne peut fournir que très-peu d'huile, on s'eft contenté d'applaudir à cette pratique, fans chercher à la perfectionner. D'ailleurs plufieurs cultivateurs font d'avis que l'amande de l'olive unie à fa partie extractive n'altere point la qualité de l'huile, & ne contribue point à exalter fon acide. C'eft à l'expérience à en décider.

Je n'aurois pas moins d'obfervations à faire fur les moulins à huile, fur les preffoirs, fur les engins dont on fe fert, ainfi que fur les abus qui fe gliffent naturellement dans une œuvre où la routine préfide fouvent plus que la raifon, afin qu'on la pratiquât avec plus d'ordre & d'économie; mais j'excéderois les bornes que je me fuis prefcrites. Qu'il me fuffife de rémarquer feulement, à l'honneur de mes compatriotes, que plufieurs cultivateurs éclairés, des favans même fe font occupés d'un objet auffi effentiel. Je renvoie à la lecture de leurs ouvrages ceux qui voudront s'inftruire là-deffus. Je dirai à leur louange que les pratiques vicieufes ne font pas fi générales dans toute la province, que celles qu'a obfervées M. l'Abbé Rozier en paffant rapidement à Aix en l'année 1777. J'ai été témoin moi-même du foin que l'on a de nettoyer les uftenfiles de fer & de cuivre avec la leffive de cendres de farmens pour les garantir de la rouille qu'elles contractent par l'acide de l'huile, fi on n'a pas foin de lés écurer de tems-en-tems.

N'eft-il pas de la derniere importance que la police des lieux veille un peu plus qu'elle ne fait à maintenir le bon ordre & la propreté dans les pratiques des moulins à huile, & qu'elle puniffe féverement les négligences, lorfqu'on y manque. Rien n'étant plus nuifible à la fanté que de fe fervir d'une huile préparée avec des vaiſſeaux atteints de vert-de-gris. Les moyens que propoſe M. l'Abbé Rozier font honneur à ſes lumieres. Une leſſive de cendres gravelées, dont on lavera de tems-en-tems tous les uſtenſiles des moulins, les preſſoirs enduits d'un reſte d'huile devenue rance & âcre, formera avec ſon acide un ſavon facilement diſſoluble que des lotions d'eau chaude enleveront tout-à-fait, & détacheront de ces uſtenſiles, en préſervant la nouvelle huile des vices qu'elle contracte par la négligence & la mal-propreté. Il eſt à ſouhaiter que les ouvriers qui ſervent aux moulins, dont la tête n'eſt pas trop docile, lorſqu'il eſt queſtion d'une nouvelle pratique, ſoient bien perſuadés de l'utilité de celle-ci pour ſe l'approprier. Il y a pluſieurs moulins où les propriétaires mettent en uſage les moyens économiques propoſés depuis peu. Le génie & l'invention ſont de tous les pays, & celui qui penſe le mieux dans ces occaſions, s'empreſſe d'exécuter. Pluſieurs ouvrages ont déja excité l'émulation des cultivateurs intelligens. (a) Et j'eſpere qu'on ne tardera pas à connoître par les eſſais réitérés que l'on va faire de part & d'autre ; quel terrain convient le mieux aux différentes eſpeces d'oliviers, à quelle eſpece il faut ſe borner pour avoir de bonne huile & en plus grande abondance,

_____

(a) Voyez les ouvrages ſur l'olivier couronnés par l'académie de Marſeille. Les lettres ſur l'olivier imprimées à Aix. Les vues économiques ſur les moulins à huile par M. l'Abbé Rozier. On ne peut qu'applaudir au projet de la Société libre d'émulation, qui propoſe un prix ſur le meilleur ouvrage contenant la maniere de cultiver les oliviers & de perfectionner les moulins à huile. Puiſſent des vues auſſi patriotiques exciter le zele des cultivateurs éclairés & les engager à écrire ſur un objet auſſi important !

ou s'il eft indifférent de cultiver plufieurs fortes d'o-
liviers dont la plupart peu diffemblables entr'eux,
ne font qu'une variété qui n'empêche pas d'atteindre
au but qu'on fe propofe.

Les moulins à recens dont les étrangers font un
grand éloge, comme de raifon, ne font pas en fi
grand nombre à Aix, qu'on pourroit le defirer.
C'eft au génie inventif des Provençaux que l'on
doit cette nouvelle façon d'extraire le reftant de
l'huile dont la pâte eft encore imprégnée, malgré
qu'elle ait paffé fous les plus forts preffoirs, &
qu'on ait employé l'eau bouillante pour l'en extraire. On fent bien que cette nouvelle huile tirée
du marc qu'on nomme *grignons*, ne doit plus avoir
la même qualité que la premiere; auffi ne l'em-
ploit-on qu'aux fabriques de favon & autres œuvres
pareilles. Le premier marc d'olive contient encore
beaucoup d'huile, il brûle aifément au feu; on ne
l'emploie qu'à cet ufage; celui qu'on retire enfuite
des moulins à recens, eft plus fec & plus léger; il
eft tout-à-fait dépouillé de fa partie graffe & ne
préfente que le noyau de l'olive entierement brifé
fous la meule; il brûle beaucoup mieux que le
premier marc; la flamme en eft plus claire &
moins fuligineufe; c'eft encore un fecours pour
le peuple. Les moulins à recens forment actuellement une nouvelle branche de commerce, & nous
verrons dans le cours de cet ouvrage, comment
la ville de Graffe fait preuve de l'habileté des ouvriers en ce genre d'induftrie, fans diffimuler les
abus qui s'y gliffent quelquefois.

L'olivier, que nous devons, fuivant la tradition,
aux Phocéens qui vinrent les premiers habiter nos
côtes maritimes, & y fonder une ville floriffante,
eft expofé à plufieurs infectes pernicieux qui en
rongent l'écorce, pompent la féve, piquent la

feuille, dévorent le fruit, détériorent l'huile qu'on
en retire, & détruifent ainfi l'efpoir du cultivateur.
Ces infectes fe cachent fous l'écorce gercée de toutes parts, ils y pondent à loifir une quantité d'œufs,
après avoir fubi leur métamorphofe, qui produifent un effain de vers rongeans d'où naiffent des
mouches à fcie, efpeces d'ichneumons qui vont
piquer l'olive, comme les mouches à dard piquent
la cerife, la noix, la pomme; & y dépofent leurs
œufs d'où il éclot bientôt un ver deftructeur qui
pénetre jufqu'à l'écorce encore tendre du noyau,
lorfque l'olive paroît à peine; ces infectes fe reproduifent fouvent deux ou trois fois dans le cours
des années humides & pluvieufes, & fubiffent
promptement leurs métamorphofes. Ils trouvent
leur nourriture dans le cœur de l'olive dont ils dévorent la pulpe, & rendent fétide & bourbeufe
l'huile qu'elle contient; on en voit jufqu'à cinq ou
fix dans une feule olive, qui eft non - feulement
expofée à être piquée par un effain de mouches
provenues de ces vers dans le cours de l'été; mais
encore par les vers eux-mêmes qui à peine éclos
de leurs œufs fous les gerçures de l'arbre vont s'enfermer dans l'olive & la rongent à l'envi, avant
de devenir chryfalides & mouches. Leur énorme
quantité détruit tous les deux ans une bonne partie
des olives de Provence; il eft vraifemblable, felon
la remarque d'un obfervateur, que le mot *keyron*
que l'on donne à ce ver, lui eft venu du grec. Il
prouve qu'il étoit connu anciennement comme funefte à l'olivier, car le mot *keyrer* fignifie le rongeur, le dévaftateur.

Les chenilles, les charançons habitent en paix
dans le cours de l'hiver fous l'écorce de l'olivier,
& portent un préjudice notable aux rameaux dont
ils pompent la féve, & aux racines qu'ils rongent

lentement. L'arbre paroît intéreffé à la longue , par de profondes bleffures & des chancres qui le font périr peu-à-peu. Les charançons font le plus fou · vent un produit des légumes que l'on feme au pied des oliviers , & les chenilles doivent leur origine à cette foule de papillons & de phalenes qui volent de tous côtés au printems.

On voit quelquefois aux premiers jours du mois de Mai fur les feuilles de l'olivier , une quantité de petits vers noirs couverts d'un duvet blanchâtre & cotoneux ; ce font autant de fauffes chenilles qui dévorent tranquillement la feuille fur laquelle elles dépofent ce léger duvet en fe filant des coques ; s'il arrive heureufement des pluies fuivies des vents de Nord-Oueft , l'olivier en eft délivré à coup sûr : on y trouve cette quantité d'infectes toutes les fois qu'on apperçoit ce duvet blanchâtre fous la feuille qui leur fert d'enveloppe. Ces vers pompent la féve des feuilles qui jauniffent peu-à-peu ; la fleuraifon eft toujours retardée , & la récolte manque fouvent , quand ces infectes font en abondance. Les cantons de Provence qui font expofés à tous les vents , comme la Crau , le territoire d'Arles , où leur fouffle fe fait fentir avec violence , connoiffent peu ces fortes d'infectes , & l'on en voit rarement fur les oliviers. (a)

L'on a propofé divers moyens pour faire la guerre aux vers qui fe reproduifent annuellement ; c'eft d'entourer l'olivier d'une couche de goudron ou poix navale à l'enfourchure de chaque branche ,

_____

(a) Je ne parle point encore d'une efpece de gallinfecte dont on fe plaint amerement du côté de Graffe, Antibes , Ste. Maxime , Grimaud ; où l'on a été obligé de couper plufieurs de ces arbres au pied pour les en garantir ; heureufement qu'il n'eft point encore connu dans ces cantons-ci.

parce que la mouche à dard, lorfqu'elle a fubi fa derniere métamorphofe, va pondre fes œufs fous l'écorce des branches inférieures où ils paffent juf-qu'au printems qu'il en naît une quantité de vers, *lou keyron*, lefquels en allant chercher d'abord leur nourriture, avant de pénétrer dans le fruit qui fe noue à peine, doivent trouver la mort fur cette couche graffe & huileufe qu'il leur faut traverfer. D'autres font racler tout uniment le tronc de l'oli-vier gercé pour appliquer contre fon écorce inté-rieure des couches de goudron ou de poix, afin d'y tuer les infectes qui ont choifi cet afile pour pon-dre leurs œufs. Il en eft qui ont confeillé d'enduire le tronc de l'olivier d'une couche de miel mêlée avec de l'arfenic, qui empoifonneroit à coup fûr tous les infectes qui y toucheroient ; mais aucun de ces moyens n'eft admiffible, pour n'être point un préfervatif affuré contre ces infectes. Le premier n'a point réuffi, parce que la mouche dépofe fes œufs fous l'écorce des plus petits rameaux, ainfi que fous celle du tronc & des branches. Combien de goudron ne faudroit-il pas employer à pure perte, & toujours nuifible aux pores de l'arbre ? D'ailleurs les chaleurs de l'été defféchant bien vîte cette couche graffe, les vers nouvellement éclos de leurs œufs, marcheroient impunément deffus. Le fecond eft d'autant plus nuifible à l'olivier, qu'en mettant fon écorce intérieure à nu pour y tuer les infectes qui ne choififfent pas également tous cette retraite, l'arbre ainfi dépourvu de fon enveloppe, s'en reffentiroit bientôt. Auffi n'a-t-il réuffi en quelques endroits qu'en raclant fimplement les parties de l'arbre le plus gercées, fans toucher aux autres. Le troifieme moyen eft encore plus à rejetter. L'arfenic eft un poifon déteftable qu'il faudroit bannir non - feulement de la médecine où

l'on a vu des empiriques , de malheureux nova-
teurs l'employer témérairement ; mais encore des
arts. Pour quelques vils infectes qu'on chercheroit
à détruire , combien de maux n'en réfulteroit-il pas?
Les mouches à miel y trouveroient leur mort ,
beaucoup d'oifeaux en périroient , & l'arbre rongé
par des vers à demi empoifonnés , pourroit devenir
funefte aux cultivateurs par fa féve & fon fruit infectés.

Il eft effentiel de faire la guerre à ces infectes
mal-faifans , fi l'on veut en diminuer l'efpece , dans
les magafins furtout où l'on tient les olives en réferve pendant l'automne & l'hiver. Il faut détruire
cette quantité de mouches qui en fortent au printems , & dont le ver a dévoré tranquillement la
chair de l'olive. L'approche des froids fait bientôt
mourir ces mouches ; mais elles ne manquent jamais de pondre leurs œufs que le mâle a fécondés ;
elles les collent de part & d'autre fur les murs
avec un fuc gluant , où ils paffent l'hiver à l'abri
des frimats , fans que le propriétaire foupçonne de
recéler cette engeance deftructive. Aux approches
du printems ces œufs produiront un petit ver gri-
fâtre qui dans cette retraite fe file rapidement une
coque , & fubit fi promptement fa métamorphofe
qu'on eft furpris de voir fortir des magafins un
effain de mouches qui vont dépofer lenrs œufs fur
l'olivier. Eft-ce ici le même infecte qui éclot fous
l'écorce de l'arbre au printems , & va fe tenir fous
les feuilles , & s'enfermer dans le fruit jufqu'à ce
qu'il devienne chryfalide & mouche ? Ou n'eft-il
pas d'une efpece différente ? Je le laiffe à décider
aux amateurs qui auront la patience d'obferver les
métamorphofes de ce ver rongeur. J'invite les cultivateurs éclairés à fuivre un chemin qui laiffe encore beaucoup à defirer. Il leur importe de brûler

dans les magafins les dépouilles de cet infecte malfaifant qui fe reproduit avec tant de célérité, & de faire la guerre aux mouches, & aux œufs qui en émanent, pour détruire la génération future, en nettoyant les magafins avec foin, en raclant les murs & brûlant tout ce qui eft refté lorfqu'on a enlevé les olives. On eft affuré par cette fage manœuvre d'en diminuer au moins l'efpece chaque année.

Si l'on veut aller plus loin dans les pratiques qui tiennent à la bonne culture, on ne manquera pas de faire fecouer les oliviers au printems pour en faire tomber cette quantité de petits vers à peine éclos, qu'un œil attentif découvre aifément fous la feuille dans le mol duvet qui l'enveloppe, que l'on brûlera fous l'arbre avec un petit feu clair qui ne puiffe point l'endommager, ainfi que toutes les feuilles & les rameaux retranchés par la taille. On a vu combien les vents & les pluies font défavorables à ces infectes. On raclera l'écorce gercée des oliviers dans les endroits feulement où elle eft détachée de l'aubier pendant l'hiver que la féve engourdie n'a point encore fait pouffer les rameaux, aux endroits furtout où elle fert de retraite aux chenilles & aux charançons; féparée déja comme elle eft de l'écorce moyenne, il n'y aura point à craindre de nuire à celle-ci, & l'on détruira les œufs des infectes qu'elle cache. On renouvellera les oliviers par des moyens économiques. Ces foins, cette vigilance caractérifent les bons cultivateurs. On peut fe flatter alors d'augmenter chaque année une production auffi utile à la province; c'eft pourquoi on voudra bien me pardonner d'avoir infifté fur cet article un peu plus que je n'aurois dû.

Les autres pratiques d'agriculture, quoique défectueufes à certains égards, font en valeut dans le terroir d'Aix. Comme les coteaux & les vallons même font complantés par-tout de vignes & d'oliviers, on y récolte peu de blé, les pâturages, les prairies artificielles n'y font pas en abondance, la féchereffe du local leur donne exclufion en plufieurs endroits ; auffi le bétail n'eft pas fort nombreux dans les campagnes.

Lorfqu'on fort de la porte de Bellegarde pour joindre la petite colline Saint-Eutrope, laquelle, ainfi que les coteaux voifins, paroît être une dépendance de la montagne Sainte-Victoire, formant un enchaînement avec elle, on trouve beaucoup de criftaux *fpathiques* qui fe font formés dans la pierre, furtout lorfqu'on fouille un peu dans la terre. Il regne à côté de longs bancs d'un marbre breche, dont on a tiré des blocs pour les polir. Les couches de ce marbre ont leur direction du Levant au Couchant, la carriere s'enfonce profondément dans la terre. C'eft un compofé de plufieurs cailloux fort durs, diverfement colorés, liés enfemble au moyen d'un gluten de même nature. Ils font fi durs, quoique figurés différemment, qu'ils émouffent le tranchant des outils & rebutent fouvent les ouvriers par leur réfiftance. On les croiroit prefque agathifiés ; cependant ces cailloux fe laiffent diffoudre complétement à l'eau forte, & l'on peut en féparer la partie colorante qui eft due au fer : ils préfentent dans les breches de fort jolis compartimens : des bandes tranfparentes plus molles, blanchâtres, tenant de l'albâtre, d'un grain moins ferré, pénctrent les blocs, & lorfqu'elles s'élargiffent un peu, elles leur donnent l'afpect de véritable albâtre. Les blocs de ces marbres font recouverts au-deffus par quantité de cailloux dont la plupart ont encore leurs couches informes & leurs angles mal arrondis. On diroit qu'ils ont été formés du débris des montagnes voisines. Ils paroissent avoir été roulés, & c'est à l'alluvion des eaux qu'ils doivent leur arrangement par couches successives. On voit chez des particuliers des cheminées & des tables du marbre de Saint-Eutrope, dont le poli, la transparence & les couleurs plaisent à l'œil, surtout dans les blocs qu'on a retirés dessous terre : ils sont estimés des amateurs d'Aix & le seroient partout ailleurs.

CHAPITRE V.

Montée d'Avignon.

AVANT d'arriver à la montée d'Avignon, ainsi nommée par ce grand chemin qui conduit à cette ville, que l'on a été obligé de reconstruire plusieurs fois avec beaucoup de dépenses, on laisse à côté du faubourg, vis-à-vis le pavillon de la Mole, un enclos où l'on découvrit, il y a quelques années, beaucoup d'ossemens pétrifiés, ainsi que des ostracites, des pectinites & autres coquilles bivalves. Cette découverte donna occasion à plusieurs jugemens hasardés qui furent bientôt répétés par autant d'échos infideles. On publia qu'ils appartenoient à des cadavres humains. On crut avoir trouvé même quelques parties de ceux-ci entierement pétrifiées dans les rochers qui les enveloppoient. Cette opinion datoit de plus loin : on lit en effet dans quelques minéralogistes qu'on fit une pareille découverte en 1564 près d'Aix. L'observation étoit intéressante. N'arrive-t-il jamais que les sucs lapidifiques pénetrent assez promptement les matieres animales pour les empêcher de tomber en dissolution putride ? Les parties graſſes & charnues des animaux ſont trop lâches, trop ſuſceptibles de putréfaction pour donner le tems aux eaux de dépoſer les ſucs lapidifiques dans l'interſtice de leurs fibres ; cependant Vallerius (tom. 2. pag. 51.) fait mention dans ſa minéralogie, d'après Henkel, qu'on trouva dans une roche près de cette ville un cadavre humain entierement pétrifié, dont la cervelle étoit ſi dure qu'on en tiroit du feu avec le briquet.

On peut ne pas ajouter foi à tout ce qu'on a avancé auſſi légerement ſur ces prétendues pétrifications animales. Ce qui le prouve encore mieux, c'eſt que de vrais connoiſſeurs s'apperçurent fort bien dans le tems, que la prétendue tête humaine pétrifiée qu'on avoit découverte dans l'enclos du ſieur Silvacane, n'en avoit pas la moindre apparence. Les curieux peuvent la voir encore entre ſes mains & l'examiner attentivement. On diroit plutôt au premier aſpect que c'eſt un morceau globuleux de pierre calcaire de nature craieuſe dont quelques légeres protubérances, de petites aſpérités & des lignes intermédiaircs en impoſent aiſément. Ces mêmes connoiſſeurs prétendent que c'eſt une tortue entierement pétrifiée. Le gluten lapidifique a pénétré l'eſpace contenu entre les écailles de la tortue, après que les chairs ont été détruites, & a ſoudé le tout. Ce gluten paroît agir promptement, lorſqu'on délaye un peu de cette craie dans l'eau. Elle s'attache facilement à tous les corps qu'elle touche. Si l'on veut avoir un plus grand degré de certitude, il n'y a qu'à détacher un morceau de l'écaille pétrifiée & la faire diſſoudre dans les acides nitreux & vitriolique pour en examiner les réſultats, ainſi que les ſubſtances qui ſe combineront avec ces acides : ce qui conduira plus ſurement à leur connoiſſance ultérieure. L'erreur à cet égard étoit déja fi répandue , comme l'on voit, qu'on l'auroit renouvellée depuis peu , fi l'on ne s'étoit pas tenu en garde contre cette opinion hafardée.

On vient de découvrir l'année derniere quantité d'offemens pétrifiés dans une roche de fubftance craieufe & coquilliere près du cimetiere de l'hôpital dans un fonds attenant à l'enclos ci-deffus. Les os font de diverfe forme ; les uns paroiffent appartenir à l'efpece humaine. J'y ai vu l'os du tibia attaché encore à la rotule ; d'autres font plus flexibles & plus tranfparens. Les amateurs penfent que ce font des os d'animaux marins. Il eft indubitable que la mer a couvert auparavant toutes ces côtes. Le débris des corps marins y eft généralement répandu. Le refeau de la moelle paroît infiltré de cette fubftance craieufe dans quelquesuns de ces os. Il y en a d'autres qui confervent encore leur premiere organifation. C'eft par-tout un gluten pétrifiant jufqu'à l'intus-feption qui incrufte & pénetre de toutes parts les fubftances offeufes & exerce la fagacité des naturaliftes qui veulent caractérifer plus particulierement les efpeces d'animaux à qui les os appartiennent. Cet endroit avoit été habité autrefois ; il s'étoit formé un lac, près du rocher du dragon, dont il n'exifte plus le moindre veftige. Rien n'eft plus commun dans le terroir d'Aix que d'y voir des corps marins pétrifiés. L'on a trouvé de petits bancs d'oftracites , de coquilles pétrifiées , furtout dans les terres du nouveau chemin qu'on a conftruit pour aller à Marfeille.

CHAPITRE VI.

Carrieres de Gypse.

LA montée d'Avignon conduit aux plâtrieres de la ville qu'un naturaliste doit examiner, tant par la variété des couches pierreuses qui les accompagnent, que par le débris des corps marins & les empreintes des poissons dont elles sont enrichies. Ces carrieres ont leur direction du Levant au Couchant ; elles sont situées sous des coteaux fecondaires qui ne sont point une dépendance de ceux que nous avons laissés à Saint-Eutrope, ayant une direction oppofée & en étant féparés par des gorges & des vallons intermédiaires. Les couches de gypfe sont tantôt paralleles , tantôt légerement inclinées à l'horifon , & le plus fouvent en grandes maffes. Elles font couvertes à la fuperficie des coteaux par un mélange de gros cailloux arrondis. On y trouve le filex fcintillant fous le briquet, entouré d'une couche calcaire-craieufe , en petits blocs interrompus & indépendans , le petro-filex répandu de part & d'autre. Ce filex s'étend par lifieres dans la terre calcaire ; on le rencontre bien au delà des plâtrieres vers Aiguilles. Je ne chercherai point à expliquer comment cette pierre vitrifiable fe forme dans le calcaire, les changemens fucceffifs qu'elle effuye en prenant cette nouvelle forme , pourquoi ceux-ci échappent à nos recherches. Cette couche craieufe qui enveloppe le filex , ne lui eft-elle qu'adhérente, ou bien a-t-elle participé à fa formation ? Eft-ce le filex lui-même qui en fe décompofant dans le fein de la terre , paffe à l'état calcaire ? De favans obfervateurs qui étudient lentement la marche cachée de la nature font déja bien avancés dans l'histoire du silex. Ils l'ont découvert dans sa premiere origine encore tendre & friable, nageant dans un vehicule glutineux, à l'aide duquel ses molécules libres & désunies se lient, se collent & contractent entr'elles la cohésion & l'adhérence qu'on leur connoît : ils en ont suivi les gradations successives jusqu'à l'instant même où toutes ces molécules étant agglutinées & leur véhicule exhalé, elles avoient acquis la texture, la finesse & la dureté des agathes. Ne leur dérobons point la gloire de s'expliquer eux-mêmes, & de nous conduire dans ce dédale caché dont la nature se voile dans ses transmutations. De pareilles recherches ne peuvent qu'honorer l'esprit humain.

Les carrieres de gypse sont ouvertes du côté du Midi en plusieurs endroits sous la terre végétale. Il y en a de profondes, & qui correspondent l'une à l'autre. La plupart des murs avec lesquels on soutient les terres des vignes attenantes, sont construits avec les pierres du gypse le plus grossier qu'on en retire & qui ne sert qu'à cet usage. Voici ce que j'ai observé dans la principale de ces carrieres nommée *de Jean*.

Dès qu'on a descendu quelques dégrés & franchi la voûte qui soutient la terre végétale, on rencontre une couche d'une terre grisâtre & calcaire, un peu compacte, ayant tout le liant & la ductilité des argiles ; les ouvriers & le peuple la prennent pour telle : c'est une vraie marne qui en a toutes les qualités ; elle est molle & flexible dans la carriere, se desseche étant exposee à l'air, s'endurcit un peu, & se laisse briser sous les doigts. Les eaux pluviales qui se filtrent à travers les terres supérieures la tiennent molle & humide. Cette

couche marneufe fourniroit un puiffant engrais aux
terres voifines : elle s'endurcit à l'air , comme j'ai
dit ; mais l'eau la diffout fi aifément qu'elle fe réduit en bouillie ; ainfi divifée , elle bonifieroit le
fol maigre , aride & peu liant de plufieurs fonds ,
fi on la mêloit avec lui dans de juftes proportions ;
mais il eft peu de cultivateurs qui vouluffent s'en
donner la peine.

La couche de cette terre marneufe a jufqu'à
trois ou quatre pieds de large , & fuit toujours la
même direction dans la carriere. Plus on defcend
dans l'intérieur, plus elle eft dure. Les ouvriers la
nomment argile dure : elle marche parallelement
aux couches fupérieures , & devient tout-à-fait pierreufe ; on lui donne alors le nom de pierre froide ,
peiro fregio. Elle a dans cet état la fineffe & le
grain de nos pierres froides calcaires ; après quoi
en pénétrant de plus en plus dans la profondeur
de la carriere par des degrés qu'on y a pratiqués ,
on trouve une nouvelle couche de terre fchifteufe ,
noirâtre dont les feuillets font mols , défunis entr'eux , & la terre comme pourrie ; on la prendroit pour une terre bitumineufe , imprégnée du
débris des végétaux. Les ouvriers la nomment *fu-
baumaduro* , faifant allufion aux couches bitumineufes que l'on trouve dans les carrieres de charbon minéral ; c'eft parmi cette terre fchifteufe que
l'on trouve des criftaux féléniteux , rhomboïdaux.
Cette couche eft ramollie par les eaux qui fe filtrent des couches fupérieures : elle marche parallelement avec elles dans l'intérieur de la mine. La
couche qui lui fuccede eft beaucoup plus dure , elle
a fes feuillets plus rapprochés , plus refferrés ,
n'ayant pas deux pieds de large. Les ouvriers la
regardent comme la couverture du gypfe. C'eft une
vraie pierre fiffile par couches où l'on trouve l'empreinte

preinte de petits poiſſons rouges avec la tête un peu large, le bec effilé, & le corps formé en lozange, dont les arêtes, l'épine du dos, les nageoires & la queue font attachées à la pierre & pénétrées du ſuc lapidifique. On diroit au premier aſpect que ce font autant de petites dorades ; mais on en feroit plutôt des malarmats ou *galinetos* dont les analogues ne font point dans nos mers. On voit quelquefois dans ces ichtyopetres des mulets barbus, de grandes dorades, des loups. J'y ai vu un merlan dont les arêtes étoient très-bien conſervées ; il ſe mordoit la queue. Le gypſe ſe trouve immédiatement ſous cette pierre fiſſile.

Lorſqu'on deſcend plus bas & qu'on veut pénétrer dans une carriere inférieure à celle-ci, les couches primitives changent entierement ; ce n'eſt d'abord qu'une couche calcaire qui tient la place de la couche marneuſe ſupérieure : elle a plus de largeur. On rencontre enſuite une nouvelle couche noire, compacte, fiſſile, où ſe forment des pierres ſpéculaires, jaunâtres, tranſparentes, en grandes lames. Elles font inſolubles dans les acides, quoique formées dans les carrieres de gypſe. Leurs lames font diviſibles en d'autres plus minces encore. On s'en ſert quelquefois en guiſe de talc dont elles n'ont que l'apparence, n'étant point graſſes au toucher. Elles dépendent d'une terre fine neutraliſée par l'acide vitriolique qui en forme des criſtaux de ſélénite à lames plates, flexibles & tranſparentes. Leur couleur jaunâtre dépend vraiſemblablement de l'huile bitumineuſe dont leurs lames font empreintes ; elle eſt due à l'eau mere de leur criſtalliſation. Il ſuffit qu'on les expoſe à la diſtillation pour en retirer beaucoup de phlegme bitumineux. Cette couche eſt encore parallele aux autres : elle couvre immédiatement le gypſe inférieur. L'on n'y trouve

plus d'ichthyopetres, comme à la carriere supérieure.
Le gypse paroît beaucoup mieux travaillé ici par la
nature, ses lames sont plus déliées, sa couleur est
plus blanche ; on en trouveroit encore de nouvelles
couches, si l'on creusoit plus bas. Le barometre
s'éleva à plus de trois lignes dans le fonds de la
carriere qui a au moins 40 toises de profondeur.
Le thermometre marquoit à-peu près la même
température au fonds qu'au dehors, en Juin à huit
heures du matin.

Je ne suis entré dans ce léger détail que pour
donner une idée du travail que la nature dérobe à
nos yeux dans le sein de la terre, & désigner en
petit de quelle maniere elle parvient à former divers corps par la combinaison de plusieurs substances différentes entr'elles, & dont nous ne connoissons point le mécanisme. Combien il seroit important de se procurer de profondes excavations,
& de les pousser aussi loin qu'il seroit possible ;
comment se flatter de pénétrer sans cela dans sa
marche ténébreuse, de connoître les moyens qu'elle
emploie pour arriver à tant de combinaisons opposées, & nous présenter des corps homogenes avec
des principes aussi distincts & aussi séparés entr'eux ?

Cette quantité de gypse disposée en couche hori-
sontale dans le sein de la terre, les débris des
corps marins qui gardent toujours le même paral-
lélisme, ces poissons pétrifiés & attachés aux feuillets d'une pierre fissile, tous ces dépôts formés
lentement, n'indiquent-ils pas que les coteaux se-
condaires qui nous environnent sont dûs en partie
à l'action des eaux qui, en se retirant peu-à-peu,
ont concouru à leur formation ? D'où sont venues
ces eaux ? Sinon de cette source commune, de la
mer qui a couvert successivement toutes les parties

du globe, & dans le fein de laquelle fe paffent tous les jours des phénomenes qui frappent nos fens d'admiration.

Pitton, qui a écrit l'hiftoire d'Aix, prétend que cette quantité de gypfe dont cette ville eft entourée, rend le vin de fon terroir plus piquant; & ce foffile, felon lui, influe fur la chaleur de fes eaux therma-les. Nous avons vu le peu de principes que celles-ci contiennent, ce qui doit faire regarder le gypfe comme indifférent à cet égard. Il n'en eft pas tout-à-fait ainfi du vin qu'on perçoit dans les terres gyp-feufes, c'eft à l'expérience à en décider. Les ouvriers foutiennent le toit de la mine avec des blocs de pierre qu'ils taillent dans l'intérieur, ils les élevent d'efpace en efpace depuis le lit jufqu'au toit, & moyennant ces fages précautions, ils vont au-devant de tout danger. Les curieux peuvent parcourir ces mines en fureté, & le flambeau à la main, con-templer à loifir l'ouvrage de la nature.

CHAPITRE VII.

Des Marbres du Tolonet, Beaurecueil, Sainte Antonin.

LOrsqu'on fort de la ville d'Aix par la porte Saint-Jean, on trouve près du cours Sainte-Anne une carriere de marbre nouvellement décou-verte & affez analogue à celui de Saint-Eutrope dont j'ai parlé : il s'eft formé une compagnie d'ouvriers pour l'exploiter. A la vue de tant de marbres dont la direction eft la même, on peut conjecturer qu'une partie de la ville eft bâtie fur ces fortes de carrieres : on en voit fouvent des morceaux détachés fur la fuperficie des coteaux attenans , depuis la tour de Keyrié jufqu'à la montagne Sainte-Victoire. Le grand chemin qui conduit d'Aix au Tolonet, eft bordé de part & d'autre de vignes & d'oliviers. La petite riviere de l'Arc, coule à quelque diftance de là : elle prend fa fource dans le terroir de Pourrieres à quatre lieues d'Aix, & va fe jetter vers le couchant dans la mer de Berre. Cette riviere n'eft point poiffonneufe, & quoiqu'elle foit prefque à fec en été, les pluies d'orage la font quelquefois déborder fi fort en automne, qu'elle caufe beaucoup de dommages. Elle traverfe le vallon de Langeffe, & l'on diroit qu'elle a franchi un coteau pierreux & qu'elle a creufé fon lit dans cet efpace ; tant les couches des côtés oppofés font correfpondantes entr'elles & inclinées à l'horifon. C'eft toujours la même pierre blanche calcaire qui forme les couches de ces coteaux. L'on y trouve de tems en tems des morceaux de marbre breche, dont les carrieres s'enfoncent profondément dans les terres. Les coteaux oppofés qui ont leur expofition au nord, font en partie ftériles ; mais les bas fonds, les vallées font couverts de vignes & d'oliviers ; des champs très-bien cultivés, des prairies toujours vertes bordent la riviere de l'Arc ; on les arrofe par des canaux pratiqués d'efpace en efpace.

La terre du Tolonet, appartenant à M. le Marquis de Galifet, à une lieue d'Aix, eft entourée de coteaux très-bien peignés & de riantes campagnes complantées de vignes & d'oliviers. On y arrive par un grand chemin bordé de mûriers & d'arbres touffus, dont l'afpect eft des plus agréables. J'ai trouvé une carriere de gypfe blanc & foyeux à la partie du couchant dont la tête eft apparente & s'éleve dans un vallon ; on ne l'a point encore exploitée. On voit auprès du château un refte

d'aqueduc qui traverſe la terre de Beaurccueil &
de Saint-Antonin ; il paroît avoir été conſtruit du
tems des Romains pour conduire les eaux de Jouques à Aix ; il eſt compoſé d'un mortier dur &
tenace, formé par une eſpece de maſtic qui a
bravé juſqu'ici l'injure des tems, & préſente en
pluſieurs endroits un ciment plus dur que la maçonnerie. On connoît aujourd'hui la maniere dont
les romains compoſoient leurs mortiers. Il y a encore dans la province des édifices à demi ruinés,
des cirques, des arcs de triomphe, des temples
antiques, des aqueducs, dont le mortier eſt plus
dur que la pierre, & leurs débris, malgré leur vé-
tuſté, émouſſent les inſtrumens dont on ſe ſert
pour les détruire. Tous les coteaux du Tolonet
qui ont leur expoſition au midi, ſont compoſés
en grande partie de marbre breche (a) dont j'ai
parlé, à fond jaune, entremêlé de taches brunes
& noirâtres. On l'a vendu long-tems à Paris ſous
la dénomination de Breche d'Alep. Il eſt formé
par l'aſſemblage de pluſieurs cailloux de divers
calibres au moyen d'un ſuc agglutinatif qui les lie
enſemble : c'eſt une eſpece de pouding, comme
le marbre de St. Eutrope à Aix, mais dont les couleurs ſont plus douces & moins tranchantes. Son
grain eſt fin, on y voit également des morceaux
ou bandes d'albâtre : il reçoit très-bien le poli. On
en trouve des tables, des cheminées, dans pluſieurs villes du royaume, ſi bien travaillées qu'on
croit ce marbre originaire de Syrie ; pluſieurs
même lui donnent la préférence ſur les marbres
étrangers.

(a) *Marmor in modum varius diſruptæ elegantiæ mate-*
ries. Valerius. Ibid.

On a découvert une autre espece de marbre
dans la gorge du. Tolonet par où le torrent
s'écoule, dont le fonds tendre & approchant de
la rose, ne peut faire qu'un joli effet avec les
petits cailloux diversement colorés qui forment
cette breche : on en voit des blocs détachés du
haut des coteaux qui ont roulé dans cette gorge
étroite où il n'y a qu'un petit espace pour contenir le torrent. La difficulté d'exploiter cette nouvelle carriere en a peut-être suspendu l'exécution. Il y a des blocs de ce marbre qui tiennent
encore à la partie moyenne du coteau, qu'on
pourroit enlever aisément. Tous les coteaux attenans forment une chaîne qui se prolonge jusqu'à la montagne Sainte - Victoire ; leur superficie est couverte d'une infinité de cailloux mal
arrondis dont les angles subsistent encore, mal
liés ensemble, n'ayant qu'une espece de gluten
terreux, qui les unit avant de parvenir au marbre breche qui s'est formé sous cette couche plus
ou moins profonde. Lorsqu'on avance dans l'intérieur de ces coteaux organisés de la sorte, le
marbre est plus uni & mieux travaillé, ce qui
seroit encore si l'on creusoit plus profondément.
On taille à demi - lieue du Tolonet dans la
terre de Beaurecueil, les blocs de marbre perpendiculairement dans la carriere qui est encore superficielle à la partie moyenne du coteau ; la supérieure n'étant qu'un assemblage de
pierres roulées qui n'ont point acquis la finesse
& la dureté du marbre breche.

Celui de Beaurecueil approche beaucoup du
marbre du Tolonet ; ses couleurs sont moins
tranchantes ; le fonds entremêlé de morceaux à
demi-transparens qui lui donnent de l'éclat, paroît plus jaune. C'est toujours la même contex-

ture dans ces marbres ; on pourroit les nommer
fpathiques , quoique les bandes blanchâtres qui
les diftinguent & les rapprochent de l'albâtre ,
ne forment pas tout-à-fait une criftallifation fpathique , ayant plus de rapport avec l'albâtre. (a)
Les coteaux dont on tire le marbre de Beaurecueil , font contigus avec ceux de la terre de Saint-
Antonin , qui viennent fe joindre infenfiblement
à la montagne Sainte - Victoire. Leur direction
va toujours du levant au couchant ; ils forment
un coude en fuivant le revers de la montagne à
fa bafe méridionale. Les marbres qu'ils renferment font compofés de cailloux rougeâtres ,
gris , noirs , & de morceaux de fpath dur , à demi
tranfparens avec de jolis compartimens. Au fond
ce marbre breche ne differe des autres que par
fes couleurs & fa dureté. Les ouvriers penfent
que les petits cailloux noirs dont il eft entremêlé , font de vrais filex dont la dureté leur
donne plus de peine à les polir. Tous ces cailloux font calcaires ; l'eau forte les diffout complétement , comme dans tous les autres marbres
ci-deffus , & les réduit en bouillie dans plus ou
moins de tems : leur partie colorante enlevée
donne dans l'eau diftillée un léger précipité
bleuâtre avec l'alkali phlogiftiqué , qui indique la
préfence du fer dans la plupart de ces cailloux

_____

(a) La criftallographie des pierres n'eft pas encore
bien connue , la nature qui opere en grand dans ces
maffes énormes élude nos recherches. Ce ne fera qu'en
opérant en petit , comme nous faifons dans nos laboratoires , en foumettant la lithologie aux expériences chimiques , en déterminant la figure conftante des molécules qui concourent à la criftallifation de ces divers
mixtes , que nous pourrons voir un peu plus clair dans
ces opérations myftérieufes.

qui lui doivent une partie de leur dureté & de
leur cohérence. Ce marbre est connu dans la
Province, mais les ouvriers préferent de travailler
les autres par les raisons énoncées.

CHAPITRE VIII.

Mine d'Argent de Saint-Antonin.

ON trouve rarement les minéraux dans la
pierre calcaire : quand cela arrive, la nature abandonne brusquement ce genre pour paffer au fusible & vitrifiable, où elle travaille lentement ces fossiles qui font l'objet du defir & de
l'ambition des hommes. C'est alors le quartz,
le hornftein, les pierres réfractaires qui leur fervent d'enveloppe & de couverture. Cependant le
plomb se forme souvent dans les montagnes de
nature calcaire & le feld-spath ou quartz feuilleté, lui sert alors de gangue. La nature ne passe
à ce nouveau genre que par un intermede de
pierres vitrescibles, dont elle se sert quelquefois en abandonnant le calcaire pour parvenir aux
métaux. Tout ceci tient peut-être à la théorie de
ces opérations souterraines dont le mécanisme
est hors de la portée de nos sens. Je ferai mention de pareilles mines que j'ai visitées dans la
Province ; le hasard fit trouver quelques morceaux de plomb attachés au spath fusible, dans
le siecle dernier, au bas de la montagne Sainte-
Victoire dans la terre de Saint-Antonin, où l'on
voit une grande excavation pratiquée dans le roc :
on y creusa profondément, & on en détacha
quelques blocs dont le plomb étoit fort brillant ; ce qui fit imaginer qu'on pourroit en ti-

rer de l'argent. On coupella le métal, & l'argent qu'on en perçut fervit aux entrepreneurs de la mine pour quelques joyaux qu'ils firent travailler ; mais il ne confte pas qu'on ait exploité cette mine fort long-tems. On n'y trouva jamais de filon, quoiqu'on ait creufé fort profondément : le plomb qu'on en retiroit étoit difperfé en rognons dans la pierre ; il fut vendu aux potiers, & le peu d'argent qu'il contenoit, étoit bien au-deffous de la dépenfe & du profit ; ce qui fit abandonner cette entreprife qui n'eut aucun fuccès. Je n'ai trouvé perfonne à Aix, parmi les héritiers & les intéreffés à cette terre, qui en aient de notice plus certaine ; il y auroit du danger à vouloir pénétrer dans cette excavation entierement dégradée & dont le fonds eft fous les eaux. Tout ce qu'on a dit & écrit depuis là-deffus, n'eft fondé que fur une tradition incertaine.

CHAPITRE IX.

Defcription de la Montagne Sainte-Victoire.

LA montagne Sainte-Victoire, *Santo-Venturi*, eft fituée à deux lieues de la ville d'Aix, ayant fa principale direction du Levant au Couchant ; elle paroît avoir été coupée à pic dans la partie la plus élevée, d'où elle fe prolonge au levant par une crête qui s'élargit peu-à-peu, s'abaiffe infenfiblement & forme une chaîne au-delà de Pourrieres avec les coteaux d'Oullieres & des environs, à la diftance de quatre à cinq lieues. On parvient d'Aix à cette montagne par un chemin de voiture très-commode jufqu'à Vau-

Venargues, qui se trouve au-dessous vers le Nord. Ce chemin a été prolongé bien avant dans les terres, & facilite une route plus courte & plus aisée aux voyageurs qui veulent pénétrer dans l'intérieur de la Province par Rians, &c.

On rencontre par-tout en sortant de la ville d'Aix par le cours Saint-Louis, le même terrain que ci-devant : mêmes coteaux de part & d'autre, vallées agréables arrosées par des ruisseaux, égales plantations de vignes & d'oliviers. Lorsqu'on est parvenu à la terre de Saint-Marc pour joindre celle de Vauvenargues, les coteaux paroissent disposés en schistes dont les couches un peu inclinées à l'horison font de couleur ardoisée. Les oliviers viennent très-bien dans ces terres schisteuses : le blé fait pourtant la principale récolte du pays, & toute la vallée jusqu'au-delà de Vauvenargues est très-bien cultivée. Les couches feuilletées des coteaux attenans au chemin sont molles & friables ; quand on creuse beaucoup, elles ont une légere odeur bitumineuse que le débris des végétaux, & les eaux pourries leur communiquent. On ne sait pas encore si elles récelent du charbon de pierre dont elles forment souvent la couverture : le terrain s'éleve peu-à-peu à Vauvenargues, qui est situé dans une vallée au pied de la montagne Sainte-Victoire au Nord, ainsi qu'au pied d'une autre montagne moins élevée & située en opposition avec celle-là. On monte par un sentier rude & scabreux rempli de pierres jusqu'à la chapelle, qu'on a construite sur un plateau entouré de rochers & ouvert au Midi, au plus haut de la montagne. Il y a du danger à parcourir à cheval ce chemin tortueux à côté des précipices, & je faillis y perdre la vie en herborisant avec Messieurs les

Etudians en Médecine, par une chute dont je me ressens encore.

L'amour de la botanique & de l'observation, m'ont conduit plusieurs fois sur cette montagne ; j'y portai un barometre en 1778 ; M. de la Manon voulut bien être de la partie. Tout le monde connoît son goût & son exactitude pour ces sortes d'observations ; son barometre étoit construit à-peu près comme celui dont M. du Luc nous a donné la description ; que le Pere Cotte de l'Oratoire, Curé de Montmorenci & correspondant de l'Académie des Sciences, a fait graver dans le volume de ses Observations Météorologiques. Le mien n'avoit que la boule un peu moins évasée que celle des barometres ordinaires : nous choisîmes un beau jour du mois de Juin, où il n'y eut pas la moindre variation dans l'atmosphere. J'étois assuré d'avoir par-là l'élévation la plus juste de cette montagne, tant sur le niveau de la mer que sur celui d'Aix, du moins autant que l'on peut compter sur la précision & la fidélité de pareils instrumens.

Le barometre en partant de la fontaine des chevaux marins à 4 heures & demi du matin, étoit à 27 pouces 9 lignes, & le thermometre à 17 degrés & demi sur le point de la congélation : lorsque nous fumes aux petits coteaux schisteux de Saint-Marc, la colonne du mercure avoit baissé d'un pouce deux lignes ; arrivés à la maison de campagne de Cabassol, nous n'avions plus que 26 pouces 3 lignes d'élévation au barometre. Le thermometre n'avoit point varié : arrivés au petit plateau de l'hermitage qui est la partie la plus élevée de la montagne, nous ne trouvames que 25 pouces & 7 lignes d'élévation à la colonne du mercure, le thermome-

tre avoit baiſſé de deux degrés à 11 heures du
matin par un peu de vent d'Eſt qui s'étoit levé,
ſans qu'il parût aucun changement dans l'atmoſphere : d'ailleurs, nous étions dans une région
plus froide, (*a*) y ayant plus de demi-heure de
chemin du pied de la montagne juſqu'à ſon ſommet : ce qui, à 13 toiſes par ligne d'abaiſſe-
ment dans le barometre, ainſi que l'on calcule,
donne 402 toiſes d'élévation à la montagne
Sainte-Victoire, au plateau de l'hermitage, ſur
le niveau d'Aix, & 480 toiſes ſur celui de la
Mer.

Cette montagne, qui eſt à pic du côté du Midi,
n'y préſente à la vue qu'un horrible précipice ;
elle paroît avoir eſſuyé des bouleverſemens intérieurs qui ont détaché de la maſſe totale une
quantité prodigieuſe de cailloux, d'où ſe ſont formés peu-à-peu les coteaux attenans avec leurs
marbres. Ces ſingularités exigent pluſieurs obſervations ſur les lieux, ſi on veut bien les connoître. La montagne n'eſt couverte de bois que
vers la partie ſeptentrionale qui appartient à M. le
Marquis de Vauvenargues, le côté méridional eſt
entierement nu & pelé ; il n'offre qu'une pierre
calcaire dure dont les couches ſupérieures ſont
perpendiculaires à l'horiſon d'une part, & inclinées de l'autre ; ce qui indique les ſecouſſes &
les ébranlemens que la montagne a eſſuyés. On
y voit encore les traces des torrens ou plutôt des

(*a*) L'action du froid & du chaud dilatent & con-
denſent ſouvent plus la colonne du mercure dans le
barometre, que ne fait le poids de la colonne d'air
atmoſphérique ; c'eſt à quoi les obſervateurs doivent
faire attention.

eaux qui fe font précipitées d'en haut, (a) & ont entraîné avec elles, tant du côté de Beaurecueil que de celui de Saint-Antonin, la quantité de cailloux & de pierres mentionnées ci-deſſus : ſa partie ſupérieure préſente une eſpece de crête depuis l'hermitage juſqu'à une diſtance aſſez longue d'où elle s'élargit peu à-peu vers le Levant. Les couches de la roche ne font point paralleles du côté du Midi avec celles du Nord. On voit de grands blocs féparés de la maſſe commune, beaucoup de débris de part & d'autre ; & quoique la montagne ait une petite plaine ſur ſon ſommet, il n'y a gueres que des pierres détachées dans l'intervalle deſquelles on trouve quelques petits arbuſtes. Il s'eſt formé une eſpece de gouffre ſur la crête de cette montagne, en tournant au midi, dont la cavité profonde eſt due plutôt à l'éboulement & aux ſecouſſes qu'elle a ſoufferts, qu'à l'exploſion de quelque feu ſouterrain, comme pluſieurs ſe l'imaginent encore : il n'y a aucun indice, aucune trace de volcan éteint aux environs, point de laves. La forme de ce gouffre qu'on nomme *garagai* ſur les lieux, creuſé par les eaux, ne préſente pas d'autre origine. Il y a des criſtalliſations attachées à la voûte attenante ; elles font tranſparentes, comme les concrétions formées autour de l'albâtre, & font autant de criſtaux que les dépôts des eaux qui ſe filtrent à travers la pierre, y ont laiſſés.

Quoique cette montagne ne ſoit pas extrême-

(a) Ces traces profondes des eaux qui ſe font précipitées du haut des montagnes, lorſque la mer en ſe retirant les a miſes à nu, ne ſauroient échapper à l'obſervateur : elles ont toutes leur direction vers la mer.

ment élevée fur l'horifon relativement aux Alpes, cependant fa fituation dominante fur quantité de pays, offre aux fpectateurs une étendue de vue fi agréable & fi variée, qu'on ne peut fe laffer de la parcourir, furtout lorfque l'horifon n'eft point chargé de vapeurs, & que le ciel eft fans nuages ; ce qui arrive principalement avant le lever du foleil. On découvre au Midi la mer & les étangs de Berre, au Couchant les vaftes plaines de Crau & d'Arles, la montagne du Leberon au Nord ; le Mont-Ventoux dans le Comtat-Venaiffin, montre fa tête altiere fouvent couverte de neiges. Par-deffus ces montagnes, celles de Lure, de Norante, d'Eiguines, s'apperçoivent par autant d'échappées de vue ; l'œil fe promene agréablement fur toutes les autres qui bornent l'horifon de la mer jufques à Pouffiou, & à la Sainte-Baume ; on ne fe laffe point d'admirer la connexion & l'enchaînement de toutes les montagnes & de leurs coteaux attenans, quoiqu'avec des directions le plus fouvent oppofées.

La montagne Sainte-Victoire étant toute de nature calcaire contient des marbres de part & d'autre : on en a trouvé à Vauvenargues. Celle qui eft vis-à-vis Sainte-Victoire au Nord, a donné du blanc veiné avec un autre marbre d'un blanc plus obfcur qui fe laiffe polir exactement ; le chemin qui traverfe la terre de Vauvenargues conduit à Rians, bourg confidérable. Les fchiftes qu'on y rencontre de tems en tems font plus dures & tiennent de l'ardoife : lorfqu'on fouille dans la terre, elles font fonores & caffantes ; on y voit fouvent des dendrites avec de jolies ramifications ; tous les environs font couverts de chênes verts fous lefquels végetent des fimples utiles : je vais faire l'énumération des principaux.

CHAPITRE X.

Description des plantes qui naissent aux environs d'Aix, & sur la montagne Sainte-Victoire.

REGARDER simplement la botanique & la connoissance des simples, dont la main du créateur a orné avec tant de luxe & de profusion la surface de la terre, comme une science de pur agrément, que l'on peut appliquer au traitement de quelques maladies ; n'y chercher que de petites recettes le plus souvent exagérées pour en constater les propriétés ; c'est nous écarter des vues que la providence s'est proposée en créant les simples ; c'est resserrer les limites de cette science dans des bornes trop étroites, & dédaigner tout ce qui est relatif à la santé, à la nourriture, à la durée de la vie des hommes. Quels avantages l'agriculture, le jardinage n'en retirent-ils pas ? Comment une industrie éclairée est-elle parvenue à faire servir la botanique aux arts de luxe comme à ceux qui nous font les plus utiles ? Elle nous ouvre un commerce précieux & entretient une heureuse correspondance entre les diverses nations de l'univers ; elle rend communes les riches productions de la terre parmi des hommes destinés à vivre sous des climats le plus opposés entr'eux, avec des mœurs & des usages si différens. Ils tournent à leur profit un bénéfice qui n'est fait que pour eux, & ne s'écartent point des vues de la nature.

La situation variée de la Provence baignée des eaux de la mer dans toute sa partie méridionale, son étendue, sa position intérieure sous un ciel tempéré ; le nombre & la hauteur de ses montagnes, leur mutuel enchaînement, leur connexion particuliere entr'elles, présentent autant d'aspects & de situations différentes qui doivent influer sur la végétation. On éprouve en effet des variétés sensibles, divers degrés de chaleur & de froid dans tous les lieux qui favorisent plus ou moins l'accroissement des plantes que le sol y produit. Lorsqu'on se plaint d'essuyer dans l'intérieur de la Provence, les mêmes chaleurs qui regnent dans la région des tropiques ; on respire toujours un air plus doux, plus rafraîchi sur les montagnes ; & quand les frimats & les neiges nous voilent encore ces hautes régions, nous jouissons de beaux jours dans les pays maritimes : des brises constantes, une agréable sérénité nous annoncent le travail de la nature, qui va donner l'être à une infinité de productions. Quelle variété remarquable ne doit pas régner dans les simples ? Combien d'especes différentes ne doit-on pas observer sous un ciel aussi peu uniforme ? On voit aux bords de nos mers des parages rians, où les plantes & les arbres qui végetent entre les tropiques, graces à la température des lieux, se font aclimatés insensiblement. Hieres, Antibes, Saint-Paul, Vence, étalent les jardins des hespérides couverts de fruits dorés en hiver ; c'est sous ce beau climat où nombre de plantes & d'arbres exotiques qui font l'ornement des parterres & des jardins, font devenus indigenes depuis long-tems.

Telle est encore la partie moyenne de la Provence, où les froids ne font jamais assez vifs en hiver pour nuire à la végétation. On y voit quantité d'arbres originaires des Indes & des régions les plus chaudes ; tandis que nos montagnes ne

contiennent

contiennent que des arbres réfineux , & les plantes & les fruits originaires des pays feptentrionaux. On obferve que les fimples d'une même
famille affectent de fe tenir à une égale hauteur , & que les productions végétales ne different pas beaucoup entr'elles , lorfqu'elles font
fituées dans une même élévation , quoique dans
des pays différens. C'eft ainfi que le célebre
Linnéus trouva dans les montagnes de la Laponie
plufieurs plantes qui naiffent aux Alpes. La variété des pofitions auffi nombreufes , la différence du ciel , les montagnes qui nous entourent ,
les plaines intermédiaires , les bords de la mer ,
renferment quantité de fimples précieux que
l'on trouveroit difficilement ailleurs. Auffi pou-
vons-nous nous flatter d'être riches en ce genre
qui faifoit en Provence , au commencement du
fiecle , les délices de plufieurs amateurs. C'eft à
leurs travaux , c'eft à leurs pénibles découvertes
que nous devons encore le zele & la curiofité
de ces infatigables botaniftes qui viennent herbo-
rifer fur nos montagnes & arrofer de leur fueur
les routes fcabreufes que leur ont tracées ces
grands hommes. Si le goût des fciences naturelles eft
actuellement endormi dans cette Province , les amateurs jouiffent au moins du plaifir de voir qu'il nous
refte des richeffes à glaner , malgré celles que les
vrais connoiffeurs ont moiffonnées auparavant ; &
ils s'apperçoivent que les étrangers qui fe donnent
la peine de parcourir nos montagnes , fe retirent
toujours fatisfaits de leurs recherches. Tournefort notre compatriote étoit fi convaincu de cette
vérité , qu'il n'a jamais ceffé de dire que les botaniftes ne regretteront point leurs peines , s'ils
vifitent fouvent nos montagnes , où ils feront toujours quelques nouvelles découvertes. Peirefc &

été le précurseur de Tournefort : on lui doit
quantité d'arbustes & de plantes rares qu'il faisoit venir de bien-loin pour les aclimater dans sa
terre de Beaugencier près de Toulon. Garidel a
succédé à Tournefort.

Le génie créateur de ce dernier nous a laissé
une méthode naturelle pour classer la plupart des
plantes & mettre de l'ordre dans une science aussi
vaste. Il a débrouillé le chaos que les anciens y
avoient répandu & a développé la marche que la
nature a suivie, en séparant par des caractères
distincts, les plantes d'une famille d'avec celles
d'une autre. On étudioit auparavant les simples,
leurs rapports entr'eux, par ceux de leurs propriétés souvent mal connues, plus souvent incer-
taines, leur maniere d'agir n'étant point à la
portée de nos sens ; tandis qu'il n'en coûte qu'un
petit effort de mémoire pour réduire les genres
des plantes que Tournefort à créés, à un nombre
de classes qu'on saisit à l'instant par le caractère
saillant de la fleur. C'est par-là que les plantes se
reproduisent ; c'est la fécondation des graines ou
semences, c'est la fructification qui nous donne
toutes les années une quantité d'individus qui per-
pétuent les especes.

Les personnes qui voudront faire quelques progrès dans cette science, pourront choisir ce systeme facile dont la plupart des classes ont été pui-
sées dans la nature même qui les a séparées les
unes d'avec les autres, par des caractères évi-
dens ; avec quelques legeres corrections, en ré-
duisant les arbres & les arbustes dans les classes
des plantes dont ils portent les fleurs. On peut
dire que le systeme de Tournefort parle autant
aux yeux qu'à l'esprit, qu'il mérite l'estime des
botanistes & fait un honneur infini à son inven-

teur. On voit encore quelques jardins de botanique en Europe diftribués felon la méthode de
Tournefort; les planches enluminées des fimples
ples du jardin du Pape à Rome , que l'on continue à nous donner ainfi , font d'une très-belle
exécution. Ceux qui voudront faire de plus grands
progrès encore en Botanique , & connoître les
nouvelles découvertes dont on l'a enrichie depuis Tournefort , doivent étudier néceffairement
le fyfteme du célebre Linneus. Une collection immenfe de plantes apportées de l'un & de l'autre
hémifphere que l'on claffoit difficilement parmi
celles dont Tournefort nous a laiffé l'énumération ,
a donné lieu, pour ainfi dire, à ce nouveau fyfteme que toute l'Europe favante a adopté. On
a cherché pendant long-tems à pénétrer le myftere de la génération des plantes; on croit y
être parvenu en attribuant aux étamines des fleurs
la fonction de féconder les embrions des graines , au moyen d'une poudre qu'elles contiennent à leurs extrémités dans de petites follicules, laquelle fe répand fur les piftils, d'où elle
eft tranfmife jufqu'aux graines ou femences. Ce
mécanifme qui ne nous eft pas encore bien
connu , fuggéra l'idée de compofer un fyfteme
fexuel , qui renferme une férie de claffes dif-
tinguées par le nombre des étamines , par l'ordre qu'elles gardent entr'elles , par les endroits
de la fleur d'où elles naiffent & leur connexion
mutuelle, &c. C'eft-là le fyfteme de Von-Linné, (a)
qui fe trouve aujourd'hui dans tous les nouveaux
livres de botanique , que les nombreufes édi-

_____

(a) Le Roi de Suede lui donna ce titre, l'ayant fait
Chevalier de l'Etoile polaire , digne récompenfe de fes
talens.

tions de ce naturaliste ont si fort multipliés. Ce
système a ses difficultés pour les commençans;
mais ils ne tardent pas à s'en rendre les maîtres :
il mérite sans doute la préférence par la méthode ingénieuse qui sert à distinguer les différentes plantes entr'elles , par les savantes corrections
que l'Auteur y a ajoutées , par les descriptions
exactes qui caractérisent ses genres & une quantité d'especes dont il a enrichi cette science.
Tous les simples nouvellement découverts dans
l'hémisphere austral , les arbres , les arbustes de
l'Amérique méridionale , viennent se classer comme
d'eux-mêmes dans ce système ingénieux ; témoin
les plantes de la Guiane Françoise , décrites par
Fuzée Aublet, qu'il seroit difficile de ranger dans
celui de Tournefort. Je me servirai de la nomenclature de ces deux Auteurs comme la plus reçue.

Le traité que Garidel , l'ami & le compagnon
de Tournefort, a composé à la gloire de sa patrie , ne comprend que l'énumération des plantes
qui naissent aux environs d'Aix : il est fort estimé
non - seulement par une centaine de planches
gravées d'une belle exécution ; mais encore par
le détail des connoissances nationales qu'il nous
a transmises concernant les plantes de son pays.
J'adopterai sa nomenclature en patois , quoiqu'elle ne soit pas généralement suivie dans toute
la province , & qu'on nomme les plantes différemment de part & d'autre ; celle dont le peuple
d'Aix se sert doit avoir la préférence , comme
étant la plus reçue. C'est ainsi que je ferai connoître un peu mieux les simples du pays à mes compatriotes. La plupart leur attribuent plus de vertus
qu'ils n'en ont ; d'autres donnent dans le préjugé
& dans l'erreur à ce sujet ; plusieurs n'en font aucun cas. Il est bon de fixer nos idées. La *flora*

gallo-provinciæ de M. Gérard qui fait l'énumération de presque toutes les plantes qui naissent en Provence, servira encore à fixer més recherches, & si je ne puis entrer dans un grand détail, je m'attacherai au moins aux simples les plus utiles & les plus essentiels, ne décrivant que ceux qui me paroîtront le moins connus, pour éviter les redites.

On voit un petit jardin de Botanique à Aix, dont le legs, pour son établissement, a été fait à l'Université par feu M. le Duc de Villars, gouverneur de Provence : l'assemblée des Etats voulut bien l'avancer en 1775 pour acheter l'emplacement de ce jardin, en attendant qu'on eût pourvu à son entretien ; mais comme cette somme étoit fort modique, relativement à un établissement pareil, que le local se ressent du peu de goût qu'on a aujourd'hui dans la capitale pour les sciences naturelles, qu'on est réduit par le défaut d'eau à arroser les plantes à la main, qu'on y manque généralement de tout, ce jardin est encore dans un état de langueur & d'enfance, qui cessera lorsque Messieurs les Administrateurs de la province voudront favoriser un établissement aussi utile; c'est-là où les amateurs pourront assister tous les jours aux leçons publiques de Botanique que l'on donne aux éleves en pharmacie, en chirurgie, & à MM. les étudians en médecine. MM. de la Société Royale d'agriculture qui vient d'être nouvellement établie à Aix, à laquelle ce jardin est annexé de préférence, y viendront admirer les progrès de la végétation dans les plantes exotiques, & verront avec plaisir ce que peuvent l'art & la culture dans les simples originaires de l'autre hémisphere qui viennent s'aclimater peu-à-peu sous un ciel différent. Ce jardin devenu public par les libéralités de ceux qui font faits pour veiller à l'enfeignement , & à répandre leurs bienfaits même fur la poftérité , s'il m'eft permis de parler ainfi ; ce jardin prenant toujours de nouveaux accroiffemens , fera renaître de fes cendres une fcience qui avoit brillé autrefois dans la capitale , comme nous l'avons vu , & de nouveaux fucceffeurs tiendront la place de ceux dont nous admirons les écrits.

On peut juger de ce qu'on trouvera à l'avenir dans un jardin public de botanique entretenu par la province , par ce qu'on y voit aujourd'hui ; tant le climat d'Aix eft favorable à la végétation des plus belles plantes de l'univers : avec un peu d'attention & dans une expofition convenable , on conferve les plantes de nos alpes , celles qui ne viennent que fur les plus hautes montagnes , comme la gentiane , le raifin doux , les airelles , le lazerpitium , l'angélique , l'impératoire , quantité de plantes umbelliferes qui y naiffent , y fleuriffent , & fe reproduifent en graines. Je ne dis rien des plantes annexées à la partie méridionale de la Provence & aux côtes maritimes ; c'eft ici , pour ainfi dire , leur fiége natal , le lieu le plus convenable à la culture qu'on voudra leur donner. Je parle des plantes & des arbres originaires d'Afrique & d'Amérique qu'on trouve déja dans ce petit enclos. Une nombreufe fuite de geranium ou becs de grue d'Afrique , des aloès de différente efpece , des méfinbrianthémuns (a) , des euphorbes , des cierges du Pérou , des plantes liliacées du Canada , des arbres des Indes , de la Virginie & de la Caroline. C'eft aux attentions d'un fameux (b) cultivateur &

(a) Ce font des plantes graffes qui végetent naturellement entre les tropiques.

(b) Fuzée Aublet de Salon.

botaniſte qui avoit formé le projet d'aclimater les plantes d'Amérique ſous notre ciel, à qui ce jardin eſt redevable de celles qui ont échappé à la rigueur de nos hivers, & à la correſpondance que M. Thouen, célebre jardinier en chef du jardin royal des plantes à Paris, a bien voulu établir entre lui & moi. Je ſaiſis cette occaſion pour lui en témoigner publiquement ma reconnoiſſance. Rien n'égale la douceur, l'aménité & la politeſſe de cet aimable correſpondant, & les botaniſtes lui ont des obligations infinies par le zele & l'empreſſement qu'il témoigne à tous ceux qui s'adreſſent à lui pour tirer des plants & des graines du jardin du Roi, dont la culture lui eſt confiée. Les nouveaux jardins de botanique que les Etats de Bourgogne, la Société libre de botanique à Angers, la province de Rouſſillon, du Béarn, &c. ont établis depuis peu, doivent à ſes ſoins généreux les ſimples les plus rares dont ils ſont enrichis. Pourquoi la Provence n'auroit-elle pas à ſe louer de ſa correſpondance ? Il ne faut qu'avoir commencé pour augurer favorablement de l'avenir, & cette province ne ſera point en arriere avec ce généreux coopérateur qui ne demande en échange que quelques plantes naturelles à ſon climat pour les cultiver dans le jardin royal : je lui en ai fait parvenir quelques fois.

Les principaux endroits ſitués aux environs d'Aix qui offrent le plus de plantes aux amateurs ſont les coteaux de Monteigués, de Prignon, de Barret, la tour de Keyrié, le pavillon de l'enfant, les plaines des Milles, les bords de l'Arc, les coteaux du Tolonet, Beaurecueil, la montagne Sainte-Victoire.

Le geneſt d'Eſpagne, *la gineſto*, feroit un très-bel effet dans nos jardins & nos parterres, s'il n'étoit pas ſi commun dans les campagnes ; ſa fleur jaune, légumineuſe, plaît aux yeux par la vivacité de fa couleur ; on s'en fert en médecine, ainfi que du geneft à petites & longues épines. (a) Ces ar-briffeaux font diurétiques par leurs graines & par leurs fleurs , par le fuc extrait des tiges encore tendres, lequel étant corrigé avec le fuc de menthe, purge très-bien les férofités & fe donne aux mêmes fins. La leffive des cendres de geneft eft très-effi-cace pour évacuer les eaux des hydropiques ; on pourroit former au moyen des genefts épineux des haies vives pour clorre les champs & les défendre des beftiaux.

(b) Le troefne ou l'olivier fauvage , fait un joli effet dans les petites allées des bofquets & des labyrinthes ; fa fleur eft blanche , odorante & dé-coupée en entonnoir ; elle eft aftringente, ainfi que fes feuilles ; on en compofe une huile excellente pour deffécher les vieux ulceres ; l'eau diftillée de fes fleurs eft un très-bon ophtalmique & arrête même les hémorragies. Le troefne garde fes feuil-les pendant l'hiver aux endroits tempérés ; fes bayes noires font un appât pour les oifeaux.

(c) Le chevrefeuil , *lou fabatoun. La mayre-*

(a) *Genifta junceum*, le grand geneft, *la ginefto* ; *fpartium majus Linnei* , *fpartium majus longioribus & brevioribus aculeis*. Tournef. *inflit. rei herbar*. 645. On trouve plu-fieurs efpeces de geneft aux environs d'Aix aux plaines de Luines ; le *genifta tinctoria* dont les fleurs font em-ployées à la teinture. Le *genifta foliis hyperici ramofis* fe voit à Barret : il y en a de fort épineux , tel que le *genifta fpartium fpinofum majus*. L'argielac.

(b) *Liguftrum vulgare Linei*. Le troefne.

(c) *Caprifolium italicum*. Tournefort. Claffe XX. *Lo-nicera capitulis ovatis imbricatis terminalibus Linnei*. Spec. plant. M. Linneus a compris plufieurs arbriffeaux diffé-rens dans ce genre. Comme le *periclymenum xilofteum* , le *camocerafus*. Voyez fes *fpecies plantarum* & fa *critica botanica*.

filvo , ne doit pas moins nous intéreffer par la variété de fes fleurs ; il conferve fes feuilles en hiver dans les bonnes expofitions ; les collines des environs d'Aix , les bords des chemins nommés *ribos* en font garnis. Quoique la décoction de fes fleurs foit un bon béchique , que fes feuilles foient déterfives , & qu'on tire une eau diftillée des premieres comme un bon ophtalmique , il eft peu en ufage. Nous avons dans nos jardins plufieurs efpeces de chevrefeuil dont la fleur eft odorante. Ce font autant d'arbuftes exotiques qui végetent très-bien , & fe font aclimatés fans le fecours des ferres ; tel que le *lonicera marilandica floribus cotineis Linnei* , le *periclimenum virginianum*. V. Spec. plant. Lin.

(a) Le térébinthe , *lou petelin* , faux piftachier , fe trouve partout aux environs de la Toueffe. Il eft remarquable par une quantité de pucerons ailés qui dépofent leurs œufs fur les feuilles de l'arbriffeau encore tendre , d'où naiffent des vers blancs , longs , qui en piquant la feuille , l'obligent de fe réplier fur elle-même , & de former de longs cornets où l'on trouve ces vers rongeans dans un fuc vifqueux qui découle des feuilles , & dont ils fe nourriffent. Ce fuc reffemble affez à la térébenthine du fapin ou du méleze : dans des climats plus chauds , comme en Syrie , on l'emploie à divers ufages. Les veffies ou cornets venant à fe deffécher en automne paroiffent percés de plufieurs petits trous par où les vers qui ont fubi leur métamorphofe s'échappent en autant de pucerons ailés. On attribue au térébinthe les mêmes vertus qu'au lentifque. Il eft aftringent & déterfif ; fa réfine in-

---

(a) *Terebinthus vulgaris*. Tournefort. Faux piftachier à feuilles ailées , impaires.... Térébinthe commun.

cife les glaires & les vifcofités de la poitrine ;
elle eft vulnéraire & déterfive.

(*a*) Le piftachier des Indes. Nous cultivons cet
arbre en plufieurs endroits de la province : il vient
très-bien dans nos jardins où il ne craint point les
gelées. Le tronc du piftachier eft affez gros , fes
branches font étendues , fes feuilles font difpofées
comme celles du térébinthe le long d'une côte affez
longue. On diftingue les fleurs en mâles & en femelles. Les premieres n'ayant que des étamines
& les fecondes des piftils , font rangées fur des
pieds différens. On voit ainfi des piftachiers avec
des fleurs mâles , & d'autres avec des fleurs femelles. (*b*) Les étamines forment un chaton ferré
en grappe ; les piftils font également grappés dans
un petit calice qui en foutient trois ; l'embryon devient une baye qui renferme une amande ovalaire.
C'eft le fruit , ou la piftache que l'on préfere aux
amandes communes par fon goût & fa faveur. On
a foin de planter les deux efpeces mâles & femelles
affez près les unes des autres , afin d'obtenir la
maturité des piftaches ; fi elles étoient difpofées autrement , on feroit obligé de porter les
grappes des fleurs mâles fur les arbres qui n'ont

(*a*) *Piftacia vulgaris foliis pinnatis , ovatis , lanceolatis.*
Linnei. fp. plant. Le piftachier.

(*b*) M. Linneus a cherché les caracteres fondamentaux
de fon fyfteme dans les parties des plantes qui fervent à
leur reproduction. Vaillant avoit décrit avant lui les étamines , les pétales , & connu leur ufage. La fécondation
s'opere dans les plantes, lorfque la pouffiere des étamines
s'arrête fur le ftigmate du piftil qui dans la faifon propre
à cela eft humecté d'une liqueur gluante. Chaque pouffiere eft un corps élaftique lequel imprégné de l'humidité qu'il trouve fur le ftigmate , s'atténue, fe brife &
devient une liqueur fine qui pénetre à travers le piftil , &
féconde la graine qui lui eft attachée. Voyez ci-deffus.

que des fleurs femelles, comme on le pratique en Syrie. Les piſtachiers à fleurs mâles ſe diſtinguent aiſément de ceux qui n'ont que des fleurs femelles : ils ont leurs feuilles plus petites, plus longues, avec trois lobes ſeulement & d'un verd plus foncé, tandis que celles des derniers ſont moins émouſſées ; elles ſont partagées en cinq. Cet arbre eſt originaire de la Perſe & de l'Arabie où il s'éleve juſqu'à 25 ou 30 pieds de haut. Nous recevons du levant pluſieurs piſtaches bien ſaines qui ne ſevent point, parce que les fleurs qui les ont précédées, n'ont point éprouvé le contaᵭt générateur des étamines.

La colline de Monteigués eſt couverte de fort jolies plantes : on y cueille une eſpece *d'Elichriſum* à fleurs purpurines ; Tournefort & Garidel l'ont nommée une jacée à feuilles de romarin. C'eſt la *ſthælina dubia Linnei foliis linearibus denticulatis.* Sp. plant. pag. 1176. Cette plante, dit ce Naturaliſte, forme la chaîne entre les jacées & les gnaphaliums. M. Gérard l'a faite graver dans ſa *flora gallo-provinciæ*, pag. 90 : ſes feuilles ſont linéaires, denticulées, un peu velues en-deſſous ; elle pouſſe beaucoup de tiges qui ſont terminées par autant de fleurs oblongues. Le calice eſt écaillé, l'aigrette qui termine les fleurs eſt deux fois plus grande que le calice. On trouve encore la ſthælina ſur les coteaux des environs d'Aix, leſquels ſont couverts la plupart de plantes aromatiques.

(*a*) Le fer-à-cheval, *lou ferre à chivau* ; Garidel a fait graver les trois eſpeces que nous avons de cette plante. Le fer-à-cheval à ſilique détachée, eſt le plus rare. Ces plantes aiment les ré-

---

(*a*) *Ferrum equinum.* Tournef. *Hipocrepis Linnei.* Le fer à cheval. *Ferrum equinum ſiliquâ ſingulari, ferrum equinum ſiliquis in ſummitate. Ferrum equinum ſiliquâ multiplici.*

gions tempérées. On les regarde comme aftringentes
& vulnéraires. Leurs filiques recourbées comme
un fer à cheval leur a fait donner ce nom. Le peuple leur attribue beaucoup de vertus cachées. Les
alchimiftes prétendoient qu'elles fixoient le mercure. Voyez Garidel. D'autres font perfuadés encore aujourd'hui que ces plantes brifent le fer, &
qu'un cheval eft déferré des quatre pieds lorfqu'il
marche long-tems fur un gafon de fer-à-cheval.
Gefner donna dans ces erreurs, les accrédita; le
peuple des montagnes ne fauroit en revenir, il
adopte toutes les fables que des herboriftes ignorans lui débitent de fang froid. On en voit plufieurs
parcourir les alpes & faire ainfi des dupes. Il eft
bon de connoître ces fortes de jongleurs pour être
en garde contre leurs aftuces.

Bugloffum fruticofum roris marini folio. Tournefort. Cette plante que Linnéus a mife au rang des
lithofpermum, l'herbe aux perles, a une tige baffe
& ligneufe. Ses fleurs font monopétales, en entonnoir, avec cinq étamines & un piftil comme le lithofpermum. Elle fe plaît fur les coteaux ftériles
& vient difficilement ailleurs. On trouve plufieurs
efpeces de Buglofes dans le terroir d'Aix. L'orcanete eft de ce nombre; elle en a le port extérieurement. (a) On fe fert de fa racine pour la teinture
que l'on fait fécher au foleil. On la vend aux dro-
guiftes qui la choififfent d'un rouge foncé. On en
donne la couleur à l'onguent rofat, aux pommades,
aux graiffes, aux huiles, que les rofes ne fauroient leur communiquer. La partie colorante réfide dans l'écorce de la racine dont on fait un plus
grand commerce en Languedoc.

    Toutes les plantes borraginées conviennent prin-

(a) *Anchufa foliis imbricatis lanceolatis.* L'orcanete.

cipalement aux inflammations de poitrine ; la buglofe , *lou bourage fer* , la vipérine (a) ont à peu-
près les mêmes propriétés ; elles contiennent du
fel nitre dans un état favonneux qui fe forme naturellement dans ces plantes , comme on peut voir
dans la pariétaire, le tournefol. On a prétendu depuis
peu que l'extrait de bourrache ou de buglofe étoit
un vrai fpécifique pour la gonorrhée , & qu'on pouvoit la guérir avec ce feul remede. J'avoue qu'il
calme plutôt l'inflammation que les décoctions ni-
trées que l'on ordonne communément ; mais on
ne doit point regarder cet extrait comme un fpécifique. Il favorife l'application des autres remedes
qu'il ne faut jamais perdre de vue. L'eau diftillée
de buglofe fert de cofmétique aux femmes du
Nord , & releve les couleurs éteintes du vifage.

Le thim , *la farigoule* , le romarin , *lou rou-
maniou* , la lavande , couvrent nos coteaux. Les
lieux bas aquatiques , les ruiffeaux étalent la fcro-
phulaire , le fifimbrium , quantité de faponaires ,
des menthes fauvages , le pouliot , la grande pafferage , la corneille à fleur jaune , la fauffe mauve ,
ou l'alcea à feuille de chanvre qui s'éleve fort haut;
elle a la fleur & la fructification des malvacées
dont elle eft une efpece ; fes feuilles font découpées
comme celles du chanvre. La plupart de ces plantes font très-utiles en médecine. On accorde aux
fcrophulaires , *l'herbo d'au fiege* , une vertu déterfive & vulnéraire. On s'en fert contre les glandes
fcrophuleufes , quoiqu'elles ayent une odeur défagréable ; infufées avec les feuilles du féné , elles
corrigent leur odeur nauféabonde.

Toutes les efpeces de fifimbrium , de creffons
d'eau , de berle ; les paffe-rages , *iberis Linnei* , font

(a) *Echium vulgare.* La Vipérine.

regardées comme de bons antiſcorbutiques ; *la li-ſimachia* , corneille , eſt aſtringente ; l'eſpece nommée *nummularia* , l'herbe aux écus , joüit encore d'une vertu antiſcorbutique.

(*a*) Le ſcordium ſe trouve dans les vallons & les ruiſſeaux de la plaine des Milles. Cette plante rampante dont la fleur & la fruƈtification ſont les mê-mes que celles de la germandrée , eſt un très-bon antiſeptique. On s'en ſert pour combattre la pourriture dans les plaies de mauvaiſe nature : elle entre dans pluſieurs éleƈtuaires , donne ſon nom au diaſcordium : elle exhale une petite odeur d'ail , lorſqu'on la frotte ſous les doigts. Voyez ce qu'en dit Garidel au mot *ſcordium.*

Lorſque l'on quitte le Tolonet pour venir à Ste. Viƈtoire , on rencontre de toutes parts les *teucrium polium* blancs & jaunes. Ces plantes ſont un peu ameres & légerement aromatiques. La nature a rangé toutes les eſpeces à fleurs labiées dans une claſſe particuliere , entierement ſéparées des autres comme ayant les mêmes propriétés. Cette claſſe eſt affeƈtée principalement aux plantes aromatiques. C'eſt la didynamie de Linneus , ainſi nommée par l'ordre que les étamines gardent entr'elles. Le polium entre dans la thériaque : il eſt ſtomachique , céphalique & antiépileptique. Les gens de la campagne le prennent en décoƈtion dans les cours de ventre ; il convient auſſi à l'hydropiſie & à la jauniſſe.

La partie ſupérieure des coteaux préſente en pluſieurs endroits *onobrychis ſaxatilis foliis vitiæ ,* ſainfoin ſauvage , *l'eſparceil.* C'eſt une plante léqumineuſe qui vient communément ſur les coteaux ſtériles. L'avantage dont elle joüit ſur les autres

---

(*a*) *Chamædris canneſcens.* Tournef. Le ſcordium.

fainfoins, fur la luzerne, les trefles dont on fait des prairies artificielles, c'eft qu'elle n'exige point d'eau pour être cultivée, & qu'elle végete fort bien fur un fol aride. Il eft furprenant qu'on n'ait point encore cherché à la multiplier. Ne tiendroit-elle pas lieu de pâturage aux beftiaux qui en manquent fi fouvent dans les campagnes arides? Elle fe multiplie aifément par graine, & l'on pourroit en couvrir les terrains incultes. Sa tige s'éleve fort peu, fes feuilles font linéaires, blanchâtres; elle a fes fleurs légumineufes en épis avec des pétales inégaux foutenus par un calice divifé en cinq parties. *Flora gallo-prov.* pag. 204. (*a*)

Les plantes de la montagne Sainte-Victoire font contenues la plupart dans une efpece d'enclos nommé *lou claufoun* qui a fon expofition au nord; les autres parties de la montagne en font beaucoup moins pourvues, furtout celle du midi qui eft tout-à-fait nue. On en voit quelques-unes dans des coins de terre au levant. Le *genifta purgans*, le petit geneft épineux y font communs.

(*b*) *Abrotanum*. L'aurone s'y voit de tous côtés; elle eft amere, ftomachique. On la cultive dans les jardins. Le peuple s'en fert pour les fievres intermittentes. Le fuc exprimé de fes feuilles eft regardé comme un bon fébrifuge, ainfi que l'abfinthe (*c*) vulgaire, l'encens qui naît à côté.

(*d*) La garderobe ou fantoline à fleur double & fimple, eft répandue en touffes au penchant de la

---

(*a*) *Onobrychis faxatilis foliis vitiæ.* Tournef. *Hedyfarum foliis pinnatis leguminofis Linnei.* Sainfoin fauvage.

(*b*) *Abrotanum campeftre cauliculis rubentibus.* Tournef. *arthemifia foliis multifidis linearibus. fp. pl. lin.* l'Aurone.

(*c*) *Abfinth. vulgare.* La grande abfinthe. Tournef.

(*d*) *Arthemifia, Santoline folio majore foliis villofis is cannis.* Tournef. La garderobe.

montagne. Elle a à peu-près les mêmes vertus que
l'aurone, tue par son odeur les teignes & les mites;
ce qui lui a fait donner le nom de garderobe. On
la taille dans les jardins, où on peut la mettre en
bordure; ses fleurs radiées, ainsi que ses feuilles
blanches & cotoneuses, font un joli effet. La petite
santoline a ses feuilles plus déliées : elle est adhérente aux rochers près de la Chapelle.

Le fraisier stérile forme de tems-en-tems de
petits gasons; ses fleurs imitent celles du fraisier
commun; ses feuilles sont lisses, blanchâtres, découpées : il aime les pays froids, & on ne le trouve
que sur les hautes montagnes : transporté dans les
jardins inférieurs, il ne peut y réussir. Le fruit
avorte & ne mûrit point; ce qui fait qu'on ne peut
le faire venir de graine. Il orneroit bien les bordures
des parterres; mais il ne réussit qu'à une élévation
de 4 ou 500 toises sur le niveau de la mer. (a) L'a-
lisier, l'amelanchier se trouvent encore au haut de la
montagne. Le premier s'élève plus haut que le second qui est dans le rang des arbrisseaux. Leurs
bayes sont astringentes, ainsi que toutes les especes de *mespilus*.

La vulnéraire rustique vient à côté du *barba jovis
pumila villosa*. Garidel, planche 15, *Onobrychis
herbacea foliis pinnatis Linnei*. Spec. plant. 719.
On peut cultiver celle-ci dans les jardins; ses fleurs
légumineuses, purpurines, s'élèvent en bouquet;
ses feuilles sont attachées par paires sur un long
pédicule comme dans les astragales. La vulnéraire
rustique s'élève davantage, ses feuilles sont lisses,
vertes, ovales, & les fleurs beaucoup plus gran-

(a) *Mespilus foliis ovatis subtus tomentosis ; Mespilus
inermis foliis ovalibus serratis glabris Linnei capitatis folio
oblongo serrato* 593, dans l'enclos de la Chapelle.

des

des que celles du *Barba jovis*. Cette plante est dé-
tersive, vulnéraire & consolidante.

Eruca è rupe victoriæ. Flor. gallo-prov. *Sisim-
brium foliis dentatis pinnatis subpilosis*. Lin. spec.
plant. 918. On ne trouve cette espece de roquette
sauvage que dans les fentes des rochers, elle ne
leve pas facilement autre part ; sa racine est pivo-
tante, de la grosseur du doigt ; ses feuilles sont
oblongues, découpées, un peu grasses & chargées
de petits poils rares ; elles sont pinnées ; ses fleurs
sont en croix à six étamines avec un pistil qui devient une silique à trois valves garnies de semences.
Elle est incisive, stimulante & vermifuge, comme
les autres roquettes ; je ne l'ai cueillie que là, & à
la montagne de la Sainte-Baume dans les fentes des
rochers. Elle est printaniere & fleurit vîte.

Le plantain argenté, des narcisses à feuilles de
jonc, *narcissus junceo folio*, que Garidel a fait graver, sont répandus tout le long de la montagne,
ainsi que le rosier sauvage ou l'églantier (a) *lou gratte
cuou* ; ses baies en extrait, en conserve, conviennent aux flux de ventre, tandis qu'elles sont diurétiques & bonnes en décoction contre les enflures.
Mespilus (b) *oxyacantha vulgaris*. L'épine blanche.

Les amateurs trouveront plusieurs plantes attachées aux rochers, de petites saxifrages, une espece
de *mesereum* ; Daphné qui sort des fentes de la
pierre, lequel doit être regardé comme un dras-
tique, ainsi que les autres especes, de jolies campa-
nules, une scabieuse à feuille velue : les vallées situées au Nord, ainsi que les endroits couverts de bois,
renferment encore d'autres plantes dont j'abrege
l'énumération.

(a) *Rosa aculeata foliis spinosis, eglanteria dicta*. L'églantier.
(b) *Mespilus oxyacantha vulgaris*. L'épine blanche.

CHAPITRE XI.

Autres simples contenus dans les environs d'Aix.

ON rencontre fur les bords de l'Arc aux environs d'Aix & dans les vallons de Gardane quelques pieds d'éléagnus, l'olivier fauvage, que le peuple nomme *faufé mufcat* par fon apparence avec les faules. Cet arbre exotique s'eft aclimaté dans ce terroir auquel il femble appartenir aujourd'hui. Linnéus ne le défigne que fous ce titre-là, *provenit Aquis Sextiis.* Sp. plant. Linnei. claff. 17; fes fleurs font blanches, odorantes: elles font prinranieres & naiffent en bouquet; la corolle eft en entonnoir avec cinq étamines & un piftil qui devient une baye ou fruit à noyau, lequel en renferme un plus petit & fort obtus. Ces fleurs font placées à l'infertion des feuilles, celles-ci font ovales, petiolées, blanchâtres en-deffous, leur couleur tire un peu fur le jaune clair; l'éléagnus nous vient de Portugal où on l'appelle l'arbre du paradis, fes vertus approchent de celles de l'olivier.

(a) La petite fauge. *La fauvi.* Cette plante aromatique fe trouve fur quelques coteaux à la Galice, à Ventabren, aux environs d'Aix, où elle vient naturellement. On cultive dans les jardins la grande fauge, celle de Catalogne, &c.; fes vertus font connues. On la regarde comme céphalique, ftomachique & fébrifuge. Les habitans des campagnes en prennent la décoction pour ces fortes de maladies, & y attachent beaucoup de vertus. Ils s'en fervent contre les enflures des jambes & pour les coliques

---

(a) *Salvia minor.* La petite fauge.

venteufes. Perfonne n'ignore le proverbe de l'école de Salerne. *Cur moriatur homo cui falvia crefcit in horto* ? Les Chinois en font un fi grand cas qu'ils fe rient des Européens, lorfqu'ils vont chercher le thé chez eux, ayant de la fauge dans leurs campagnes qui doit fuppléer aux vertus de celui-ci.

Les botaniftes ont mis dans le rang des fauges plufieurs fortes d'hormens ou fcláréas à fleurs labiées, comme celles qu'on cueille dans les prés. La grande fclarée, l'orvale appellée toute-bonne, dont les feuilles font velues, ovales, petiolées, avec une fleur blanche & une odeur forte & aromatique. Les payfans s'en fervent pour déterger les plaies des jambes. La graine mife à infufer dans le vin, lui communique un goût piquant. On trouvera encore quantité de plantes curieufes, foit dans les vallons, le long des ruiffeaux, foit en parcourant les plaines de tous les environs d'Aix; Garidel les a très-bien défignées en leurs noms vulgaires & leurs propriétés. Je renvoie à fon traité.

Le fol de tous ces cantons eft encore calcaire: il eft mêlé fouvent d'argile, plus rarement de grès. Les fonds argileux font jaunâtres. Les marnes font plus communes qu'on ne penfe dans ce terroir; en creufant un peu profondément, on en trouveroit fur des indices non équivoques, des couches, des bancs fort étendus dont on pourroit améliorer les terres maigres au défaut d'engrais. La connoiffance du terroir fupérieur, la difpofition de fes couches mettront le cultivateur fur les voies. Partout on apperçoit ici l'ouvrage des eaux & fes alluvions. La mer a couvert tous ces pays dans les tems les plus reculés. Le débri des coquilles y abonde généralement. La terre fine, légere, crayeufe qui n'a point encore acquis l'état calcaire, & dont on ne pourroit faire de la bonne chaux combinée avec la glaife, devient une marne friable & fertile. La nature élabore lentement ces diverfes fubftances dans le fein de la terre, en paffant d'un genre à l'autre, en formant avec ces élémens plufieurs combinaifons différentes. Le moellon le plus grof-fier mêlé d'un fablon quartzeux, les fols graveleux des campagnes, les pierres vitrifiables même con-tiennent une quantité de coquilles. On trouve des peignes, des tellines, des cames & des huitres dont les valves font collées entr'elles par le gluten pé-trifiant. Plufieurs de ces coquilles font attachées aux rochers. On en voit à la montagne Sainte-Victoire, ainfi que dans les terres des environs.

Dès que l'on quitte ces contrées pour venir à Gardane, on paffe la riviere de l'Arc pour traver-fer le coteau du Monteigués & defcendre dans la plaine qui conduit à ce village : tous les coteaux échauffés par les rayons du foleil ayant leurs revers expofés au Midi, & battus des vents, laiffent échapper de leur cime nue une terre farineufe, blanchâtre & crayeufe à laquelle le peuple attri-bue des vertus. C'eft la farine foffile, *lac lunæ farina foffilis.* Vallerius. Cette efpece de craye con-tracte facilement de l'humidité ; on la trouve aux pieds des rochers & dans leurs fentes ; elle paroît en avoir été détachée par les eaux ; on ne doit pas la regarder comme une terre fimplement abforbante qui en a les propriétés ; il ne feroit pas fûr de la prendre intérieurement : Vallerius rapporte que des gens du commun peu inftruits ayant cru que c'étoit une farine tombée du ciel, en firent du pain dont ils oferent manger ; mais ils payerent de leur vie cette folle crédulité. Il paroît que la fa-rine foffile donnée à petites dofes, n'eft pas fi dan-gereufe. J'ai vu des empiriques s'en fervir dans les montagnes du Tirol pour fondre les goîtres dont les habitans de ces contrées font atteints , comme aux Alpes & aux Pyrénées : il eft vrai qu'ils la mêloient avec d'autres drogues dont ils faifoient un fecret. Heureufement on ne s'en eft jamais fervi dans tous nos cantons.

La plaine de Gardane eft agréablement com-plantée de vignes & d'oliviers : on y voit des champs fertiles , des jardins dont l'enfemble préfente un terroir des plus rians. Les fruits qu'on y recueille font d'un très-bon goût. On les porte à Aix & à Marfeille. Les melons de ces contrées ont beau-coup de réputation. L'on y travaille les terres avec foin ; mais en revanche le village qui eft fitué dans une plaine agréable eft un vrai cloaque de pourriture. Tant le peuple ftupide préfere fa commodité à fa fanté , & aime mieux faire pourrir fes fumiers devant fa porte & les entaffer dans les rues & contre les murs des maifons que de les porter dans des cloaques conftruits exprès à la tête de fes fonds peu éloignés : la police des lieux peu foigneufe de la confervation des habitans , veille mal au bon ordre , & à maintenir la falubrité de l'air , qui une fois altérée par tous ces foyers de pourriture, amene fouvent des maladies épidémiques. Heureufement que la plupart de ces villages où l'on remarque une mal-pro-prété fi dégoûtante , font expofés à une ventilation complete. Le fouffle des vents balaye les rues & préferve de la contagion leurs habitans ; mais cela n'arrive pas toujours. Le terroir de Gar-dane & les coteaux attenans préfentent aux natu-raliftes des objets dignes de la plus grande atten-tion , bien capables d'augmenter le commerce inté-rieur de la province , d'entretenir l'induftrie , de faire fleurir les arts utiles & d'épargner nos bois dont la confommation journaliere , les coupes

F 3

multipliées, les défrichemens, les incendies nous menacent quelque jour d'une privation totale. On voit bien que c'eſt des mines de charbon de pierre que je veux parler. (a)

CHAPITRE XII.

Des mines de charbon foſſile.

LES terroirs de Gardane, Mimet, Gréaſque, Fuveau & les contrées voiſines principalement affectées aux mines de houille, ſont bornés au midi par une montagne fort étendue qui les ſépare de l'horiſon de Marſeille, ayant ſa direction du Levant au Couchant depuis Simiane juſqu'à Pouſſiou, où elle fait un coude pour ſe prolonger vers le Sud-Eſt. Le côté du Nord eſt couvert de pins, de bruyeres, de geneſt épineux, parmi leſquels on trouve le romarin preſque toujours fleuri & le grand houx, *aquifolium ſive agrifolium*. Tourn... qui ſe leve aſſez haut, lorſqu'il ſe trouve dans une contrée favorable, & qu'il n'eſt point gagné de vîteſſe par les autres arbres qui l'entourent. Ses bayes rougeâtres qu'il garde tout l'hiver, ſes feuilles d'un vert brun, éclatant, garnies de piquans, & ſes fleurs blanches découpées en roſettes au mois de Mai, le font diſtinguer aiſément. La maiſon de Notre-Dame des Anges des Peres de l'Oratoire, eſt bâtie au haut de cette montagne.

Les mines de houille commencent au terroir

(a) Il y a beaucoup de perſonnes qui ne ſont pas de cet avis, ſurtout ceux qui ne peuvent avoir un débouché pour la vente de leurs bois ; mais cette hiſtoire fervira de preuve à ce que j'avance.

de Mimet , non loin du château qui eft bâti fur
une éminence , s'étendent du côté du Midi jufques
à Simiane , où l'on trouve des indices manifeftes
de charbon foffile , parcourent du Couchant au
Levant les terres de Gardane , de Gréafque , de
Fuveau , de Valdonne , vont jufqu'à Pepin ,
Peynier , Trez , dépaffent la montagne à fa partie
méridionale , & fe prolongent vers St. Zacharie ,
Auriol , &c. Leur principale direction eft prefque
toujours du levant au couchant. Toute l'étendue
de ce terrain depuis Mimet jufqu'à Peynier , eft
couverte de petits coteaux dont les uns font cultivés & les autres ftériles. La montagne de Mimet
termine cet emplacement dans une marche prefque
parallele aux coteaux de Beaurecueil & à la montagne Sainte-Victoire. Tout le terrain contenu
dans ce grand efpace , eft de nature calcaire. On
y trouve de la bonne argile , des terres ochreufes,
du grès même en quelques endroits , comme à Fuveau. La plupart de ces terres font grifâtres & n'ont
un air fauve qu'auprès des mines de houille. Les
veines de ce foffile ne font pas bien profondes ; on
en découvre fouvent les têtes qui font apparentes
à la fuperficie des terres , ou parmi les pierres fiffiles qui leur fervent de couverture , lefquelles ne
préfentent le plus fouvent dans cet état qu'une fubftance bitumineufe , enduite de beaucoup de terre
qui n'a point encore acquis la perfection du charbon
minéral ; ce qui fait diftinguer par les ouvriers en
quelques endroits la houille , en charbon de terre
& en charbon de pierre , dénomination qui ne doit
pas être reçue. Les veines de bon charbon font
communément plus profondes ; il faut creufer long-
tems dans la pierre dure , dans la roche fauvage
pour y parvenir. La plupart de fes mines font cou-

F 4

vertes de pierres plates, calcaires, un peu feuilletées; d'autres fois ce font des fchiftes ou pierres fiffiles légérement imprégnées de la fubftance bitumineufe qui forment la couverture des veines de houille ; de petites coquilles pétrifiées , telles que des vis , des moules , des cames, font attachées à ces pierres. Tous les environs , furtout auprès du grand chemin qui conduit à Marfeille près du logis de la Pomme, en étalent des plus groffes : on y trouve les mêmes huitres pétrifiées que l'on a découvertes dans les fouilles nouvellement faites aux environs d'Aix , lefquelles fe propagent bien loin ; on diroit que tout ce pays a été anciennement fous les eaux de la mer , & que tous ces coteaux fecondaires doivent leur origine à l'alluvion de ces mêmes eaux qui en fe retirant ont laiffé tant de débris de corps marins, des teftacées & une partie de la fubftance bitumineufe qui compofe la houille : on voit quelquefois des couches d'efpece de fchiftes ardoifées à la tête des veines de houille un peu inclinées à l'horifon , qui s'enfoncent profondément : leur odeur bitumineufe , leur couleur fauve font de bons indices de charbon foffile.

Pour donner une idée fuccincte de cette fubftance bitumineufe , je dirai que le charbon de pierre préfente un compofé de terre , de pierre , de bitume de couleur noire , dont l'affemblage forme autant de lames minces , unies les unes contre les autres. Les propriétés de cette matiere inflammable font relatives aux endroits d'où on la retire : lorfqu'elle brûle , elle produit une chaleur fort vive qui fe conferve long-tems ; elle fe réduit en cendres par l'action du feu , & devient une maffe poreufe qui reffemble à la pierre ponce ou au mâchefer.

Les minéralogiftes diftinguent cinq efpeces de charbon de pierre. 1°. La houille ou cette terre bitumineufe que l'on trouve dans plufieurs de nos mines, lorfque l'on commence à les exploiter. 2°. Le charbon de pierre dont les lames paroiffent quarrées ou cubiques. 3°. Le charbon qui eft feuilleté irrégulierement en ardoife. 4°. Le charbon de terre jayet. 5°. (a) Le bois foffile. Les ouvriers de nos mines connoiffent à-peu-près ces différences ; mais ils réduifent les trois premieres efpeces de charbon à deux feulement, favoir, au charbon de pierre & au charbon de terre. La plupart même ne connoiffent pas la feconde efpece dans les mines, furtout où l'on trouve le bon charbon, comme à Gréafque & à Fuveau.

On entend par charbon de terre une fubftance bitumineufe, tendre, friable, chargée de beaucoup de terre qui fe décompofe à l'air & à l'humidité ; elle ne donne qu'une flamme courte, paffagere, & chargée d'une fumée fort épaiffe : les veines de ce charbon fe trouvent entre des couches fchifteufes, compactes & calcaires, fouvent parmi l'argile, à laquelle la fubftance bitumineufe eft adhérente. Le charbon de pierre eft beaucoup plus dur, il a une couleur noire & luifante ; on ne découvre point de fubftance terreufe entre les lames. Les acides minéraux verfés fur la premiere efpece excitent une grande fermentation, tandis qu'elle fe fait à peine remarquer fur le charbon de pierre,

---

(a) Quelques chimiftes diftinguent la houille en charbon de terre noir & brillant, en charbon de terre chatoyant, en charbon de terre oculé, pyriteux, vitriolique, alumineux, en charbon de terre avec des coquilles calcaires, &c. Nous poffédons à-peu-près toutes ces efpeces.

& jamais lorſqu'il eſt homogène. C'eſt le bitume tout pur qui a d'abord de la peine à s'enflammer ; mais lorſqu'il brûle, il répand beaucoup de clarté ; ſa flamme eſt brillante, quoique ſuivie de fumée ; c'eſt la bonne eſpece.

La plupart des naturaliſtes veulent que le charbon minéral, le jayet, le ſuccin, ayent une origine végétale. L'empreinte des plantes, les inſectes qu'on trouve ſouvent entre leurs lames, indiquent que la partie huileuſe des végétaux s'étant épaiſſie dans le ſein de la terre après leurs débris, s'eſt accumulée peu-à-peu, s'eſt dépoſée en couches, enveloppant avec elle ces corps hétérogenes. Il eſt plus que probable que ces foſſiles ſe forment par une combinaiſon ſucceſſive d'une ſubſtance bitumineuſe avec une terre quelconque.

Un minéralogiſte plus hardi a avancé tout récemment que les bitumes ſont un produit des eaux meres chargées de beaucoup de parties graſſes, inflammables, qui réſultent de la criſtalliſation des pierres, comme dans celle des ſels, laquelle s'opere par le même mécaniſme ſelon lui. C'eſt à l'obſervation & à l'expérience à mûrir un ſyſtème ingénieux que les naturaliſtes adopteront bientôt, lorſqu'ils auront pénétré plus avant dans les myſteres de la criſtallographie, ſans la connoiſſance de laquelle on ne peut que marcher fort lentement dans la théorie du globe. Il ne faut pas croire, avec Henkel & tant d'autres qui l'ont copié, que le charbon de pierre n'eſt que du bois décompoſé dans le ſein de la terre, qui a été imprégné de bitume ; que des forêts entieres par des révolutions arrivées au globe terreſtre, ont été englouties & enſevelies dans la terre, après avoir ſouffert une décompoſition à la ſuite de pluſieurs ſiecles, & ſe

font changées en charbon foffile pour avoir été pénétrées de la matiere réfineufe, inflammable que
le bois contenoit auparavant.

Cette opinion n'eft plus reçue aujourd'hui qu'on
a examiné plus attentivement l'organifation intérieure du charbon de pierre, & les couches ligneufes du bois foffile qui ne lui reffemblent aucune-
ment. Loin que ce bois fe trouve à la fuperficie de
la terre, ainfi qu'on y voit fouvent du charbon minéral, il eft répandu inégalement & ne marche
jamais par veines. On le rencontre prefque toujours dans les ruiffeaux, dans les ravins où les eaux
l'ont mis à découvert; il eft même très-rare. La
fubftance bitumineufe eft fixée toute entiere dans
le charbon de pierre, elle y eft dans un état fuli-
gineux; au lieu que dans le bois foffile, cette
fubftance y eft dénaturée, ayant paffé à travers
fes pores; il ne doit être regardé que comme un
véritable bois qui a été dépofé par des circonftances particulieres dans des terres bitumineufes dont
il a emprunté cette qualité. On en trouve des morceaux qui confervent encore la couleur naturelle du
bois: il y en a dont la fuperficie eft liffe, polie,
approchante du jayet; la fubftance ligneufe y
eft rongée par l'acide générateur. J'en ai ramaffé
des morceaux dans la province, qui ne font autre
chofe que des tronçons d'arbres enduits d'une couche pierreufe, caffante, fonore à-peu-près comme
les ftalactites, lefquels confervent encore leurs
couches ligneufes dans l'intérieur. Le bois foffile
peut fervir à la place du charbon de pierre, lorfqu'il n'eft pas dans l'état pyriteux: il donne alors
une flamme claire fans trop d'odeur.

Je vais décrire quelques-unes des mines de houille
qui font contenues dans l'efpace dont je viens de parler, en abrégeant les détails les moins utiles, pour

donner feulement une idée de la nature du charbon minéral qu'elles contiennent; elles font fort multipliées : il y auroit tant à dire fur la maniere dont on les exploite, qu'il faudroit compofer un long traité là-deffus.

En parcourant le terroir de Gardane, on trouve des indices de houille fur les flancs des coteaux ou dans les vallóns attenans : comme cette houille eft prefque toujours accompagnée de coquilles pétrifiées , que la terre ou la pierre fiffile qu'on trouve en fouillant, ont un air fauve & bitumineux, l'on eft affuré de rencontrer de la houille en continuant le travail : on y voit en effet beaucoup de fouilles dans le fein de la terre , dans la roche vive d'où l'on a retiré du charbon : quelques-unes de ces mines font abandonnées ; il paroît qu'on les a ouvertes en creufant d'abord des puits pour fuivre obliquement le pendage des veines. La principale de ces mines qui eft en valeur aujourd'hui eft celle de l'Oratoire dont le terrain fupérieur a au moins 150 toifes au-deffus du niveau de la mer. On a creufé un puits d'environ quatre toifes de profondeur dans un rocher calcaire pour atteindre les veines du charbon : on en trouve deux, féparées entr'elles par une couche intermédiaire de la roche calcaire , lefquelles ont chacune un pan & demi de dimenfion. Pour exploiter plus commodément ces veines , on eft obligé de les attaquer toutes deux à la fois, & d'enlever cette couche intermédiaire qui les fépare , ce qui forme alors une mine de quatre pans que les ouvriers appellent *meno* & où ils travaillent un peu plus à leur aife. Le charbon en eft d'affez bonne qualité, & l'on s'en fert pour les forges. Le pendage de veines n'eft pas confidérable ; on en trouveroit de plus riches , fi l'on creufoit plus bas en prolongeant les puits dans la roche. Les ouvriers connoissent l'art de se garantir des moufettes en multipliant les ouvertures de la mine ; aussi en ont-ils pratiqué plusieurs de côté & d'autre , afin de donner un libre accès à l'air atmosphérique , & prévenir les effets des gas méphitiques qui s'exhálent communément du fond de ces mines : par cette sage précaution le travail n'y est point interrompu , & la mine est presque toujours exploitée sans aucun danger, au moins de ce côté-là ; car ils ne sont pas trop à l'abri des inondations & ils pourroient bien être gagnés quelque jour par les eaux, s'ils n'ont point recours aux moyens que l'art suggere pour s'en garantir & dont je parlerai plus bas. La nature n'a point fourni un secours qu'elle présente à Fuveau, à Gréasque pour absorber les eaux pluviales qui s'infiltrent avec abondance dans les terres & noyent les veines de houille ; ce sont des fentes , des crevasses, des séparations dans les roches calcaires qui enveloppent le charbon , une terre bitumineuse pourrie , disposée souvent en couches horisontales à laquelle on donne le nom de *terroula* & quelquefois de *moullieros* par où les eaux s'écoulent librement dans le sein de la terre & garantissent les ouvriers des inondations qui les menacent. Ces foibles considérations empêchent de mettre en usage les secours de l'art , & nous verrons combien l'industrie est souvent en défaut quand elle attend tout de la nature.

On trouve , ainsi que je l'ai dit, quelques mines abandonnées dans le terroir de Gardane, telle que celle qui est assez près de la mine de l'Oratoire ; on en retiroit autrefois du charbon qu'on n'estimoit pas beaucoup & que les maréchaux refusoient d'employer étant fort terreux ; elle est actuellement sous les eaux , parce qu'on n'y a pas mis en usage les puifards ; ce qui arrive prefque toujours quand on ne prend pas ces précautions. La mine eft fort large , les veines de charbon y font interrompues par de gros rochers que l'on peut contourner pour les retrouver ; les ouvriers les nomment *lou rouquas-ajuflat.*

. La mine de Capus à quelque diftance de celle de l'Oratoire , fur les flancs du coteau , fe préfenta à nous : on y a pratiqué une galerie pour l'exploiter commodément ; le premier charbon qu'on en retira , fut d'abord une efpece de houille imparfaite , une terre bitumineufe qui n'eft bonne à rien : on trouva enfuite deux veines de charbon pofées l'une fur l'autre , ayant une roche intermédiaire fort dure & fort épaiffe qui les fépare , ce qui eft caufe qu'on les exploite avec plus de dépenfe & moins de commodité qu'on ne fait à la mine de l'Oratoire : la direction de ces mines paroît aller du Sud-Eft à l'Oueft : le toit des veines préfente encore ici de petites coquilles adhérentes à la pierre , telles que des vis & de petits limaçons.

Il y a encore d'autres mines dans le terroir de Gardane dont je ne donnerai aucun détail , parce qu'elles font à-peu-près organifées comme celles dont je viens de parler , & dont les veines de houille ont les mêmes dimenfions.

La terre de Mimet dont M. de Gras , Confeiller au Parlement , eft Seigneur , fitué au Sud-Oueft de Gardane , préfente également des indices de houille au bas de fes coteaux : je ne fais pas s'il y a actuellement quelque mine en valeur ; tous les rochers voifins ont également des coquilles pétrifiées : je fuis porté à croire qu'en parcourant la montagne Notre-Dame des Anges , les vallons & les coteaux qui en dépendent , furtout au Nord , on trouveroit les mêmes indices de houille.

Il y avoit autrefois beaucoup de bois de pin dans ces cantons qui couvroient tout le revers de la montagne ; une verrerie qu'on y avoit établi en faisoit une si grande consommation qu'on jugea à propos d'exploiter les mines de houille qui y sont répandues. Dès ce moment tout le pays prit une nouvelle face ; l'industrie & l'activité ranimerent la végétation languissante ; on y planta beaucoup de vignes, les champs furent très - bien entretenus, attendu le commerce de charbon que l'on tourna au profit de l'agriculture.

La houille de toutes ces mines est à-peu-près de même nature : celle qu'on retire d'abord des mines de Gardane, après avoir enlevé la couverture & la terre schisteuse dont elle est couverte, quoique mêlée avec une terre bitumineuse, n'est pas pour cela inutile : on s'en sert pour les fours à chaux ; mais elle n'est pas bonne pour forger le fer ; elle est par conséquent de moindre valeur. Celle qu'on rencontre plus bas sous la roche dure, est sous forme cassante, noire & compacte ; ses lames sont quelquefois chatoyantes, changent de couleur comme la gorge de pigeon & ne contiennent plus de terre entre elles. Les maréchaux s'en servent pour forger le fer (a). Elle convient aux meilleures fabriques : on pourroit l'employer également à la cuisine, au chauffage, si on connoissoit l'art de la désoufrer, (voyez le procédé dans M, de Gensane, *Histoire Naturelle du Languedoc*). & si l'on parvenoit à détruire le préjugé qui regne parmi nos compatriotes, que ses exhalaisons sont nuisibles à la poitrine.

(a) On nomme cette espece de houille, charbon maréchal, charbon à forge.

Les ouvriers qui font occupés à tirer le charbon de ces mines font convaincus que, plus on avance vers le Sud-Eft, plus on trouve de la bonne houille; la dureté de la pierre qu'il leur faut percer, entretient leur efpoir, & quelquefois ils ne rencontrent que des fchiftes fragiles. Ils ne favent point fe mettre en garde contre les eaux pluviales qui les mettent hors d'état de continuer leurs travaux, & lorfqu'ils trouvent quelque gros rocher, qui interrompt les veines de houille, plutôt que de le contourner pour retrouver ces veines, ils interrompent leur travail pour chercher de nouvelles mines: tant le charbon minéral eft abondant dans toutes ces contrées. D'ailleurs le peu de largeur que leur préfentent les veines de houille & la dureté de la pierre qui les couvre, rendant leur travail toujours plus pénible & plus difpendieux, ils aiment mieux chercher de nouvelles mines: auffi ne pratiquent-ils jamais des galeries dans ces veines étroites en enlevant le toit & le lit qui les contient, parce que la dépenfe excéderoit le profit.

Lorfqu'on a quitté le terroir de Mimet pour venir à Gréafque, l'on trouve une mine de houille affez profonde à fa droite où l'on a creufé un puits de plufieurs toifes de profondeur pour atteindre la veine qui a un pied & demi de largeur: on y voit auparavant une petite veine de houille qui eft féparée de celle-ci par une couche intermédiaire d'une pierre pénétrée de petites coquilles. Comme on n'a pratiqué que deux ouvertures à cette mine, celle par où les ouvriers l'exploitent, & la feconde un peu plus loin à l'Oueft pour introduire l'air de l'atmofphere dans les veines du charbon, on n'eft pas toujours à l'abri des mouffettes que les ouvriers nomment *lou Mouquet*; c'eft ordinairement dans les grandes chaleurs de l'été

l'été & lorſque les ouvriers ont diſcontinué pendant quelque tems leurs travaux, que les moufettes
ſont plus abondantes dans les mines de houille : je
dirai bientôt le moyen qu'on doit leur oppoſer.

La plupart des mines de charbon qu'on exploite
à Gréaſque, terre appartenant à M. le Marquis
de Caſtellane, ſont ainſi diſpoſées. On n'y perçoit
que de la bonne houille : plus les veines ſont
profondes, plus elles ont de valeur ; & lorſqu'on
l'en retire en gros morceaux, elle a plus de débit ;
elle rend beaucoup moins lorſqu'elle eſt en petits
morceaux, & on ne s'en ſert que pour les fours à
chaux & les fabriques de ſavon.

Nous deſcendimes dans la principale de ces mines, par une quantité de marches étroites & gliſ-
ſantes, qu'on a pratiquées dans le roc pour atteindre
les veines de houille, qui ſont au nombre de deux,
poſées l'une ſur l'autre, ayant une couche de roche
dure intermédiaire qui les ſépare, où l'on voit
beaucoup de coquilles pétrifiées dont quelques-unes
même ſont attachées à la houille. La premiere de
ces veines a au moins un pan & demi de largeur,
& la ſeconde tout au plus demi-pan ; ce qui oblige
les ouvriers d'exploiter ces veines dans une attitude
fort gênante, ayant le corps à demi courbé dans
cet eſpace étroit qui ne leur permet d'employer
que la maſſe & le pic pour en tirer la houille : la
premiere leur ſert pour ébranler cette ſubſtance bitumineuſe à coups redoublés, & le ſecond pour en
détacher les couches entr'ouvertes ; ils travailleroient
plus à leur aiſe s'ils enlevoient auparavant le lit
& le toit de la pierre intermédiaire qui ſépare les
deux veines, ils ſe donneroient plus de large & les
travaux ſe feroient avec plus de célérité ; mais il
en coûteroit trop, comme j'ai déja dit, pour attaquer ainſi les veines de houille. L'attitude gênante

dans laquelle les ouvriers font obligés de fe tenir dans un efpace refferré, tantôt couchés de leur long élevant à peine la tête & les bras, tantôt appuyés du coude & des côtés fur des couches pierreufes, ne peut que leur être préjudiciable à la longue : auffi ils en contractent des douleurs rhumatifmales, des courbatures, des contractions de tendon qui les font fouffrir cruellement. On pofe enfuite la houille fur de petits chariots d'un pied de hauteur, foutenus fur trois roues, dont l'une eft fur le devant & les deux autres fur le derriere : les enfans font alors d'un grand fecours aux ouvriers des charbonnieres : leur corps agile & fluet leur donne toute la foupleffe néceffaire pour s'infinuer dans les veines étroites de la houille ; ils traînent ces chariots, entierement courbés jufqu'à la bouche de la mine, où ils en rempliffent des cabas qu'ils portent fur leur tête en franchiffant les degrés étroits & gliffans prefque toujours mouillés des eaux pluviales qui fe filtrent à travers la pierre dure, & arrivent ainfi au haut de la mine excédés de fatigue, fe foutenant à peine fur leurs jambes vacillantes. L'efpece n'en eft pas nombreufe encore dans tous ces environs, ce qui avoit déterminé les propriétaires des mines à prier MM. les Adminiftrateurs des hôpitaux d'Aix & de Marfeille, de leur permettre d'en choifir parmi les enfans-trouvés, dont la plupart font deftinés à l'emploi de mouffe & de matelot fi néceffaire à la défenfe de l'Etat & au commerce maritime de la Province.

Les enfans, accoutumés dès leur bas âge à ce rude travail, s'y endurciffent au point d'en braver tous les inconvéniens & de les furmonter : tandis que ceux qui s'y adonnent dans un âge plus avancé, en font plus incommodés, ce qui les oblige quelquefois à s'attacher des morceaux de bois taillés en forme de planche, garnis de couffinets, foit aux bras, foit aux jambes, pour fe garantir des rudes frottemens de la pierre, en traverfant les veines du charbon. Cette pierre eft fi dure, quoique calcaire, en quelques endroits, fes couches ordinaiuairement liffes & plates, font fi défunies entr'elles, par le fer qui contribue à leur cohérence, qu'on la nomme roche fauvage; les couleurs bleuâtres qu'elle étale, font un indice manifefte de fer, la fubftance bitumineufe, dont elle eft imprégnée, contribue à la mettre dans un état pyriteux, qui ajoute encore plus à fa dureté.

Les diverfes mines contenues dans ces contrées n'ont pas leurs veines auffi étroites; on en trouve de plus larges : auffi les diftingue-t-on par leurs dimenfions, en les nommant alors mines de trois, de quatre pans. Les ouvriers y travaillent plus à leur aife : quoiqu'il n'y ait point de puits à la tête de ces mines pour ramaffer les eaux pluviales, ils font moins expofés à l'inconvénient d'en être inondés, dans quelques-unes que dans d'autres, par la direction horifontale des veines de houille & leur peu de pendage, où la terre bitumineufe qu'on y rencontre de tems en tems, s'impregne peu-à-peu de ces eaux & les abforbe totalement.

Il paroît par ce narré fuccinct, que l'induftrie des ouvriers eft plus d'une fois en défaut; outre que les propriétaires ne leur font pas exécuter les fages réglemens que les cours fouveraines ont établis concernant l'exploitation des mines de charbon foffile : ils ne les connoiffent pas eux-mêmes, & les gênent fouvent dans leurs travaux. Il en eft qui ont fait vifiter leurs mines, comme à Fuveau, par de vrais connoiffeurs, lefquels après avoir examiné la dureté, la réfiftance de la pierre & connu toute la difficulté de l'entreprife, ont décidé qu'il

falloit exploiter les veines de houille simplement
comme elles font, sans chercher à élargir l'espace
qui les resserre & à former des galeries, comme
on en pratique dans les mines de Flandre & d'Allemagne, attendu la longueur d'un travail trop dispendieux, qui engageroit à enlever le lit & le toit
des veines du charbon en entier pour se donner
du large.

L'expérience & le travail ont procuré à quelques ouvriers que je trouvai aux mines de Gréasque
des connoissances qui ne leur font pas inutiles.
ils attaquent rarement une mine sans parvenir au
charbon, quoique situé à une grande profondeur.
La dimension des couches pierreuses qu'ils font
obligés de percer, leur aspect, leur nature particuliere qu'ils distinguent très-bien, les encouragent
à persister : ils nomment ces couches volumineuses
disposées en grandes masses, *leis barros* ; elles se
répetent successivement dans l'intérieur de la roche:
lorsqu'ils voient que leur tête s'éleve à la superficie
de la terre, ils les attaquent, commencent d'ouvrir
la mine avec certitude, & font assurés de trouver
les veines du charbon ; ils se servent de la poudre
à canon pour faire éclater la pierre dure, & du pic
pour en détacher les couches ébranlées qui ont
souvent cinq à six pieds de haut. La poudre en s'en-
flammant souleve ces couches, & l'ouvrier en
suivant leur direction, les détache plus aisément
à coups de pics redoublés : de nouvelles couches
se présentent ; ce n'est plus la même pierre, c'est
une masse dure de couleur bleuâtre, une roche sauvage entassée en bloc, où les couches font par nœuds
& confondues ensemble, que les ouvriers font
obligés d'attaquer avec plus de vigueur en donnant
une direction oblique à leur exploitation, en évitant
de creuser perpendiculairement la mine. Ils prati-

quent des degrés étroits & gliſſans dans cet eſpace
juſqu'à 20 ou 30 toiſes de profondeur, où la texture de la pierre toujours plus dure & plus fauve
leur indique qu'ils ont atteint le toit de la veine
du charbon, ſurtout lorſqu'ils y trouvent de petites vis & des moules pétrifiées. L'uſage leur a
ſi bien appris l'endroit où ils le trouveront, qu'ils
en ſavent à-peu-près le degré de profondeur à l'inſ-
pection des premieres couches & à la dimenſion
des *barros* qu'ils attaquent.

La plupart des mines de Gréaſque ſont ainſi
diſpoſées, on n'en tire que de la bonne houille :
plus les veines en ſont profondes, plus elle a de
valeur. Les ouvriers n'y ont point creuſé de puits
pour ſe garantir des eaux : ils prétendent que les
veines de charbon s'étendent bien avant dans les
roches & occupent un eſpace conſidérable. Le
ſeigneur du lieu a preſcrit des bornes à leurs fouilles, parce que les veines qui ont toujours la même
direction du Sud-Eſt à l'Oueſt, doivent paſſer directement ſous le château qui eſt encore fort éloigné
de la principale mine. Je la viſitai une ſeconde fois
en 1779 ; la pierre en eſt ſi dure, ſes couches tiennent ſi fortement les unes contre les autres, que
les ouvriers ne ſoutiennent que fort peu le toit des
veines de houille, attendu leur peu de largeur : ce
qu'on ne néglige point lorſque cet eſpace eſt plus
conſidérable & qu'on en a retiré le charbon : cependant on ne ſauroit prendre trop de précautions.
Les veines courent preſque horiſontalement ſur un
lit de pierre dure, calcaire, noirâtre, où l'on trouve
une infinité de petites coquilles, des vis, des limaçons pétrifiés : le toit de la mine, ainſi que la
ſuperficie de la houille, en préſente les mêmes familles. La pierre qui forme le toit & le lit du charbon, eſt un vrai mélange de petits fragmens de

G 3

coquilles, de molécules calcaires, de fable quartz-eux & de fubftance bitumineufe qui lui donne la couleur noirâtre ou bleue dont elle eft revêtue. Le *détritus* des teftacées de couleur blanchâtre forme fur la pierre & dans le corps de fes couches irrégulieres de petites bandes grifâtres; on y découvre à l'œil nu des molécules brillantes de mica, de petits grains de quartz avec la contexture noirâtre des lames du bitume.

Eft-ce dans le fein de la mer que les mines de charbon minéral fe font formées ? les huiles animales, les fubftances graffes & vifqueufes des teftacées, y ont elles contribué pour leur part ? ou bien le bitume s'eft-il dépofé dans ces lits de fable, de vafe, de terre & de coquillages, après que les eaux de la mer fe font retirées, & que les végétaux dont ces terres fe font couvertes dans l'efpace de plufieurs fiecles, ont concouru par leur débris à former la houille. Je reviens au fentiment de M. Sage (voyez fa minéralogie tom. 2.) les bitumes, fuivant l'opinion de cet habile Chimifte, font un produit des eaux meres, graffes, vifqueufes qui accompagnent la criftallifation des pierres que l'on doit regarder comme de véritables fels : puiffe la chimie moderne, fans laquelle on ne pourra jamais rien expliquer en hiftoire naturelle, donner à cette opinion tout l'appui qu'elle mérite !

On trouve plufieurs mines en valeur dans le territoire de Gréafque; celle qui eft la plus confidérable appartient à M. du Breuil, Membre de la Société Royale d'Agriculture d'Aix, lequel a bien voulu me faire part de fes obfervations concernant les travaux & la houille de cette mine. Je m'y rendis en traverfant quelques coteaux, après avoir quitté celles de Gréafque : les lieux dans lefquels elle eft fituée paroiffent avoir la même élévation au deffus du niveau de la mer, que les côteaux circonvoifins de Gréafque & de Mimet : il faut defcendre au moins 122 degrés taillés dans la roche vive pour atteindre la derniere veine de houille. On trouva d'abord en creufant dans le roc à une toife de profondeur, une veine de terre bitumineufe, efpece de houille friable & fchifteufe, qui ne peut fervir tout au plus qu'aux fours à chaux, quand elle n'eft pas humide & pourrie, dont la largeur étoit d'environ deux pieds : enfuite après une excavation de 13 toifes dans la même roche, il fe préfenta une veine de houille de quatre pieds de haut dont la direction un peu inclinée à l'horifon, eft interrompue par des rochers hériffés de petites coquilles pétrifiées. A cinq toifes au deffous où l'on a pouffé les excavations, on voit encore une mine de houille de quatre pieds, laquelle eft plus riche que la premiere : le toit de ces veines préfente de petits filons de houille dont la qualité eft fupérieure à celle-là. Le rocher de cette mine eft de la même couleur avec les mêmes couches & auffi dur que celui de la mine de Gréafque. Les eaux pluviales ne laiffent pourtant pas de le pénétrer : les marches qui conduifent à l'ouverture des veines, font prefque toujours humides & gliffantes.

Il regne dans les travaux de cette mine le même ordre que dans les précédentes; les degrés en font étroits, mal coupés, & il faut avoir du courage pour les franchir jufqu'au bout, tant ils font gliffans. Des enfans à moitié nus chargés d'un demi quintal de charbon fur leur tête les grimpent à toute heure du jour, en s'appuyant de la main droite fur un bâton, & faifant équilibre du bras gauche étendu, à leur corps vacillant fous le poids. On n'a point imaginé encore de leur procurer un appui au moyen d'une corde qu'il feroit facile d'affujettir de chaque côté de ces degrés fcabreux & gliffans.

Les couches de roche calcaire qui féparent les deux veines de houille (*a*) pofées les unes fur les autres, font tellement imprégnées de bitume, qu'elles brûlent en partie, lorfqu'on les entoure de la poudre de charbon, après y avoir mis le feu, & fe réduifent en chaux. On nomme communément cette mine, la mine *dou gros rouquas*, en faifant allufion aux roches qui interrompent les veines de houille, ou la mine de quatre pans. On a exploité ces deux veines à la fois, mais on préfere aujourd'hui la houille des veines inférieures, pour être de meilleure qualité : on en tranfporte journellement beaucoup à Marfeille, où elle fe vend jufqu'à 14 fols le quintal. Ces dernieres, pofées les unes fur les autres, font également féparées par un banc de pierre intermédiaire avec de petites coquilles pétrifiées, de même dimenfion que les fupérieures : elles n'ont pas toujours une largeur égale à celles de deffus ; on les exploite en même tems en foutenant les galeries avec des monceaux de pierre plate que l'on détache de la roche & que l'on met d'efpace en efpace. Si les veines de charbon font interrompues par quelque rocher, les ouvriers, qui le nomment également *lou rouquas ajuftat*, plus patiens & peut-être plus intelligens qu'ailleurs, parce que la mine eft d'un très-bon rapport, tâchent de le contourner pour retrouver la veine qui fouvent n'eft pas bien éloignée.

On pratique prefque toujours deux ouvertures, & quelquefois plus, dans ces fortes de mines pour

_____

(*a*) On trouve communément dans ces fortes de mines, où la roche eft fort dure, des veines de houille pofées affez près l'une de l'autre avec une direction parallele dans l'intérieur de la roche.

se garantir des moufettes, (*a*) appellées *lou mou-quet*. Ces ouvertures viennent correspondre par des côtés opposés à la bouche des veines de charbon, pour que l'air extérieur puisse communiquer plus aisément dans l'intérieur de la mine & parcourir leurs étroites galeries. Si les veines de charbon sont trop éloignées de ces ouvertures, que les ouvriers aient demeuré trop long-tems d'y travailler, les moufettes s'y forment plutôt ; l'air intérieur s'échauffe & s'y raréfie. Les ouvriers le connoissent bientôt ; ils ne peuvent plus respirer & se retirent promptement : leurs lumieres qui ne tardent pas à s'éteindre, leur indiquent le danger qui les menace. Ces sortes de gas méphitiques sont plus communs en été ; quoique dépendans d'une substance inflammable ou de l'acide sulfureux volatil qui émane de la houille, ils ont rarement fait explosion dans les mines, par l'attention qu'on a d'y pratiquer plusieurs ouvertures ; l'on ne connoît pas d'autres moyens de s'en garantir. D'ailleurs nos mines ne sont pas aussi profondes que celles d'Allemagne exposées à ces sortes de phénomenes, où l'on exploite tout à la fois plusieurs veines de houille posées les unes sur les autres. Peut-être n'y a-t-on jamais observé cette espece de feu brisou dont l'explosion est si terrible dans les mines de ces contrées.

Malgré les précautions que l'on prend, il peut arriver des événemens fâcheux, lorsqu'on n'est pas en garde contre les moufettes : cette espece de gas

_____

(*a*) Moufettes ou mofette : on donne communément ce nom-là à des exhalaisons ou vapeurs malfaisantes, & même meurtrieres, qui infectent les lieux souterrains, & particulierement les mines dans lesquelles l'air n'est pas suffisamment renouvellé. On met au nombre de ces exhalaisons nuisibles, celles qu'on rencontre dans les mines de sel, en Pologne, dans quelques carrieres, comme celle qui est voisine des eaux minérales de Pyrmon.

est de même nature que celui que j'ai observé à la grotte du chien à Naples, le même qui s'exhale de plusieurs corps en fermentation dans les dissolutions putrides. C'est un fluide aériforme, qui ne se mêle pourtant point aussi facilement qu'on le croit avec l'air atmosphérique; il se présente quelquefois sous une forme de brouillard, & les amateurs qui ont resté quelque tems à la grotte du chien ont pu l'observer s'élevant ainsi à travers le ruisseau du fonds de la grotte, & suivant le cours de l'eau bien loin au dehors sans se mêler précipitamment avec l'air qui l'environne. Il intercepte tout-à-coup la respiration & suffoque subitement tout animal qu'on y plonge : c'est pourtant dans ce fluide aérien qu'un particulier hardi osa plonger sa tête devant moi, ainsi que le firent M. le Comte de Taurenc (a) & l'Abbé Nollet quelque-tems après lui : ils furent si promptement secourus qu'ils ne s'apperçurent qu'un moment de l'impression fâcheuse que la vapeur méphitique cause à la poitrine en interceptant tout-à-coup la respiration, (lisez dans les Mémoires de l'Académie de Sciences de 1752 la relation qu'en a fait M. l'Abbé Nollet.) J'ai dit que ce gas méphitique qui s'exhale de plusieurs corps différens est le même quant à sa forme, mais non point quant à sa nature qui se diversifie suivant les substances dont il tire son origine : il échappe à la vue, mais son action est remarquable autrement; il est presque toujours de nature inflammable & renfermé dans les mines de charbon, il est susceptible d'explosion : c'est un acide volatil aéri-

---

(a) J'ai jugé d'après le récit de M. le Comte de Taurenc, Maréchal-de-camp des armées du Roi, que cette espece de gas méphitique en interceptant tout-à-coup la respiration, détruisoit l'irritabilité des nerfs ; aussi tous les remedes qu'on emploie contre cette asphyxie sont de vrais stimulans.

forme qui fuffoque tout-à-coup tout animal vivant.

S'il eft quelque prompt remede à l'afphyxie, ou à cette mort prefque fubite qu'il occafionne en contractant les nerfs, en détruifant l'irritabilité, ce principe de vie dont le créateur les a pourvus, c'eft peut-être l'alkali volatil fluor qui agit plutôt comme ftimulant qu'en neutralifant l'acide meurtrier dont ces gas font accompagnés. On peut employer encore avec fuccès fur les perfonnes fuffoquées par le gas méphitique l'infufflation de l'air atmofphérique dans la poitrine, en les expofant tout-à-coup à l'air libre : c'eft ainfi qu'on en agit fur ces perfonnes foibles, ces femmes délicates qui s'évanouiffent facilement dans les grandes affemblées où l'air qu'elles refpirent devient peu-à-peu gafeux ; l'afperfion d'eau froide & les frictions de vinaigre raniment encore le jeu languiffant des nerfs & leur mouvement ofcillatoire ralenti (a).

Je ne m'étendrai point fur le moyen ingénieux

(a) Tous les corps fublunaires font fujets dans les différentes mutations qu'ils fubiffent, à exhaler plus ou moins de ces fortes de gas méphitiques, improprement appellés, air fixe, par Halés & Macbride, qui s'imaginoient que ce fluide entroit pour quelque chofe dans la cohérence des folides, & contribuoit à leur denfité. Les fermentations, les diffolutions chimiques, la pourriture qui s'empare des animaux & des végétaux, produifent quantité de ces fluides aériformes, & le corps humain n'en eft pas exempt lui-même dans les fonctions vitales : tel eft cet air gafeux qui s'exhale de la poitrine, dont l'acidité eft fi marquée, lorfqu'on fort du lit, qu'elle teint en rouge le papier bleu. Les digeftions, les évacuations du corps, les fueurs, les urines, la tranfpiration infenfible même, font plus ou moins imprégnées de ces fortes de fluides qui échappent à la vue, mais que l'odorat diftingue très-bien par les effets qui en réfultent : tel eft encore ce gas qui fe forme dans les appartemens remplis de monde & qui pourroit fuffoquer les affiftans, fi l'on n'en renouvelloit l'air.

qu'on a imaginé pour purifier l'air renfermé dans les mines de houille & prévenir les moufettes par l'action du feu : je renvoie à l'ouvrage de M. de Genfanne qui en traite fort au long (t. 3 de fon hiftoire naturelle du Languedoc, page 14 & fuivantes.) Les entrepreneurs de nos mines ne connoiffent point encore ces pratiques, & d'ailleurs ils exploitent peu de veines à la fois ; la facilité qu'ils ont de trouver le charbon minéral de tous côtés, le peu de profondeur de leurs fouilles, n'ayant point encore creufé dans les roches dures auffi profondément qu'ils pourroient le faire, les ont difpenfés jufqu'aujourd'hui, ainfi qu'ils prétendent, d'un pareil travail : ils ne fe garantiffent des eaux ramaffées à la bouche des veines, qu'en les épuifant avec des barils que les enfans portent fur leur tête jufques au haut de la mine.

On trouve une autre mine de charbon minéral à Breuil, dont les veines ont jufqu'à 12 pans de large, qu'on n'exploite point, malgré la facilité qu'il y auroit de la mettre en valeur : elle n'eft pas éloignée de celle de M. du Breuil. On voit d'autres mines abandonnées dans le territoire de Gréafque qui font aujourd'hui fous les eaux. Il y a moins de terre bitumineufe ou pourrie qui abforbe les eaux dans ces mines, que dans celles de Fuveau ; à celle de Breuil elle eft plus abondante dans les veines fupérieures que dans les inférieures. Il arrive plus d'une fois encore que les eaux pluviales pénetrent à travers les couches pierreufes, s'infiltrent dans les fentes des rochers & s'écoulent ainfi dans la profondeur de la terre. C'eft un moyen naturel qui fert à garantir les mines de l'inondation. Les ouvriers nomment ces fentes *leis partens* : je laiffe les autres dénominations arbitraires qu'ils donnent aux diverfes parties des mines, pour n'être pas uniforme en tout.

Je ne m'étendrai pas davantage fur la partie
hiftorique de toutes les mines de charbon qui font
répandues dans un efpace de 5 à 6 lieues. Il fuffit
d'en avoir décrit les principales, pour mettre le lecteur à portée de connoître les autres dont les différences ne font pas effentielles : c'eft par-tout le
même terrain, une variété de petits coteaux dont
l'afpect eft le même. On n'a pas cru devoir pratiquer des galeries affez larges dans toutes ces mines. Les veines de charbon qui font pofées les unes
fur les autres ayant très-peu de hauteur, il faudroit
les enlever en entier, ainfi que la pierre qui les fépare entr'elles, fi l'on vouloit fe donner du large :
cette roche eft toujours fort dure, & augmente-
roit infiniment le travail & la dépenfe. Il y a des
mines à Pepin dont le charbon eft affez bon : elles
appartiennent à M. de Geren, Lieutenant de l'A-
mirauté à Marfeille. Il y en a à St. Savournin qui
ne font pas exploitées, mais on en voit à Valdonne qui font en valeur. Je parlerai de la continuité de toutes ces mines, lorfque je décrirai le
diocefe de Marfeille ; il ne faut pas oublier celles
de Fuveau dont la houille eft généralement eftimée
& paffe pour être une des meilleures.

La terre de Fuveau eft terminée au Couchant
par celle de Gardane, au Midi par celle de Gréafque & au Levant par celle de Peynier. Le charbon
qu'on tire de ces mines égale par fa bonté, au
rapport de Venel, le meilleur charbon de pierre
de Languedoc. Il y a quelques-unes de ces mines
dont la tête n'eft couverte que par des pierres
feuilletées, où le charbon eft d'une qualité inférieure ; mais les meilleures mines font celles qu'on
exploite dans la pierre dure dont les veines font profondes. Le charbon eft alors homogene à lames cubiques, & fans couches pyriteufes : on en tranfporte

tous les jours une quantité confidérable à Marfeille.

La plupart des mines de Fuveau ont à-peu-près la même organifation : la pierre qui les enveloppe, eft tellement pénétrée de fubftances bitumineufes, qu'elle peut fe réduire en chaux, lorfqu'on y met le feu. Les coquillages, furtout les vis & les moules fluviatiles font accumulés dans la texture de ces pierres : on avoit tenté à Fuveau, d'ouvrir les mines perpendiculairement ; mais on ceffa bientôt, parce qu'on en retiroit la houille avec plus de peine, & que les ouvriers confondoient aifément dans leurs travaux celle des uns & des autres. La pente oblique eft plus commode pour monter le charbon à l'ouverture des mines, mais elle eft plus difpendieufe.

Je vifitai la mine principale de M. l'Abbé Vitalis à Fuveau qui me parut le plus en valeur : elle eft fituée fur un petit coteau ; les pierres plates, feuilletées, noirâtres, que l'on y rencontre d'abord, après avoir enlevé la terre végétale, indiquent la fubftance bitumineufe répandue dans le fein de la terre qui forme les veines de houille, dont les plus petites contiennent ordinairement la meilleure efpece : on découvre enfuite la roche calcaire dont les couches de couleur bleuâtre formées à grands bancs, exigent la poudre à canon, le pic & la maffe pour être éclatées. Cette roche n'a point la régularité qu'on obferve dans les carrieres de pierre dure ; les montagnes des environs de Fuveau au Sud ont à-peu-près le même coup d'œil : elle préfente des noyaux, plufieurs couches irrégulieres adhérentes enfemble, confufément entaffées, dont la dureté réfifte aux outils. Sa couleur bleuâtre indique les parties métalliques qui lui donnent cette cohérence & la rendent auffi dure qu'elle eft. On a pratiqué des degrés, taillés en pente, dans cette roche vive pour arriver aux veines de houille, qui ont jufqu'à trois pieds de large ; l'eau qui fe filtre de tous côtés à travers la roche, s'écoule le long de ces degrés & les rend fi gliffans qu'il faut y aller avec précaution. La direction horifontale des veines, la terre bitumineufe qui les fépare, les fentes, les interftices des couches pierreufes entr'elles favorifent même l'écoulement de ces eaux qui ne gagnent pas fi facilement la mine comme ailleurs ; on les épuife lorfqu'elles font abondantes au moyen des barrils. C'eft la voie la plus fimple qu'on met en œuvre partout au défaut de puifarts.

Lorfqu'on voudra vifiter les veines de charbon & fuivre leur direction entre les lits de pierre qui les féparent, pour être témoin du travail des ouvriers & obferver la marche de la nature à travers ces routes ténébreufes, il faudra fe coucher, comme je fis, fur un petit chariot élevé fur trois roues d'un pied de haut, qui fert pour enlever le charbon que les ouvriers ont détaché & le conduire à la bouche de la mine : on fe couvre d'une chemife & d'un bonnet de charbonnier, fi l'on veut, pour ne pas fe noircir, & des enfans vous traînent ainfi étendu fur le chariot, dans une pofture qui ne laiffe que la liberté de tourner & relever un peu la tête tout le long de cet efpace refferré qu'il eft permis d'examiner la lampe à la main. J'y confidérai attentivement la direction du charbon foffile, la difpofition de fes couches horifontales qui paroiffent d'abord en grandes maffes, mais que l'on trouve avoir été dépofées fucceffivement par couches lorfqu'on le détache : on eft aifément convaincu après cet examen que le charbon n'a jamais eu rien de ligneux auparavant, que ce n'eft point au bois enfeveli dans les terres & pénétré de fubftances bitumineufes qu'on doit attribuer fon exiftence, mais plutôt au bitume lui-même qui s'eft épaiffi

lentement par couches fucceffives ; ce bitume eft
tantôt pur , homogene, fans mélange de corps
étranger , quelquefois pyriteux par le foufre & les
parties métalliques dont il eft pénétré. Je remarquai
plufieurs fragmens de petites coquilles pétrifiées ,
attachées à la pierre du lit & du toit des veines :
les ouvriers détachent la houille & les enfans l'enlevent, ainfi que je l'ai dit ci-deffus : on ne trouvera
guere plus d'aifance dans les autres mines de Fuveau , celle-ci étant la plus confidérable & ayant
la primauté fur elles.

Tous ces cantons font fort riches en charbon
minéral ; l'on y trouve auffi des mines abandonnées. Le terroir de Peynier à une lieue de Fuveau
en tirant vers l'Eft , n'eft pas moins pourvu de mines de charbon qu'on avoit exploitées autrefois
avec fuccès ; elles ne different pas beaucoup de
celles de Fuveau & l'on en voit quelques-unes en
valeur dans le quartier des *Michels*. L'on m'a parlé
d'une autre nouvellement découverte qui donne les
plus grandes efpérances ; malgré tout cela on fe dé-
courage facilement dans ces travaux, & le moindre
obftacle rebute les propriétaires. Il n'y a pas bien
long-tems qu'on ouvrit une mine fur les plus belles
apparences , & dont on fe flattoit de percevoir le
meilleur charbon ; mais on jugea bientôt que les
veines étoient trop profondes pour continuer avec
fuccès cette exploitation. Les eaux pluviales étant
furvenues là-deffus , rendirent le travail impoffible
aux ouvriers qui ignorent l'art de s'en garantir ;
ce qui arrivera toujours , lorfqu'on ne fe conduira
pas autrement , & qu'on ne fuivra que la routine
& le caprice dans l'exploitation des mines de
houille. Voilà fans doute l'origine de tant d'entreprifes manquées & du découragement qui vient à
la fuite ; ce qui fait qu'on n'ofe pas trop hafarder
de

de nouveaux travaux, & qu'on se dégoûte bien vîte, lorsque les obstacles & les difficultés en retardent le succès.

Il est de regle dans plusieurs pays, quand on a trouvé des mines de charbon de pierre, de les faire examiner auparavant par des connoisseurs, non-seulement pour décider de leur qualité, mais encore pour procéder à leur exploitation, afin de faciliter l'entreprise & d'en assurer le profit. Ils vont reconnoître auparavant la vraie situation des mines, ainsi que leur dimension : ils emploient la sonde pour découvrir leur profondeur, & marchent toujours avec intelligence dans le travail. Ce n'est jamais à des ouvriers gagés, comme à de simples travailleurs que l'on paye sur le poids du charbon qu'ils fournissent, à qui l'on confie la conduite de ces sortes d'entreprises, mais à ceux qui ont du savoir, & qui sont exercés à cette œuvre, de longue main. » Pourquoi, dit M. de Gensanne, ces sortes de » mines se soutiennent-elles dans le Nord ? C'est » par les bonnes regles qu'on a soin de maintenir. » Il n'y a point de petit Prince dans ces cantons » qui n'ait son inspecteur des mines en tout genre, » qui en visite successivement les travaux & qui est » tenu de rendre compte au conseil du Prince des » abus qui peuvent se glisser, & auxquels on re- » médie au plutôt. Ces sortes de places ne sont » point accordées à la faveur ; il faut avoir fait » preuve de capacité, d'une expérience suivie » dans les travaux, avant d'y être admis. » (Histoire Naturelle du Languedoc, tom. 1.) Aussi les Etats du Languedoc ne manquent point de faire observer avec attention partout où il y a des mines de charbon de pierre, les réglemens prescrits à ce sujet par un Arrêt du Conseil de 1744.

J'invite les propriétaires instruits, les entrepre-

Tome I.   H

neurs des mines de charbon de ne rien négliger pour favoriser leurs travaux, de connoître ces sages réglemens, de les mettre en exécution, autant qu'il leur sera possible : ceux que les Etats du Languedoc ont fait passer en forme de loi & qui font honneur à une administration patriotique, dont le commerce & la population font le principal objet, conviennent le mieux à l'exploitation de nos mines qui ont le plus de rapport avec celles qui font en valeur en Languedoc. Leur exécution ne peut manquer d'assurer le succès : on les trouve dans l'histoire citée. En attendant que MM. nos Administrateurs s'occupent un jour d'un objet aussi essentiel, je n'ai pas de meilleur exemple à proposer. Puisse l'observation de pareilles loix éclairer l'industrie nationale ! C'est en imitant nos voisins que nous pouvons nous flatter de parvenir à leurs succès ; la Provence étant aussi riche en charbon de terre que le Languedoc.

Je n'agiterai point la question, de savoir si le charbon de pierre peut être employé avec la même sécurité & le même avantage pour les arts, pour la cuisine & pour le chauffage, que le bois à brûler, & si la santé des hommes n'est point altérée par les exhalaisons qui en émanent dans la combustion. Cette question intéressante a été décidée par des savans en tout genre. Combien y auroit-il à gagner pour nous, si nous voulions vaincre le préjugé ou la répugnance qui nous entraîne, employer plus souvent la houille à la place du charbon de bois, & la substituer même au bois que nous brûlons à pure perte ! L'odeur qui s'exhale du charbon de terre en brûlant, n'est tout au plus que désagréable, mais jamais malfaisante. On l'accoutume ; elle n'est point nuisible à la poitrine ; le goût des viandes n'en est jamais altéré. Venel a parcouru toute la Flandre où l'on ne connoît point d'autre combuftible. (a) On lit dans fon ouvrage les moyens dont on fe fert pour défoufrer la houille, pour la dépouiller de fon odeur bitumineufe, pour la réduire en braife, en efcabrilles, quand on veut l'employer à plufieurs ufages. Voyez l'art du houilleur par M. Morand dans les Mémoires de l'Académie des Sciences.

Les Chimiftes qui connoiffent la nature du charbon minéral, conviennent que loin d'altérer la falubrité de l'air par fa combuftion, la fumée qui s'en exhale peut fervir plutôt de préfervatif contre plufieurs fortes d'épidémies, & corriger les effets de la putridité & les émanations gafeufes de plufieurs corps en fermentation. On en voit un exemple dans quelques villes d'Allemagne, exemple qui fe répete fous nos yeux au Puy en Velay, dans les pays où l'on brûle beaucoup de charbon de pierre. Les ouvriers des mines, les fabricans, les femmes attachées à ces travaux, jouiffent de la meilleure fanté, & aucun d'eux ne fe plaint que la fumée de la houille qu'on y brûle, les incommode.

Le foufre dont on craint fi fort les exhalaifons, lorfqu'il s'enflamme, eft tellement atténué dans le charbon minéral, l'acide vitriolique y eft combiné en fi petite quantité avec le phlogiftique de la partie huileufe inflammable du bitume, qu'il ne fauroit nuire par la combuftion. Venel prétend même que le foufre eft, pour ainfi dire, fi dénaturé

(a) Voyez fon traité de la houille, où l'on trouve la maniere dont on doit l'employer aux diverfes fabriques, aux filatures de foe, à la pharmacie même, à la cuifine, ce qui peut être pratiqué en Provence par tous ceux qui voudront être convaincus de la vérité de fes effais.

dans le charbon foffile, qu'il n'y exifte pas fous
forme fenfible. Il avoue pourtant que dans les derniers momens de la combuftion, le charbon exhale
une odeur fenfible de foufre. Malgré l'opinion
de ce favant Chimifte qui a fait une violente incur-
fion contre ceux qui penfent autrement que lui,
(mais cette fage modération qui combat les erreurs
avec les égards & la politeffe que les favans fe doivent entr'eux, n'étoit pas dans fon caractere impétueux ;) on ne peut difconvenir que la houille ne
contienne du foufre en nature, furtout lorfqu'elle
eft dans un état pyriteux. Les ouvriers en fer, les
maréchaux le connoiffent fi bien alors, qu'ils ne s'en
fervent point, parce qu'il eft contraire à la foudure ;
ils ne peuvent en forger le fer. Nous avons beaucoup
de charbon de pierre qui contient des pyrites martiales & dont on ne peut fe fervir que pour les fabriques. A quoi bon les précautions que l'on obferve
de défoufrer fouvent la houille, fi elles font inutiles ? Cette combuftion imparfaite qu'on lui fait
fubir avant de l'appliquer aux métaux, indique
au moins qu'elle contient du foufre. Je connois
beaucoup de charbon minéral où le foufre paroît en nature, ou fe forme à côté. Je décrirai,
dans le cours de cet ouvrage, des mines auprès
defquelles fourdent des fontaines fulfureufes dont
les eaux entraînent le foufre fous forme d'*hépar*.
Le foufre fe forme tous les jours dans le fein de
la terre par la combinaifon du phlogiftique avec
l'acide vitriolique ; il fe décompofe, s'attache à
divers corps, & s'affimile avec eux.

Je ne crois pas qu'il foit néceffaire d'avoir
recours à l'éruption de quelque volcan pour expliquer l'origine des fentes perpendiculaires, des crevaffes & des éboulemens que l'on trouve fouvent
dans les montagnes de nature calcaire ; les volcans

ont peut-être donné lieu quelquefois à ces pierres soufflées, à ces scories ou espece de mâchefer que l'on rencontre à l'entour des mines de charbon ; nous en avons dans la Province qui sont embrasées & brûlent depuis long-tems, comme à Valdonne & ailleurs : ce sont des volcans tranquilles & paisibles qui ne font point d'explosion. La pierre calcaire qui enveloppe les veines du charbon se calcine peu-à-peu, & présente de la bonne chaux ; mais lorsque les pyrites martiales abondent dans ces sortes de mines, que le soufre y est combiné avec les métaux & que les eaux pénetrent dans ces matieres combustibles, il en résulte quelquefois des volcans avec une déflagration étonnante : c'est ainsi qu'on a eu autrefois de pareilles éruptions dans les mines de charbon de terre d'Auvergne, dans celles de Wirtemberg, lesquelles, après avoir brûlé quelque tems avec une explosion volcanique, présentent aujourd'hui le meilleur charbon.

Partout où le fer se trouve mêlé avec le soufre en quantité suffisante dans l'intérieur des montagnes, il peut arriver des embrasemens imprévus, une déflagration subite de plusieurs substances mises en fonte qui nous étonnent : la chimie nous fait voir en petit dans nos laboratoires ce que la nature opere en grand dans les entrailles de la terre. Le fer qui est répandu dans la pierre même qui sert de lit aux veines de charbon, dans les pyrites, dans l'argile, dans les terres ochreuses qu'on rencontre partout, est bien capable d'exciter par l'humidité qui le pénetre, l'embrasement du soufre dans les bitumes. Lorsque ce phénomene a lieu dans les mines de charbon de pierre, il ne faut point s'attendre à ces torrens de laves, à ces montagnes liquéfiées, à un déluge de pierres vitrifiées qui répand au loin l'épouvante & l'horreur, à ces embrasemens souterrains qui font trembler la nature. Ces éruptions volcaniques ne présentent tout au plus que des laves poreuses, des scories, avec les accidens du fer, qui peut-être n'ont pas souffert une fonte totale. (a) Beaucoup de ces pierres avoient même auparavant une origine calcaire; elles doivent sans doute leur mutation à l'addition des sels alkalins, qui accompagnent la combustion des matieres bitumineuses, aux molécules de sable & de quartz, aux parties d'argile & de fer qui, adhérentes à la pierre, la rendent susceptible elle-même d'une fusion plus ou moins grande, & l'obligent à se vitrifier & à prendre la forme de lave. Telle est peut-être l'origine de ces laves poreuses que l'on trouve auprès des mines de charbon de pierre, qui ont brûlé dans des tems antérieurs, sans qu'il y ait aucune apparence de crater ou d'entonnoir aux environs par où le feu souterrain ait fait explosion.

Le terroir de Peynier est aussi bien cultivé que celui de Fuveau, on n'y voit que vignes & qu'oliviers. Il y a des mines de jayet qu'on avoit exploitées autrefois, mais qui sont abandonnées depuis long-tems. Le jayet est une espece de charbon minéral plus dur, plus sec que le charbon ordinaire : il est noir & luisant, *succinum nigrum seu bitumen lapideum durissimum purum*; il brûle comme le charbon de pierre, mais il jette plus de fumée : il donne par la distillation une liqueur acide, blanchâtre, avec une huile tenue, noirâtre & une autre plus épaisse. Le nom de *Gagas* lui vient de Gagues, ville de Lydie, où on le trouvoit en abondance. Tant qu'on a fait quelque commerce du jayet en Provence, qu'on en fabriquoit des boutons de deuil

_____

(a) Voyez ci-dessous le volcan éteint de Beaulieu.

& pareils ornemens de luxe, on exploitoit avec soin les mines de Peynier. Depuis que ce commerce est tombé, on n'y travaille plus ; il se soutient encore un peu dans un coin du Languedoc où l'on vend le jayet travaillé aux Hollandois qui le portent aux colonies Espagnoles en Amérique. M. de Gensanne propose de se servir de l'huile épaisse & noire que l'on retire de la distillation du jayet ou par l'ébullition simplement, pour graisser les roues des voitures. Loin d'avoir l'inconvénient du cambouis ni son odeur, ni la fluidité qu'il acquiert lorsqu'il est échauffé par le frottement, l'huile de jayet n'a aucune odeur, & par sa molle consistance étant appliquée au moyeu des roues, elle en facilite très-bien les mouvemens.

La vallée qui conduit de Gardanne à Porcioulx, ne présente de tous côtés qu'un territoire fort peigné, où l'agriculture étale ses productions avec luxe. On y voit des villages considérables : le bourg de Trets situé dans une exposition agréable, invite le voyageur à s'y arrêter ; il est cependant fort mal bâti dans son intérieur : ses rues étroites & mal percées, n'annonceroient pas l'aisance des habitans, si ses dehors rians & ses belles campagnes ne compensoient cet inconvénient. La montagne qui borne cette longue vallée du côté du Midi, est une suite de celle de Mimet, ainsi que je l'ai dit ; elle se replie à Porcioulx pour ceindre la plaine de St. Maximin au Midi ; on la découvre d'assez loin en descendant les montagnes sous-alpines ; elle va se joindre à celle de la Ste. Beaume.

La montagne de Trets contient des carrieres de marbre qu'on a travaillées autrefois. Ce marbre a des couleurs nuancées d'un jaune bariolé de blanc & de rouge ; il approche plus de la brocatelle que des marbres breches de Sainte-Victoire.

H 4

Les couleurs y font plus fondues & nullement tranchantes ; on n'y diftingue plus les petits cailloux
qui forment le pouding de ces derniers. Les colonnes , le tabernacle du maître-autel de la paroiffe
de Trets , ont été conftruits de ce joli marbre
par Puget , habile Sculpteur de Provence. L'on
en trouve chez quelques amateurs , des tables , des
cheminées dont l'efpece plaît affez , quoique fes
couleurs n'aient pas un grand éclat.

La population augmente vifiblement depuis quelques années dans tous ces environs , par l'agriculture , l'exportation des denrées & par le commerce. L'on trouve quatre verreries établies aux
environs de Trets & une cinquieme à Roquefeuille , terre attenante , qui appartient à M. de
Chenerilles, Confeiller au Parlement d'Aix , où l'on
a planté des bois de part & d'autre : ils commencent en effet à y devenir rares , attendu la prodigieufe confommation qu'il s'en fait. On voit ici des
bofquets de chênes verts & de pins qui diverfifient
les campagnes de Roquefeuille : l'on ne fabrique
que des verres blancs & verts dans toutes les verreries des environs qu'on tranfporte aux villes cir-
convoifines. On ne fait point tirer parti dans toutes
ces fabriques du charbon de pierre qui eft fi à portée , (a) & l'on aime mieux y brûler des prodi-
gieux tas de bois , & dégrader continuellement les
forêts , jufqu'au moment où l'on fera obligé d'y
fubftituer le charbon minéral : les bois dont les

_____

(a) Il eft furprenant qu'on ne s'attache point à renouveller les bois en Provence , puifqu'on profite fi mal
du charbon de pierre que la nature y préfente de tous
côtés. Nous verrons combien cette pratique eft peu connue dans les montagnes fous-alpines furtout , où les défrichemens mal exécutés ont tout dévafté. Que les particuliers entendent bien mal leurs intérêts !

montagnes font couvertes au Nord ne pourront y fuffire à la longue.

Il y a quantité de fimples fort utiles fous ces bois , que les herboriftes viennent cueillir annuellement ; c'eft dans une pareille température que végetent les plantes , qui croiffent mieux à l'ombre des grands arbres dans les forêts , qu'en des terrains ftériles , brûlés par l'ardeur du foleil , ou battus des vents : en voici quelques-unes.

La bétoine naît communément à l'ombre des forêts : les anciens en faifoient grand cas ; elle convient aux maladies de la tête. Le bec de grue , *geranium fanguineum* : Entre plufieurs efpeces de *geranium* qu'on rencontre partout , il n'y a gueres que le *geranium Robertianum* , l'herbe à Robert , qui foit en ufage : on le regarde comme un très-bon réfolutif ; fes feuilles pilées & appliquées en cataplafme diffipent les échimofes , réfolvent les inflammations de la gorge. Les *geranium* d'Afrique font de petits arbuftes que les amateurs cultivent avec foin dans les jardins ; il faut les tenir en ferre pendant l'hiver , n'étant point encore affez aclimatés en Provence pour braver les gelées ; la variété de leurs fleurs , la beauté de leurs couleurs ; le parfum de quelques-uns , tels que le geranium *trifte noctu-olens* , exigent de pareils foins ; il eft pourtant des endroits fort abrités où l'on peut les tenir impunément en pleine terre ; on diroit que cet arbufte va devenir bientôt indigene parmi nous.

Carduus capite rotundo tomentofo. Garidel

Carduus acanthi folio , le chardon , *lou cardoun.* Nous ne mettons gueres en ufage que trois fortes de chardon , parmi une trentaine d'efpeces connues chez nous , *la chauffe-trape , l'au-*

ruelo, *carduus stellatus calcitrapæ folio* est regardé comme un bon fébrifuge : les gens de la campagne en prennent jusques à un gros de la racine, ou des fleurs seches dans un bouillon, ou bien six onces du suc exprimé de la plante : c'est un puissant diurétique, il enleve les taches des yeux, on se sert de l'écorce de la racine dans les coliques néphrétiques. *Carduus luteus centauroïdes*, *cabassudo*, ibidem. *Carduus Mariæ maculis albis notatus*, *lou cardoun de Marie* : les feuilles de la cabassude sont détersives & consolidantes pour les vieux ulceres, les fleurs du chardon Marie sont ameres & astringentes ; *carduus stellatus luteus foliis cyani*, le chardon étoilé, nous offre encore un très-bon diurétique pour la jaunisse & l'hydropisie.

La benoite, *caryophyllata vulgaris*. Cette plante a la corolle disposée en rose avec cinq pétales soutenus par un calice qui les égale, & une vingtaine d'étamines ; ses semences sont globuleuses, garnies de petites pointes longues, menues, courbées en hameçon ; ses feuilles sont petites, en forme de lyre ; elle a sa racine noirâtre, fibreuse, les rameaux & les feuilles alternes. La benoite vient à l'ombre le long des haies ; elle a un goût stiptique ; sa racine a l'odeur du girofle, ce qui lui a fait donner le nom de *caryophyllata* ; elle est cordiale, stomachique. Simon Pauli croit qu'on pourroit la substituer à la contrayerva, plante exotique qui nous vient d'Amérique.

(*a*) L'ancholie, *herbo de Noustre-Damo* ; la fleur de l'ancholie est irréguliere, à cinq pétales lan-

_____

(*a*) *Aquilegia silvestris*. L'ancholie.

céolés, planes, égaux ; ſes étamines ſont au-delà de vingt, elle a cinq nectaires égaux, alternes, avec des pointes prolongées en deſſus à-peu-près comme les griffes de l'aigle. Cette fleur n'a point de calice, elle vient double par la culture : les fleuriſtes lui donnent le nom de galantine ; elle eſt blanche, bleue ou purpurine ; ſon fruit devient une capſule droite, pointue, contenant des ſemences ovales, charnues ; les feuilles ſont ternées, ſoutenues par un pédicule. On croit que ſa racine priſe en ſubſtance, ou bien en décoction, favoriſe l'éruption des maladies cutanées ; on ſe ſert de la teinture de ſes fleurs pour déterger les ulceres ſcorbutiques.

On trouve dans toutes les contrées les quatre eſpeces d'ariſtoloche, qui ſont d'un très-grand uſage, du moins l'ariſtoloche ronde & la longue : elles ſont apéritives, vulnéraires, déterſives & cardiaques. Le peuple s'en ſert pour faire couler les lochies, & expulſer le fœtus mort dans l'uterus.

Thymelæa alpina lini folio, humili, flore purpuraſcente, odoratiſſimo, Tournefort. *Daphné cneorum* Linnei ; cette eſpece de garou ſe trouve dans les fentes des rochers ; tous les garous ſont regardés comme des purgatifs draſtiques, dont on ne ſe ſert jamais intérieurement, excepté le peuple qui donne ſouvent tête baiſſée dans les remedes violens.

Stellaria foliis linearibus peltatis quadrifidis Linnei. *Thymelæa lineario folio*, Tournef. *la purgete*. Cette eſpece de garou qui eſt très-peu ligneux, mais plutôt herbacée, ſe voit dans les prés au bas des coteaux : le peuple lui a donné le nom de *purgete* ; mais elle n'eſt pas draſtique, comme les autres eſpeces ; les payſans s'en purgent quelquefois.

(a) Le genevrier, *lou ginebre* ; cet arbriffeau s'éleve quelquefois affez haut, fon écorce tire fur le blanc en dehors ; il a fes fleurs à chatons ; les mâles & les femelles étant fur des pieds dif- férens, fon fruit devient une baie charnue, ar- mée de trois petites dents, contenant trois fe- mences ou noyaux ; les feuilles du genevrier font fimples, pointues, fans pédicule, rangées fur des tiges rondes & piquantes : les baies ont un goût aromatique & réfineux ; elles font réfolutives, ftomachiques & diurétiques : on en compofe un extrait qui eft un très-bon ftomachique, dont plufieurs perfonnes fe fervent ; on en emploie les baies pour purifier le mauvais air, en les brûlant fur les charbons ardens.

(b) *Lou cadé* : cette efpece a les baies plus groffes que le genevrier commun auquel il reffem- ble beaucoup ; fes branches font hériffées de lar- ges piquans, elles forment des haies impénétra- bles, lorfqu'on les rapproche les unes des au- tres dans les enclos : leur contexture eft fi forte qu'elles peuvent foutenir de grands poids, étant fichées contre les murs. La baie du cadé & l'ar- briffeau entier, lorfqu'on les brûle, exhalent une odeur défagréable : on en retire une huile réfi- neufe piquante par les parties âcres dont elle eft imprégnée, étant cauftique de fa nature. Le peu- ple s'en fert pour le mal aux dents ; cette huile appaife fouvent la douleur ; elle corrode l'émail de la dent, attaque la carie, brûle le nerf & la fait tomber. On en frotte le nombril des enfans, lorfqu'on les foupçonne attaqués des vers, & on

(a) *Juniperus vulgaris fruticofa.* Le genevrier.
(b) *Juniperus baccâ rufefcente.* Le genevrier, *lou cadé.*

leur en fait prendre quelques gouttes dans un véhicule. Les bergers s'en fervent pour guérir la
gale des brebis & autres maladies cutanées qu'elles contractent par la contagion & la mal-propreté : elle fait l'office de cauftique fur la peau ;
l'odeur de cette huile eft détestable pour les nez
délicats, fa couleur eft jaune, elle eft limpide
la premiere année, mais elle s'épaiffit à la longue, c'eft ce qu'on nomme *l'ounguent ou l'holi
de cadé.*

(a) Le genevrier nommé *mourvenc.* On diftingue aifément cette efpece de genevrier à fes feuilles petites, rondes, nullement développées. Les
laboureurs s'en fervent pour en faire des liens
& des attaches pour leurs charrues qu'ils nomment *redouartes.* C'eft un bon antiputride, comme
le genevrier ordinaire. Garidel prétend que le peuple emploie le fuc de fes feuilles, ou bien les
feuilles pilées pour arrêter le progrès du charbon malin, *anthrax.* Cette maladie éruptive effentielle paroît originaire de la Gaule Narbonnoife, du moins au rapport de Pline. Les payfans qui vivent dans la mal-propreté & l'ordure,
ceux qui habitent des endroits marécageux, les
bouchers, les maréchaux, les tanneurs, les cor-
royeurs, y font le plus expofés : le charbon eft le
fymptôme des fievres malignes, de la pefte même.
Lorfqu'il eft effentiel & qu'il n'a point été pré-
cédé par aucune autre maladie, il eft mieux
d'arrêter les progrès du délétere interne dépofé
fur la peau, & le fecours de l'art vient alors à
propos. Le célebre Sauvage, Profeffeur de l'U-
niverfité de Montpellier, rencontra, en herbori-

(a) *Juniperus foliis imbricatis, ternis, obtufis* Linnei.
Cedrus foliis cupreffi. Tournefort, *lou mourvenc.*

fant, un laboureur qui arrêtoit le progrès du charbon par l'application des feuilles du *plumbago
quorumdam*, la dentelaire, *lou bagoun*. En effet
cette plante est cauftique ; le peuple tire une
pulpe de fes feuilles comme de la racine de patience dont il fe fert pour guérir la gale. (*a*) Les
états de Provence accorderent une récompenfe
à un chirurgien, qui bornoit les progrès de la
gangrene dans le charbon, au moyen d'un cauftique doux tiré du vitriol. Il y a plufieurs cauftiques encore plus affûrés, tels que le beurre
d'antimoine, l'eau mercurielle, &c. Mais le meilleur moyen, le plus efficace & le plus prompt
eft d'employer en ces fortes de cas le biftouri qui
fépare promptement le mort d'avec le vif.

La montagne de Roquefeuille eft couverte de
bois au Nord ; on y trouve des bas fonds où les
eaux pluviales fe font ramaffées ; c'eft à demi-
lieue de-là, qu'on joint le grand chemin qui conduit de Porcioulx, terre appartenant à M. de Tho-
rame, Confeiller au Parlement d'Aix, à Saint-
Maximin. Tout le terroir des environs eft de
nature calcaire, fi l'on en excepte des bandes
de grès que l'on trouve quelquefois. Les coteaux
qui font à la droite en fortant de Porcioulx, font
pourvus de carrieres d'une pierre dure, blanchâtre, calcaire, excellente pour les grands édifices :
on en a conftruit les portes & les fenêtres du
Château. J'avertis que par terre ou pierre cal-

_____

(*a*) M. Sumeire, Docteur en Médecine à Marignane,
corrige la caufticité de fa racine en la faifant bouillir dans
l'huile ; elle n'eft plus alors que bienfaifante, & l'on en
guérit promptement la gale. La Société royale de Médecine a couronné fon ouvrage. Les payfans des environs d'Aix nomment cette plante *l'herbe enrabiado*.

faire, je n'entends pas toujours une fubftance propre à faire de la chaux, après avoir été duement calcinée, comme la pierre froide, *la peiro fregio* de diverfes couleurs, toutes celles qui ont le grain fin & ferré, qui contiennent même du gypfe, les marbres, les fpaths; mais bien toutes les terres de nature abforbante qui font effervefcence avec les acides. Les premieres mériteroient mieux cette dénomination, pour ne pas confondre plufieurs fubftances entre elles, mais il n'appartient qu'à la chimie de les circonfcrire dans leurs limites; elle feule peut les caractérifer comme il faut. Les terres calcaires dont on ne fauroit faire de la bonne chaux, comme dans les teftacées, dans la pierre coquilliere, dans certains fchiftes, les terres animales, celles qu'on retire des végétaux, ne font proprement que des terres abforbantes; & quoiqu'elles fermentent avec les acides, elles n'ont point les propriétés de la chaux, qu'elles ne peuvent acquérir par la calcination. Il faudroit plutôt, felon nos Chimiftes modernes, ne les nommer que terres abforbantes, pour ne pas les confondre avec tout ce qui eft vraiment calcaire.

Une partie du terrain de Porcioulx eft inculte, au moyen des coteaux couverts de pins qui bornent la plaine : j'y trouvai une verrerie, où l'on fabrique beaucoup de verre commun pour les bouteilles furtout. Les bois de chênes verts & blancs dans ces lieux favorifent cette fabrique. Ils forment une forêt qui a plufieurs lieues d'étendue; le grand chemin de Saint-Maximin paffe à travers; elle étoit fort touffue autrefois qu'on ne la tailloit point; on l'a beaucoup élaguée aujourd'hui, ce qui ne garantit pas toujours des voleurs qui en font leur repaire, tant la marche des voyageurs eſt encore mal-aſſurée dans le chemin d'Oullieres & de Saint-Maximin.

Le terroir de cette ville ſituée dans une plaine agréable , étale une végétation des plus mâles , & l'agriculture bien entendue y dédommage les cultivateurs de leurs travaux. Cette plaine eſt bornée au Sud & au Couchant , par la montagne de Porcioulx , & au Midi par un enchaînement de coteaux couverts de vignes. Le chemin qui conduit à la ville eſt bordé de mûriers ; la plaine ne contient que des champs fertiles & de riantes prairies ; les canaux dont elle eſt coupée , qui diſtribuent l'eau d'une petite riviere attenante , en facilitent la culture & bonifient le terrain en quelques endroits. Les grains ſemés avec choix , produiſent d'abondantes moiſſons. Les vignes donnent également beaucoup de vin ; la plupart ſont plantées dans des champs graveleux & parmi le cailloutage , ce qui rend les vins de bonne qualité ; mais il y a grande diſette de cultivateurs à Saint-Maximin : l'on y manqueroit de bras pour couper ſes moiſſons , la population n'allant pas au-delà de deux mille ames dans ſon vaſte terroir , les travaux de la campagne en ſouffriroient , ſans une eſpece de correſpondance rurale qui regne heureuſement dans ces cantons , & ceux qui ſont limitrophes des montagnes : ce qui forme une liaiſon des plus néceſſaires entre les propriétaires & les cultivateurs qui y viennent de loin.

CHAP.

CHAPITRE X.

Moissons de la Provence.

LE tems des moissons met presque tous les bras en mouvement. Les maladies contractées par l'intempérie des saisons, par les promptes variations de l'atmosphere, par le besoin, sont dissipées à l'entrée du printems : à l'approche du solstice d'été tous les maux s'évanouissent ; il n'est plus d'inflammations, de vieilles douleurs, de catharres, de fievres rebelles : ces affections désolantes & chroniques font place à la santé dans les bourgs & les villages ; les forces vitales brillent dans tous les individus de la campagne. Comme le climat de la Provence n'est point uniforme, que sa position dans un espace coupé de montagnes & de plaines lui donne des températures différentes, les moissonneurs compensent si bien leur tems, & prennent tellement leurs dimensions, qu'ils parcourent successivement une partie de la province, & coupent les blés à mesure qu'ils sont parvenus en maturité. Les villages, depuis la côte de Grasse jusqu'au dessus de Draguignan, sont presque déserts dans ces tems : les laboureurs, les paysans, les ouvriers, s'ébranlent & s'attroupent de tous côtés ; ce sont des hordes ambulantes qui vont se répandre au loin, tandis qu'il s'en forme d'autres aux montagnes sous-alpines, qui prennent une autre route.

Les premiers moissonneurs commencent par les plaines de la Napoule ; ils viennent à Fréjus, le Puget, Sainte-Maxime, Grimaud, où les moissons par la situation des lieux aux bords de

Tome I. I

la mer , font toujours précoces , & devancent
celles des autres cantons : ils accourent enfuite
à Brignoles , Saint-Maximin , pour monter à la
Verdiere , Rians , Gréoux , Manofque , où ils
fe divifent en plufieurs troupes : les unes gagnent
les montagnes fupérieures , pénetrent jufqu'à Tho-
rame , Anot ; les autres reviennent par la plaine
de Canjeurs-Lagneros , Comps , Broves , Eaux ,
jufqu'à la Vallée de Seranon & de Taurenc , où
les moiffons ne commencent qu'à la mi-Août , tandis que les dernieres hordes qui fe raffemblent
dans les montagnes fupérieures , & vers les parties feptentrionales de la Provence defcendent aux
plaines de Senas , viennent à Tarafcon , à Arles ,
pénetrent dans les vaftes champs de la Camargue ,
& coupent les moiffons de ces riches & fertiles
contrées.

Ces migrations paffageres entretiennent une correfpondance parmi les cultivateurs de la Province.
Les payfans , les ouvriers commencent à manquer
par-tout ; le luxe qui gagne de proche en proche
les petites villes , les bourgs & les villages ,
écarte des travaux de la campagne bien de perfonnes des deux fexes , qui aiment mieux venir
fervir dans les villes & s'y rendre familiers tous
les vices qui déshonorent l'humanité , que de s'occuper utilement à l'agriculture. Sans les bras
des peuples laborieux qui habitent les montagnes ,
les récoltes fe feroient difficilement , & dans les
cantons où les vignes abondent , les raifins fe pour-
riroient fur les ceps , fi nous n'avions recours à
eux. Les femmes , les enfans , endurcis aux plus
rudes travaux , viennent faire nos vendanges en
automne , cueillir les olives , le gland , les châ-
taignes pendant l'hiver. Les hommes bêchent , taillent & provignent les vignes ; c'eft lorfque les

neiges, le défaut de travail & le besoin les chaffent de leurs chaumieres, qu'on les voit arriver en foule; semblables aux Savoyards, ils abandonnent leurs monts glacés en hiver, pour venir respirer l'air tempéré des côtes maritimes & ne retournent dans leurs cantons qu'au moment où l'haleine des zéphyrs fait fondre les neiges, ramene la verdure & le gazon dont les montagnes se couvrent.

Comment tant de riches possesseurs de biens fonds, tant d'agricoles aisés, pourroient-ils se passer de ces laborieux coopérateurs qui travaillent souvent d'une aurore à l'autre? Chacun les desire. Combien de champs fertiles arrosés annuellement de leurs sueurs, resteroient en friche? Telle est donc l'étroite liaison qui regne entre les divers cantons de la Provence qui s'entr'aident mutuellement, les uns par leurs travaux, & les autres par les productions qui en font la récompense. Ne pas connoître cette mutuelle dépendance, refuser de l'encourager, abandonner la montagne, ne pas entretenir les chemins qui y conduisent, ne pas combler les précipices & les ravins que les torrens creusent sous les pas des voyageurs, dédaigner de faire fleurir le commerce intérieur qui lie les diverses branches de l'agriculture de toute une Province, dégoûter les montagnards de venir dans le pays bas, en ne leur fournissant que de chétifs & misérables logemens, leur rendre la vie dure, sans les recevoir avec humanité & douceur, c'est manquer d'une politique sage & prévoyante, c'est se nourrir de principes absurdes qui ne peuvent que tourner un jour au détriment de la Province; c'est réaliser la fable des membres du corps humain qui conjurerent contre l'estomac.

Je ne décrirai point ici les suites qu'entraînent

toutes ces migrations annuelles ; mais on peut
dire qu'elles influent beaucoup plus qu'on ne pense
sur la population & l'agriculture. J'avoue que la
pureté des mœurs, la candeur, l'innocence, ces
restes précieux des premiers âges, ne sont pas ce qui
brille le plus dans ces hordes ambulantes ; mais
la gaieté, la liberté qui les animent, les danses,
les jeux qui font oublier à tout ce peuple qu'il est
malheureux, l'attachement réciproque qui est
l'ame de ces courses vagabondes, les liaisons qui
en émanent doivent faire passer par-dessus tout.
D'ailleurs les pénibles travaux qu'on essuye, la
longueur des marches, une vie errante & fru-
gale font un grand frein contre l'ardeur des
passions.

A peine le printems s'annonce qu'on n'entend
parler que moissons dans toutes les contrées désignées. Semblables à ces oiseaux de passage qui
avant de partir en compagnie, s'exercent auparavant par de petits vols, prennent l'essor peu à
peu & disparoissent totalement à la même heure ;
les hommes, les femmes, les jeunes filles s'a-
niment mutuellement au départ : une espece de
désordre, l'inquiétude des voyageurs regnent dans
leurs démarches ; on fixe le jour du départ, celui
du séjour, la longueur du voyage, tout est réglé
d'avance ; les filles qui entrent à peine dans l'âge de
puberté, (car c'est ici leur premiere course, & leur
apprentissage dans cette nouvelle agriculture ,) se
choisissent déjà parmi les hommes ceux qui leur
plaisent le plus, pour lier leurs gerbes & s'entr'aider mutuellement ; c'est presque toujours dans la
nuit que ces hordes se transportent d'un lieu à
un autre. Le sexe, quoique foible, dévore la fatigue des marches, résiste à la chaleur du jour, brave
les plus rudes travaux, pour jouir de la liberté qui

l'entraîne, & suit fidellement ses compagnons de voyage. Lorsque la nuit les appelle au repos, après un léger repas, peu capable de soutenir leurs corps vacillans, ils se jettent tumultueusement dans les granges & s'endorment à côté les uns des autres, sans autre desir, sans autre soin que celui de procurer du repos à leurs membres fatigués.

Je sais qu'on ne regarde pas toujours le sommeil de ces moissonneurs comme tranquille dans les retraites qui leur servent d'asile ; que ceux qui veillent à la garde des mœurs, se sont récriés plusieurs fois contre ces assemblées tumultueuses où l'on est si près du danger ; qu'il y a eu même des ordres pour empêcher qu'on ne les laissât coucher pêle-mêle dans les granges. Je croirois peut-être à de pareilles imputations, si l'occasion, le hasard ne m'avoient mis plus d'une fois à portée d'en connoître la fausseté, moi qui me suis plu à étudier l'espece humaine depuis l'état d'avilissement & de misere jusqu'à celui d'élévation & de liberté, où les richesses & le desir d'être heureux excitent continuellement de nouvelles sensations, & servent d'amorce aux passions ; j'ai cherché à me rendre témoin de ces prétendues orgies. Nouveau Diogene j'ai pénétré la lampe à la main à travers ces hordes endormies ; j'ai eu beau chercher l'homme ; non jamais les pavots de Morphée n'ont si bien amorti la pétulance des desirs & la vivacité de la jeunesse ; les instans du repos le plus doux, les délassemens les plus agréables sont ceux que le sommeil leur procure, & les traits les plus ardens de la volupté sont émoussés par les pénibles sueurs de la veille. Les jours de Fête que les jeunes filles passent communément dans les danses & les ris,

font employés dans ces courfes pénibles , à laver
leurs linges & ceux de leurs compagnons ; mais
elles dévorent toutes ces peines fans le moindre
murmure. Rien ne porte atteinte à leur étroite
union ; il regne tant de bonne foi , tant de confiance là-deffus , que la mere qui ne peut accompagner fa fille aux moiffons , la croit en fureté
au milieu de cette troupe d'ouvriers qui égayent
leurs travaux par des chanfons naïves , & des
danfes continuelles ; la fille de fon côté en devient
moins timide parmi eux & apprend à fe garder :
la mere leur confie ce qu'elle a de plus cher , trop
heureufe qu'un médiocre profit adouciffe un travail des plus rudes , & lui faffe fupporter les fatigues des moiffons , au point de lui faire entreprendre chaque année de pareilles marches
toujours avec plus de gaieté & d'enjouement.
L'agriculture & la population ne fauroient qu'y
gagner.

Les blés du terroir de Saint-Maximin font
eftimés , pour les femences furtout ; plufieurs
viennent s'en pourvoir d'affez loin. On brûle légerement les terres argileufes , pour en diffiper l'humidité fuperflue : il ne manque à ce beau terroir
qu'un plus grand nombre de prairies , & une
quantité fuffifante de bétail , dont la multiplication feroit facile dans un pays , où l'eau qui eft
l'ame des pâturages , feroit aifée à trouver. On
tire de la bonne chaux & des pierres à bâtir
des montagnes attenantes. Leur fommet , vers le
midi furtout , préfente une large couche blanche , horifontale & pelée qui recouvre les couches inférieures ; celles-ci n'ont une direction per-
pendiculaire que dans les endroits qui ont fouffert
des ébranlemens , de violentes fecouffes. Les torrens qui s'y forment par les grandes pluies , laif-

fent des traces profondes de leurs dévaftations : la nature troublée dans fa marche , n'obferve plus la même uniformité.

CHAPITRE XI.

Concernant la partie de Saint-Maximin & de Tourves.

LEs coteaux de Saint-Maximin en allant vers Tourves, ont fourni des marbres recherchés autrefois , que l'on portoit en gros blocs à Ver-failles , pendant le regne de Louis XIV. La carriere eft fituée près du grand chemin. Le Roi en paffant dans ces cantons ordonna de les tranf-porter à Marly , où l'on en conftruifit des ouvra-ges qu'on y voit encore. Ce marbre porte la déno-mination de St. Maximin , il eft d'un fonds noirâtre veiné de jaune & de blanc : cette carriere n'eft connue aujourd'hui que des Révérends Peres Do-minicains du Couvent de Saint-Maximin , qui en favent l'hiftoire par tradition. Les marbres de leur Eglife , qui eft un beau monument d'architecture , au frontifpice près qui n'eft pas achevé , font la plupart étrangers ; on y trouve la brocatelle d'Ef-pagne , le port-or de Porto-Venere , le blanc veiné de Porto-Carrero , les marbres rouges de Lan-guedoc , une grande urne de porphyre taillée en Italie ; dont un Archevêque d'Avignon fit préfent à cette Eglife , & qui eft placée derriere le Maître-Autel , préfente un monument curieux.

On parvient de Saint-Maximin à Tourves, par un beau chemin qui eft bordé de mûriers aux approches de ce bourg , qui appartenoit à feu M. le Comte de Valbelle. Les montagnes qui terminent fon horifon au midi renferment encore des marbres colorés, dont on pourroit faire ufage, malgré le goût qui nous domine pour les marbres étrangers. On a tiré quelques blocs de ces carrieres, qui ont fervi à des cheminées que l'on voit au Château de Tourves : il y en a qui feroient d'une qualité fupérieure, ainfi que l'annoncent des morceaux roulés dans les vallons, fi l'on vouloit fe donner la peine de les travailler. Il y en a encore une carriere près de la maifon de campagne de M. Magnan, de l'autre côté de la riviere de Carami, dont les couleurs du marbre font plus agréables. Le gypfe rouge abonde au quartier de Valjenfole. Toutes les autres carrieres fourniffent des pierres dures, calcaires, d'un grain ferré & fin, qui fe laiffent tailler avec plus ou moins de peine : elles ont fervi aux embelliffemens du parc. Les ouvriers établiffent une diftinction entre ces carrieres, fuivant l'ouvrage auquel les pierres conviennent par leur grandeur, par la facilité de leur donner les formes qu'on veut ; mais le grain en eft le même, c'eft toujours une pierre dure, froide, calcaire, qui approche des marbres d'une feule couleur.

Le Château de feu M. le Comte de Valbelle préfente plufieurs chofes dignes de la curiofité d'un voyageur. J'aurois bien voulu y trouver un cabinet d'hiftoire naturelle, qui contînt la plupart des foffiles & des raretés de cette Province. Quand ce nouveau goût qui commence à dominer partout, entraînera-t-il ceux qui par leurs talens & par leurs rangs font faits pour protéger les fciences & les arts ? Les raretés exotiques dont on ne voit le plus fouvent que de foibles échantillons dans quelque cabinet, peuvent-elles compenfer ce que l'hiftoire naturelle du pays qui nous a vu naître,

nous offre avec tant de profusion ? Qui auroit pû
fe procurer avec plus d'avantage que M. le Comte
de Valbelle des objets auffi dignes d'attention,
& qui figureroient très-bien à côté de la bibliotheque choifie qui orne le Château ? Mais la richeffe des tableaux, la variété des marbres,
l'architecture des édifices, la diftribution des appartemens, la beauté des jardins, les arbres ma-
jeftueux, les ftatues, quantité d'arbuftes rares
toujours verts, & des fimples exotiques font de
ces beaux lieux une maifon royale, & dédommagent amplement les curieux de plus grandes
recherches.

Les brouillards qui regnent fouvent dans ces
cantons, beaucoup de bas fonds & d'eaux ftagnantes, rendent l'atmofphere humide & détruifent l'é-
lafticité de l'air. Les maladies des habitans & la
modicité des récoltes dépendent d'une pareille
conftitution. Les principales productions de ce
terroir font les blés dont on exporte au moins
fix mille charges annuellement : ce commerce y
feroit encore plus abondant, fi les cultivateurs
s'occupoient un peu plus de prévenir les maladies qui attaquent les blés, ou tâchoient de les
diffiper, lorfqu'elles font déclarées. Le mauvais
choix des femences, le mélange des bons grains
avec ceux qui font infectés, rendent ces maladies
plus fréquentes qu'on ne penfe. Les cultivateurs
connoiffent peu les fecours prophylactiques pour
préferver leurs blés : un choix médiocre des femences, le foin de délivrer les blés des mauvaifes
herbes conftituent prefque toutes leurs pratiques.
Combien en eft-il d'autres que l'on devroit mettre
en œuvre, furtout celles qui s'oppofent à la multiplication des infectes qui dévorent les grains ? Se

seroit-on douté que l'ergot qui dénature le seigle fût dû principalement à la piqûre d'un insecte ? Combien en est-il de cette espece que nous ne connoissons pas encore ? Les uns rongent les racines, les feuilles & la tige naissante des grains : les autres se cachent dans les blés à peine éclos, & les dévorent avant leur maturité : l'on trouve des insectes nommés *staphilins* qui rongent les blés. On observa, il y a quelques années, dans le Poitou, un essain innombrable de mouches qui sortoient des greniers à blé, venoient fondre sur les moissons, piquoient le grain encore tendre & pulpeux, & y laissoient un œuf qui devenu bientôt vers rongeoit les blés naissans, & menaçoit déjà tout le pays d'une affreuse disette, sans les sages précautions que prirent les Administrateurs pour dissiper ces insectes dévorans. Il y a d'autres vers qui rongent la tige des blés pendant les frimats ; le charançon qui ne se perpétue qu'au printems, s'est montré dans les jours tempérés de l'hiver dévorant les blés dans les greniers ; n'est-il pas essentiel que tous les bons cultivateurs aient de pareilles notices ? (a)

Les vignes sont abondantes à Tourves. Quelques particuliers se sont occupés à faire de bon vin, dont on transporta plusieurs pieces à Paris qui réus-

---

(a) La carie des blés est une maladie contagieuse, dans laquelle le grain conservant à-peu-près sa forme & sa propre pellicule, se change en une matiere noirâtre, un peu visqueuse & se détache de sa base lorsqu'il est sec : ce qui le fait nommer *blé charbonné*, *lou carboun*. La poussiere en est contagieuse ; c'est un levain qui infecte les grains les plus sains, une pourriture qui se communique aux blés avec lesquels on l'associe sans attention ; les pailles qui n'ont porté que des grains in-

firent. Il n'y a qu'à donner carriere à cette tentative. La culture des vignes & des champs à blé fait négliger un peu celle des oliviers. Le terrain qui est mêlé d'argile, favorise peu ces plantations ; mais une récolte intermédiaire, qui est le produit des terres fortes bien amandées, est celle que donnent ici les haricots : on les feme en printems dans les bons fonds destinés aux femailles d'Octobre, fans que cela nuife aux moiffons de l'année fuivante.

On fait beaucoup de vers à foie à Tourves, comme dans tous les villages de la partie méridionale de la Provence où les mûriers ne manquent point : ces arbres font auffi agréables qu'utiles & fervent d'embelliffement aux campagnes lorfqu'ils bordent les grands chemins : ils font long-tems couverts de feuilles qui fervent de pâturage en automne.

M. Chevalier, Docteur en médecine, agregé au collége des Médecins de Marseille, a bien voulu me communiquer plufieurs obfervations qu'il a faites, non-feulement fur la population & l'agriculture de Tourves ; mais encore fur fes foffiles. Parmi le nombre d'objets que le pays a fourni à fes recherches, il en est quelques-uns que je n'aurois garde de paffer fous filence, & qui fervent à con-

---

fectés ont quelque chofe de pernicieux : peut-être que les caufes premieres de cette carie ne font pas auffi cachées qu'on le penfe. La Chimie peut nous mettre fur les voies : les urines putréfiées, les alkalis fixes & volatils, la chaux en font les remedes. On trouve des végétaux qui contiennent des principes auffi contagieux aux grains, & dont l'application immédiate leur occafionne la même maladie. Quelle induction ne peut-on pas en tirer, pour en connoître les caufes ? Je reviendrai à cette queftion intéreffante.

firmer les obfervations des meilleurs naturaliftes ; favoir : que la population augmente par-tout où l'agriculture en valeur multiplie les productions de la terre; que celle-ci eft la fource de l'aifance & du bonheur
dans les campagnes ; que le luxe deftructeur & le
commerce le plus étendu diminuent plus qu'on
ne penfe l'efpece humaine dans les villes, où les
befoins, la mifere, les plaifirs, les richeffes, l'apparence du bonheur & les paffions, marchent tu-
multueufement enfemble. Le degré de probabilité
pour la longueur de la vie des hommes, s'étend
toujours à quelques années de plus dans les bourgs
& villages, où l'on jouit d'un air falubre, plutôt
que dans les grandes villes. La nature produit un
nombre égal d'individus de part & d'autre ; il naît
communément plus de garçons que de filles, mais
il en meurt plus des premiers. La diverfité des
climats & des lieux n'influe pas moins fur la
population.

M. Chevalier a dépouillé les regiftres de cette
paroiffe, tant des baptêmes que des enterremens,
pendant une fuite d'années ; & ce réfultat comparé
avec celui que m'a offert le dépouillement des regiftres des plus grandes villes, prouve évidemment
que la marche de la nature eft par-tout la même,
qu'elle fuit une route égale ; & fi elle paroît s'en
écarter quelquefois, cela tient à des circonftances
qui n'influent en rien fur les loix générales.

Il confte que la moitié des enfans périt communément dans les villages & bourgs avant la feptieme
année ; que la petite vérole en détruit plus que
toute autre maladie ; (a) qu'il meurt plus de femmes fexagénaires que d'hommes ; que celles - ci

_____

(a) N'y auroit-il pas moyen de prévenir les défor-

vieilliffent pourtant davantage, lorfqu'elles ont paffé cet âge climatérique, quoiqu'on trouve auffi beaucoup de vieillards à la campagne. Il naît à Tourves, année commune, quatre-vingt douze enfans ; il en meurt foixante dix-huit, il en furvit quatorze chaque année : la population augmente ainfi d'un feizieme. La probabilité de vie eft de trente-deux à trente-quatre ans. On y compte deux mille quatre cent habitans. Il y eft mort dans l'efpace de fept ans mille foixante-treize garçons, & onze cent foixante-fix filles, c'eft-à-dire, près de la moitié des naiffances. Il s'y fait au moins vingt mariages par an ; les trois mois d'hiver font les plus féconds en naiffances, celui de Février l'eft par-deffus tout. On peut juger par-là en quel mois la nature eft plus vivifiante. Le mois de Juin eft celui où il en naît le moins, c'eft auffi celui où il meurt le moins de monde : le mois d'Août eft meurtrier. J'ai obfervé que plufieurs maladies chroniques fe terminent aux folftices d'été ; les maladies aiguës recom-

---

dres que caufe la petite vérole dans certaines épidémies en inoculant, comme on fait avec fuccès, la plupart des enfans qui ne l'ont pas eue ? Nous fommes convaincus de la bonté de cette pratique. Pourquoi les feigneurs qui ont à cœur d'augmenter la population parmi leurs vaffaux, ne les font-ils pas inoculer ? Combien de Médecins généreux, amis de l'humanité, feconderoient leurs vues patriotiques ? J'en connois déja en Provence qui l'ont exécuté. Sans des affaires imprévues, & la petite vérole qui trompa fon attente, M. le Marquis de Sabran qui m'en avoit prié, m'alloit faire inoculer plufieurs de fes vaffaux : quel moment plus doux pour un cœur auffi bienfaifant que le fien, que celui d'affurer la vie à ce nombre d'enfans ! Tant que l'inoculation fera reléguée dans les grandes villes ; qu'on fe contentera d'écrire, fans prouver fon utilité par les exemples, l'humanité ne retirera jamais un grand fecours d'une pratique auffi néceffaire à la population.

mencent dans les campagnes au mois d'Août ; elles font excitées par les chaleurs & les travaux exceffifs ; les épidémies de caufe putride , les épizooties fe déclarent dans cette faifon , furtout fi elle eft humide & chaude. L'année la plus fertile en naiffances à Tourves , fut mille fept cent foixante-un ; la plus ftérile , mille fept cent quarantefix ; la plus meurtriere , mille fept cent foixantequatre ; celle où il y eut plus de mariages , fut mille fept cent vingt-cinq ; l'année où il y en eut le moins , mille fept cent trente-trois : la petite vérole enleva cent enfans en mille fept cent trentefept , & quatre-vingt huit en mille fept cent quarante-fept.

Les eaux fourdent de tous côtés dans le terroir de Tourves ; on diroit que les campagnes & le village entier exiftent fur l'eau. Le terroir tremble fous les pas de ceux qui le parcourent. Les fources , les nombreufes fontaines qu'on y voit font inépuifables ; elles coulent en tout tems : delà ces plaines fertiles par les fréquens arrofemens qui y rendent l'agriculture floriffante ; mais tout a fon défavantage ; la fanté des habitans en fouffre quelquefois : le terroir eft coupé par de petits lacs , parmi lefquels on en voit un beaucoup plus confidérable , & dont on ne connoît pas le fonds ; cette étendue de pays s'eft reffentie des fecouffes qui agitent le globe terreftre , & ébranlent les montagnes : telle eft au moins l'obfervation que firent quelques perfonnes le jour mémorable du tremblement de terre de Lisbonne : une des fources qui fe jette dans ce dernier lac , parut fe troubler ce jour-là ; les eaux toujours claires & limpides devinrent jaunâtres , écumeufes , comme celles des tanneries où on a lavé les cuirs. Pareil événement fut obfervé aux Pyrénées dans la vallée d'Afpe en

Béarn. Une fontaine qui coule au bord du chemin, n'ayant donné jufques-là que des eaux claires & bonnes à boire, devint fi trouble à onze heures du matin, jour de la Touffaints, où arriva le fameux tremblement de terre, que les eaux charrierent pendant toute la femaine une fubftance blanchâtre, terreufe, tenant de la craie. Auroit-on cru qu'il y avoit une communication fouterraine, entre les montagnes de Portugal & celles des Pyrénées ? Ou bien cette fimultanéité de fecouffes eft-elle femblable aux étincelles électriques dont les chocs fe propagent au loin par le moyen des conducteurs ? Lorfqu'on a pénétré dans le fein de la terre, & que l'on connoît un peu cette géographie, on ne doit pas être furpris de trouver de vaftes concavités, des grottes profondes, des finuofités dans les montagnes, qui s'étendent à des diftances confidérables, & communiquent avec des contrées fort éloignées, en fuivant leur direction. Nous en verrons des exemples dans le cours de cet ouvrage, qui ferviront à donner la folution de plufieurs phénomenes. A pareille époque, la fontaine périodique de Colmars, dont Peyrefc & Gaffendi nous ont tranfmis l'hiftoire, ainfi que Bouche, éloignée de plus de cinq cent lieues de Lisbonne, ceffa de couler entierement ; elle reparut quelques années après ; mais moins conftante dans fon cours, ayant beaucoup fouffert d'un pareil ébranlement.

Les lacs de Tourves font fitués du côté de Brignoles, le plus grand peut avoir trois cent pas de circuit. La quantité de tufs ou concrétions lapidifiques formées par l'alluvion des eaux que l'on trouve en creufant la terre, les fources qui jailliffent de tous côtés indiquent encore que ces fonds font vuides par-deffous, & que les eaux communiquent entre elles. Un de ces lacs fe forma tout-

à-coup en plein jour un Dimanche, au vu de plufieurs perfonnes. Un grand bruit qui venoit d'affez
loin, les obligea d'accourir, non fans furprife, à la
vue d'un peuplier planté dans un bas fonds qui étoit
violemment agité & pirouettoit comme une girouet-
te; le peuplier s'enfonça & difparut dans un abyme
qui venoit de fe former. Ces perfonnes eurent le
tems de diftinguer des concavités fouterraines par
où jailliffoit une eau bourbeufe & verdâtre. On y
voyoit une efpece d'entonnoir au milieu; peu de
tems après, l'abyme fe remplit, & il a demeuré
dans cet état jufqu'aujourd'hui.

Ce fait ifolé paroîtra peu intéreffant à quelques-
uns; mais, à mon avis, on ne doit rien négliger en
hiftoire naturelle. Plufieurs veulent encore que la
plupart des lacs que l'on trouve aux plus hautes
montagnes, dépendent de quelques volcans éteints
dont le crater eft fous les eaux, & qu'ils aient été
précédés par la déflagration des matieres inflammables, fouterraines, lefquelles ont occafionné
une éruption prompte & fubite des eaux renfer-
mées dans les concavités des montagnes. L'on verra
par l'hiftoire de nos lacs aux bords defquels on ne
diftingue aucune trace volcanique, combien il faut
être réfervé fur de pareilles opinions. Les limons
qu'on ramaffe au bord des lacs de Tourves, font
formés d'une terre noirâtre, bitumineufe: c'eft une
très-bonne tourbe qui brûle comme la houille.
L'origine de ces lacs eft due fans doute à l'affaiffe-
ment des concavités, à l'ébranlement des grottes
fouterraines remplies d'eau, qui en tombant les
unes fur les autres, ont tellement comprimé l'air
intérieur, qu'elles ont donné lieu à ces éruptions
fubites. Il n'eft pas rare de voir s'écrouler des
montagnes, dont la chute amène des éruptions
promptes de fources, de lacs, de rivieres même
qui

qui changent tout à-coup la face de tout un pays. (a)

J'ai dit que le charbon de pierre se trouvoit dans toutes les montagnes circonvoisines de Peynier, de Trets jusqu'à Tourves, & que ses veines gardoient toujours la même direction du Levant au Couchant ; le village de Mazaugues contient encore des mines de jayet, que l'on exploitoit en mêmetems que celles de Peynier ; elles ont été abandonnées par les raisons que j'ai alléguées ci-dessus ; le terrain est à-peu-près le même qu'à Tourves dans tous les environs ; on y voit de petits lacs, des bas fonds sous les eaux & jusqu'à la Roque-Brousiane où sont encore des mines de charbon: les chênes verts & blancs, les bois de pin y sont abondans, (b) c'est à l'ombre de ces forêts qu'on trouve quelques plantes recherchées, *Polygonatum vulgare latifolium*, Tournefort. *Convallaria* Linn. le sceau de Salomon. On regarde cette plante comme un très-bon astringent, les paysans des

---

(a) Il n'y a nulle apparence de volcan éteint, au quartier de Caudiere, comme quelques-uns l'ont imaginé. Les pierres noires, compactes qu'on y trouve, ne sont point des fragmens de laves, ni encore moins de basaltes. J'ai examiné attentivement ces pierres, qui sont un composé d'argile, de fer avec de petits cristaux spathiques : elles couvrent un espace de terrain d'environ vingt cannes en quarré. Toutes les pierres des coteaux voisins sont de nature calcaire, dans lesquelles on découvre quelquefois de petits fragmens de pierre argileuse. J'ai exposé au feu de forge celles de Caudiere, qui ne se font pas vitrinées, au lieu que les basaltes se liquéfient entierement par l'action du feu.

(b) On prend une quantité prodigieuse de petits oiseaux, des grives surtout dans ces bois ; les grives rendent annuellement plus de mille écus à Mazaugues, où tout le peuple est occupé dans l'hiver à travailler des lacets.

Tome I. K

montagnes fous-alpines fe fervent du fuc exprimé
de fes feuilles pétri avec de la farine de feigle pour
guérir les hernies naiffantes, ou bien de la racine
que l'on pile, & qu'on réduit en cataplafme avec
cette farine : on la croit merveilleufe, c'eft à l'expérience répétée à lui confirmer cette propriété.
Smilax afpera fructu rubente Linn. la racine de
cette plante affez commune dans les haies & les
buiffons, eft un bon diaphorétique ; les payfans
s'en fervent pour les rhumatifmes, elle approche
beaucoup par fes propriétés de la falfepareille, à
laquelle quelques-uns la fubftituent.

Butomus Linn. le jonc fleuri.

Iris paluftris lutea, five acorus adulterinus ;
l'iris jaune aime les ruiffeaux & les endroits humides. Il eft regardé comme un hydragogue ou purgatif draftique ; le fuc extrait de l'iris, à la dofe de
deux ou trois onces, a réuffi quelquefois dans les
afcites & les anafarques ; il eft âcre, échauffant
& excite la foif ; il faut le donner avec prudence.
L'*iris noftras*, le glayeul, *lou glaujoau*, fe trouve
partout ; fa fleur violette & purpurine fert pour la
teinture ; il y a des particuliers qui la cultivent pour
cet ufage.

Serratula foliis pinnatifidis Linn. Efpece de
jacée qui naît à l'ombre des forêts. *Jacea incana
capite pini.* Tournef. la jacée.

Les montagnes de Tourves contiennent beaucoup de fpath calcaire, fous plufieurs formes différentes ; on y trouve des marcaffites ferrugineufes,
de grandes couches de pierres ardoifées & de
fchiftes qui forment leur organifation apparente,
parmi lefquelles on voit des dendrites : les fecouffes
qui ont ébranlé ces grandes maffes, & la marche
des ravins s'y font remarquer par des traces par-
lantes. Les couches fupérieures plus expofées à

l'action immédiate des eaux, ont été plutôt entraînées que les couches inférieures qui débordent partout ces dernieres ; mais de pareils objets reviennent trop fréquemment dans l'examen des montagnes, pour que je m'y arrête.

CHAPITRE XII.

Brignoles & ses environs.

LE chemin de Tourves à Brignoles est encore bordé de mûriers à l'approche de cette ville ; des vignes, des champs fertiles, des prairies diversifient l'espace qu'il faut traverser. Brignoles jouit d'un commerce étendu : l'industrie y regne de plusieurs manieres ; sa population est d'environ six mille ames ; elle est située en partie sur le penchant d'un coteau. L'autre partie de la ville s'étend dans une plaine entourée de jardins & de fabriques : elle doit être moins saine que la supérieure, par les eaux dont elle est pénétrée. Le voisinage des foulons & des tanneries, les tirages de la soie n'y contribuent pas peu : les maladies qui y regnent sont dépendantes d'un air humide & relâché ; mais les grands vents qui balaient impétueusement cette côte, causent des fluxions, dessechent la poitrine, agitent le sang, & procurent souvent la phthisie aux jeunes gens.

Le territoire de Brignoles est mêlé de plusieurs sortes de terres : l'argile y domine sur tout ; ce qui rend les campagnes fertiles : les vins n'y manquent point ; mais ils pechent en qualité ; depuis qu'on a cessé de planter les vignes sur les coteaux, ils ont perdu de leur réputation ; tout se relâche, une culture plus laborieuse dans un terrain penchant,

les. dégradations que caufent les eaux , la négligence à foutenir les terres , un plus grand produit qu'on perçoit des vignes complantées en plaine , ont fait tourner les cultivateurs de ce côté-là ;
auffi ne diftingue-t-on plus les champs à blé de ceux
qui font complantés de vignes. Les pratiques d'a-
griculture font affez bien entendues dans ces belles
campagnes , quoiqu'on n'y connoiffe point les nouveaux femoirs , ni les charrues qui facilitent les labours , & favorifent l'économie ; un feul couple
de mulets ou de bœufs y fuffit pour donner à la
terre jufqu'à cinq labours avec la charrue ordinaire , ou *l'arairé* fans train. Le fumier des litie-
res , les herbes pourries dans les mares , fourniffent les engrais ; nul mélange refpectif des terres
n'eft en ufage , nulle connoiffance des marnes que
l'on foule aux pieds fans les foupçonner même.
On récolte peu d'huile dans le terroir de Brignoles ;
les vents , les frimats font la guerre aux oliviers
qui ne fe plaifent pas dans un pays ouvert ; auffi ne
s'y attache-t-on pas beaucoup.

On trouve peu de fruits aux environs de cette
ville ; quoique les prunes aient de la réputation , il
ne faut pas beaucoup compter fur leur produit.
Les pruniers fe couvrent régulierement de fleurs
dans le printems ; mais les vents du Nord , les
grandes pluyes détruifent en peu de jours l'efpoir
naiffant du cultivateur. La poudre génératrice des
étamines eft enlevée , point de piftils fécondés , le
fruit ne fe noue plus & la récolte manque ; d'où
vient leur réputation aux prunes de Brignoles ? Eft-
ce au terrain , aux arrofemens , ou à la culture
qu'elle eft due , ou bien à la maniere de les préparer ? Cette derniere y contribue plus que tout le
refte : on choifit la perdrigone rouge , la blanche
étant moins commune , pour préparer les prunes ,
comme on va voir.

Les pruniers font plantés dans des enclos ; on les abrite , on leur procure une expofition favorable , & ils retiennent plus furement leurs fleurs : le fruit fe noue ; la culture & l'arrofage lui donnent de la confiftance & de la beauté. On attend que les prunes foient bien mûres pour les faire tomber en fecouant l'arbre légerement. Les femmes les ramaffent proprement , leur ôtent la peau , les embrochent avec de brins d'ozier , dépouillés de leur écorce , ou bien on les entrelace avec de la paille de feigle pour les fufpendre à des perches expofées au foleil & les faire fécher ; lorfque le fruit eft fec , on en fait fortir le noyau par un des bouts , en les preffant avec les doigts : la prune applatie & arrondie avec précaution eft placée alors fur des claies garnies de papier que l'on tient au foleil , jufqu'à ce qu'elle foit entierement feche. Il eft à remarquer qu'on ne laiffe jamais les prunes expofées à l'air , lorfque le foleil eft couché , encore moins lorfque le tems eft couvert ; la moindre négligence à cet égard feroit noircir la prune & lui ôteroit la tranfparence , & cette fleur qui en fait le principal mérite.

Les rues de Brignoles ne font rien moins que propres , malgré les eaux des fontaines qui les baignent. Les habitans font pourrir leur fumier fous leurs fenêtres , fans que la police ofe févir contre leur ftupide indolence & puniffe une pratique fi contraire à la falubrité de l'air , & malheureufement trop commune. L'induftrie met en vigueur une foule de bras dans les blanchiffages , les fabriques de favons , de cuirs & de marroquins qui font eftimés , (*a*)

***

(*a*) On y voit encore des fabriques de foie , où l'on tire de très-bon organfin ; les moulins à papier , à foulons y font multipliés ; les payfans font fort laborieux & fe font valoir.

on tanne les cuirs avec l'écorce du chêne vert , dont tous les coteaux attenans font remplis.

Rhus coriaria five fumach , Tournef. le fumach , *lou fauvi.* Ce petit arbufte a la fleur rofacée à cinq pétales découpés & foutenus par un calice découpé en cinq parties : fes étamines font au nombre de cinq avec trois piftils ; fon fruit eft à noyau , fes feuilles font oppofées , longues , petites , dentées & velues en deffous , elles font terminées par une feuille impaire ; les fleurs fe raffemblent en grappe au haut des tiges ; les baies & les femences de cette efpece de fumach font aftringentes , on les emploie en décoction pour les vomiffemens. On cultive cette plante en divers endroits , on fe fert de fes femences réduites en poudre pour tanner les cuirs.

Rhus cotinus , Linn. *lou fuftet.* Cet arbriffeau qui s'élève plus haut que le premier , vient naturellement fur les coteaux , tandis qu'on cultive l'autre efpece de fumach : fon fruit eft ovale & ne contient qu'une femence triangulaire ; fes feuilles font foutenues fur un pédicule , elles font ovales , arrondies au fommet , liffes , fermes , d'un brun vert fans dentelures ; le bois du fuftet eft jaunâtre , il fe couvre d'une efpece de filaffe au bout de fes feuilles ; on met encore celles-ci en poudre pour tanner les cuirs , & l'on fe fert du bois pour teindre les étoffes en jaune : il faut empêcher les troupeaux d'en dépaître les feuilles , qui font dangereufes aux brebis. Il aime l'ombre & fe plaît dans les forêts.

Les montagnes qui terminent l'horifon de Brignoles , forment un baffin de deux lieues de long fur autant de large ; il en découle plufieurs fources de côté & d'autre : ces montagnes font couvertes de verdure & de quantité d'arbuftes ; leur

chaîne eft coupée par intervalles ; leur principale
direction s'étend du Levant au Midi , & du Couchant au Nord ; les pierres en font très-propres à
faire de bonne chaux ; on en tire également du
gypfe. La chaîne qui va du Midi au Levant contient
un marbre veiné de rouge qui reçoit très-bien le
poli. Il y a une mine de jayet au bas de cette
montagne, qui n'a point été encore exploitée. Toutes les mines de ce foffile ne font plus en valeur en
Provence où l'on avoit conftruit autrefois des fabriques pour le travailler.

La montagne de Canderon fituée à deux lieues
de la ville , eft parfemée de quelques veines de
grès : on en a retiré des blocs de jafpe fort dur à
fond brun-rouge avec des taches blanchâtres &
noires : les marbriers de la ville en ont poli des tables & des cheminées. Il y a encore des mines de
jayet & de charbon de pierre au bas de cette montagne , ainfi que des carrieres de gypfe blanc &
gris. Les bois font multipliés à celle des Amurats ,
vis-à-vis Canderon. La montagne de la Machotte
eft pourvue de carrieres de pierres dures & froides
que l'on taille , dont quelques-unes font veinées de
rouge & de blanc & fe laiffent polir comme les
marbres : l'argile ne manque pas dans ces cantons ;
on en fabriquoit autrefois de belle faïence. Le
terroir de Camp , à une lieue de Brignoles , contient de bonne terre à foulon. Toute cette côte
eft couverte de chênes blancs & de bois propres à
la conftruction. Le diocefe d'Aix s'étend jufqu'à
Beffe , village peu éloigné de Carnoules & de
Pignan : le lac qu'on y voit au pied d'une montagne
pelée & calcaire eft un produit des eaux pluviales
& de la riviere de Niffole , qui y verfe fes eaux en
partie par le canal du moulin & dans laquelle le
lac fe dégorge : il a plus d'un quart de lieue de

K 4

circonférence ; on n'en connoît pas le fond ;
les chaleurs de l'été font évaporer une grande
partie de fes eaux , l'air fe charge de vapeurs
nuifibles , qui alterent la fanté de fes habitans par
des fievres endémiques : les limons qu'on retire
des bords du Lac en été fervent d'engrais aux cultivateurs ; mais ils infectent l'atmofphere , & ont
caufé plus d'une fois des épidémies.

CHAPITRE XIII.

Retour de Brignoles à Aix par le Var.

LE chemin de Brignoles au Var , dernier village du diocefe d'Aix dans ces environs en tirant au Nord , eft coupé par des coteaux où l'on
trouve une carricre de pierre coquilliere blanche ,
qui n'eft point par couche mais en bloc , qu'on
taille aifément. Cette pierre expofée long-tems à
l'air , devient roufsâtre ; mais elle gagne en dureté :
on en a employé quantité aux édifices , qui ne font
point encore dégradées. La carriere , quoique facile
à exploiter, s'élevant au-deffus du terrain, eft abandonnée ; le gypfe eft abondant dans ce coteau ; le
bois de chêne vert & blanc y eft auffi commun.
On tire de Rougiers , village voifin de Brignoles ,
une terre bolaire ferrugineufe qui a du rapport avec
la terre d'ombre avec laquelle on donne le mordant
au bois que l'on veut dorer.

Le chemin du Var conduit à la capitale par St.
Maximin : la terre de Seillon qui eft à la droite du
Midi au Nord , voit naître la riviere d'Argens au
pied d'une colline ; ce n'eft d'abord qu'une grande
fource , dont les eaux fe joignant enfuite à celles
de la riviere de Barjols , deviennent bientôt un petit

fleuve : il en a toutes les prérogatives , puisqu'il reçoit dans son sein plusieurs rivieres & va se jetter
dans la mer. Argens garde une direction moyenne
entre les autres rivieres de Provence , ayant son
cours du Nord au Midi ; il parcourt le terroir de
Barjols , les plaines de Correns & de Montfort :
on se plaint que ses limons ne fertilisent point les
fonds attenans à ses bords ; mais qu'ils en dessechent
plutôt les terres , attendu que les eaux sont un peu
salées : il s'y jette en effet des sources salantes (a)
du côté de Barjols , où le sel marin fossile est fort répandu dans les terres voisines : les limons qu'Argens
dépose dans les champs de Vidauban , de Roque-
brune , de Fréjus , n'ont pas cet inconvénient ; ils
sont très-favorables aux riverains dont ils engraissent
les possessions. Ce fleuve va se jetter dans la mer de
St. Raphaël près de Fréjus ; on y pêche de très-
bonnes carpes , des meuniers ou *cabedés* , des barbeaux ou *durgans* , des anguilles , des brochets ,
des loches ; les muges y remontent de la mer pendant l'automne ; les tanches , les truites y sont plus
communes vers sa source , où les eaux sont plus
claires & plus fraîches ; les tanches en sont fermes
& picotées de vert , il n'y a pas jusqu'aux sophies ,
qui ne pesent souvent pas deux onces , qu'on
n'aime beaucoup par leur délicatesse.

La sophie qui est une espece de loche fluviatile ,

_____

(a) Cette source salée sort près de la maison de campagne du sieur Brun de Barjols , terroir de la Basti-
doune , diocese d'Aix : j'ai fait évaporer les eaux salées
d'une autre source , qui sort d'un coteau attenant à la
maison de campagne de M. de Bellon , Lieutenant au
siége de Brignoles , où tout le bétail des environs accourt pour boire , laquelle va se jetter à cinquante pas
delà dans la riviere d'Argens ; j'en ai retiré du sel marin
avec de la terre absorbante.

eft un petit poiffon depuis quatre pouces de long, jufqu'à fix à fept, couvert d'écailles argentées; il a le dos un peu obfcur, la ligne latérale jaunâtre & plus marquée que dans les autres poiffons. Les petites nageoires de la poitrine font doubles, jaunâtres, le ventre depuis la tête jufqu'à la queue eft blanc avec de fort petites écailles, les nageoires font encore doubles ici, celles de la queue font fimples : la queue eft bifurquée & d'un jaune clair; l'œil de ce poiffon eft noir avec un cercle blanchâtre fort grand, & le bec fe termine prefque en pointe : il fraye en Avril & fe multiplie confidérablement : cette loche a un cercle jaunâtre à l'œil.

Le barbeau, *lou durgan*, qu'on prend encore dans cette riviere, a fes écailles dorées fur le dos jufqu'à la queue, avec des taches fauves fur un fond jaunâtre : fes yeux font gros & faillans avec un bord un peu jaunâtre. Les opercules des ouïes, ainfi que les nageoires de la poitrine, font de la même couleur; celles-ci font doubles comme les nageoires du ventre & du dos, il n'y a que les nageoires de la queue qui foient fimples; les petites arêtes de la queue qui eft bifurquée font un peu fauves : ce poiffon a deux barbillons deffous le ventre; fon bec eft taillé en ovale, les œufs en font dangereux & caufent le dévoiement; les chats qui y touchent meurent empoifonnés.

Les eaux d'Argens conjointement avec les eaux pluviales, ont formé des étangs dans les bas fonds de la terre de M. de Saint-Efteve, Baron de Trets, qui n'en eft pas éloignée, où la faifon de l'automne attire quantité d'oifeaux aquatiques, comme canards, macreufes, farcelles, courlis, vaneaux & pluviers : cette foule d'oifeaux aquatiques fe fait voir en plufieurs lieux de la province; je choifirai ceux où ils abondent le plus pour en défigner les efpeces , & rapporter leur nomenclature locale à celle qui eft reçue parmi les Naturaliftes. (*a*)

Les bords d'Argens font couverts vers fa fource de quelques plantes fluviatiles ; on y voit le *Nymphœa aquis innatans*, à fleurs blanches, le *Typha paluftris*, quantité de fcirpus & de joncs, plufieurs plantes graminées : (*b*) les bois attenans en contiennent d'autres qui font d'ufage en médecine. *Gentiana centaureum minus* la petite centaurée, qui eft amere, ftomachique & fébrifuge. On affocie cette plante avec la germandrée ou petit chene , la *calamandrine* & l'abfinthe pour en faire une décoction qui guérit les fievres tierces.

Chamœdrys folio laciniato, Tournef. Autre efpece de germandrée. *Centaureum perfoliatum luteum. Centaureum minus paluftre ramofiffimum* Linn. ces dernieres plantes font communes dans ces lieux. Les blés font la principale denrée de ces cantons ; les récoltes y font abondantes par la qualité des terres , & au moyen des engrais réitérés par la multiplicité des beftiaux que les pâturages permettent d'entretenir ; mais il faut être attentif à préferver les brebis de la pourriture , & à ne pas les faire dépaître dans les bas fonds couverts le matin de rofées pernicieufes.

La terre de Brue qui n'eft pas éloignée de Saint-Efteve eft fituée dans un efpace entouré de co-

_____

(*a*) Les chaffeurs diftinguent les oifeaux aquatiques à leur plumage , ou les regardent comme inconnus , lorfqu'ils ne peuvent les nommer. Les colimbes , les courlis noirs , plufieurs efpeces de plongeons font dans ce cas ; ils diftinguent mieux les canards par les épithetes de *neyroufe , coui-vert , barnavert , fifflaire , cuilleras* , les pluviers dorés à leurs aigrettes , les bécaffes & bécaffines à leurs becs.

(*b*) Le *Menyanthes paluftris* ou *Trifolium fibrinum* ne fe voit gueres que dans les étangs de Saint-Efteve ; c'eft un très-bon antifcorbutique.

teaux , où beaucoup de champs en friche , de fonds arides & décharnés , des bois touffus , quelques toits ruſtiques à l'entour de l'égliſe , n'offroient autrefois qu'un aſile déſert , & le plus triſte ſéjour , où l'agriculture vêtue de chétifs haillons , ne préſentoit rien aux yeux qui pût diſtraire le voyageur ennuyé. C'eſt dans ces lieux miſérables qu'on a vu s'établir pendant le cours de quelques années une induſtrie éclairée , un commerce vigilant & heureux , qui ſait mettre à profit des richeſſes juſtement acquiſes : c'eſt de ces terres inacceſſibles juſques-là au ſoc du laboureur , qu'on a vu éclore les plus riches moiſſons : les coteaux ſtériles ont été couverts de plantations & de vignes : les bois , les champs incultes ſont devenus des terres fertiles ; on a élevé des maiſons , conſtruit des fabriques , & mis en mouvement une foule de bras qui s'animoient de concert pour ſeconder le génie créateur qui les excitoit au travail. On voyoit même une image des villes dans la beauté des dehors , la régularité des maiſons , la ſolidité des magaſins deſtinés aux fabriques , la multiplicité des allées , l'alignement des chemins , & l'agrément des promenades , tout enchantoit la vue dans ce village naiſſant. La population qui augmentoit à vue d'œil dans cette nouvelle colonie , en alloit bientôt faire un grand bourg , lorſque les malheurs des guerres , les pertes ſurvenues , les banqueroutes ayant diminué tout-à-coup le commerce lucratif qui étoit l'ame de la colonie , tout ce qui avoit mouvement & vie ceſſa tout-à-coup , les ouvriers ſe retirerent , les fabriques n'allerent plus , & ce village déja ſi peuplé , ſi riant , ne fut bientôt qu'une vaſte ſolitude , où l'on n'entend d'autre bruit , que la chute des toits qui s'écroulent dans les maiſons dénuées d'habitans : les terres ſe couvrent de ronces au défaut de bras pour les cultiver , les vignes ſe fanent , & bientôt l'agriculture, si parée, si florissante, privée de tout son appareil de luxe, va reprendre ses antiques haillons, tant le commerce le plus brillant n'a souvent qu'une existence précaire, s'il n'est pas étayé des riches productions de la nature. Le voyageur qu'une pareille métamorphose étonne, qui a vu la splendeur naissante du local, qui a réfléchi sur sa décadence précipitée, & le voit aujourd'hui dans sa ruine totale, peut remonter aux causes, & se demander jusqu'à quel point le commerce & le luxe doivent favoriser l'agriculture, & celle-ci entretenir ces deux branches de l'industrie humaine ; quelle dépendance ces deux choses ont entre elles, & les bornes réciproques qu'on peut leur assigner pour le succès. (a)

L'observateur philosophe, qui ne s'arrête pas à la découverte d'un fossile ; mais tâche de tirer un plus grand profit de ses recherches ; qui compare la mutation des choses sublunaires, avec ce qui arrive dans l'ordre politique & moral, trouvera de quoi exercer sa sagacité, en parcourant quantité de coteaux de nouvelle formation, dont il examinera les changemens progressifs : il verra dans les uns l'incrustation des sucs lapidifiques dans la contexture molle & pulpeuse des végétaux ; dans les autres des testacées, divers corps marins entierement pétrifiés, par-tout l'ouvrage des eaux qui charrient tous les sels, tous les corps qu'elles ont dissous, qu'elles déposent de part & d'autre, & dont elles pénetrent souvent ce qu'ils ont de plus dur. On trouva ici un

____

(a) Toutes les fois qu'on n'attachera point les colons à la terre qu'ils viennent habiter, par les productions qu'on cherche à lui faire rendre, la ruine des arts de luxe, qui ne doivent jamais venir qu'après, entraînera celle de l'agriculture, & fera déguerpir les habitans.

ſquelette humain enduit d'une couche pierreuſe qui avoit ſoudé les os des articulations entre eux : tous les environs préſentoient une roche calcaire, au milieu de laquelle le ſquelette étoit placé ; nul eſpace entre lui & la terre tophacée qui l'entouroit, les vertebres du dos, tous les plus petits os étoient adhérens les uns aux autres : c'étoit la plus belle pétrification humaine qu'on eût découverte depuis long-tems, occaſionnée ſans doute dans un cadavre enſeveli dans les terres, qui après que les chairs furent diſſoutes par la putréfaction, ſubit dans une longue ſuite d'années les changemens arrivés à ces terres. Je ne ſais en faveur de qui le propriétaire des lieux diſpoſa de ce ſquelette.

S'il n'y a déja plus d'induſtrie & d'habitans à Brue, on voit tout le contraire à Varages, bourg conſidérable à deux lieues de-là, où la population augmente par ſon commerce, & ſes fabriques de poterie & de faïence, auxquelles la qualité des argiles & l'émail donnent de la réputation ; les curieux vont viſiter une grotte de ſtalactites tout auprès, de laquelle je ne dirai rien, en ayant de plus intéreſſantes à décrire. Une ſource ſalante que l'on trouve aux limites du territoire de Varages avec celui de Barjols mérite ſeulement quelques réflexions : il paroît que le ſel marin foſſile eſt répandu dans tous les environs en aſſez grande abondance, & qu'il contribue, ainſi que j'ai dit, à donner un degré de ſalure à la riviere d'Argens, qui rend ſes limons plus deſſicatifs que fertiliſans.

On laiſſe Pourrieres à la droite en revenant à Aix. C'eſt dans ſon territoire que le Conſul Romain Marius gagna une grande bataille contre les Cimbres & les Teutons : la montagne Sainte-Victoire qui eſt attenante porte ce nom depuis, au rapport des hiſtoriens. Elle ſe rabaiſſe peu-à-peu à mesure qu'elle s'étend vers le Levant, formant une chaîne qui au moyen des coteaux intermédiaires se lie avec les montagnes voisines. Les productions naturelles à ces cantons sont les mêmes que celles de la vallée de Trets qui vient s'y joindre. Les champs à blé sont nombreux dans cet espace que la rivière de l'Arc baigne de ses eaux. Les vignes de Pourrieres, Puyloubier, Rousset, la Galiniere sont plantées sur des coteaux, où le vin qu'on perçoit est toujours de bonne qualité. La montagne Sainte-Victoire les abrite contre le vent du Nord. Les chemins sont bordés de mûriers en plusieurs endroits.

CHAPITRE XIV.

Terroir de Puyricard, Beaulieu, Rognes.

DÈs qu'on a quitté les coteaux de Saint-Eutrope au sortir d'Aix on arrive insensiblement à Puyricard où les maisons de campagne, les vignes, les oliviers, & quantité de fonds très-riches rendent ce canton un des plus rians qui soit aux environs de cette ville : aussi plusieurs citoyens y passent une bonne partie de l'année dans des maisons de plaisance où ils réunissent toutes les commodités du bien-être, avec le luxe & le superflu. Rognes est un village à une lieue plus bas en tirant vers le Nord : il est situé sur un coteau entouré de vallons, & coupé par plusieurs montagnes qui sont élevées d'environ deux cent toises sur le niveau de la mer. Par-tout on peut découvrir l'ouvrage des eaux dans la formation des coteaux attenans ; les coquilles pétrifiées sont entierement fondues dans les masses pierreuses que l'on tire du

fein de la terre ; il y a en effet plufieurs belles
carrieres à Rognes dont les têtes font expofées au
contact de l'air ; les coquilles exiftent en entier dans
le fablon calcaire nommé Saffre , dans les fchiftes.
L'inégalité du territoire de Rognes , mêlé de gravier , de pierres roulées , de fable & d'argile , a
permis d'y mettre en valeur les diverfes plantations
qui lui conviennent ; le quartier le plus fertile eft
un vallon qui conduit à la Durance : les vignes ,
les arbres à fruit en font l'ornement ; on y trouve
des carrieres d'un moellon rougeâtre ferrugineux ,
des pierres coquillieres que l'on tranfporte dans
les villes voifines pour la conftruction des édifices.
Les montagnes de Rognes offrent des points de vue
qui ont de quoi fatisfaire les amateurs : elles font
généralement calcaires ; leurs couches difpofées en
tout fens , indiquent qu'elles ont fouffert des ébranlemens confidérables : il s'en eft éboulé de gros
quartiers de roche qui ont fait craindre pour les
voifins , & il n'eft pas fûr de gravir fur les blocs
détachés. La terre de Beaulieu peu éloignée de
Rognes va nous offrir d'autres phénomenes.

J'ai dit combien il faut être réfervé à prononcer
fur l'exiftence des volcans éteints , lorfqu'on rencontre des fentes, des crevaffes, des antres, des aby-
mes dans les montagnes : on ne peut attribuer de
pareils bouleverfemens à l'explofion des feux fouterrains ; il eft rare que les feux puiffent rendre
les pierres calcaires entierement fufibles & vitrifiables fans addition quelconque , & les convertir
en autant de laves , de fcories poreufes , de maffes
fpongieufes & brûlées : auffi ne trouve - t - on rien
de pareil à l'entour des fentes perpendiculaires qui
divifent fouvent une montagne depuis fon fommet
jufqu'à fa bafe ; mais lorfqu'un efpace confidérable de terrain eft parfemé de laves ; qu'on rencontre

tre sous ses pas des rocs entiers, des bancs de pierre qui paroissent avoir été en fusion, des masses spongieuses & soufflées répandues de part & d'autre, il n'est guere possible de se refuser à l'évidence d'un volcan éteint, dont les traces presque ensevelies dans les terres calcaires existent encore d'une maniere visible. Tels sont les phénomenes que les curieux sont à portée d'observer près du château de Beaulieu.

L'idée du volcan éteint qui avoit brûlé autrefois dans ces lieux, n'étoit pas tout-à-fait perdue ; mais comme les Sarrasins avoient habité ces contrées dans le tems qu'ils occupoient les forêts ou *Maures* de Provence, où ils forgeoient le fer d'une maniere différente de la nôtre ; qu'on y voit beaucoup de machefers répandus de côté & d'autre, que la tradition porte qu'ils ont ouvert des mines, que l'on y rencontre de profondes excavations d'où l'on peut tirer encore beaucoup de pierres ferrugineuses ; on ne manquoit pas d'attribuer aux Sarrasins l'origine des laves poreuses que l'on rencontre à Beaulieu. Lorsque M. Grosson de l'Académie de Marseille ayant parlé le premier de ce volcan éteint, dans le journal de M. l'Abbé Rosier, il excita la curiosité de plusieurs amateurs qui furent le visiter successivement.

Le terroir de Beaulieu est entouré de montagnes calcaires, comme celle de la Trevaresse où le débris des corps marins est apparent. On trouve en effet un banc d'huitres pétrifiées à quelque distance du château en venant de Rognes, dont la direction va du Levant au Couchant ; ce sont les mêmes huitres que celles qu'on voit aux environs d'Aix ; leurs valves sont fermées & adhérentes entre elles au moyen d'une couche craieuse ; ce banc d'huitres se prolonge dans les terres à une distance

Tome I. L.

affez grande. Le terrain s'éleve aux environs du château vers le Levant , c'eft-là qu'on découvre des bancs d'une pierre noirâtre fpongieufe , formant une vraie lave , que l'on peut fuivre jufqu'à la diftance de quatre à cinq cent pas : la crête ou fommité de ces bancs n'a fouvent pas un pied d'élévation au-deflus de la terre végétale ; mais fi l'on fait creufer à plufieurs pieds de profondeur , on découvre une roche volcanique qui s'éleve du fein de la terre , jette des branches de part & d'autre , fait des coudes , des angles , fe fubdivife & prend des directions oppofées. Un de ces bancs de lave part d'une élévation que l'on voit en quittant la terre de Beaulieu pour venir à Aix , du côté de la campagne de M. d'Etienne , Confeiller honoraire au Parlement d'Aix ; il femble que ce foit là où le volcan a commencé de brûler , où l'on doive établir fon cratere , d'où la lave a fuivi fa pente qui conduit au terrain inférieur , d'où elle a coulé au-delà du château , & s'eft répandue vers le Couchant. On la trouve également dans la cour du château : ce rocher volcanique s'éleve de deux côtés , traverfe un ruifleau & s'enfonce dans les terres. Pour peu qu'on porte fes regards fur la fuperficie , on découvre aifément ce banc de laves dont la largeur va quelquefois au-delà de deux toifes : je ne doute point qu'il ne s'élargiffe davantage , & fi l'on creufoit un peu profondément , on découvriroit tout à l'entour , les débris de ces rochers volcaniques qui préfenteroient une vraie pouzzolane. (a)

_____

(a) On entend par pouzzolane , le véritable débris des laves brifées & réduites en poulfiere ; c'eft un *détritus* de terres vitrifiables , mêlées de fer & de quartz qui prennent corps dans l'eau. J'apprends que M. de Robines a fait faire des fouilles qui lui ont donné de véritable pouzzolane.

Les terres fupérieures qui environnent ces laves font devenues tout-à-fait végétales par la culture & les engrais. Quoiqu'elles foient enrichies de fer, qu'elles foient à demi vitrifiables par l'ochre & l'argile qu'elles contiennent, ayant l'afpect & la couleur des terres brûlées par les feux fouterrains, elles n'ont point la qualité des pouzzolanes : on a voulu les employer aux mêmes ufages, mais elles n'ont pas pris dans l'eau.

Ce volcan éteint eft de très-ancienne date : les terres qui fe font affaiffées, ont changé toute la face des lieux ; elles font d'un bon rapport. Les légumes du jardin de M. de Robineau, confeiller au parlement d'Aix, Seigneur de ce lieu, ont un goût exquis ; leur afpect, leur douceur, leur tendreté, leur font donner la préférence fur tous les légumes des environs. On fait combien les terres volcanifées font fertiles : le feu entre-t-il pour quelque chofe dans le myftere de la végétation ? Ses molécules extrêmement atténuées divifent-elles la féve des plantes ? Leur procurent-elles le goût exquis qu'on leur trouve quelquefois ? On doit le croire, puifque le fer eft une des caufes de la fertilité des bonnes terres : il joue un grand rôle dans les volcans.

Ces bancs de laves ont formé plufieurs débris ; il s'en eft détaché des blocs dont on voit des amas de côté & d'autre ; on en a conftruit de petits murs de clôture à l'entour des champs. Ces laves font remarquables par leur légereté ; ce font des pierres fpongieufes, inattaquables par les acides minéraux, percées de petites cellules, approchant de la pierre ponce ; leur couleur noire & brûlée les annonce de loin : il paroît que ces pierres n'ont pas effuyé une fufion complete, & que l'action du feu ne les a point réduites à ces corps durs & fonores à demi vitrifiés qui prennent en fe refroidiffant tant de

L 2

formes différentes, & imitent la criftallifation ré-
guliere de certains métaux mis en fonte. Il n'eft
point de bafalte aux approches de ce volcan éteint ;
lorfqu'on préfente ces laves-ci au feu de forge, elles
commencent par fe bourfouffler, fe liquéfient enfuite & fe mettent en fonte, comme la fritte d'une
verrerie, tandis que les laves poreufes de Beaulieu
réduites en poudre, pétries avec de l'eau, expofées au feu de forge, ne fe liquéfient point, s'endurciffent plutôt, laiffent échapper une apparence
de fchorl ; (a) efpece de criftallifation qu'on prendroit pour le mica noir de Von-Linné ; ou bien la
lave pulvérifée ne change point de forme, mais
rougit feulement & donne quelque apparence de
fer attirable à l'aimant.

La plupart de ces laves ont fouffert des altéra-
tions remarquables, & montrent les accidens du
fer décompofé ; ce font des filets d'ochre qui les
traverfent de toutes parts ; c'eft la chaux du fer
dont le phlogiftique n'exifte plus. Ici elles font plus
fpongieufes que celles qu'on trouve aux limites de
la terre de Tournefort ; plus bas ce font des criftaux fpathiques, plus ou moins tranfparens, qui
rempliffent la cavité de leurs cellules ; il y en a où
le fer préfente diverfes couleurs de bleu & de
rouge ; il s'y montre en grains, en hématite, en vitriol ; il eft fi abondant dans ces cantons, que les
Sarrafins, ainfi que porte la tradition, s'y arrêterent
long-tems ; ou ils trouverent le filon de quelque
mine de fer fpathique ; ou bien n'ont-ils extrait ce
métal que des marcaffites des blocs de pierres ferrugineufes que l'on voit encore parmi les terres, ce
qui n'eft pas facile à décider. Pour peu qu'on

_____

(a) Les fchorls font fufibles par eux-mêmes, tout
comme les fubftances métalliques.

creufe à l'entour de quelques aqueducs qui paroiffent être l'entrée d'une mine abandonnée , on en
retire des hématites , de l'émeril , tant le fer y eft
abondant. Les petits coteaux d'alentour font incultes ; il n'y croît que des arbuftes nains ; la terre en
eft argileufe ; on y rencontre fouvent des criftaux de
fchorl vert agglutinés enfemble avec l'argile. Les
ravins font remplis de mica & d'un fable quartzeux.
Ces coteaux tournent au Nord-Eft : lorfqu'on a
dépaffé un canal fouterrain qu'on a conftruit pour
la conduite des eaux , la vafe des ruiffeaux dont
l'afpect eft noirâtre rend l'eau ftiptique , l'acide
vitriolique & le fer , qui joue un grand rôle dans
tous ces lieux , y préfentent fouvent le vitriol de
Mars. Un de ces ravins que l'on eft obligé de traverfer en paffant à la terre de Tournefort , eft rempli d'ochre dans fon fond. Le ruiffeau des Maures
fe trouve dans la direction du ravin : on y voit un
aqueduc dont l'afpect annonce un ouvrage fort
ancien : il a deux pieds de hauteur fur trois de largeur ; il eft pofé fur un lit de pierre , qui a été
conftruit au moyen d'un mortier où font quantité
de fragmens de pierre calcaire : on l'a recouvert
avec d'autres pierres qui peuvent avoir deux pieds
de prife ; on trouve dans l'aqueduc un dépôt de
terre calcaire de fept à huit pouces d'épaiffeur que
les eaux y ont amené fucceffivement , lequel eft dif-
pofé par couches.

Je ne fuis entré dans ce détail que pour détermi-
ner , s'il eft poffible , l'origine primitive des pierres
volcanifées de Beaulieu : tout eft calcaire aux environs de cette terre ; il n'y a qu'aux endroits où le
fer (a) eft répandu en maffes détachées , que l'on

_____

(a) Le fer & le foufre font les premiers agens des
volcans ; on peut voir dans Lémeri comment un mé-

rencontre l'argile à côté, & dont les pierres foient de nature fufible. L'on verra dans le cours de cet ouvrage plufieurs mines de fer établies dans le calcaire même : eft-ce donc la pierre calcaire qui au moyen du foufre, du fer & des vitriols que l'on trouve à Beaulieu, (je dis du foufre, car j'en ai découvert & ramaffé dans les terres, dans les aqueducs même;) eft-ce la pierre calcaire, qui au moyen de ces agens, eft tombée en fonte par l'action des feux fouterrains, & s'eft à demi vitrifiée? Ou bien n'eft-ce pas la matiere du fer elle-même, qui unie avec l'argile, les molécules quartzeufes, le fable, le mica & le foufre, a fubi toutes ces mutations? C'eft ce que je laiffe à décider aux Naturaliftes éclairés qui s'occupent de pareilles recherches, & épient la marche de la nature dans ces voies ténébreufes & encore voilées pour nous.

Les terres font calcaires à l'entour des bancs de laves de Beaulieu; mais lorfqu'on creufe à une certaine profondeur, elles commencent à devenir vitrifiables; les laves font alors moins poreufes, plus dures & plus caffantes. J'aurois été curieux de faire une excavation profonde pour découvrir, autant qu'il auroit été poffible, l'origine primordiale de ces laves. Il eft aifé à M. de Robineau qui aime les fciences naturelles, d'ordonner qu'on le pratique quelque jour fous fes yeux.

Les Sarrafins, comme j'ai déja dit, ont habité long-tems ces contrées; il eft des quartiers qui en portent encore le nom : on y trouve quantité de tuiles, qu'ils avoient fabriquées d'une très-bonne argile, qui fervoient à conduire les eaux : on les appelle tuiles farrafines. On y a découvert des tom-

lange de fer, de foufre & d'eau, enfeveli fous terre, produit quelque-tems après un petit volcan artificiel.

beaux, des offemens qui atteftent leur féjour ; je ne parlerai pas des médailles d'or , des urnes qu'on trouva dans la terre, il y a quelques années ; elles appartiennent à des tems plus reculés. La pofition de la terre de Béaulieu d'où l'on apperçoit les bords de la Durance , les belles campagnes de Pertuis , de Peyroles , & une longue chaîne de montagnes peut avoir attiré non-feulement les Sarrafins , mais encore des généraux d'armées , des troupes nom-breufes qui en regardoient la fituation comme des plus avantageufes : c'eft ce que la tradition nous apprend encore.

Les fcories ferrugineufes , les mâchefers que les Sarrafins ont laiffés par-tout où ils ont forgé le fer , ont une apparence qui les fait diftinguer aifément des laves : ils font beaucoup plus pefans ; le fer n'y a point fubi la décompofition qu'on remarque dans les laves , qui ont toujours un caractere primitif de pierre : on trouve beaucoup de ces fcories dans les *Maures* , au milieu des forêts que ces brigands choififfoient pour leur demeure , dont les apparen-ces peuvent en impofer.

Les vallons des environs de Rognes au Nord , contiennent des plantes médicinales : on y trouve la fraxinelle ; (*a*) elle s'éleve à la hauteur d'un pied ; fa racine eft blanche , fibreufe , fes feuilles font vertes , luifantes comme celles du frêne dont elle tire fon nom ; la corolle eft compofée de cinq pé-tales irréguliers avec fix étamines , un piftil : les fleurs naiffent au bout des tiges en forme d'épi avec une couleur purpurine ; elles ont une odeur de bouc ; le fruit devient une baie qui renferme des femences noirâtres pointues : Garidel a donné une

_____

(*a*) *Dictamnus albus.* La fraxinelle.

L 4

bonne gravure de cette plante ; elle eſt cordiale , vermifuge , diurétique. Les anciens ne l'ont point connue ; elle mérite d'être cultivée dans les jardins par ſes fleurs ; elle aime l'ombre & le frais. On apperçoit de petites véſicules placées à l'extrémité de ſes tiges & au calice de ſes fleurs , leſquelles ſont remplies d'une huile eſſentielle , comme les feuilles du mille-pertuis : cette huile eſt inflammable , & s'exhale en vapeurs légeres pendant les grandes chaleurs de l'été ; on l'apperçoit aiſément avec un microſcope : ſi l'on approche pendant ce tems-là une bougie allumée près de ſes feuilles , ſurtout vers le ſoir , il s'en éleve tout-à-coup une flamme légere qui ſe répand ſur elles.

On parvient de Rognes à Meyrargues , par un chemin creux , & des campagnes humides ; la terre de Meyrargues eſt ſituée dans une large vallée , qui va ſe terminer à la Durance du Midi au Couchant ; les champs y ſont d'un très-bon rapport : le village eſt adoſſé à un coteau dominé par un beau château d'où l'on découvre une grande étendue de pays : on voit ſur le chemin , un moulin à papier qui en fournit beaucoup aux villes voiſines. Les montagnes attenantes de Jouques , Peyroles , ſont pourvues de carrieres de belles pierres dures , calcaires , que l'on tranſporte de côté & d'autre. Jouques , bourg conſidérable , eſt connu par ſes eaux qui ſourdent de fort bas & forment un petit lac dont la ſource paroît venir de loin : il eſt couvert quelquefois de feuilles d'arbres qu'on ne voit point aux environs , comme celles d'aune & de frêne , &c. ſurtout après les grandes pluies ; on avoit conduit ces eaux par de grands aqueducs du tems des Romains aux villes circonvoiſines ; on en voit encore des reſtes à Meyrargues. La chauſſée qui va des moulins à papier & à foulon juſqu'à Peyroles eft très-bien exécutée ; les foffés qui la féparent des champs attenans, ainfi que les mûriers plantés à côté, en font une très-belle avenue. L'agriculture eft fur un très-bon pied dans tous les champs voifins ; les prairies y font toujours en valeur ; les arrofages, les foffés remplis d'eaux ftagnantes, les marais fourniffent des limons qui rendent les moiffons abondantes ; mais la fanté des habitans eft en raifon de cette forte végétation ; les exhalaifons putrides, les miafmes deftructeurs qui s'exhalent de ces campagnes humides, & que les vents portent au loin, font le foyer des fievres intermittentes qui défolent ces contrées en automne.

CHAPITRE XV.

Canal de Floquet.

TANDIS que l'on continue fa marche tout le long de la Durance jufqu'au bac de Mirabeau, on voit à fa gauche les excavations commencées d'un canal qui devoit conduire les eaux de cette riviere jufqu'à la mer de Marfeille. Tout le monde a entendu parler du canal de Floquet, dont le projet confiftoit à dériver les eaux de la Durance, depuis le pas de Cante-perdrix, territoire de Jouques au-deffus du bac de Mirabeau, & à les conduire par un canal de navigation jufques à Aix & à Marfeille dans l'efpace de trente lieues, en contournant des montagnes plutôt que de les percer. Ce canal auroit rendu la communication du Rhône plus libre par un point de partage qu'on auroit établi au Vernegues. Il devoit paffer par les terroirs de Jouques, Peyroles, Meyrargues, Venelle, le Puy, Rognes, Saint-Canat, Aix, le Tolonet,

Albertas , Cabriés , Septemes & Marseille : deux
points de partage auroient conduit les eaux du canal jusqu'au Rhône près de Tarascon , & joint par
un second bassin près d'Aiguilles , la mer de Provence avec celle du Martigues , si le canal projetté
du Port de Bouc au Rhône avoit eu lieu. Les mar-
chandises seroient descendues de Lyon à Marseille
par eau , sans que les bâtimens de transport fussent
obligés de passer par les bouches du Rhône toujours très-dangereuses. Joignez à ces avantages le
débouchement des denrées qu'on tire de tous les
lieux circonvoisins , les fréquens arrosemens dans
un pays aride de sa nature : ce qui en auroit changé
toute la face , & enrichi les particuliers. Quoi de
plus avantageux en effet que de pouvoir convertir
au moyen des eaux les terres labourables en prés ,
& les prairies en champs ? C'est par les arrosages
que tout prend un nouvel être : cette pratique donne
lieu d'entretenir des bestiaux dont l'agriculture ne
sauroit se passer. Est-il quelque endroit dans la province , où les canaux d'arrosage ne soient pas d'une
utilité infinie ? Combien n'ont-ils pas changé de
plaines stériles , en des champs les plus agréables
& les plus fertiles?

Malgré les avantages que présentoit ce projet ,
& tout le zele de l'entrepreneur , malgré les dépenses considérables que coûterent les premiers travaux , on se désista de l'entreprise qui présentoit
beaucoup de difficultés à vaincre ; c'est en vain
qu'on a voulu depuis ranimer la confiance des uns ,
soutenir le zele des autres : l'on n'a pas mieux
réussi.

On ignore les motifs qui ont fait avorter l'exécution d'un projet aussi utile à la navigation & au
commerce , & qui relativement aux arrosages est
de première nécessité dans un pays tel que la Pro-

vence. Le favant Pere Berthier avoit dreffé la carte de ce canal ; il affure que Floquet mourut de douleur de le voir fans exécution , fort ordinaire de ceux que le zele du bien public enflamme , lorf-que l'envie & la mauvaife fortune font échouer leurs projets : d'autres prétendent qu'il étoit trop philofophe pour ne s'être pas mis au-deffus de pareils événemens. (*a*)

J'examinai dans ces endroits le lit de la Durance, la difpofition des coteaux de Cante-perdrix , & des montagnes oppofées au bac de Mirabeau : on diroit au premier coup d'œil qu'elles ont été féparées par les eaux impétueufes & rapides de cette riviere, qui dans les pluies d'orage, ou par la fonte des neiges acquierent une telle vélocité , & s'écoulent avec tant de force , qu'elles entraînent tout ce qui s'oppofe à leur cours , déracinent les arbres , renverfent les digues , roulent avec elles des blocs de pierres détachées des montagnes , & par la violence de leurs chocs , ébranlent & écornent la bafe des coteaux , contre lefquels elles viennent heurter , & les font crouler quelquefois avec un fracas des plus horribles : le bruit de ces eaux eft fi confidérable dans ces occafions , qu'on les entend mugir au loin ; l'air en eft fi vivement comprimé dans leur fuite fur un lit dont la pente va toujours en augmentant , qu'il n'y auroit pas de fureté de fe trouver en pareils momens dans un efpace refferré fur ces bords : la pente moyenne de cette riviere qui defcend des Alpes , eft au moins d'un pied & demi par cent toifes ; ce qui donne encore plus de vélocité à la fuite des eaux , qui acquierent la

(*a*) Voyez le traité des canaux grand *in-folio* , le Dictionnaire Encyclopédique, celui de M. l'Abbé d'Expilly & l'ouvrage qui fut imprimé à Aix dans ce tems.

plus grande vîteſſe en ſe précipitant du haut des montagnes. (a)

D'après ce court expoſé, on peut ſe figurer tous les ravages que les débordemens de la Durance doivent occaſionner, le dépôt des arbres & des graviers qu'elle entaſſe ſur ſes bords, les iſles que ſes flots ſe forment de part & d'autre, en réfluant ſur eux-mêmes, & s'écoulant par autant de bras qui changent la face des lieux : ſon lit auſſi mobile que ſes eaux, n'eſt jamais aſſuré ; les rochers qui repouſſent la riviere d'un côté, les eaux d'Aſſe & de Verdon qui la frappent en flanc de l'autre, rendent ce lit auſſi variable & auſſi inconſtant qu'on peut l'imaginer. Tant de cauſes agiſſent ainſi ſur les eaux de

---

(a) Il exiſte un nivellement du canal de Floquet, c'eſt-à-dire, du plus court chemin paſſant par Aix, juſqu'à ſon embouchure, lequel eſt évalué à trente mille toiſes, ſavoir, quatorze mille de Cante-perdrix à Aix, & ſeize mille d'Aix à la mer : ce nivellement fut fait en 1769 par l'ingénieur Faure, géometre & architecte de la Compagnie du canal : il ſert à conſtater la pente qu'il y a depuis ſa priſe dans la Durance à travers le rocher de Cante-perdrix juſqu'à la mer près de Marſeille qui eſt de ſix cent quatre-vingt dix toiſes neuf pieds. Ce même ingénieur a évalué la quantité d'eau que peut fournir la Durance dans un tems donné : il a meſuré pour cela la longueur & la largeur de la riviere près le bac de Mirabeau entre les rochers. La diſtance d'un rocher à l'autre eſt de ſoixante douze toiſes ; celle de la riviere au même endroit eſt de quarante-huit toiſes ; ſa plus grande profondeur, environ un quart de ſa largeur, du côté de Cante-perdrix, trente-trois pieds ſix pouces : en conſidérant cette ſection comme un triangle, elle produit cinq cent quatre pieds de ſuperficie. La vîteſſe moyenne du courant eſt de huit pieds par ſeconde ; ce qui donne ſeize toiſes quatre pieds cubes d'eau, ou trois mille quatre cent quatre-vingt pieds, quantité plus que ſuffiſante pour fournir à ſix ou ſept canaux comme celui de Floquet.

la Durance ; pourquoi n'auroit-elle pas franchi l'obftacle que les montagnes du bac de Mirabeau oppofoient autrefois à fa marche ? La correfpondance de leurs couches inclinées à l'horifon dans les montagnes oppofées , une même organifation dans leur intérieur , ne prouvent-elles pas que la riviere a pu fe creufer entre elles le lit intermédiaire qui les fépare ; ce n'eft pas ici le premier endroit où l'œil étonné admire les traces antiques d'un pareil événement : tantôt refferrée entre des montages fchifteufes dont elle mine lentement la bafe vacillante , tantôt s'écoulant fans contrainte fur un lit mobile de pierres gliffantes , la voracité de la Durance menace de tout engloutir ; c'eft ainfi qu'ayant abandonné depuis quelque-tems le côté oppofé à fon cours actuel , elle va heurter contre le roc , fur lequel une partie du village de Saint-Paul eft bâti , où elle fe brife avec fureur dans fes débordemens. On ne peut qu'applaudir aux vues patriotiques de plufieurs citoyens éclairés dans leurs projets de contenir dans fon lit cette riviere jufqu'aujourd'hui incoercible. La fociété d'agriculture d'Aix eft chargée par Meffieurs les Adminiftrateurs de la province d'examiner ces projets ; elle couronnera en 1783 le meilleur mémoire qui lui fera préfenté fur cette queftion intéreffante.

Je ne m'étendrai point fur les avantages qui ont réfulté de l'exécution d'un pareil ouvrage , fi jamais il a lieu ; mais ne fût-ce que pour corriger l'infection de l'atmofphere chargée des exhalaifons putrides qui s'élevent de tant de bas fonds & des marais que les eaux ftagnantes de la Durance fe creufent après les inondations ; la fanté des hommes , le bien le plus précieux de la vie , mérite bien qu'on s'en occupe. Le Pere Berthier qui avoit examiné plufieurs fois les bords de la Durance , qui les avoit parcourus en homme de génie, penfoit qu'il feroit plus glorieux & plus utile à la province, de détourner au pas de Cante-perdrix, par une ouverture pratiquée dans la vallée, la plus grande partie des eaux de la riviere vers la baffe Provence où le terrain qui environne les villes va toujours en pente jufqu'à la mer, lequel de fa nature eft chaud & fec : la Durance fe creuferoit alors un lit vers Aix & Marfeille ; on en laifferoit couler un petit bras, & toutes les vaftes campagnes de fable, de gravier de ce côté-là deviendroient fertiles, & feroient cultivées. Voilà un projet bien digne d'avoir fon exécution, & quoiqu'il foit plus faifable, plus court, moins difpendieux que le canal de Floquet, il ne fera jamais qu'une idée, comme tant d'autres projets cent fois propofés, cent fois délaiffés : à moins que les générations futures convaincues de fon utilité ne le mettent quelque jour en œuvre. . . . *Ibid.*

Je ne dirai qu'un mot d'un autre canal de navigation & d'arrofage qui fut propofé en 1718. Il devoit être pris au Rhône depuis la paroiffe de Donzerre en Dauphiné, jufques à St. Chamas en Provence ; il auroit traverfé tout le Comtat d'Avignon, coupé la Durance & paffé par Salon pour arriver à St. Chamas où il fe feroit jetté dans l'étang de Berre : ce canal auroit été exécuté fans l'oppofition de la cour de Rome qui ne voulut point accorder le paffage par le Comtat Venaiffin. Les actions furent tranfportées par arrêt du confeil fur les terres de Picardie ; on n'a jamais ceffé en Provence de s'occuper des canaux d'arrofage, tant la qualité de fon terrain exige ce premier fecours.

Canal de Crapone.

Lorſqu'on veut paſſer la Durance dans le terroir de Rognes pour aller à Cadenet, on trouve la priſe du canal de Crapone qui en fait dériver les eaux juſqu'à ſix lieues de ſon embouchure dans le Rhône près d'Arles : le lieu de cette priſe eſt beaucoup ſupérieur à la plaine de Crau. Adam de Crapone, originaire de Salon, précédemment nommé Vallat qui veut dire foſſé, contemporain de Noſtradamus, un des plus habiles ingénieurs de ſon tems, qui ſe diſtingua ſous Henri II. par ſes connoiſſances hydrauliques & mécaniques, fit paſſer le canal qui porte ſon nom, par les campagnes de Salon, de Grans, d'Iſtres ; il arroſe les territoires de Noves, de Cabane, ſe diviſe en pluſieurs branches, & ſe jette par une d'elles dans le Rhône, après avoir traverſé la Crau & fait tourner pluſieurs moulins : ce canal n'eſt point navigable, il n'a qu'environ 8 à 10 pieds de largeur ſur 4 à 5 de profondeur ; mais il produit des richeſſes conſidérables dans une étendue de plus de douze lieues. Un pareil exemple devroit ſervir d'encouragement pour des projets plus vaſtes encore. Qu'y a-t-il en effet de plus honorable à l'agriculture que de voir ſuccéder à des déſerts incultes, les habitations les plus riantes, des vignobles, des prairies, des vergers complantés d'oliviers que ce canal baigne de ſes eaux ? A force d'arroſemens, les cailloux, dont la terre eſt couverte en pluſieurs endroits, ſe précipitent dans ſon ſein : elle prend le deſſus, ce qui facilite les labours & les plantations. N'oublions pas qu'Adam de Crapone fit écouler une partie des eaux croupiſſantes des marais de Fréjus, qu'il avoit entrepris de joindre les deux mers par le centre du

Royaume, & qu'il mourut la victime de la jaloufie des ingénieurs Italiens de Catherine de Médicis, qui n'avoient ni fa modeftie, ni fes talens : fort trop commun aux grands hommes. Voyez les ouvrages cités ci-deffus.

La Durance qu'on eft obligé de paffer pour achever de parcourir le diocefe d'Aix, qui eft limité dans ces cantons par celui d'Apt, femblable aux grands fleuves dans leur origine, devient auffi confidérable qu'eux en s'approchant de fon embouchure dans le Rhône : elle naît au pied des Alpes dans le Dauphiné, paffe à Embrun où elle reçoit la riviere de Gap, qui commence à groffir fes eaux, ainfi qu'un nombre d'autres, lorfqu'elle entre en Provence. Celle d'Ubaye qui traverfe la vallée de Barcelonette, Caragne à Syfteron, Bleonne à Digne, Affe, Verdon, toutes les eaux qui defcendent par quantité de ruiffeaux & de torrens de la montagne du Léberon ; celles des étangs fitués auprès de Noves, St. Remi, lefquelles augmentent tellement fon cours qu'elle égale les plus grands fleuves. Ses inondations ne fertilifent pas toujours les fonds des riverains dont elle caufe plus fouvent la ruine ; le frottement de fes cailloux, leur *détritus* mutuel dépofent bien loin de fes bords un limon terreux, maigre, léger, fablonneux, qui contient peu de fucs fertilifans : ce n'eft qu'aux bords des eaux ftagnantes que la riviere laiffe dans les iflots (*leis ifcles*) des limons que les débris des végétaux convertiffent en bon engrais.

Les cailloux que la Durance roule avec elle font de diverfe nature : il en eft de vitrifiables, de graniteux, de fpath fufible, de quartz, d'un grès arrondi micacé, de jafpe, de pierre de roche : on trouve quelquefois fur fes bords des morceaux de pierre ferpentine, des pierres ollaires ; mais plus

encore

encore de pierres calcaires roulées, que la riviere a détaché fucceffivement des lieux qu'elle parcourt. Quelques-uns de ces cailloux peuvent avoir fubi dans fon lit des mutations qui nous font inconnues, & avoir paffé d'un genre à l'autre : leur croute calcaire couvre fouvent des couches quartzeufes dans ces pierres roulées : on y voit des variolites, ainfi nommées par de petites taches qu'elles ont à leur fuperficie, (voyez ci-deffous) & qui les font reffembler aux taches que la petite verole laiffe fur la peau.

CHAPITRE XVI.

Pertuis, Cadenet, & leurs environs.

ON paffe la Durance fur deux bacs pour arriver dans les belles campagnes de Pertuis : le terroir de cette petite ville dont la population s'étend au-delà de trois mille ames, eft fort bien cultivé ; les arrofemens qu'on y pratique au moyen de fes fources, donnent toute la valeur poffible aux prairies, aux allées de mûriers & aux champs fertiles qui embelliffent fes dehors. Il y a un commerce alimentaire dans cette ville, au moyen d'un marché qui permet l'importation des grains qu'on récolte aux montagnes voifines du Léberon & ailleurs, & que l'on vend enfuite à Aix : la quantité de mûriers dont on a bordé toutes les avenues, y facilite les moyens d'élever beaucoup de vers à foie ; le jardinage, les pépinieres, les arbres fruitiers, l'agriculture, y brillent à l'envi. Les rives de la Durance fous le bourg de Cadenet, dont la population eft d'environ deux mille ames, préfentent encore un terroir foigné, une agriculture mâle & vigoureufe.

Tome I.   M

Si l'on veut examiner attentivement la configuration des coteaux attenans, leur croupe, la nature de leurs couches, leurs bafes, leurs élévations; on ne peut fe diffimuler que c'eft ici l'ouvrage des eaux formé lentement par alluvion, en dépofant peu-à-peu les diverfes couches dont ces coteaux font compofés : la plupart font attenans à la montagne du Léberon ; quelques-uns y font adoffés ; on ne voit à leur bafe que des monceaux de fable diverfement colorés, auxquels on donne le nom de *faffre*; la plupart font calcaires : il en eft où le quartz & le grès dominent ; ils ont fervi à former les pierres qui les couvrent ; c'eft toujours le même fable qui fe préfente lorfque l'on creufe dans l'intérieur des coteaux ; on trouve dans leurs couches de larges concavités que la main des hommes a perfectionnées pour y fermer les beftiaux ; les couches extérieures ont acquis plus de folidité & de cohérence par le contact immédiat de l'air ; le fable s'eft endurci ; un gluten pierreux en a lié les molécules entre elles : lorfque les eaux en fe retirant dépofent lentement les couches terreufes, que rien n'interrompt la difpofition uniforme qu'elles gardent entre elles, ces couches ne perdent point leur parallélifme mutuel & s'élevent horifontalement dans le fein des eaux; mais cet ordre eft interrompu par des caufes particulieres; favoir, lorfque le dépôt terreux a été plus pefant, plus abondant d'un côté que d'autre, que l'écoulement s'eft formé des pentes vifibles, des courans à travers ces couches, elles font pour lors inclinées à l'horifon. S'il arrive des fecouffes, des ébranlemens intérieurs dans ces maffes à demi pierreufes qui n'ont pas encore paffé à l'état lapidifique parfait, elles deviennent obliques, tranfverfales, perpendiculaires à l'horifon, & marquent par-tout le défordre & la confufion qui s'en font emparés : j'ai prefque dépeint cette nouvelle transformation.

Quelles font les eaux qui ont concouru à former la plupart de ces coteaux fecondaires ? A quelle époque peut-on affigner de pareils événemens ? Sans vouloir nous égarer dans la nuit des tems , qu'il nous fuffife de voir dans ces dépôts terreux l'ouvrage des eaux de la mer , qu'elles ont mis à découvert fucceffivement, en abandonnant les côtes : c'eft en vain qu'on chercheroit à fe faire illufion ; qu'on examine attentivement ces diverfes couches ; leur direction générale ou particuliere préfente une image du balancement & de la mobilité des flots de la mer ; inégalement exhauffées entre elles , mais toujours paralleles à l'horifon , elles reffemblent à la furface des eaux , quand elle n'eft ridée que par la douce haleine des zéphyrs , tandis que l'inégalité de leur direction , leur paralléfifme détruit , leur obliquité , leur défordre , annoncent le mouvement impétueux des ondes courroucées par le fouffle des aquilons. Mais ce qui fert de preuve convaincante à ce tableau , & entraîne les moins inftruits ; c'eft la quantité de coquilles , les débris de corps marins qu'on trouve , pour peu que l'on fouille depuis Pertuis , la terre de Joannis, Cadenet , jufqu'au pied du Léberon ; on voit une infinité de teftacées dans les couches fablonneufes des coteaux attenans , dont la plupart n'ont encore qu'une fimple enveloppe qui enduit leurs valves pour indice de pétrification. Les peignes , les tellines, les cames , les huitres , les moules , ont confervé la plupart leur nacre intérieure. Lorfque les couches de ces coteaux font entierement pierreufes, les coquilles adhérentes font pétrifiées par juxta-pofition ; il en eft fort peu que le gluten lapidifique ait pénétré par intus-fufception , & où il fe foit identifié avec la coquille. Les gloſſopetres, ainſi nommés par erreur, n'étant que des dents de chiens de mer, au lieu de langues de ſerpent pétrifiées, ſe préſentent communément dans ces environs. Ces coquilles occupent une étendue conſidérable de terrain, dans les vallées, dans l'intérieur des coteaux, ſur la pierre dure; & lorſque leur débris immenſe, la terre de leur dépôt accumulée par la retraite des eaux, & répandue de côté & d'autre, ont formé des carrieres d'une ſubſtance fine, légere, crayeuſe, qui ſe laiſſe tailler facilement. Telle eſt la pierre coquilliere que l'on trouve au pied de ces côteaux, & qui tient au débris des teſtacées.

La montagne du Léberon qui ſépare les dioceſes d'Aix, de Cavaillon, d'Apt & de Siſteron, embraſſe environ dix à douze lieues de terrain dans une direction oblique, faiſant un coude vers Cavaillon : elle contient dans ſon étendue quantité de bourgs & de petits villages fort peuplés; elle a dans ſa plus grande élévation plus de quatre cent toiſes au-deſſus du niveau de la mer: cette montagne paroît être primitive & avoir été créée avec le globe terreſtre; preſque tous ſes revers au Nord ſont couverts de chênes blancs & verts qui forment des forêts. La partie du Midi eſt plus dénuée de bois : l'on y remarque peu de variétés parmi le calcaire qui domine dans les pierres; leurs couches à grandes maſſes ſont plus régulieres que dans les coteaux attenans : par-tout où les ébranlemens du globe terreſtre ſe ſont propagés juſqu'au Léberon, on voit ces fentes, ces irrégularités ſi communes, de gros blocs de roche à moitié détachés, ſuſpendus encore, n'attendant qu'une nouvelle impulſion pour rouler dans les vallons. On rencontre ſouvent des indices de minéraux, du plomb & du fer dans ces montagnes, dont on n'eſt pas curieux de connoître l'origine. Les carrieres de pierre coquilliere, de pierre dure, le gypſe, les mines de charbon foſſile y ſont communes : le débris des corps marins n'y eſt pas moins abondant ; les environs de Lourmarin, de Vaugine dont le château eſt bâti ſur un rocher rempli d'échinites & de pectinites, préſentent d'autres coquilles pétrifiées de pluſieurs eſpeces.

La population de Cucuron va au moins à deux mille ames ; celle d'Anſouis à mille : elle paroît augmenter dans ces contrées par l'aiſance dont on y jouit : il s'y fait un commerce de part & d'autre des productions de chaque lieu ; le climat y eſt plus tempéré que chaud ; les maladies y ſont dépendantes de la poſition des lieux & de leur élévation ; les hivers y ſont plus froids que dans la partie moyenne de la Provence, quoique la neige n'y ſoit pas de durée. Le Léberon forme une liſiere qui ſépare deux régions tempérées, où les productions de la terre, comme vignes & oliviers, ſont dans la même proportion de part & d'autre ; le climat d'alentour n'eſt un peu plus froid que relativement à l'élévation de la montagne & à ſes bois ; il y a une petite ſource d'eau minérale, bitumineuſe, froide à Anſouis, dont le peuple en tout extrême va boire juſqu'à ſoixante verres dans une matinée pour ſe purger : elle ſourt d'un trou creuſé en forme de puits ſur un petit coteau ; on l'appelle *leis aigues blanques* : cette eau eſt claire, ſans odeur manifeſte, ne laiſſant qu'un petit dépôt terreux : j'en ai retiré par l'évaporation de petits flocons bitumineux, de la terre abſorbante, & du ſel marin, à la doſe de vingt grains ſur une livre d'eau.

M 3

CHAPITRE XVII.

Suite de ce voyage par la Tour-d'Aigues jufqu'aux limites du diocefe d'Aix.

TOUT curieux, tout amateur qui vient en Provence, doit paffer par la Tour-d'Aigues, & voir ce château, qui égale les plus fomptueux édifices : fes eaux, fon parc, fes jardins en font un des féjours les plus agréables de la province ; on le prendroit pour une maifon royale ; (*a*) mais fi cet amateur cultive un peu l'Hiftoire Naturelle, il y trouvera des beautés d'un autre genre qui n'exciteront pas moins fa furprife que fon admiration. Le goût que M. le Préfident de la Tour d'Aigues a eu dès fon enfance pour les fciences naturelles, lui a fait recueillir avec choix quantité de raretés précieufes, que fes voyages, fes correfpondances avec plufieurs favans de l'Europe n'ont fait qu'augmenter. On les parcourt avec plaifir dans un vafte cabinet, en attendant qu'il ait donné à cette collection intéreffante tout l'arrangement dont elle eft fufceptible. D'Argenville nous donna une defcription très - fuc-

---

(*a*) Ce beau monument du feixieme fiecle qui avoit été conftruit par le Baron de Santal, pour y loger Marguerite de Valois, premiere femme d'Henri IV, vient d'être la proie des flammes : le feu ayant pris par la négligence des ouvriers, à la charpente du toit & aux ardoifes, en a dévoré une grande partie ; on a fauvé heureufement tout ce qu'il y avoit de plus rare, & le cabinet d'hiftoire naturelle n'a pas beaucoup fouffert : les amateurs le reverront dans un plus grand éclat quelque jour, M. le Baron de la Tour-d'Aigues a effuyé cette perte immenfe, avec cette grandeur d'ame, cette indifférence philofophique qui caractérifent les vrais fages.

cincte de ce cabinet dans sa lithologie imprimée en 1750 ; mais combien n'a-t-il pas augmenté depuis ? Je ne finirois point, si je voulois en faire une description complete : on pourroit le mettre en parallele avec le cabinet de M. Davila à Paris, dont plusieurs curieux ont acheté les parties séparées ; mais comme c'est dans une pareille collection que la nature se présente sous tant de formes différentes, qu'on jouit à loisir du spectacle enchanteur qu'elle nous étale avec tant de profusion, j'en donnerai un léger détail, tant pour exciter l'émulation de ceux qui cultivent l'histoire naturelle, que pour rendre hommage aux talens & aux connoissances du savant possesseur de tant de raretés. J'ajouterai encore que M. le Baron de la Tour-d'Aigues, s'étant procuré une collection complete des fossiles de la Provence, tous les curieux peuvent se rendre leur histoire familiere sous ses auspices ; la bienfaisance étant innée avec lui.

La minéralogie est riche dans ce cabinet ; on y trouve des échantillons de mines d'or, d'argent, de cuivre, de fer & de plomb : l'or y est minéralisé avec le cuivre ; il y a la mine d'argent rouge, celle d'argent vitrée, des mines de cuivre de cinq à six especes, les mines de plomb sulfureuses arsenicales, vitrioliques : le fer est minéralisé sous plusieurs formes différentes ; on y voit un morceau de fer natif, de treize à quatorze onces, morceau rare & curieux, une suite de mines blanches spathiques, quantité de pyrites arsenicales de Pennafort, où l'argent est minéralisé avec le Miskipel, du cinabre natif, des mines d'antimoine, de zinc, du cobalt. Les curieux y verront une histoire complete du silex : M. le Président de la Tour-d'Aigues a épié la marche de la nature dans la formation de cette pierre vitrifiable qui passe successive-

M 4

ment du genre fusible au calcaire , & de celui ci
au vitrifiable. Les corps marins , les testacées pétrifiés au milieu des subftances silicées ; quantité
de beaux granits , le porphire , les serpentines ,
les marbres de Provence , des Pyrénées & d'Italie , le spath calcaire , le quartz de toute couleur ,
en groupe , en criftaux , le feld-fpath , les agathes ,
&c. enrichiffent cette collection. On y voit des criftaux finguliers qui préfentent des gouttes d'eau dans
leur intérieur , des grenats , des chalcedoines , quantité de géodes curieufes à noyaux attachés & détachés , un affortiment de plufieurs filex de la Provence, la pierre de jade , une variété de pétrifications en
coquilles , coraux , madrepores , lithophytes , des
bois foffiles minéralifés , des ichtyopetres peu communs , des pierres numifinales , des pierres volcanifées en laves , en bafaltes à plufieurs cannelures ,
&c. Cette précieufe collection fera bientôt rangée
dans un cabinet orné de tableaux , de plufieurs marbres d'Italie & d'Egypte : des tiroirs & des cafes avec
leurs étiquettes contiendront ces diverfes fubftances ,
& il fera permis à tout connoiffeur de les parcourir
en liberté. On voit au fonds un petit laboratoire de
chimie muni de fourneaux de fufion , de réverbere ,
& de quantité d'inftrumens relatifs aux opérations
de docimafie. On y traite les minéraux , on les cou-
pelle , & l'on analyfe tous les foffiles & les mixtes
dont on defire connoître les propriétés & la nature.

Un herbier des plus belles plantes de la Provence,
en quinze grands cartons , claffées felon le fyfteme
fexuel de Von-Linné , avec quantité de plantes du
Levant , des Pyrénées , de Cayenne , fe trouve
dans ce cabinet ; on y joindra les vingt-fix familles de la Conchyliologie de d'Argenville ; ce qui
doit former la collection la plus riche dans les trois
regnes d'Hiftoire Naturelle , qui foit en Provence.

Les jardins , les parterres , le parc de la Tour-
d'Aigues ne fixent pas moins la curiofité : par-tout
l'agréable y eft réuni avec l'utile ; le potager divifé
en compartimens , produit ce qu'il y a de plus
exquis & de plus précoce en ce genre , & le fruitier qui eft à côté, eft orné de plufieurs arbuftes à
plein vent & en efpalier. On y voit des arbres
nains & de haute taille , couverts des plus beaux
fruits : l'ordre , la régularité , la propreté y regnent
à l'envi ; les eaux fe diftribuent dans des baffins
en jets , en maffe , en gerbe ; des poiffons de la
Chine couverts d'écailles dorées , de petites dorades , ornées des plus belles couleurs fe jouent dans
un grand baffin & viennent à certaines heures du
jour prendre la nourriture qu'on leur donne. Le parterre qui joint immédiatement le fruitier n'eft pas
moins embelli ; la ferre qui eft expofée au Midi
termine un de fes côtés. Quantité de plantes exotiques, & indigenes dans les bordures, dans les maf-
fifs , plufieurs arbuftes curieux détiennent les amateurs. On ne s'arrache qu'avec peine de ces lieux
enchantés.

Les productions végétales des tropiques & du
nouveau monde font réunies dans ces jardins : la
terraffe du château qui eft fupérieure au parterre,
préfente une longue allée de caiffes & de grands
vafes où l'on admire les jafmins du Cap , des
Indes & des Açores , une variété de geranium
d'Afrique , nombre d'euphorbes , de cierges du
Mexique , des méfimbrianthemum , les yucas du
Canada , l'aftro-emeria , belle plante liliacée ,
plufieurs efpeces de folanum , d'aloès ; combien
de plantes exotiques fe font aclimatées dans ce
parterre, le mûrier papirifere de la Chine, dont les
infulaires de Tayti dans les mers auftrales emploient l'écorce pour fabriquer leurs étoffes , y a

jetté un tronc fort épais, & s'eft élevé jufqu'au point de braver les plus rudes hivers. Cet exemple doit nous encourager, & en prenant les précautions convenables, il ne faut pas défefpérer d'aclimater quelque jour en Provence les plantes qui naiffent fous les tropiques.

Les acacias de différente efpece jouiffent du même privilége : on y voit quantité de portula-ca, de craffula, de fedum, ainfi que les fenfiti-ves, avec une belle orangerie. Il y a derriere le châte, un autre parterre que l'on a deftiné aux arbres de haute taille, où la régularité ne brille pas moins : les platanes, les aliziers, les érables, le citife des Alpes ou faux ébenier, le robinia ou faux acacia s'y préfentent avec grace. Ce dernier arbre dont les fleurs s'épanouiffent en grappe, s'éleve très-haut ; on le cultive fort peu en Provence ; il fournit par fes feuilles un bon pâturage aux beftiaux ; quoiqu'originaire de Virginie, il s'eft très-bien aclimaté dans nos provinces méridionales : il fe foutient mieux planté en bofquet par rapport aux coups de vents qui le brifent aifément. Son écorce eft raboteufe, fes feuilles donnent peu d'ombre, il eft utile aux vignerons par les échalas qu'ils en retirent : les tourneurs y trouvent un bois propre aux cerceaux ou cercles de tonneaux ; les poutres qu'on en conftruit font plus folides que celles du pin.

De très-belles allées ombragent le parc de la Tour-d'Aigues : l'on y a pratiqué de jolis bofquets où l'on trouve le cedre, le tuya, quantité de chevre-feuilles, de lentifques, de troefnes, de meliasazederachs, des térébinthes, le frêne qui fleurit, l'arbre de Sainte-Lucie prefque toujours vert. Ces allées s'ouvrent en plufieurs endroits & conduifent à de riantes prairies & dans plufieurs champs couverts de riches productions de la nature : la vigne, l'olivier, les arbres fruitiers y font par-tout d'un grand rapport. Le terrain y eft préparé comme il faut ; l'agriculture dirigée d'après fes vrais principes, y jouit de tout fon luxe ; c'eft ainfi que toutes les poffeffions de M. le Préfident de la Tour-d'Aigues font cultivées ; un mélange bien entendu de terres y a produit les fonds les plus fertiles : les marnes ont tellement bonifié les campagnes , qu'on n'y trouve plus qu'un fol qui l'emporte fur les meilleurs fonds fertilifés par d'excellens engrais ; tant la nature , lorfqu'on fait la mettre en œuvre, eft toujours fupérieure à l'art. Le parc offre des points de vue , des pofitions , de riantes avenues qui font paffer fous les yeux quantité d'objets nouveaux : une ménagerie , par exemple , qui occupe un efpace entouré de prairies , avec plufieurs bâtimens , & une cour dans laquelle on éleve quantité d'animaux fauvages ; j'y ai vu en divers tems des finges , des fapajous , des caméléons , plufieurs efpeces de pigeons d'Afrique , des tourterelles , des faifans , de jolis quadrupedes , comme la biche , la gazelle dont la variété des mouvemens & la preffeffe des fauts réjouiffent le fpectateur , le moufflon des montagnes de Corfe.

Tous les acceffoires extérieurs du château intéreffent également le voyageur : les foffés qui l'entourent , font remplis d'une eau claire , qui arrofe les parterres , & fait tourner des moulins. Une grande piece d'eau qui leur eft contiguë , entourée d'arbres en allée , permet le plaifir de la pêche en bateau , à la ligne , au filet , au bourgin. Ce baffin reçoit les eaux par des canaux fouterrains , qui les y conduifent d'un large étang , qu'on nomme *l'étang de la bounde* , fitué au pied du Léberon : des fources abondantes & les eaux pluviales fourniffent en tout tems à l'étang, dont on a fu diriger & conduire les eaux aux environs du château, avec autant d'induftrie que de fureté.

Cet étang fournit des pêches abondantes : en automne furtout , on y prend des meuniers , des loches , des barbeaux , des anguilles & de très-belles carpes : on a évité d'y mettre des brochets dont la dent meurtriere feroit funefte à tous ces poiffons fans défenfe ; mais rien n'eft plus délicat que les carpes de cet étang : tout le monde fait que M. de la Tour-d'Aigues en fit châtrer plu-fieurs, il y a nombre d'années : on pratiqua une incifion longitudinale au ventre de la carpe dont on enleva doucement les ovaires , les laites & tout ce qui a du rapport avec la réproduction du poiffon , fans endommager les parties attenantes : la carpe eft vivace ; on peut la tenir quelque tems hors de l'eau fans qu'elle meure : on boucha la plaie avec un morceau de chapeau de feutre, & on remit la carpe dans l'étang : quelques-unes échapperent à l'opération ; il n'y a pas de doute qu'elle ne contribue à rendre leur chair plus délicate , & à les engraiffer. Les perfonnes qui aiment la bonne chere font grand cas de cette ingénieufe pratique , que les riches Anglois fe font appropriée : voyez le traité des pêches de M. Duhamel : quoique M. de la Tour-d'Aigues avoue ingénuement de n'en être pas l'inventeur, il eft le premier qui l'ait mife en ufage en Provence. Les Romains , qui entrete-noient à grands frais des viviers où ils engraiffoient le poiffon, l'auroient-ils préférée, s'ils l'euffent con-nue , à celle que leur barbarie leur infpiroit aux dé-pens de l'humanité , en y faifant jetter leurs ef-claves que les poiffons dévoroient : leurs mœurs féroces , l'empire abfolu qu'ils exerçoient fur tout ce qui avoit le malheur d'être dans leur dépendance , forment un grand préjugé contre eux.

Malgré la nature calcaire du terroir de la
Tour-d'Aigues , on y trouve quantité d'Argiles qui
rendent les champs fertiles : on brûle communément les terres dans tous les environs , avant
de les femer ; l'on ne voit de tout côté à la
fin de l'été , que de petits fourneaux conftruits
avec des mottes d'argile , du bois fec , d'herbes
que l'on incendie , dont la fumée & l'odeur fe
répandent au loin : fans cet expédient , difent les
laboureurs , les récoltes feroient au-deffous de la
médiocre ; le voifinage du Léberon & de la Durance , les frimats , l'humidité rendroient leurs
fonds trop aigres , fi on ne les brûloit pas de tems-
en-tems , dans le degré que dicte l'expérience.

Le fer eft fort répandu dans tout ce terroir :
il eft en grain , en maffe , en cervelle ; on le
foule aux pieds : la chaux de fer fe revivifie aifément en calcinant les ochres , & fes molécules
font alors attirables à l'aimant ; les terres ochreufes indiquent par-tout la préfence de ce métal :
l'on pourroit y ouvrir des mines ; je fuis affuré que
l'on trouveroit quelque riche filon , qui dédom-
mageroit aifément des frais de l'entreprife. Il y a
des mines de fer à la Baftidone , terre attenante ,
qui appartient encore à M. de la Tour-d'Aigues ,
où l'on apperçoit la tête des filons , en fuivant de
l'œil les teintes ochreufes qui les indiquent dans
la pierre : ce fer n'y eft point minéralifé avec le
foufre ; il a les qualités du fer de Bourgogne.

Le charbon de pierre fe manifefte également
dans tous ces cantons , par des indices qui ne
font point équivoques : on le découvre furtout au
pied du Léberon ; les veines en font très-profon-
des , ayant leur direction du Levant au Couchant ;
les couches fchifteufes qui couvrent ces veines ,

font la plupart inclinées à l'horifon ; il y en a même de perpendiculaires ; leurs feuillets font fi déliés , fi minces , qu'ils reffemblent au papier ; c'eft le *papermal* des Flamans & des Anglois , qui fert de couverture au charbon foffile ; ces couches feuilletées font pofées contre des pierres dures , & une terre dont le fonds eft argileux ; on en retire beaucoup de phlegme par la diftillation , avec une huile prefque femblable au naphte qui furnage fur le phlegme marqué d'une teinte jaunâtre. M. de Beaumont , excellent minéralogifte , m'en a montré chez M. de la Tour-d'Aigues , qu'il avoit tirée de pareils fchiftes ; elle brûloit auffi-bien qu'une huile végétale. Les mines de charbon de pierre ne peuvent manquer d'y être riches , leurs veines s'étendent fort loin ; on en trouve des marques même au-delà de Vitrole , petit village au pied du Léberon , dont le Seigneur a embelli le terroir , prefque inculte & fauvage avant lui , par quantité de plantations de vignes & d'oliviers , de longues allées , d'immenfes prairies , par un château accompagné de plufieurs bâtimens , de parterres & de jardins continuellement arrofés par de belles fources que la montagne du Léberon fait jaillir de fon fein ; puiffant mobile de la végétation qui répand la fertilité fur tout ce qui l'environne. Feu M. Aillaud a couvert de peupliers jufques aux coteaux incultes de Vitrole ; il a donné la préférence à ces arbres qui pouffent fort vîte , & dont les feuilles fucculentes fourniffent un bon pâturage aux beftiaux : ce digne citoyen , qui faifoit un bon ufage de fes richeffes , dont il fe fentoit redevable à l'humanité , faifoit fleurir l'agriculture , mettoit en mouvement une infinité de bras , alimentoit l'indigent cultivateur , facilitoit l'induftrie & le commerce , ouvroit des chemins de communication à travers le Léberon avec les terres voisines, & répandoit l'aisance & le bonheur parmi les gens de campagne attachés à le servir. Puisse-t-il avoir beaucoup d'imitateurs dans une conduite aussi estimable !

CHAPITRE XVIII.

Diocese d'Apt.

LORSQU'ON arrive du côté de Vitrole à Apt, on est obligé de traverser la montagne du Léberon dont j'ai parlé ci-dessus : j'ai dit que le charbon de terre s'y annonce encore de toute part : les ravins, les torrens mettent souvent à découvert la tête des veines qui demanderoient l'exploitation. Les sources qui découlent à côté, ont une odeur sulfureuse ; celle de Ceireste, gros village bâti au pied de la montagne en allant vers le Nord, est connue sous le nom de fontaine de soufre, *la fouen de soupre* : elle contient un foie de soufre terreux avec des sels séléniteux ; le soufre y est combiné avec une terre alkaline ; l'eau de cette source est froide ; elle purge très-bien & le peuple s'en sert à cet usage.

Le diocese d'Apt contient environ trente-deux paroisses : il est borné par celui d'Aix au Midi, par les dioceses de Cavaillon & de Carpentras au Couchant, par celui de Sisteron au Nord & au Levant. La ville d'Apt, capitale du diocese, est bâtie sur une petite riviere que l'on passe sur un pont construit d'une seule arche : elle date de loin ; Pline la regardoit de son tems comme le chef-lieu de trois peuples qui étoient les Vol-

gences, les Albices, & les Apollinaires. Le
Romains jetterent fur le Caulon le pont Julier
qu'on y voit encore : certe riviere va fe jetter dan
la Durance.

Je ne parlerai point du monument érigé à l;
gloire du cheval Borifthene de l'Empereur Adrier
dont on trouva en 1602, l'épitaphe gravée fu
une pierre de marbre noir , en creufant un puir
dans le palais épifcopal : le favant Peyrefc la ré
tablit en entier. La population d'Apt eft de fep
à huit mille ames : fa fituation dans une larg
vallée entourée de coteaux , l'expofe aux rigueur
de l'hiver , comme aux grandes chaleurs de l'été
tous ces coteaux font complantés de vignobles &
d'oliviers : on y voit plufieurs maifons de cam
pagne ; fon commerce confifte en grains , vins
fruits & bougies que les ouvriers ne falfifient poin
encore avec le fuif, comme par-tout ailleurs. Or
apporte les blés de tous les environs à fes marchés : fon terroir eft fort bien cultivé ; la terre de
Saint - Savournin , appartenant aux héritiers d'un
illuftre magiftrat (a) qui a fait tant d'honneur au
parlement de Provence , le prouve évidemment :
les oliviers , les prairies , les vignes , les allées de
mûriers y font difpofés d'une maniere à faire
l'éloge de fon goût & de fes connoiffances ; il
n'étoit pas moins le défenfeur des loix , que le
protecteur éclairé de tout ce qui a rapport à
l'agriculture , au commerce & aux arts.

On trouve dans le terroir d'Apt, de bonnes
argiles que l'on emploie aux fabriques de faïence :
(b) il y en a de rouges , de blanches & de fi vi-

(a) M. de Monclar.
(b) On perfectionne tous les jours à Apt le travail des
faïences , où quelques-unes foutiennent bien le coup
trifiables ,

trifiables, qu'on les prendroit pour un kaolin très-propre à la porcelaine, quoiqu'elles aient encore un peu du calcaire. L'on y découvre en fouillant d'autres argiles plus compactes, dont on se sert pour les eaux fortes (a) que l'on distille dans cette ville. Le sablon fin, léger qu'on retire des coteaux situés à l'Est, a acquis beaucoup de réputation : on vient s'en pourvoir de tous côtés ; il rend les argiles plus fusibles dans les fabriques de faïence ; il relève l'émail de leur couverture, & sert même aux porcelaines. Les sels, les métaux qu'on lui associe lui communiquent à l'aide du feu une demi-vitrification qui ajoute au mérite de la faïence : on l'emploie à celle de Moustiers, de Marseille, ainsi qu'à la porcelaine. La terre de

de feu par la bonté des argiles qu'on y emploie : on en fabrique même une nouvelle espece, qui par sa composition & le mélange des matieres dont on se sert, imite parfaitement la variété des couleurs du jaspe & des marbres brocatelles : cette faïence acquiert beaucoup de réputation. On trouve dans les environs d'Apt, à la terre de Rossignol, le long des vallons au bas des coteaux, une ochre supérieure à toutes celles qu'on connoît déjà, & dont les essais promettent beaucoup. Les pyrites cuivreuses sont abondantes dans quelques-uns de ces coteaux, où les pétrifications des coquilles, comme les cornes d'Ammon, sont minéralisées avec le cuivre & le fer. Des carrieres de gypse enrichies de cristaux séléniteux, des pierres spéculaires, se voient également dans le terroir d'Apt. M. l'Evêque de cette ville, de l'illustre famille d'Edeons de Celi, a un goût décidé pour l'Histoire Naturelle qu'il cultive depuis long-tems. On voit dans son cabinet quelques-unes de ces raretés précieuses, & les amateurs sont assurés de trouver dans sa personne toute l'affabilité & la bienveillance qui caractérisent les vrais protecteurs des arts & des sciences.

(a) Ces argiles se trouvent dans la terre de Tourretes; elles sont fort estimées.

Tourretes appartenant à M. l'Evêque d'Apt, en fournit beaucoup.

Ce fablon eft un compofé de molécules fines, légeres, rondes & défunies : elles paroiffent être un débris d'un quartz le plus fin : on y découvre quelques particules brillantes de mica clair-femées, que l'on peut féparer au moyen de l'eau. Les acides minéraux excitent une légere effervef-cence dans ce fablon, qui s'eft formé dans un terrain calcaire, où les dépôts fucceffifs de la mer font encore vifibles : il contient un peu de terre craieufe provenant des débris des teftacées, la-quelle trouble l'eau fans s'y diffoudre & fe préci-pite au fond la derniere ; c'eft ainfi que cette efpece de fable nommée *fafre* par le peuple, iffu en partie du débris des corps marins, con-tient fouvent des molécules vitrifiables. Le quartz y domine, à-peu-près comme la terre calcaire furabonde quelquefois dans les argiles ; tant la nature fait combiner les fubftances oppofées entre elles, par des voies qui nous font inconnues ; ce peu de terre craieufe contribue à rendre le fablon d'Apt plus fufible & le vitrifie au moyen du feu, comme feroit un alkali quelconque.

J'ai dit que l'on découvre par-tout dans ce ter-roir des marques évidentes des dépôts de la mer. Pour peu que l'on creufe profondément dans cer-tains fonds, on rencontre les couches d'une terre légere, fiffile, rougeâtre, qui gardent la même di-rection que fuivent les coquilles pétrifiées : ces cou-ches font empreintes de fquelettes de petits poif-fons plats ; l'épine du dos, la tête, le bec, les arê-tes, les nâgeoires font très-bien confervés fur les la-mes de ces couches ductiles qui fe brifent aifément : ce font de petites dorades, & autres poiffons plats qui fe tiennent dans la vafe. Ces ichthyopetres fu-

ent découverts, il y a quelques années, par un ci-
oyen d'Apt, M. Conftantin, qui faifoit creufer un
puits dans fa campagne près du grand chemin d'Aix.
Le débris des coquillages, qui a formé ce banc fchif-
eux de terres craieufes & de la vafe de mer, où
les poiffons fe font pétrifiés, s'étend de l'Eft à
l'Oueft : ces couches n'ont point encore paffé à l'état
de pétrification complete, mais l'empreinte des
poiffons, jufques à la couleur, y eft fort bien confer-
vée ; elles fe propagent fous terre jufqu'à Ceirefte :
nous les retrouverons même beaucoup plus loin.
On a tranfporté quantité de ces poiffons pétrifiés
hors de la Province.

L'on parvient à Ceyrefte, par une large vallée
où les bois, les vignes, les oliviers, les champs à
blé préfentent un beau coup d'œil. Toute la partie
du Léberon au Nord eft remplie de belles carrieres
de pierres coquillieres, dont quelques-unes font exploitées. Pour venir de Ceyrefte à Viens, il faut parcourir des vallons bordés de hauts coteaux, fur
l'un defquels on a bâti le château de Ceirefte qui
préfente un ancien édifice. Toutes les couches des
coteaux attenans font encore l'ouvrage des eaux.
On traverfe la riviere qui va fe rendre au terroir d'Apt : elle groffit dans fa marche par quantité de ruiffeaux qui s'y jettent. La montagne qui
la borde au Couchant eft couverte de chênes
blancs : il faut monter affez haut pour parvenir à Viens, dont le chemin contient plufieurs
pierres enduites d'un fpath calcaire. La montagne
qui borde le chemin au Midi eft creufée par une
grotte profonde : on en retire une efpece de pou-
dink formé par une quantité de cailloux arrondis
& très-durs, qui font fi fortement liés enfemble
par un gluten lapidifique, qu'on en conftruit de
pierres meulieres d'auffi bon ufage, que fi elles
étoient du meilleur grès.   N 2

CHAPITRE XIX.

Mines de Viens.

LE village de Viens bâti fur un roc entouré
de vieux murs , a tous fes environs complantés de vignes & d'oliviers : tout fon terroir
n'y eft proprement que vallées & coteaux dont
les approches font affez difficiles : on y manque
d'eau , n'y ayant que la partie inférieure de ces
coteaux , où l'on en trouve. Viens eft connu dans
l'hiftoire minéralogique de la Provence ; tous ceux
qui en ont parlé font mention de fes mines de vitriol , de fer & d'argent, fans autre détail : chacun d'eux s'eft copié à l'envi ; il m'a donc fallu vifiter ces cantons fcabreux pour en dire quelque
chofe de plus pofitif : je m'informai auparavant
fur les lieux de quelques particuliers inftruits ; mais
je n'en retirai point les éclairciffemens que je de-
firois : il n'y eut que M. le Curé Hugonis qui con-
noiffant le pays , voulut bien avec toute l'affabilité
poffible m'accompagner dans toutes mes recherches.

Nous defcendimes à la Chapelle de St. Ferreol
qui eft à côté d'une petite riviere dont la direction
va du Nord au Midi : nous trouvames à gauche le
lit d'un torrent à fec , qui vient du haut d'une
montagne au Couchant & communique avec la
riviere d'Apt : ce lit eft rempli de marcaffites ferrugineufes ; on y voit des hématites ; le fer y eft
minéralifé avec l'argile , le fable , le grès : l'ochre
y abonde de tous côtés ; les bords du torrent à
droite donnent également d'autres indices des minéraux ; l'on prétend qu'on en retiroit autrefois

par des fouilles, un amas de pyrites, qui contenoient de l'argent : il ne paroît pas aujourd'hui
qu'on y ait fait de grandes excavations ; du moins
le terrain eft affaiffé tout à l'entour : je ne trouvai
aucune de ces pyrites à la fuperficie des terres. Toutes les informations que je pris à ce fujet, abouti-
rent à me faire favoir qu'il exifte encore une famille à Viens qui eft nantie d'échantillons de ces
minéraux : j'aurois bien voulu les examiner, mais
toutes mes perquifitions furent inutiles. La qualité
du terrain, celles des pierres réfractaires, le fer
répandu de tous côtés indiquent très-bien qu'on y
a ouvert des mines autrefois ; qu'on a cherché à
les exploiter, mais que les effais infructueux qui
en réfulterent, loin d'encourager les particuliers,
les rebuterent aifément ; ce qui ne doit point arrêter dans la fuite quelque entrepreneur plus intelligent qui voudra tenter de nouveau d'en tirer de
plus grands profits, & qui avec de fi belles apparences ne s'arrêtera pas fitôt en chemin.

Quoique le lit du torrent ne foit pas bien profond, que les couches proéminentes à la fuperficie
des coteaux attenants, n'étalent que les apparences du fer minéralifé de plufieurs manieres, cependant on ne peut que concevoir des efpérances
bien fondées à l'afpect des pierres minéralifées en
divers fens, qu'on retire en fouillant dans la terre.
Le foufre, l'arfenic y jouent un grand rôle, & je
ne doute point qu'on ne trouvât le filon de quelque minéral précieux, fi l'on vouloit hafarder d'y
ouvrir une mine : du moins c'eft l'idée qu'on peut
s'en former à l'infpection du terrain. Il n'en eft
pas de même du vitriol ; il fuffit de fuivre le torrent un peu plus haut & de parcourir les coteaux
fupérieurs : on ne voit de toutes parts qu'un fable
ferrugineux où le vitriol de Mars fe forme en abon-

N 3

dance : c'eſt une efflorefcence de couleur jaunâtre , qu'on prendroit de loin pour du ſoufre qui eſt répandu ſur la ſuperficie du terrain : les petits vallons qui ſéparent les coteaux attenants , leurs couches intérieures en contiennent béaucoup. L'acide vitriolique ronge le fer , le vitriolife , ou bien forme du ſoufre, lorſqu'il ſe combine avec le phlogiſtique. On ſéparoit autrefois ce vitriol des terres par la ſimple ébullition de l'eau dont on les leſſivoit ; on le réduiſoit enſuite en gros criſtaux en le faiſant évaporer lentement : il paroît même qu'on avoit exploité ces mines de vitriol , en ramaſſant quantité de pyrites martiales & cuivreuſes, qu'on mettoit en tas pour les expoſer à l'air , & les laiſſer tomber en efflorefcence. Pluſieurs particuliers habitoient exprès dans ces cantons où l'on voit encore les veſtiges des hangards qu'ils y avoient conſtruits , & ſous leſquels ils travailloient : on trouve en effet quantité de pyrites de ce côté-là , juſqu'à Gignac, d'où il ſeroit aiſé de retirer les divers vitriols qui s'y forment. Les eaux qui ſourdent de tous ces coteaux ſont purement vitrioliques : les ſables de Gignac ſont diverſement colorés ; le fer y abonde principalement ; le ſoufre n'eſt pas moins répandu dans les environs : je ne doute point qu'on ne le trouvât en grandes maſſes, ſi l'on faiſoit des fouilles profondes dans les endroits où il ſe manifeſte le plus.

On voit dans les bois de Simiane, ſitués plus haut, une quantité ſurprenante de mâchefers, de ſcories ſans nombre répandues de tout côté. La tradition nous apprend que les Sarraſins ont habité anciennement ces contrées , qu'ils avoient ouvert des mines, conſtruit des forges & qu'ils travailloient le fer qui leur étoit ſi néceſſaire.

On voit encore en pluſieurs endroits des traces

évidentes des procedés des Sarrafins. Ils choififfoient les forêts , les coteaux fourrés , la croupe
des montagnes pour leurs repaires : le fer à demi
vitrifié réduit en fcories, tapiffe fouvent le fol de
ces lieux fcabreux. Depuis qu'on a la fureur de
trouver par-tout des volcans éteints , que l'on attribue la plupart des changemens furvenus au globe
terreftre à l'explofion des feux fouterrains , je ne
doute point que plufieurs n'aient pris ces fcories
ferrugineufes au premier coup d'œil pour autant
de laves volcaniques dont ils chercheront en vain
le cratere , qui doit les avoir vomies , felon eux.
Un peu plus d'attention les mettra à l'abri de l'erreur.

Le bois de Simiane eft en chênes verts & blancs
fur une montagne dont l'expofition eft directement
au Midi : il forme une forêt qui n'a point été dégradée comme tant d'autres. La pofition des montagnes attenantes le mettent à l'abri des caufes qui
nuifent communément aux forêts.

Le commerce de tout ce pays confifte plutôt en
grains qu'en toute autre denrée : les pâturages n'y
manquent point , ainfi que les beftiaux : on y recueille des fruits excellens. Les vignes & les oliviers
y font très-bien tenus : la population augmente plutôt qu'elle n'y diminue ; les maladies qui y regnent
font plus ou moins relatives à la pofition des lieux
& aux variations de l'atmofphere : on n'y voit pourtant que des maladies fporadiques , comme fluxions
de poitrine en printems , fiévres putrides en été.

Les plantes les plus communes dans ces cantons
au pied du Léberon , dans les bois , font des di-
gitales , des ancholies ; les genêts épineux , les fan-
guins , les amélanchies , les citifes , des arbuftes
dans le genre des rhamnus , des thimeleas ou
daphnés , des phillyrea , des genevriers , &c.

N 4

CHAPITRE XX.

Comté de Sault.

CE comté renferme fept à huit villages : il eft borné au Nord par les montagnes qui féparent le Dauphiné de la Provence , & au Midi par des coteaux qui font une dépendance du Mont-Ventoux: les pâturages , les vignes , les champs à blé y dédommagent les particuliers des oliviers que la rigueur du climat en hiver ne permet pas d'y cultiver. Quoique la ville de Sault foit peu éloignée d'Apt , comme le terrain y eft plus élevé , qu'il eft attenant aux montagnes limitrophes , les froids s'y font plus fentir en hiver ; cependant les mûriers y réuffiffent très-bien ; les chemins même en font bordés ; ce qui donne occafion d'élever des vers-à-foie , & de tirer celle-ci fur les lieux.

L'intelligence dirige les particuliers les plus aifés dans leurs pratiques d'agriculture (a) : ils chaulent les grains pour les défendre du charbon & de la piqûre des infectes ; ils en fecouent les tiges élevées au printems pour empêcher le mauvais effet de la rouille , qu'elles contractent au moyen de la rofée dont les gouttes forment autant de petites lentilles qui , par leurs foyers réunis , font converger tellement les rayons du Soleil , qu'ils brûlent la plante. Il y en a qui fe fervent dans leurs labours & femailles d'une charrue artiftement travaillée qui couvre en fillonnant la terre , les femences qu'on lui confie , brife les mottes , & épargne les frais

---

(a) Cette pratique eft généralement répandue dans plufieurs cantons de la Provence.

de culture. D'autres connoissent la nature de leurs fonds ; ils les ouvrent à propos, atténuent les terres fortes par des labours réitérés dans leurs saisons, par des engrais relatifs à la qualité de leurs fonds, & doublent souvent le produit de leurs récoltes. Heureux les cultivateurs qui se conduisent avec cet ordre, cette harmonie, qui fait une science d'un art livré jusqu'aujourd'hui à l'aveugle routine & à la prévention : les plus riches moissons sont le fruit de leurs travaux. On voit rarement des blés charbonnés dans ces cantons : si ce malheur arrivoit, je ne doute pas que ces cultivateurs instruits ne vinssent bientôt à bout d'y porter remede. L'anone ou blé ordinaire, la *saisete*, autre espece de blé & la tuselle, sont les grains que l'on seme communément dans le Comté de Sault. Les coteaux y sont par couches paralleles : la plupart sont couverts de genevriers, de chênes verts & de pins : les mûriers réussissent moins bien dans les vallées que le long des chemins un peu élevés où ils jouissent d'une bonne exposition. Le Chef-lieu de ce Comté peut contenir un millier d'ames ; toutes les montagnes des environs sont de nature calcaire, l'argile, la terre forte, dominent dans les vallons ; le fer y est minéralisé au milieu du calcaire avec l'ochre, le hornstein. On y ouvrit autrefois des mines que l'on exploita avec peu de succès (a) & dont on discontinua bientôt les travaux : on en trouve encore les vestiges dans les montagnes attenantes au Dauphiné qui sont plus riches en minéraux : il en découle des sources d'eau minérale chaude, auxquelles les particuliers ont recours par raison de santé. Je visitai celle qui est dans la plaine de Sault.

(a) Les Sarrasins habiterent ces contrées, où ils forgerent le fer pendant long-tems.

Fontaine minérale de Sault.

Cette fource fe trouve dans un fonds appartenant à M. de Fontbelle, d'Apt, qui fait cultiver fes terres avec l'intelligence dont j'ai parlé : on la voit jaillir à côté d'un ruiffeau un peu profond, dans lequel elle fe jette immédiatement : l'eau en eft toujours tempérée, fans chaleur quelconque ; elle eft claire, limpide, d'un goût légerement falé avec une petite odeur fulfureufe, ou plutôt bitumineufe : elle ternit un peu la couleur de l'argent. Le fédiment qu'elle dépofe fur fes bords étant defféché, fufe légerement fur le feu : l'huile de tartre par défaillance verfée fur l'eau minérale, la trouble & précipite un fédiment terreux ; aucun acide n'y excite de fermentation. On en retire par l'évaporation au moins une dragme d'un fel foyeux, criftallifé en aiguilles, infipide au goût, ayant la forme des félénites. Avec vingt grains de terre abforbante fur une livre d'eau minérale, ce fel fe criftallife en filets blanchâtres, longs, pellucides : j'en ai féparé la terre abforbante par les procédés connus. L'eau ne contient point un fel marin : ce fel qui a du rapport avec celui d'epfon & dont il ne differe que par fa bafe, eft très-bien diffour dans l'eau de la fource ; mais une fois qu'on l'en a retiré par l'évaporation, l'eau diftillée n'en diffout que très-peu : on le décompofe avec l'alkali fixe qui précipite fa bafe abforbante & calcaire.

Le peuple des environs accourt à cette fontaine en printems & en automne ; il en prend les eaux qui le purgent très-bien : on les regarde comme martiales ou ferrugineufes. C'eft un bruit commun dans tous ces lieux : les Médecins du voifinage croient encore qu'elles contiennent du fer ; mais elles n'occafionnent aucun changement à la décoction de noix de galle. Quoique la liqueur alkaline phlogiftiquée les colore très-légerement en bleu , fans donner aucun précipité , cela n'indique point qu'elles contiennent du fer , ou s'il y en a quelques molécules que les eaux aient diffoutes , elles ne peuvent y être qu'en très-petite quantité & nullement fous forme vitriolique.

On ignore encore l'effet des félénites dans l'économie animale : d'après ce qui arrive à ceux qui vont prendre les eaux de Sault , on doit croire que ces fels agiffent à-peu-près comme le tartre vitriolé, le fel d'epfon , le fel de glauber , dont les bafes font neutralifées par l'acide vitriolique , pris à hautes dofes. Les fels féléniteux purgent comme ceux-ci , tandis que donnés à moindres dofes ils deviennent apéritifs & diurétiques : on peut donc avoir recours aux eaux minérales de la fontaine de Sault , toutes les fois qu'il fera queftion de réfoudre , d'enlever des humeurs arrêtées , de détruire des obftructions , & que la fievre ne fera pas de la partie.

CHAPITRE XXI.

Voyage au Mont-Ventoux.

LE diocefe de Carpentras dans l'enceinte duquel cette montagne eft fituée , borne le Comté de Sault au Levant : le village d'Abeille par où je paffai , eft encore de la Provence. Tous les coteaux attenans au Mont-Ventoux font couverts en partie de bois taillis ; le terrain en eft maigre & pierreux ; il n'y croît que du feigle : je trouvai quelques madreporites incruftés fur la pierre , dans les vallons : j'arrivai de-là à Bedouin , premier village du Comtat Venaiſſin ſitué au pied du Mont-Ventoux au Midi : les vignes & les mûriers dont il eſt entouré rendent ſes avenues agréables : on y éleve beaucoup de vers-à-ſoie ; il y a même des filatures établies : les bois n'ont point manqué juſqu'aujourd'hui dans tous les revers & les vallons de ces montagnes ; mais l'on ſera forcé d'y ſubſtituer quelque jour le charbon de pierre , tant on le ménage peu. On trouve partout des terres d'argile propres à la poterie dont il y a des fabriques à Bedouin : ſon terroir eſt communément léger & ſablonneux ; le ſable paroît un détritus des pierres de grès & de roche qu'on y rencontre auſſi. Les vignes réuſſiſſent très-bien dans ces cantons : on pourroit bonifier ces terres ſablonneuſes avec l'argile que l'on emploie aux poteries , & qui ſe rencontre en creuſant un peu profondément ; mais ces pratiques rurales ſont encore inconnues aux cultivateurs.

Toutes les pierres vitrifiables qui ſont dans les champs , ſur les murs de clôture , aux approches de Bedouin , paroiſſent avoir été détachées du Mont-Ventoux , ou bien avoir été tirées du ſein de la terre ; quoique la plus grande partie de cette montagne , du moins celle qu'il eſt permis de parcourir ſans danger , ſoit de nature calcaire , & qu'on en retire de la très-bonne chaux. Cette uniformité n'exiſte pas également par-tout , & la nature qui ſe joue des ſyſtemes des Lythologiſtes , paſſe bruſquement d'un genre à l'autre ſans gradation apparente. C'eſt ainſi qu'elle diſperſe avec le même luxe & la même profuſion dans le regne végétal les ſimples d'une nature oppoſée à côté les uns des autres. On trouve en effet des morceaux de grès , des blocs granitoires , des pierres réfractaires , lorſqu'on parcourt les vallons & les bas fonds de la montagne.

L'élévation confidérable du Mont-Ventoux fitué aux bords d'une vafte plaine qui va fe terminer à la mer ; fon enchaînement avec les montagnes du Dauphiné, & tous les coteaux fecondaires qui le lient avec le Léberon d'un côté, les montagnes d'Orange & du Comtat Venaiffin de l'autre, lui donnent beaucoup de réputation, ainfi que les fuperbes points de vue qu'il préfente, lorfqu'on a atteint fon fommet, prefque toujours couvert de neiges en hiver, ou voilé par les nuages. Le fouffle impétueux des vents qui s'y font fentir, lui ont fait donner le nom de *Mont-Ventoux*, *Mons Ventofus* : il fe divife en plufieurs fommets dans une étendue d'une lieue au moins du Levant au Couchant : cette pofition élevée attire quantité de voyageurs & de curieux, qui à la faveur des mulets du pays qu'ils prennent à Bedouin, choififfent une belle nuit d'été pour fe rendre à la pointe du jour au haut de la montagne, d'où ils contemplent avec autant de furprife que d'admiration, une foule d'objets qui fe préfentent à la vue.

Des motifs auffi ftériles n'étoient pas ceux qui préfidoient à mes courfes : je voulus m'affurer de l'élévation de cette montagne. Après avoir placé un obfervateur à Bedouin pour noter les variations de l'atmofphere pendant le jour, je pris la hauteur de la montagne fur le niveau de la mer à fa bafe avec un bon barometre qui me donna vingt-fix pouces, deux lignes, d'élévation dans la colonne de Mercure. Le thermometre refta pendant tout le jour à vingt-deux degrés fur la congélation à Bedouin fans varier : le tems étant fort chaud, le vingt-fept Juin 1778, la colonne du mercure ne bougea point dans le barometre de comparaifon. Je partis bon matin avec M. Gavot, Docteur en

Médecine , qui voulut bien m'accompagner. (a)

Nous arrivames après quatre heures de marche à la cime du Mont Ventoux , c'étoit neuf heures du matin : le thermometre avoit baissé de douze degrés au dessous de ce qu'il étoit à Bedouin : l'air étoit humide & frais , ce qui nous obligea de prendre nos redingotes : la colonne de Mercure n'étoit plus au barometre qu'à vingt-deux pouces d'élévation; ce qui donne à la montagne mille & quatorze toises au dessus du niveau de la mer. Le Pere Laval , Jésuite , Astronome du siecle passé , l'avoit mesurée , ainsi que Mrs. Cassini & Maraldi en 1724 : la différence de leur mesure à la mienne n'est que de vingt-six toises. Je me servis encore du barometre de M. du Luc ; le Mercure étoit parfaitement purgé d'air , & je l'avois fait porter par un homme depuis Aix jusqu'au Mont-Ventoux avec toutes les précautions possibles : il n'y eut point de variations dans l'atmosphere , qui fut extrêmement chaude pendant tout le jour ; il n'est pas surprenant de trouver de pareilles variétés dans les mesures de plusieurs observateurs prises en divers tems avec toutes les précautions possibles : les variations imperceptibles de l'atmosphere , sa gravité , son élasticité , qui peuvent changer d'un moment à l'autre , produisent ces différences. D'ailleurs si le sommet des montagnes s'abaisse peu-à-peu , si les vallons s'exhaussent, comme c'est le sentiment com-

_____

(a) J'avertirai ici par maniere d'avis qu'il ne faut pas trop se fier aux mulets du pays, moins encore aux guides qui s'offrent de vous conduire au sommet de la montagne ; M. Gavot ayant failli y perdre la vie par un de ces mulets , qui m'avoit jetté par terre auparavant , & qui prit le mors aux dents dans une vallée la plus scabreuse.

mun, on peut dire que le Mont-Ventoux a fouffert tant d'ébranlemens ; il s'eft éboulé du haut
de fes cimes tant de pierres, que les torrens & la
chute des eaux ont fillonnées (a), qu'il a diminué de
hauteur : on ne trouve que débris de la roche primitive fous fes pas, dès qu'on eft parvenu aux trois
quarts de fa hauteur. Le fol eft couvert de quantité
de pierres plates, de lames & de couches pierreufes, entre lefquelles il ne croît aucune herbe ;
c'eft en graviffant fur cette fuperficie mobile &
gliffante dans un efpace roide & efcarpé que l'on
atteint le fommet : il fe forme plufieurs criftallifations fpathiques demi tranfparentes fur la pierre,
au moyen des vapeurs de l'humidité, & des fels
dont l'atmofphere eft pénétrée.

On a conftruit une chapelle au plus haut fommet
du mont, lequel fe prolonge par une crete à plus
d'une lieue vers le Couchant : l'intérieur de cette
Chapelle nous parut fi froid, que nous ne pumes
pas y refter plus de deux minutes : c'eft du plateau
fur lequel elle eft conftruite, que les voyageurs
découvrent avec étonnement une grande étendue
de pays, & c'eft toujours un peu avant le Soleil
levant qu'il faut s'y trouver, fi l'on veut jouir de ce
fpectacle magnifique. Une brife de mer, qui fe leve
ordinairement vers les dix heures, ayant éclairci
l'horifon, & diffipé les vapeurs qui nous cachoient
les objets, il nous fut permis de les parcourir à
loifir. A la faveur de bonnes lunettes nous diftin-
guames le fommet des hautes alpes encore dans
les neiges, à plus de trente lieues de diftance : les

_____

(a) On obferve conftamment, en parcourant les montagnes, les traces profondes que les eaux qui fe font écoulées de leur fommet ont laiffées en fe creufant des vallons, des ravins, dont la pente va toujours vers la mer.

alpes maritimes en s'abaiſſant, nous cacherent les golfes de Menton, de Nice, de Fréjus; mais en revanche la mer du Midi étoit ouverte. Nous parcourumes depuis le Cap-Couronne, les étangs de Martigues juſqu'à Arles. Les embouchures du Rhône, les champs fertiles de la Camargue, les vaſtes plaines de Crau, étoient préſens à nos yeux : les montagnes Sainte - Victoire aux environs d'Aix, celles du Léberon inférieures à celle-ci nous inſpiroient une eſpece de frayeur en conſidérant de combien nous leur étions ſupérieurs, tandis que la vue de la ville d'Avignon & de ſes dehors enchanteurs, la riante perſpective du Rhône & de la Sorgue qui baignent les campagnes fleuries du Comtat Venaiſſin, & la quantité de Villes & de Villages qui ornent ces cantons, nous récréoient infiniment. Nous demeurames une partie de la journée ſur le ſommet du Mont-Ventoux : quoique l'humidité de l'atmoſphere fût aſſez marquée à cette élévation, le ſel de tartre que j'y tins expoſé à l'air pendant tout ce tems-là, fut toujours ſec ; tant cette eſpece d'humidité dont l'impreſſion étoit ſenſible ſur nous, ſe réſolvoit difficilement en liqueur : c'eſt la remarque que j'ai faite ſur les plus hautes montagnes des Pyrénées, où l'on ne juge ſouvent de l'humidité de l'air, qui doit être plus rare & plus ſubtil que dans les vallées, que relativement à l'impreſſion du froid qui ſe fait ſentir ſur la peau.

La partie du Mont-Ventoux expoſée au Nord, eſt plus couverte de bois que celle du Midi, qui eſt entierement nue : il n'y a que les vallées, qui ſe ſont formées par la chute des eaux, où l'on trouve des hêtres & des chênes verts, à l'ombre deſquels croiſſent les ſimples. Il y a peu de terre végétale dans ces vallées, que les gens du pays nomment *Coumbes* : on les prendroit pour le lit de
quelque

quelque riviere ; tant les débris de la roche y sont accumulés. Un Botaniste trouvera plus à se dédommager en parcourant la partie du Nord ; la plupart des plantes du Mont-Ventoux paroissent appartenir aux alpes, ou du moins on les trouve à la même élévation ; elles n'y sont pas nombreuses : le peuple leur attribue de grandes vertus ; les Herboristes qui y viennent, sont la plupart de misérables Charlatans qui l'entretiennent dans cette vaine crédulité. Les paysans que nous rencontrions, s'imaginoient que nous allions à la découverte de quelque riche mine, cachée dans le sein de la montagne, ou bien à la recherche de quelque plante rare, propre à prolonger la vie des hommes, puisque nous nous exposions à tant de fatigues : ils en revenoient toujours là, & nous répétoient bonnement qu'on prolongeroit sa carriere au delà de plusieurs siecles, si l'on connoissoit les propriétés de celles qui naissent dans ces heureux lieux. Ces simples, au reste, ne sont pas aussi nombreux que se l'imaginent ces bonnes gens ; à peine trouvames-nous ceux-ci à l'ombre des hêtres.

La saxifrage (a), perce-pierre ; la racine de la saxifrage est apéritive & diurétique. Ses fleurs de couleur blanche sont au haut des tiges disposées en roses, auxquelles succedent des fruits arrondis avec deux loges, où sont contenues de petites semences : les racines ont de petits tubercules, comme des grains de coriandre, parsemés sur l'écorce.

Quantité de coquelicots, ou pavots à fleur jaune : le coquelicot ordinaire vient communément dans les blés ; on ne se sert que de la fleur en médecine : elle est diaphorétique & légerement somnifere. Le

_____

(a) *Saxifraga verna annua humilior.* Tourn. la saxifrage, la perce-pierre.

Tome I. O

pavot cornu (*a*) aime les endroits fablonneux & les bords de la mer ; l'efpece à fleur rouge & purpurine fe trouve au bas du Mont - Ventoux : elle donne des filiques recourbées, de deux ou trois pouces de long. Le peuple fe fert de fes feuilles pour en panfer les ulceres & les contufions.

Plufieurs efpeces de violettes ; *viola-tricolor*. La penfée , *viola-frutefcens* , violette à tige ligneufe.

Le dompte-venin (*b*) : cette plante eft ftomachique , alexitere & cordiale ; elle eft commune , furtout aux montagnes fous-alpines.

La petite cataire (*c*) , herbe aux chats : celle-ci eft un peu aromatique & a du rapport avec les menthes dont elle eft une efpece.

Cynogloffum creticum , *cynogloffum officinale* , la cynogloffe , *l'herbo de Noueftro Damo* : fa vertu narcotique & affoupiffante fait que le peuple fe fert de fes feuilles pour les plaies douloureufes & les ulceres des jambes.

(*d*) La digitale commune, le grofeiller épineux, &c. Peu de plantes végetent fur ce fol fcabreux & ftérile, expofé au Midi : on fera plus heureux en parcourant la partie du Nord , où les ravins, l'ombre des bois , des hêtres , des érables & l'humidité favorifent la végétation des plantes alpines qui y naiffent.

CHAPITRE XXII.

Carpentras & fes environs.

L E terroir de Bedouin eft coupé en plufieurs endroits par des bouquets de chênes verts :

(*a*) *Papaver cornutus* , pavot cornu.
(*b*) *Afclepias* , *vincetoxicum* , dompte-venin.
(*c*) *Nepeta* , *five cataria vulgaris* , l'herbe aux chats.
(*d*) *Digitalis flore ferrugineo* , la digitale. Tournef.

celui de Carpentras me parut beaucoup mieux cultivé, & plus abondant en grains ; les aqueducs de cette ville qui fervent à conduire les eaux des coteaux attenants au Mont-Ventoux, font d'un bon goût & occupent un long efpace : c'eft un canal foutenu par plufieurs arcs à plein ceintre, qui portent fur autant de pyramides hexagones tronquées à plufieurs toifes d'élévation ; le tout conftruit d'une pierre grife calcaire qu'on a tirée des montagnes voifines.

La ville de Carpentras eft fituée fur une petite élévation en venant du côté d'Orange, au bout d'une longue plaine. Son terroir eft borné du Nord au Levant par de hautes montagnes qui font une dépendance du Mont-Ventoux ; cette fituation l'expofe à tous les vents : le voifinage des montagnes y rend les froids piquans en hiver : fes belles allées à la porte d'Orange, fes dehors ouverts la garantiffent des grandes chaleurs en été. Sa population eft au moins de dix mille ames. Son principal commerce confifte en vins, grains & foies. Le diocefe de cette ville eft compofé de vingt-neuf Paroiffes, dont vingt-deux font dans le Comtat Venaiffin dont elle eft la capitale, & fept en Provence : elle paroît fort ancienne. M. Formey a fait un livre fur cette Ville qu'il a orné de gravures, comme de la Fontaine de Vauclufe, de l'arc de triomphe de Carpentras, de fon aqueduc, &c. Il eft mieux fait que celui du Pere Fanton, qui a traité ce fujet en langue Italienne. L'arc de triomphe exifte encore en partie. Le Cardinal de Bichi en fit détruire le refte, pour bâtir le Palais Epifcopal, & pour ne pas déranger fon plan d'architecture, il aima mieux par un goût bien gothique mutiler ce monument, que de le conferver en entier. Les amateurs de l'antiquité font d'avis que l'arc de triomphe de Carpentras, celui d'Orange, comme ceux de Cavaillon & de St. Remi, partent, pour ainsi dire, de la même main, qu'ils ont été élevés à la gloire des armes Romaines, dans les beaux jours du siecle d'Auguste. Voyez l'*Histoire générale de Provence, Tome Ier.*

Les Juifs exercent le commerce à Carpentras où ils sont généralement méprisés par leurs criantes usures & leur sordide avarice. Le Parlement de Provence a été obligé de réprimer plusieurs fois leur odieux monopole : ils pratiquoient anciennement la Médecine, avec tant d'impudence ; ils faisoient un si grand nombre de dupes avec leur prétendue science cabalistique, qu'on fut obligé de leur prohiber cette profession qui ne devroit être le partage que des ames nobles, généreuses & amies de l'humanité. On leur a assigné des quartiers dans la ville, que l'on ferme exactement tous les soirs : celui qu'ils habitent, nommé *la juiverie*, est d'une infection à révolter les personnes les moins propres : il est surprenant que la police dont le premier devoir consiste à veiller sur la santé des citoyens, laisse subsister parmi eux tant de foyers de pourriture, & n'oblige pas les sales Juifs à tenir leurs rues & leurs maisons plus propres : ces hommes dégoutans vieillissent pourtant dans l'ordure ; tant le corps de l'homme s'accoutume insensiblement à tout ; mais il seroit dangereux de les imiter : c'est à leur sobriété & à leur parcimonie qu'ils doivent leur santé.

Les coteaux voisins de Carpentras fournissent de très-belles pierres à bâtir & du moellon. On trouve à Mormoiron, à Crillon, des ochres en quantité, des terres bolaires, des argiles dont on se sert à Carpentras pour la fabrique de l'eau forte, qui est dans le commerce, & que les Orfévres & les Artistes

emploient principalement pour le départ, la gravure, & pour les diſſolutions métalliques. L'eſprit
de nitre qu'on retire dans les fabriques par la diſtillation au moyen des argiles eſt toujours un peu
mêlé d'acide vitriolique : il faut l'en dépouiller,
lorſqu'on veut l'employer aux opérations chimiques. La fabrique de l'eau forte de Carpentras a
de la réputation.

On avoit exploité autrefois à Vielle, petit village auprès de Mormoiron, une mine de vitriol de
Mars : elle eſt abandonnée aujourd'hui : on trouve
encore beaucoup de pyrites & des effloreſcences
vitrioliques aux environs, qui prouvent que ce foſſile
n'eſt pas épuiſé à beaucoup près. Les carrieres de
St. Didier ont fourni les pierres dont on a conſtruit
la façade de l'Hôpital de Carpentras : cette pierre,
quoiqu'un peu dure, eſt de nature coquilliere, &
d'un bon uſage pour les grands édifices. Les colonnes de l'ordre Compoſite élevées ſur la porte de
l'Hôpital ſont de la même pierre : on y voit une
autre pierre tirée de la carriere de Caromb, dont on
s'eſt ſervi pour les ſoubaſſemens des colonnes : elle
a un grain moins fin que les premieres où le débris des coquilles eſt complet, tandis qu'elles y
exiſtent encore en entier dans celle-là.

La Cathédrale de Carpentras préſente à ſon fron-
tiſpice des colonnes d'un marbre veiné de blanc
& de rouge : on les prendroit de loin pour un
marbre breche ; mais les couleurs ſont plus fondues : le blanc a la tranſparence de l'albâtre ;
feroit-ce un marbre du pays ? Sa reſſemblance
avec pluſieurs échantillons que j'ai trouvés en parcourant les coteaux de Notre-Dame de Lumiere,
ainſi que les environs, me le font préſumer.

Je viſitai la bibliothéque de Carpentras qui eſt
due en partie aux ſoins de M. d'Inguinberti, ancien

Evêque de cette Ville , & que ſes ſucceſſeurs ont augmenté depuis : on y voit beaucoup de livres de théologie , de mathématiques , de juriſprudence , de controverſe , d'hiſtoire politique , & très-peu ou preſque point d'hiſtoire naturelle. Le traité de Garidel eſt le ſeul livre de Botanique que j'y trouvai : on y conſerve les manuſcrits du ſavant Peyreſc dont le talent décidé pour les ſciences naturelles , pour la botanique ſurtout , dans un ſiecle où l'aurore du bon goût s'annonçoit à peine , eſt connu de tout le monde : la culture des plantes & les pratiques de la ſaine agriculture auxquelles ſon génie obſervateur le portoit, faiſoient ſes principaux amuſemens. (*a*)

(*a*) On voit avec plaiſir , dans l'Egliſe des RR. PP. Prêcheurs d'Aix , le monument qu'un ſavant & reſpectable Magiſtrat vient d'ériger à la mémoire de ce grand homme. C'eſt un marbre blanc qui préſente le médaillon de Peireſc au haut, ſes armes au bas, & l'inſcription ſuivante au milieu.

Hic . Situs.
NIC. CL. FABRI. PEIRESCIUS.
Ampliſſimi. ordinis. in Aquar. Sext.
Curiâ. Senator.
Chriſtianam. reſurrectionem. expectat.
Reconditiſſimos. antiquariæ. ſupellectilis.
Theſauros.
Sagacitate. conſilio. liberalitate.
Cunctis. orbe. toto.
Diſciplinarum. ſtudioſis. aperuit.
Doctiſſimis. unde. proficerent. ſæpe.
Monſtravit.
Mirâ. beatitate. felix.
Sæculo. ſatis. rixoſo. notiſſimus.
Sine. querela. vixit.
VIII. Cal. Jul. anno. Chr. CIꝹ. IꝹC. XXXVII.
Ætatis. ſuæ. LVII.
Optimo. viro. bonos. omnes.
Adprecari. decet.

Le terroir de Carpentras n'eſt pas moins cultivé que les autres parties du Comtat Venaiſſin :
on voit partout des campagnes très-bien tenues ;
les vignes & les oliviers y ſont diſtribués avec ordre & plantés avec ſymétrie : l'Agriculture paroît
ici dans tous ſes atours : le peuple jouit d'une eſpece d'aiſance ; la culture lui fournit les productions néceſſaires à ſon entretien. Les villages ſont
peuplés, & tout reſpire la joie & le contentement
dans ces heureuſes contrées. Il n'eſt point de ville,
point de village qui ne ſoit entouré de murs conſtruits ſouvent avec art : on diroit en les approchant qu'on entre dans quelque ville fortifiée. Le
goût de s'enfermer ainſi & de clorre les habitans
d'une enceinte murée dépend dans ces cantons autant du coſtume, que des facilités à ſe pourvoir
de tout ce qui eſt relatif à cet objet.

La riviere d'Eygues qui traverſe la plaine de
Carpentras en allant à Orange, charrie des échinites qu'elle a détachées des montagnes voiſines :
les cailloux ſilicés de cette riviere ſont de deux
couleurs, les uns ſont rougeâtres & les autres gris ;
on peut les graver : un particulier d'Orange réuſſit
très-bien dans ce travail délicat. Les amateurs ob-
ſerveront dans les environs le petit lac de Cour-
teſon dont les eaux ſont ſalées : les employés des
fermes ſont occupés en été, où l'évaporation de
ſes eaux eſt plus forte, à détruire, & à ſubmerger
le ſel qui ſe criſtalliſe ſur ſes bords, de peur que
le pauvre peuple ne profite d'un ſecours que la nature libérale, malgré leurs précautions deſtructives,
préſente ſouvent à leur miſere. Je ne dirai rien
des antiquités d'Orange (a), de ſon arc de triom-

(a) La ville d'Orange eſt ſituée dans une plaine de
trois ou quatre lieues de long, baignée par pluſieurs ri-

phe, &c. ces objets font étrangers à l'hiftoire naturelle : la population de cette Ville eft au moins de trois mille ames ; fa fituation peu éloignée des montagnes dans une plaine ouverte, l'expofe aux influences du froid & du chaud plus qu'on ne fauroit croire. Valréas, petite Ville limitrophe du Comtat Venaiffin, peu éloignée des montagnes du Dauphiné, me parut jouir d'un air très-pur ; auffi la vie des hommes y eft-elle de plus longue durée qu'ailleurs ; l'on y trouve beaucoup de vieillards nonagénaires : il y a tout auprès de cette Ville un banc d'oftracites qui s'étend affez loin dans les terres : je ne fais qu'indiquer aux amateurs ces foffiles, dont la defcription un peu détaillée me meneroit trop loin ; ils fe répetent fi fouvent dans ces cantons, que je ne finirois pas.

Les oftracites fe trouvent encore à Rouffet, à Richeranche, à la montagne de Calame : on voit

---

vieres qui viennent des montagnes du Dauphiné & vont fe jetter dans le Rhône. Celle d'Eigues fe rapproche davantage de la ville, & baigne fon terroir. On y jouit d'une atmofphere fort pure & fort falubre. La vie moyenne des hommes va au moins à 36 ans dans tous les environs. Le commerce eft floriffant à Orange, furtout pour les fabriques d'étoffes & de vers à foie qui occupent le peuple pendant toute l'année. Cette Ville eft comprife dans la province du Dauphiné. Les fels marins & vitrioliques font répandus dans toutes ces contrées. Les eaux minérales de Vacqueiras dans le Comtat Venaiffin à quelques lieues loin, contiennent des félénites & du fel de Glauber : elles purgent très-bien ; l'on s'en fert depuis long-tems pour cet ufage : les criftaux de gypfe & la pierre fpéculaire qu'on trouve à l'entour de fes eaux, indiquent les fels féléniteux. Les eaux minérales de Vacqueiras font encore bitumineufes : on en juge par leur goût & leur odeur légerement fulfureufe. Les Médecins de ces contrées les appliquent à diverfes maladies.

près de Valréas des ammonites pyriteuses : les camites sont abondantes à Richeranche ; elles sont
fort épaisses ; leur substance intérieure est très-bien
conservée. A Buisson mêmes ostracites qu'à Valréas , mais beaucoup plus grandes ; quelques-unes
ont un pied de long. A Menerbe ce sont de
grandes pectinites à larges bandes. A Uchaux
le terrain est entremêlé de gravier & de sable ;
parmi le grand nombre de collines dont il est entouré , il en est une qui présente une variété de coquilles , distinguées par leur nombre & leur volume ; ce sont des groupes de camites , d'ostracites,
de pectinites à tubercules , différens madreporites
du genre des orgues de mer , des fungites cyathi-
formes ou placentiformes , d'astroïtes étoilés, dont
les rayons varient en grandeur, des nautiles , &
beaucoup de bois fossile ou pétrifié. Il semble que
la nature a rassemblé dans ces lieux les nombreuses
familles des testacées dont elle a formé les dépôts
successifs qu'on y voit : le charbon de pierre ne se
trouve gueres qu'à Piolenc , & dans le terroir d'O-
range , où il est de bonne qualité. On voit à Seguret des globes de grès de différente couleur,
dans une terre fissile , calcaire : le sable de Sainte
Cécile est coloré de jaune & de violet.

· Le gypse est abondant dans toutes ces contrées :
la montagne de Velleron est entierement gypseuse ;
elle en fournit à toute la ville d'Avignon. On en retire de belles pierres coquillieres sans corps étranger , dont on taille de jolies statues : il y en a d'autres plus grossieres qui contiennent des glossopetres ,
des turbinites. On voit à Serignan des astroïtes ,
& une terre dure, argileuse, remplie de pétrifications , quoique le débris des testacées ait eu pour
base une terre calcaire : on les trouve quelquefois
pétrifiées dans le silex , incrustées ou adhérentes à

leur superficie : c'est au laps du tems que nous devons le changement du calcaire en vitrifiable.

La marne grise est très-commune à Caumont; on la foule aux pieds sans la connoître : il y a beaucoup de pierres de géode dans le Comtat Venaiffin, surtout à Sarrians, ou pseudo-carpolites calcaires, que les paysans prennent pour autant d'amandes pétrifiées, dont les noyaux adhérens à la pierre sont autant de jeux de la nature.

Les montagnes du Comtat Venaiffin sont pourvues de marbres plus ou moins colorés : il s'y trouve fort peu de minéraux. La population du Comtat va au moins à cent mille ames : elle n'a point augmenté depuis long-tems dans un pays cultivé, où l'agriculture étale les plus belles productions : ce défaut ne peut être attribué qu'à la quantité de célibataires qu'il contient, laquelle s'étend jusques aux laboureurs. L'on n'y craint point les enrôlemens de la milice : la liberté, la facilité dont on y jouit, inspirent davantage l'indépendance, tandis que la crainte de la milice fait souvent devancer les mariages partout ailleurs.

CHAPITRE XXIII.

De la Fontaine de Vaucluse.

CETTE fontaine célebre dans l'histoire de Provence, que plusieurs Poëtes ont chantée, méritoit plus d'une station de ma part : je l'ai visitée à trois reprises, dans ses plus grandes crues, en automne, & au solstice de Juin, lorsque, paisible & tranquille elle sourd des vastes concavités de la montagne sans murmure & sans bruit. Le village de Pernes que l'on trouve avant d'arriver à Vaucle, me rappella la mémoire de l'éloquent Fléchier qui lui doit le jour : heureux les lieux où naiffent les grands hommes ? Leur exiftence n'eft fouvent connue que par la gloire qu'ils en retirent. Le terrain change peu-à-peu au fortir de Pernes ; il devient plus graveleux en approchant de Vauclufe : celui-ci eft adoffé à une montagne qui forme une rue étroite avec les maifons oppofées. On paffe la riviere de Sorgues fur un pont, lorfqu'on veut joindre la fontaine d'où naît tout-à-coup cette jolie riviere : je m'y rendis par un chemin qui s'éleve peu-à-peu dans une gorge jufqu'à la fource; on venoit de le raccommoder pour faciliter les avenues de la fontaine, à *Monfieur*, frere du Roi, qui étoit venu la vifiter avec quelques perfonnes de fa fuite.

Plufieurs fources d'eau coulent de tous côtés dans la riviere de Sorgues & augmentent fes flots bruyans : l'on arrive enfuite au pied d'un rocher fort élevé, qui eft une fuite de la montagne de Vauclufe; il eft d'un grain rougeâtre & tient de la nature du marbre : on en a taillé la bafe en forme de conque ou de baffin d'où les eaux de la fontaine jailliffent tranquillement ; elles s'élevent dans leurs plus grandes crues à la hauteur d'un figuier fauvage planté dans le roc : je l'y trouvai ainfi au mois de Novembre de l'année mil fept cent foixante dix fept. Cette fontaine s'écoule paifiblement du baffin qu'elle s'eft creufée à la bafe du rocher, jufqu'au moment où paffant fur de gros blocs de pierres amoncelées les unes fur les autres, elle fe précipite avec un bruit relatif à fon volume & à la pente de fon lit dans le vallon : c'eft alors une riviere qui, d'abord fans aucun murmure à fa fource, s'élance à quelques pas delà avec un bruit étonnant,

& dont les flots bleuâtres & écumeux franchissent rapidement tout ce qui s'oppose à leur cours, font tourner plusieurs moulins à foulon, à papier, à farine, & deviennent une riviere féconde qui serpente sur des prairies émaillées de fleurs, coule à l'ombre de quantité d'arbres plantés sur ses bords, se divise en plusieurs canaux d'arrosage, baigne les murs de l'Isle, un des séjours les plus agréables du Comtat, anime toutes les fabriques, les arts, porte partout la fertilité, & va se jetter dans le Rhône par le bourg de Sorgues dont elle porte le nom. Voilà tout le merveilleux de cette fontaine dont les eaux se répandent avec tant d'abondance à plusieurs lieues à la ronde : ce n'est pas la source elle-même, ni sa position, si l'on veut, qui ont droit de surprendre les naturalistes ; c'est la quantité d'eau qui jaillit d'une maniere paisible du sein de cette montagne ; ce sont ses crues, ses diminutions, & la riviere qui se forme à deux pas de sa source. Il n'existe aucune autre riviere, nulle source dans tout le voisinage qui paroisse entretenir le cours de la fontaine de Vaucluse : les eaux du Rhône & de la Durance beaucoup plus basses, n'ont aucune communication avec les siennes. Il est vrai que les débordemens de ces rivieres font époque aux grandes crues de la fontaine : c'est le moment précis où elle est dans son triomphe, comme l'on dit. On a marqué sur le rocher le point le plus élevé où elle soit parvenue, par une inscription qu'on y lit encore.

Dans les années de sécheresse, rien n'est plus paisible que la fontaine de Vaucluse : ce n'est plus alors qu'une petite source qui s'éleve du fonds d'un entonnoir qui communique avec plusieurs concavités creusées naturellement dans le sein de la montagne. Les eaux font fi baffes qu'on peut defcendre dans quelques-unes de ces concavités (a). A la vue de cet entonnoir plufieurs favans ont imaginé que cette montagne avoit recélé autrefois dans fes entrailles un volcan dont l'explofion forma ces craters, où l'eau s'eft ramaffée, lorfqu'il a ceffé de brûler; mais il n'eft aucune trace de volcan éteint dans ces environs, nulle apparence de lave ni de vitrification imparfaite. La pierre de la montagne entierement calcaire, reçoit le poli dans quelques-unes de fes parties : elle n'a point fouffert l'action du feu qui l'auroit réduite en chaux, point de pierre foufflée, nulle fcorie volcanique dans fes concavités ; n'eft-ce pas ici plutôt l'ouvrage des eaux qui fe font pratiquées elles-mêmes ces routes fouterraines ? Faut-il toujours avoir recours à des moyens extraordinaires pour expliquer la formation des lacs & des fontaines un peu abondantes qui fourdent des montagnes, & mettre ainfi la nature en convulfion ? Ne fait-on pas que celles-ci recelent de grands réfervoirs, de vaftes baffins que la main du Créateur a creufés dans leur fein, où les fources des grands fleuves, des rivieres font tenues en réferve ? Combien de grottes profondes, de concavités fouterraines n'exifte-t-il pas dans le fein de la terre, qui s'étendent à de grandes diftances, & communiquent d'un pays à l'autre ? Ce que j'ai cité des tremblemens de terre, dont les effets, au moyen de l'air renfermé dans ces concavités, fe propagent bien loin, le prouve évidemment. On peut fe figurer une correfpondance fouterraine, entre la fon-

---

(a) Des curieux qui ont pénétré dans ces concavités les ont trouvées fort fpacieufes : on y voit encore une poutre qui les traverfe, & fur laquelle on s'affeoit, lorfque les eaux l'ont mife à découvert.

taine de Vaucluſe & les montagnes voiſines, qui font liées avec le Léberon & le Mont-Ventoux. Il exiſte dans ces montagnes de grands réſervoirs d'eau qui augmentent & diminuent relativement à la quantité de pluies qui tombe chaque année, & voilà ce qui fournit à la fontaine de Vaucluſe, tout comme aux rivieres qui viennent originairement des montagnes. Je ne rapporterai point ce qu'on raconte de l'abyme de Cruis, petit village près de Siſteron, ſitué au pied de la montagne de Lure, entre lequel & la fontaine de Vaucluſe on établit une communication. Il eſt plus naturel de croire que les eaux du Rhône qui ne ſont éloignées que de deux ou trois lieues de Vaucluſe peuvent bien dans les plus grands débordemens du fleuve parvenir juſques à cette ſource.

Je la trouvai fort baſſe en mil ſept cent ſoixante-dix-huit au mois de Juillet : il n'avoit pas plu depuis long-tems. J'y apperçus fort bien le haut de ſes concavités ſouterraines : l'eau qui s'en écouloit ſans aucun murmure, quoique fort baſſe, ne donnoit pas moins cours à la riviere de Sorgues qui ne tarit jamais dans les grandes ſéchereſſes : les pierres qui ſont à l'entour du baſſin étoient couvertes d'une mouſſe noirâtre exhalant une odeur de marine qui provenoit en partie de cette mouſſe à demi pourrie. Le thermometre poſé à l'ombre étoit, à huit heures du matin, à 17 degrés ſur la congélation, & la colonne du Mercure dans le barometre ſe tenoit à 27 pouces 6 lignes ; ce qui indique que la fontaine de Vaucluſe eſt à 156 toiſes au deſſus du niveau de la mer. Le tems étoit venteux & fort chaud. Le terroir de Vaucluſe eſt un peu graveleux, ſurtout ſur les coteaux où les vignes & les oliviers ne peuvent manquer de réuſſir, ainſi que les amandiers. Ce lieu eſt célebre par les amours de Pétrarque, poëte Italien, & de la belle Laure originaire de la maison de Sade, dont on voit encore la maison située tout auprès. (*a*)

CHAPITRE XXIV.

Cavaillon, l'Ifle, Avignon.

IL faut suivre les bords riants de la riviere de Sorgues, passer à travers de belles campagnes ornées de vignobles dont le vin est estimé, pour venir à Cavaillon. Ce n'est bientôt après que prairies, qu'allées de mûriers, que pépinieres de cet arbre utile, que superbes enclos qu'on rencontre sous ses pas. Tout profpere dans ces campagnes, & les cultivateurs y paroissent intelligens : les laboureurs, les ouvriers sont pénibles & industrieux; les arbres fruitiers donnent des productions hâtives & précoces, & sont couverts des plus beaux fruits. La plupart des paysans, après avoir travaillé tout le jour, font encore cinq à six lieues dans la nuit pour les porter aux marchés des villes voisines. Les coteaux attenans au Léberon forment une circonférence qui borne tout le terroir du Levant au Nord. On n'a pas eu soin de les couvrir de bois taillis. La pierre coquilliere, la pierre calcaire d'une contexture moins fine qu'ailleurs, font la base de ces coteaux. Bonieux, bourg considérable du Comtat Venaissin, est bâti sur de pareilles carrieres attenantes au Léberon : Gordes d'un côté, Oppede de l'autre, en contiennent également,

(*a*) Voyez les sonnets élégans de Pétrarque, dont quelques-uns sont traduits en vers françois.

où le filex de diverfes couleurs fe trouve par bandes
dans des maffes calcaires. A Vauclufe le filex entouré
de plufieurs couches craieufes , va fous terre par
longues bandes , jufqu'à Notre Dame de Lumiere.
Des morceaux de quartz colorés qui n'ont point
encore acquis la dureté ni le grain du filex , font
répandus de toute part dans les terres calcaires.
A Gordes la pierre de Cos dont on fe fert pour
aiguifer les faulx , eft commune : on en trouve
dans les vallons des blocs enfouis dans la terre. Il
y a de la chaux native aux coteaux attenans : cette
chaux étoit connue des anciens ; on la mettoit en
ufage fans la calciner : nos montagnes calcaires
expofées aux rayons brûlans du foleil , préfentent
fouvent dans leurs couches de la vraie chaux native , & qui en a toutes les qualités.

On cultive dans le terroir de Cavaillon plufieurs
fimples utiles pour les arts, *le rhus fumach*, *lou fau-*
vi, qui eft abondant depuis Serignan jufqu'à Seguret.
Le fafran eft une production lucrative qui rend
beaucoup dans tout le Comtat Venaiffin. Les antheres des étamines portent la poudre colorante
qui fert à la teinture & à l'affaifonnement des
mets & pour les remedes. Geofroy, dans fa matiere médicale , dit que le fafran eft dangereux,
lorfqu'on en prend une forte dofe , & qu'il caufe
une maladie convulfive fuivie d'un ris fardo-
nique , dont on meurt. M. du Hamel s'eft fort
étendu fur la culture du fafran , ainfi que fur une
maladie qui attaque fa racine bulbeufe. On connoît
plufieurs efpeces de fafran dont les fleurs liliacées
ne font que pour l'ornement des jardins : ils fleuriffent en printems , celui-ci donne fes fleurs en
automne. On fépare adroitement le piftil de la
fleur , lequel fe divife en trois branches. Il ne faut
le

le couper ni trop haut ni trop bas , afin de ne point laisser de blanc & d'enlever les étamines des pétales qui donneroient de la mauvaise odeur : on en fait sécher les étamines pour les employer dans la suite , comme j'ai dit.

La garance , *rubia tinctorum* , *lou restelet*. On commence à cultiver cette plante avec soin , & à établir des garancieres qui sont déjà d'un bon produit. J'en parlerai ailleurs. *Carduus fullonum* , le chardon à bonnetier , vient naturellement dans les champs incultes : il s'éleve assez haut ; mais il a moins de corps & de fermeté que celui qu'on cultive pour le commerce en plusieurs endroits , lequel pousse tout le long de la tige des feuilles épineuses par paires , tellement unies ensemble qu'elles forment une cavité propre à contenir les gouttes de rosée ou les eaux de la pluie. Ses tiges sont surmontées par des têtes oblongues , hérissées de piquans roides , recourbés , divisés entr'eux, comme les cellules d'un rayon à miel. Les ouvriers en drap, en couvertures , ratines , bonnets, se servent de ces têtes pour carder , ratiner, épiler leurs draps & leur faire jetter la bourre ou duvet qu'on leur voit. Le chardon à bonnetier sauvage a ses têtes plus petites , dont les pointes sont mal arrangées entr'elles : on porte les têtes des chardons cultivés en Languedoc , à Marseille , où on les vend pour les fabriques. Il n'y a pas long-tems qu'on cultive cette plante à Cavaillon.

Le commerce de cette ville est considérable en soie dont il y a beaucoup de fabriques ; sa situation au pied d'une montagne sur les rives de la Durance , la met à couvert des vents d'Ouest : cette montagne est percée intérieurement dans un endroit où l'on peut suivre la variété de ses couches. Les anciens ont fait mention de cette ville : les cu-

Tome I. P

rieux y trouveront encore les reftes d'un arc de triomphe à l'entrée des caves de l'Evêché. C'étoit autrefois une ville latine où l'on a découvert quantité de médailles & d'infcriptions (a) : elle poffédoit fur la Durance un bon port, qui n'exifte plus. On ne fauroit croire tous les dommages que cette riviere a caufés dans fon territoire. Elle a englouti fucceffivement les plus beaux jardins & les champs les mieux cultivés. La population de Cavaillon va de 6 à 7000 ames. Il y a beaucoup de familles juives qui vivent également dans la mal-propreté. La ville eft mal bâtie, fes rues font étroites & fales. Le canal d'Oppede qui arrofe fes campagnes dérive les eaux de la Durance qui fervent aux moulins, par une conceffion de Louis XIII. Les dehors de Cavaillon font le contrafte de fon intérieur; autant ils font agréables, autant fes rues, où l'on foule aux pieds les fumiers, doivent être nuifibles à la fanté des citoyens.

Le chemin qui conduit de Cavaillon à l'Ifle (b) eft bordé de mûriers; fes allées, fes foffés pleins d'une eau coulante rafraîchiffent l'air, & les voyageurs qui font prefque toujours à l'ombre, ne peuvent s'arracher de ces beaux lieux. L'Ifle eft entourée de murs élevés & fort bien conftruits; la population y augmente tous les jours par la pureté de l'air, le commerce & l'aifance. On y compte 500 familles juives dont les enfans fe marient fort jeunes, ainfi qu'à Avignon. Tout fon terroir eft cultivé. Les eaux que les canaux de la Sorgue y dif-

_____

Voyez la Differtation de M. Calvet, Docteur en Médecine, fur les Utriculaires de Cavaillon, imprimée à Avignon chez J. J. Niel. 1766. On peut voir un Monument curieux à ce fujet dans fon Cabinet.

(b) L'Ifle eft ainfi nommée, parce que les deux branches de la forgue ifolent tout fon terroir.

tribuent de part & d'autre, sont également portées dans le sein de la ville par des machines qui les élévent sur les remparts, d'où elles se répandent par-tout où l'on veut. Malgré ces précautions, l'intérieur de l'Isle n'est rien moins qu'agréable. Le quartier de la juiverie est encore marqué au coin de l'infection ; tant les hommes sont bien peu soigneux de leur santé dans le plus beau local même : ses dehors seuls enchantent la vue ; mais quels dehors ! La riviere de Sorgues est divisée en plusieurs branches où l'eau continuellement renouvellée coule à travers des prairies émaillées de fleurs. On voit des jardins, des vergers, des champs entourés d'arbres de haute futaye, de longues allées, dans une plaine ouverte au Couchant & au Midi, bornée par des montagnes au Nord. Les vents qui la balayent, dissipent les exhalaisons contraires à la salubrité de l'air. Beaucoup de malades viennent habiter ces dehors salutaires & y rétablir leur santé : l'on y construit partout des maisons. Il seroit à souhaiter que les habitans abandonnassent son intérieur & vinssent se domicilier dans ces riantes campagnes, s'ils veulent prévenir les maladies qu'une petite ville mal construite & resserrée ne peut manquer, quoique sous un si beau ciel, de leur occasionner au milieu de la mal-propreté & de l'infection qui regnent souvent dans ses rues. La riviere de Sorgues fournit des écrevisses dont on compose des bouillons médicinaux pour les malades & les convalescens.

Astacus, cancer fluviatilis, l'écrevisse de riviere, *lou chambri* : elle naît dans les ruisseaux d'eau courante & dans les petites rivieres : elle a son corps couvert d'une croûte légere ; on voit sur sa tête une corne large & pointue, ses yeux sont placés en dessous ; elle a encore quatre cornes à côté de la

premiere ; fes bras font fourchus pour pincer &
arrêter fa proie , ainfi que les deux premieres jambes : les deux autres ont un ergot. L'écreviffe eft
encore armée de deux dents , & fe fert de fa queue
pour marcher à rebours. Ses œufs font cachés dans
des excroiffances de chair , comme dans les écre-
viffes de mer. La cuiffon fait rougir fa croute ; fa
chair eft molle & humide : il y en a qui ne lui
accordent que peu de vertus ; mais on peut croire
qu'elle eft adouciffante , béchique & rafraîchiffante.
Les plantes dont on accompagne les bouillons d'é-
creviffes ajoutent à leurs propriétés. Il y auroit
beaucoup à dire fur les pierres qu'on trouve dans
leur eftomac , & dont on fe fert en médecine
comme d'un bon abforbant : elles fe nourriffent
d'infectes, de chairs des charognes. On croit dans ces
cantons que les bouillons d'écreviffe font le remede
le plus efficace qu'on puiffe donner aux phthifiques
qui y viennent ; mais la falubrité de l'air toujours
renouvellé par des vents falutaires & embaumé
du parfum des productions végétales , contribue
encore plus au rétabliffement de leur fanté. Il faut
jouir d'une atmofphere tempérée en hiver , fuir
les grandes chaleurs de l'été & habiter nos baffes
montagnes , fi l'on veut s'oppofer aux progrès de
cette maladie.

Lorfque les automnes font pluvieufes aux environs de l'Ifle , que les étés ont amené de grandes chaleurs accompagnées d'humidité , les fievres
intermittentes deviennent opiniâtres & rebelles : il
s'y trouve pourtant beaucoup de vieillards. La riviere de Sorgues eft poiffonneufe : on y pêche des
ombres , l'oumbrino , qui fe tiennent dans la vafe
en hiver ; on ne les vuide point comme les truites ,
lorfqu'on les prépare : c'en eft une efpece à nâgeoires molles. L'ombre de mer eft marquée de

certaines lignes obfcures & noires qui femblent
faire ombre les unes fur les autres. Ce poiffon eft
de la grandeur de la carpe : on en eftime la chair ;
il a les nageoires molles ; fa reffemblance avec
l'ombre de la forgue, fait croire qu'il remonte
de là mer pour entrer dans cette riviere. Les loches
y font communes : les lamproies qu'on y pêche,
viennent du Rhône : les anguilles en font excellen-
tes : les verrons blancs à tête rouge y remontent en
Avril ; ce poiffon a le dos,de couleur d'or, le ventre
argenté, les côtes rouges ; fa peau eft marquetée
de noir ; il eft à nageoires molles ayant la queue
fourchue.

On pourroit augmenter les prairies artificielles
aux environs de l'Ifle ; mais comme on craint d'y
manquer d'eau, on a limité la quantité de bétail
que doit tenir chaque particulier. Les étrangers, les
voyageurs s'arrêtent volontiers dans cette Ville fa-
meufe dans l'hiftoire de Provence. Pétrarque qui y
vit pour la premiere fois la belle Laure, a célébré
les agrémens de fon féjour. La langue Italienne étoit
déjà formée au 14e. fiecle, tandis qu'on gémiffoit
encore en France fous les entraves de la fauffe éru-
dition & du mauvais goût.

On compte 12 fabriques de foie à l'Ifle avec des
moulins qui ont jufqu'à 20 tours : on la dévide &
l'on y tire du très-bel organfin. Quoiqu'on éleve
beaucoup de vers-à-foie dans tous ces cantons, que
les campagnes, les jardins & les grandes routes
foient bordées de mûriers, la routine prévaut encore fur les bonnes regles, dans la conduite
qu'on tient à leur égard. Il eft peu de particuliers
qui s'occupent férieufement des moyens de perfectionner cette œuvre, de la diriger felon un
meilleur plan d'économie ; ce qui empêcheroit les
les vers-à-foie de périr en grand nombre, comme

il arrive fouvent. Les connoiffances font multipliées à cet égard. (a) Plufieurs favans obfervateurs fecondés par l'expérience ont écrit d'une maniere fi inftructive là-deffus, que c'eft une honte aux agricoles éclairés, à tous ceux qui élevent des vers-à-foie en grand, de ne pas mettre en pratique leurs fages préceptes. Il en eft de même de la maniere de filer, de dévider la foie, qui devroit être exécutée fur des regles étayées de l'expérience dont on ne s'écarte que trop fouvent.

On ne cultive point dans tous ces cantons des mûriers à feuilles tendres & précoces pour en nourrir les vers-à-foie qui éclofent plus d'une fois, lorfque la feuille du mûrier ordinaire commence à peine de bourgeonner. Pourquoi ne pas cultiver cette premiere efpece dans les enclos abrités & à couvert des frimats ? Elle préfenteroit aux vers naiffans un aliment analogue à leur foibleffe. N'iroit-on pas au-devant de leur perte qu'une nourriture trop fubftantielle occafionne fouvent ? Le fuc des feuilles du mûrier commun trop épais, trop vifqueux pour ces infectes naiffans, ne peut que leur être nuifible. C'eft en vain qu'on a propofé plufieurs moyens de hâter le développement des feuilles du mûrier blanc ; ils ne peuvent entraîner que fa perte, tandis qu'il en eft un fi capable d'obvier à de pareils inconvéniens. Je renvoie au traité des mûriers.

L'efpece de mûriers dont la feuille eft fleurdelifée, préfente une nourriture plus légere aux vers-à-foie. On s'en fert jufqu'à leur premiere mue ; après quoi on les nourrit du mûrier d'Efpagne qui pro-

---

(a) Voyez les inftructions que MM. les Procureurs du pays ont fait répandre dans toutes les Communautés, concernant la meilleure façon d'élever les vers-à-foie.

duit une feuille plus graffe , plus fucculente. C'eft
en vain qu'on a tenté plufieurs fois de préfenter aux
vers-à-foie une autre nourriture dans les années
où les feuilles de mûrier venoient à manquer. On
affure que la foie peche alors en qualité : tout cela
n'arrive point : les vers-à-foie ne s'accommodent
jamais de cette nourriture étrangere. J'ai vu des
années où ces infectes ayant multiplié confidérablement , on avoit tenté , mais en vain , de leur
préfenter les feuilles des plantes & des arbriffeaux
qui approchoient le plus de celles des mûriers ,
comme poirées , épinars, arroches, plantains, petit
houx , fureau : ils n'y toucherent point, & moururent tous de faim fur les feuilles , après un jeûne
de neuf jours. Ils s'accommodent plutôt de la
feuille du mûrier noir après leur derniere mue :
elle eft plus rude , plus épaiffe que celle du mûrier
commun ; mais comme ils ont befoin d'une nourriture plus fubftantielle , celle-ci ne fauroit leur
nuire. Les vers-à-foie ont rendu dans les bonnes
récoltes jufqu'à un quintal de cocons par once de
graine. Il fe fabrique à l'Ifle plufieurs couvertures
de laine , dont la matiere premiere vient de Marfeille. Il y a encore nombre de fabriques d'étoffe.

CHAPITRE XXV.

Avignon.

ON parvient de l'Ifle à Avignon , en traverfant
les campagnes de Château-Neuf de Gadagne : quoique ce village foit bâti fur un coteau,
qu'une partie de fon terroir foit fort élevé , il
eft couvert de galets & de pierres roulées fous
forme de filex , parmi lefquels il s'en trouve de

tranſparens & d'agatiſés. (*a*) Les campagnes ſont
ſeches & graveleuſes auprès du village. Les canaux de la ſorgue prennent une route plus éloignée. Tous les coteaux attenans ſont complantés
de vignes. A l'aſpect de ces cailloux, on s'ima-
gineroit aiſément qu'une grande riviere comme le
Rhône a couvert ces contrées, ſi leur élévation
n'étoit pas ſupérieure au niveau de ce fleuve. Il eſt
plus naturel de les attribuer aux eaux de la mer qui,
en ſe retirant, ont mis à découvert tant de coteaux
& de montagnes même, formées dans ſon ſein. Le
vin qu'on perçoit dans ce terroir a beaucoup de réputation ; & lorſqu'on le fait avec ſoin, il eſt digne
des meilleures tables. On trouve au bas de ce coteau les fouilles d'un canal d'arroſage qui doit ſervir à conduire les eaux de la Durance, depuis la
Chartreuſe de Bon-Pas juſqu'au Rhône, & fertiliſer les belles plaines d'Avignon.

Le terroir de Châteauneuf du Pape (*b*) ou Cal-
cernier, peu éloigné des bords du Rhône, n'abonde
pas moins en très-bon vin ; tel que celui de la
Nerte qu'on perçoit dans les vignobles de M. le
Commandeur de Ville-Franche : on lui donne
même la préférence ſur celui de Châteauneuf de
Gadagne.

(*a*) On trouve encore de ces ſortes de ſilex à demi-
lieue loin dans le terroir de Morieres. C'eſt entre ces
deux villages où l'on voit une plate-forme élevée, célebre dans l'hiſtoire par le camp qu'y établit François
Ier. Ce choix eſt regardé comme un chef-d'œuvre de
l'art militaire.

(*b*) Ce village fait partie de la Menſe Archiépiſcopale
d'Avignon. La belle terraſſe & le parc qu'on y voit ſont
l'ouvrage des Papes qui y ſiégeoient. Les Antiquaires
penſent que ce lieu a été bâti des débris de l'ancien
Vindalium.

La ville d'Avignon eſt bâtie ſur la rive gauche du Rhône, près d'un canal que l'on a tiré de la ſorgue à une demi-lieue de l'embouchure de la Durance dans le Rhône. Ses murs ſont conſtruits de gros quartiers de pierres taillés avec ſymétrie & ſoutenus en pluſieurs endroits par des arceaux : ils ſont flanqués d'eſpace en eſpace de tours quarrées. Tous ſes dehors ſont ornés de belles allées.

On prétend qu'il y avoit autrefois derriere la petite montagne de Notre-Dame des Dons, du côté du Midi, près du Palais des Papes, un temple de Jupiter ; c'eſt-là du moins où l'on trouva dans les débris d'une maiſon attenante, la tête de Jupiter, en marbre, que les amateurs pourront voir dans le cabinet de M. Calvet, ainſi que celles de *Janus Bifrons* & de *Julia Mammœa*, mere de l'Empereur Alexandre Sévere, comme autant de monumens curieux de l'antiquité, ſur leſquels je ne ſaurai m'arrêter, parce qu'ils n'entrent point dans mon plan. Ces ſortes de monumens ſont aſſez nombreux dans cette Ville.

Le Rhône coule au couchant de la Ville juſqu'à la mer. Ce fleuve prend ſa ſource dans une montagne qui eſt à l'extrémité orientale du pays de Valais, d'où il va ſe jetter dans le lac de Geneve, ſe mêle avec ſes eaux, & le traverſe vers l'Occident dans l'eſpace de douze lieues ; il ſe perd à quatre lieues de-là au deſſous de Geneve dans la fente d'un rocher, & parmi quantité d'autres qu'il parcourt rapidement, il paſſe à Lyon, y reçoit la Saone, l'Iſere ſous Valence, la Sorgue & la Durance près d'Avignon, & ſe jette au golfe de Lyon par deux grandes embouchures dans la mer d'Arles. Les vignobles qui ſont plantés ſur ſes côtes, produiſent d'excellent vin, & qui a de la réputation. Ce fleuve charrie plufieurs efpeces de pierres : on trouve parmi ces cailloux , des morceaux de granit , du jafpe , des filex de toute façon, des pierres volcanifées dont la plupart ne font que des laves poreufes , légeres, qui paroiffent foufflées & criblées de trous.

Le Rhône eft aurifere en certains endroits : les rivieres qui s'y jettent des montagnes du Langue-doc & du Vivarais , y contribuent en grande par-tie. Son fable , fes limons, après de grandes crues, contiennent de petits grains d'or que les payfans in-duftrieux féparent de la terre au moyen d'une fe-bille : ce fable eft noirâtre & ferrugineux. L'or n'y eft point minéralifé avec la pierre dure : fes mo-lécules font feulement adhérentes ou plutôt conti-guës aux fables qui les entourent. Le fer s'y fait con-noître à fon poids & à fa couleur : le plus fouvent il y eft contenu fous forme d'ochre. Il femble que ces deux métaux ont une affinité entr'eux , & on les trouve rarement l'un fans l'autre dans le fable des rivieres. On fait la propofition que le favant Beker fit de fon tems aux Etats de Hollande , qu'il tireroit de l'or , fi l'on vouloit, d'un fable quelcon-que ; mais il ne fut point écouté. C'eft aux métal-lurgiftes à décider fur quels principes il établiffoit fon opinion. On tire encore de l'argent des fables du Rhône en d'autres endroits ; mais ces minéraux font plus communs aux bords des rivieres qui dé-rivent des montagnes avec un cours moins impé-tueux. Le Rhône facilite le commerce de Lyon à la mer, & fert à voiturer les marchandifes qui nous viennent de la Suiffe , du Dauphiné , du Limoufin & des autres Provinces : on a modéré fes déborde-mens à Avignon par de très-belles jettées.

Le diocefe d'Avignon contient environ 50 Pa-

roiffes , dont 20 en Provence , 14 en Languedoc , 7 à Avignon , &c. Ses habitans, compris
ceux de fon terroir, font au nombre de 28000 :
il y regne peu de maladies épidémiques, point
d'épifooties : le voifinage des eaux ftagnantes
y devient préjudiciable. La petite ville de Villeneuve en Languedoc, qui n'en eft féparée que par
le Rhône, jouiffoit d'une atmofphere falubre, avant
que ce fleuve fût dévoyé. Depuis 1757, les mares
qui fe font formées non loin de fes bords ayant
acquis plus d'étendue, les fievres intermittentes malignes ont régné malheureufement dans cette ville ,
& caufé la perte de plufieurs citoyens. L'une de
ces mares contient déjà plus de 1600 toifes quarrées. Le Rhône en s'éloignant de fon lit, laiffe des
eaux croupiffantes qui fe creufent des bas fonds ,
inondent les champs & forment des marais pernicieux : ces fievres épidémiques n'y font pas toujours contagieufes & n'attaquent que les malheureux qui travaillent imprudemment près de ces
foyers de pourriture ; mais elles n'en dévaftent pas
moins tout un pays & énervent les bras qui font
valoir l'agriculture. Le meilleur expédient qu'on
ait à fuivre, c'eft de travailler à combler ces marais (a). Au lieu d'y dériver les eaux du Rhône
par de profondes faignées qui expoferoient au
même inconvénient fa rive gauche, on y par-
viendra avec des foins & du tems. Le climat d'A-
vignon & fon expofition ouverte à tous les vents ,
l'ont garanti jufqu'aujourd'hui des épidémies attachées aux eaux croupiffantes, auxquelles il faudra
s'attendre tôt ou tard, lorfque le Rhône aura

_____

(a) J'apprends qu'on a déjà travaillé avec fuccès à fe
délivrer des eaux croupiffantes, & à combler les marais
dont j'ai parlé.

changé de lit, comme il a fait près de Villeneuve.

Le commerce de la foie, la teinture des étoffes qu'on fabrique, favorifent la population à Avignon. Les ouvriers nombreux qu'on y voit font laborieux : le fexe y eft très-bien proportionné ; les femmes, les filles ont les formes agréables, le corfage, la taille bien coupée, avec beaucoup d'embonpoint, dans le peuple furtout : elles font plus grandes que les femmes du Comtat Venaiffin : en croifant les races, en les mariant dans les petites villes voifines, on donneroit cours à de nouvelles générations de meilleure conftitution, de plus belle forme, beaucoup plus faines. C'eft une obfervation que l'éloquent hiftorien de la nature a faite depuis long-tems. Aux montagnes, dans les vallons hériffés d'afpérités, au milieu d'un terrain inégal & coupé, l'efpece humaine femble dégénérer ; les hommes y font communément de petite taille ; ils ont leurs membres peu proportionnés, quoique robuftes ; les traits de leur vifage font rudes, faillans ; les femmes n'ont ni graces, ni formes agréables qui relevent leur teint rembruni, âpre & coloré : la plupart font fort groffes, trapues, petites, avec une figure peu prévenante ; tandis qu'on voit celles qui habitent les plaines, les grandes villes & les pays voifins de la mer plus fveltes, plus déliées, joindre aux charmes de la phyfionomie, la légereté de la taille & les agrémens du corfage. Les hommes mieux coupés, d'une ftature plus avantageufe, tiennent, pour ainfi dire, à la beauté des lieux, à la température du climat, & à la douceur du Ciel qu'ils habitent. Seroit-il difficile d'en expliquer la caufe phyfique ? Les régions fituées en plaine, doivent favorifer la régularité des traits, & les formes proportionnées par les influences du foleil & de la lumiere toujours adoucies par la hauteur, l'ombre des arbres & des bâtimens, par les réflets diminués; la température de l'atmosphere, les champs couverts des plus belles productions & le parfum des substances végétales, l'aisance, la nourriture, contribuent sans doute à donner, au sexe surtout, les traits réguliers & les graces enchanteresses qui font le desir & l'ambition des hommes.

Il y a un petit jardin de Botanique à Avignon, où l'on cultive 5 à 600 plantes pour les démonstrations, parmi lesquelles on en trouve beaucoup qui sont originaires de nos hautes montagnes: on conserve dans une serre les plantes grasses pendant l'hiver. Ce jardin est pourvu d'une salle où l'on donne des leçons de Botanique, ce qui fait honneur à l'Université. Le Dauphiné & la Provence lui procurent de fort belles plantes.

Un savant Médecin, très-versé dans l'étude de la nature, qui jouit à tous égards d'une réputation bien méritée, M. Calvet, de la Société royale de Médecine & de l'Académie des Inscriptions & Belles-Lettres, m'ouvrit son cabinet avec l'affabilité qui sied si bien aux vrais savans: je recueillis de sa conversation toutes les notices dont j'avois besoin pour parcourir avec fruit les divers cantons du Comtat Venaissin. C'est à lui que je dois la notice des fossiles dont j'ai donné l'énumération & que j'ai vérifiés en partie sur les lieux. Il seroit trop long de détailler toutes les raretés précieuses que son goût lui a fait rassembler: il suffira de dire qu'il possede les plus belles especes des 26 familles de coquilles de d'Argenville, plusieurs beaux marbres des pyrénées, du Languedoc, des minéraux, des pétrifications, quantité d'autres fossiles curieux en pierres, en géodes, variolites & silex.

Je montai sur le rocher qui est situé derriere l'Archevêché vers le Rhône : il s'y eſt formé quantité de criſtaux ſpathiques : quelques-uns ont la tranſparence de l'albâtre & s'étendent juſques ſur la cime du roc. On y trouve des nœuds de pierre non calcaire qui approchent de la figure d'une ammonite : ils ne doivent point leur origine à une coquille. Les amateurs verront dans l'Egliſe de Notre-Dame des Dons les degrés en marbre rouge qui approche de ceux du Languedoc ; le pavé du Sanctuaire eſt un compartiment d'un autre marbre rouge qui fait un joli effet : l'Autel eſt en argent & le derriere d'un marbre blanc veiné, avec des colonnes de marbre noir (a).

Le terroir d'Avignon terminé par le Rhône au Couchant, au Midi par la Durance, expoſé au débordement de ces rivieres, eſt un peu ſablonneux & mêlé de gravier ; mais les limons gras qu'elles y dépoſent, le rendent très-fertile. La culture a formé par-tout des fonds riches en moiſſons. L'expoſition ouverte de ces plaines donnent accès à tous les vents : ceux du Nord les balayent impétueuſement. Il y regne encore des vents réglés qui ſuivent le lever & le coucher du ſoleil, & ſont occaſionnés ſouvent par le voiſinage des grandes rivieres : auſſi donne t-on à cette ville ce proverbe, *Avenio ſemper ventoſa, ſine vento venenoſa, & cum vento faſtidioſa.* Mais ce qui a ſon déſavantage d'un côté, a ſon utilité de l'autre : les vents contribuent à purifier l'atmoſphere, à chaſſer les exhalaiſons mal-faiſantes d'une plaine qui eſt ſouvent ſous les eaux : auſſi les épidémies, comme j'ai déja dit, ne ſont pas fréquentes dans cette ville.

_____

(a) Il y a une Juiverie à Avignon qui eſt beaucoup plus propre & mieux tenue que celles du Comtat.

CHAPITRE XXVI.

Suite du même voyage, Tarafcon, les Baux.

JE laiffai le terroir d'Avignon pour entrer dans celui de Tarafcon, en paffant la Durance fur un bac près de Barbantane. Cette riviere a fon embouchure dans le Rhône. Les chemins attenans font tellement remplis de boue après les inondations d'hiver, que les voyageurs ne les franchiffent qu'avec peine ; tandis que la pouffiere qui s'éleve fous les pieds des chevaux & les roues des voitures en été, leur caufe un inconvénient non moins faftidieux : la terre fine qui fe laiffe emporter par les vents, les couvre de tourbillons de pouffiere. Il n'y a point de chauffée fur cette route ; on ne pourroit en élever fur ces fables mouvans, fans les piloter auparavant.

J'arrivai ainfi à Tarafcon par une plaine entrecoupée de vignes & d'oliviers. Cette ville eft bâtie au bord du Rhône & contient environ dix mille ames : fon commerce, fes productions, la mettent parmi les villes du fecond ordre. Le peuple y eft fort induftrieux ; il paroît être dans l'aifance : les femmes, les filles y font bien faites ; leur taille eft légere, & la blancheur de leur teint eft toujours animée de vives couleurs. L'éloignement des montagnes, la fituation de Tarafcon en plaine, les approches d'un grand fleuve, une atmofphere douce & tempérée, influent beaucoup fur cette heureufe organifation : le luxe eft répandu dans tous les états par l'aifance & par l'exportation des grains qui font la principale branche du commerce de ce pays.

La situation de cette jolie ville sous un beau
ciel, entourée de belles campagnes, inspire la
joie & le contentement : ce ne sont que danses
& que fêtes pendant l'hiver ; les femmes surtout
aiment ces sortes d'amusemens ; elles sont passion-
nées pour une danse qu'on nomme *farandoule* ;
on l'exécute en se tenant par la main les unes les
autres, avec des gestes, des mouvemens, & des
inflexions de corps les plus vives, au son du tam-
bour & du fifre. La plupart de ces femmes, en
entendant ces instrumens qui les appellent à la
danse, abandonnent leurs affaires domestiques,
quittent leurs enfans pour se joindre à tous ceux
qu'elles rencontrent dans la rue, augmentent successivement le compagnie, & cette troupe légere grossissant à vue d'œil, parcourt les places,
les carrefours en dansant & entraînant avec elle
tous ceux qu'elle trouve, jusqu'à ce que fatiguée
elle interrompe ce divertissement, pour le reprendre plusieurs fois le même jour. Dans les
pays où les sensations sont les plus vives, la
danse agite plus le corps que les bras, dit un
philosophe : on y danse avec une légereté surprenante ; mais on néglige les graces du visage pour
s'attacher à l'agilité des pieds & surtout aux inflexions du corps : si les bras aident à l'attitude &
à l'ensemble, le corps exprime mieux le plaisir.
On pourroit dire la même chose de ces danses
animées où les vives Tarasconoises font mouvoir
leurs pieds avec une agilité admirable, sans que
leurs bras participent trop à ces mouvemens : il
n'en est pas tout-à-fait ainsi de leurs visages dont
l'expression anime toujours leurs danses & accompagne les inflexions de leurs corps. La parure
de ces femmes est relative à leur goût pour ces
sortes d'amusemens ; c'est une espece de casaquin

ou

ou pet-en-l'air coupé en larges bandes fur un co-
tillon court qui ne leur vient qu'à mi-jambe,
que l'agitation & les mouvemens d'une taille fvelte
& déliée font voltiger en danfant : elles étalent
aux yeux avec une efpece de complaifance leur
chauffure élégante ; il femble même que leur prédilection pour la danfe les entraîne à porter tous
leurs foins de ce côté-là. En effet, leur chauffure,
leurs bas proprement tirés que l'œil du fpectateur
parcourt aifément, ne font pas en raifon du peu
d'ornement qu'elles prêtent à leur coiffure, & de
la négligence où elles laiffent les graces naïves de
leur phyfionomie : quoiqu'animées des plus vives
couleurs, avec des traits réguliers, des figures bien
coupées, des cheveux d'un noir d'ébene, fur un
teint fort blanc, elles couvrent leurs têtes d'un
mouchoir de foie bariolé de jaune & de vert dont
elles s'enveloppent, & mettent par deffus un large
chapeau noir (a) dont les ailes abattues cachent
aux fpectateurs ce qu'elles ont de plus piquant :
elles portent ce chapeau tout l'hiver ; plufieurs
d'entr'elles ne le quittent pas même en été ; c'eft
peut-être pour fe garantir des grands coups de vent
& du froid, qu'elles ont choifi cette efpece de
coiffure qui eft fi fort à leur défavantage ; mais
pourvu qu'elles foient élégamment chauffées, que
leurs habillemens aient du rapport avec la légereté
de leur taille, leur coquetterie fe borne là. Cette
danfe tumultueufe leur eft-elle dictée par la nature,
comme un agent falutaire qui éloigne les maladies
caufées par l'oifiveté, les alimens pris en abondance, & le mauvais air ?

La récolte des blés réuffit toujours en de fi

_____

(a) Cet habillement eft plutôt la parure des femmes
du commun, que de celles d'un rang fupérieur.

belles campagnes après des automnes tempérées & qui ne foient point trop pluvieufes : les grande chaleurs leur font fort contraires , & l'on ne peut multiplier les troupeaux par le défaut de pâturages ce qui a déterminé les adminiftrateurs de la pro vince à faire paffer dans ce terroir le nouvea canal d'arrofage qui porte le nom de BOISGELIN entrepris fous les aufpices de Mgr. l'Archevêqu d'Aix. Un pareil établiffement ne peut être que foi utile aux terres naturellement feches & arides. L fel marin , les fubftances craieufes dont plufieur de ces terres font imprégnées dans les plaines d Tarafcon , ont befoin d'être détrempées & ré duites à un état favonneux par des eaux enrichie du débris des végétaux , comme font celles d riviere , pour leur donner un principe de fertilité Ce canal eft pris dans la Durance au terroir d Malemort au pied d'une montagne coquilliere il paffe par les plaines de Senas & d'Orgon oi l'on a été obligé de percer une montagne pour n pas la contourner , afin de lui donner un cour plus direct & d'abréger le travail. (a) Sa bafe fa blonneufe & calcaire , comme celle de tous les co teaux attenans , fait prolonger la main d'œuvre pour affurer plus de ftabilité au nouveau cana

(a) Toutes les collines qui fe trouvent dans les plai nes jufqu'aux montagnes d'Eiguieres , de Sallon , &c paroiffent avoir été formées dans le fein de la mer, pa des dépôts fucceffifs. Un obfervateur attentif y diftin guera aifément les différentes couches qui fe font accu mulées les unes fur les autres. Le rocher d'Orgon que le nouveau canal doit traverfer , a été formé ainfi ; fa croûte extérieure eft devenue pierreufe & s'eft endurcie à l'air : l'intérieur de la colline préfente des terres mol les , liantes , qui ont paffé à l'état de marne & de glaife.

qu'on a été obligé de voûter dans ces fonds mouvans : il traverſera les plaines de St. Remi & de
Taraſcon où les arroſemens ſont de premiere
néceſſité.

Le village de Fontvieille ſitué dans la plaine
qui conduit de St. Remi à Taraſcon, eſt pourvu
de carrieres de pierre à bâtir, dont les unes étaient
des coquilles pétrifiées, & les autres ſont formées
du débris de ces mêmes coquilles. Depuis pluſieurs
années qu'on exploite ces carrieres à Fontvieille,
l'aiſance y regne parmi le peuple plus qu'auparavant.
Ces pierres ſe taillent aiſément dans la carriere :
preſque tous les édifices d'Arles en ſont
conſtruits ; elles ſont analogues à toutes les pierres
qu'on tire des carrieres des environs, où l'air
humide ronge quelquefois la pierre & en déſunit
les molécules. On les tranſporte également à Marſeille.

Le village des Baux eſt bâti ſur un rocher qui
n'a qu'un ſeul côté d'acceſſible : tous les environs
ſont couverts de coteaux fort élevés dont quelques-
uns ſont de vraies montagnes qui s'étendent aſſez
loin : la plupart ſont complantés d'oliviers. Le
château des Baux paroît un chef-d'œuvre de l'art ;
on y voit une plate-forme nullement dominée
avec une fort belle vue : les Seigneurs des Baux y
avoient établi leur domicile : ce lieu ſeroit très-
propre à être fortifié. Les terres attenantes paroiſſent ferrugineuſes. L'ochre, les argiles, les bols,
y dominent, ainſi que les pierres réfraÿtaires où le
fer abonde. On n'a point cherché ſi ce métal eſt
en filon dans les montagnes, & s'il y a quelque
mine, comme je n'en doute nullement : les apparences l'indiquent aux connoiſſeurs. L'aſpeÿt des
pierres & des terres rougeâtres, ochreuſes, les
blocs ferrugineux qui ſe détachent des montagnes

de tems-en-tems , favorifent ces foupçons bien fondés. On fe fert des terres des environs qui font de vraies argiles pour les fabriques d'eau-forte : on vient les chercher de toute part pour les tranfporter aux villes voifines. M. de Vinffargue à qui elles appartiennent , les fait mettre ainfi en valeur.

Saint-Remi , petite ville à une lieue des Baux, par où paffe une branche du canal de Craponne, eft connue par fon arc de triomphe qui exifte encore. Les productions de fon terroir font les mêmes que celles d'Eiguieres & des environs : fes coteaux renferment des marbres dont j'ai vu des échantillons qui annoncent par leurs couleurs l'effet qu'ils feroient dans les appartemens ; mais les carrieres trop éloignées des villes où le luxe regne , joint à la difficulté de fe procurer des ouvriers , font un obftacle à leur exploitation : la main d'œuvre coûteroit trop cher , relativement aux marbres d'Italie qui nous arrivent par la voie de la mer à moins de frais : c'eft ainfi qu'à Arles d'où ces carrieres ne font pas bien éloignées , les marbriers travaillent plutôt les marbres de Genes que ceux de la Provence. La minéralogie des environs , comme à Noves , eft encore en réputation. Les oricthologiftes y ont défigné du fer & du plomb ; mais aucun entrepreneur que je fache , ne s'eft encore avifé fur leur parole d'en faire au moins le plus petit effai. Fût-il infructueux , par le peu que m'en ont appris mes recherches , je me réferve de les encourager feulement dans les endroits où j'aurai vérifié que le manque de réuffite jufqu'aujourd'hui dans l'exploitation des mines & les pertes qu'on y a faites , font dues plutôt au défaut de connoiffances & de lumieres , ainfi qu'à des entreprifes hafardeufes qu'à la nature des lieux. Cependant on peut affûrer que ces contrées, où les blés & les huiles font en abondance, ne font point dépourvues de minéraux.

Je reviens à Tarafcon. Le Rhône baigne les murs de cette Ville, & fépare la Provence du Languedoc : on le paffe fur un pont de bateaux fans garde-fous ; on eft obligé de l'attacher dans les grandes crues de ce fleuve. Le paffage n'eft pas fûr pendant les tempêtes, & lorfque les vents foufflent avec impétuofité. Une digue en maçonnerie élevée dans une ifle que le Rhône a formé vis-à-vis le pont, ne peut contenir fouvent la fureur de fes flots courroucés : c'eft toujours avec peine qu'on le traverfe dans un tems d'orage ; tant les vents dominent impérieufement fur ces côtes découvertes. On paffe la petite branche du Rhône fur un autre pont qui mene à Beaucaire ; la proximité de cette ville de Languedoc fi connue par la célebre foire qui attire les plus riches commerçans du royaume & des pays étrangers, favorife encore plus Tarafcon.

L'on remarque une plante curieufe dans les eaux du Rhône, lorfqu'on remonte ce fleuve ; c'eft la *vallifneria fpiralis Linn. fpecies plant.* 1741. Cette plante a quelque chofe de fingulier qui la diftingue des autres végétaux ; fa racine eft entourée de feuilles, du milieu defquelles s'éleve une foible tige de trois pieds de haut qui a peine à fe foutenir. Cette tige eft tortue & imite une ligne fpirale, ce que la nature a pratiqué à deffein, ayant voulu que chaque partie de la tige fût plongée dans l'eau, à l'exception de fa fleur de couleur purpurine qui fort en bouquet au haut de la tige & que l'on voit toujours à la fuperficie de l'eau. La corolle eft di-

Q 3

visée en trois pétales ouverts & réfléchis : elle a
deux étamines qui atteignent sa longueur, dont les
antheres sont simples. La vallisneria est dans la
dioëtie, ayant les fleurs femelles & les fleurs
mâles sur des pieds différens : la nature veut ainsi
que cette fleur parvienne à sa maturité par la chaleur du soleil, tandis que la tige demeure toujours
sous l'eau.

Le Rhône est un fleuve des plus sujets à des
crues d'eau subites : dans ce cas comment la plante
pourra-t-elle varier chaque jour sa tige qui ne peut
se soutenir par elle-même ? Ne sera-t-elle pas ex-
posée à se pourrir, lorsque l'eau viendra à diminuer & à la mettre à découvert ? Tous ces inconvéniens ont été prévus au moyen de la tige
spirale qui a le pouvoir de s'alonger & de se rac-
courcir si promptement au besoin, que ce mécanisme s'exécute dans le moment même que
l'eau monte ou décroît. On peut comparer la
vallisneria à ces plantes qui jouissent d'une élasticité surprenante dans leurs fibres. La fleur qui
porte le nom d'un savant médecin Italien, se
maintient par ce mécanisme à la surface de l'eau,
quelque changement qu'il arrive à celle-ci, jusqu'à
ce que la poudre fécondante des fleurs mâles soit
portée sur les pistils des fleurs femelles, pour vi-
vifier la fructification qui se reproduit au moyen
des graines qui tombent au fond de l'eau où elles
prennent racine. Linneus fait opérer le mystere de
cette réproduction sous les eaux mêmes dans les
fleurs séparées de leur tige. Michelis nomme cette
plante *vallisneroides* : elle a beaucoup de rapport
avec l'algue. *Alga fluviatilis gramineo longissimo
flore.* Tournef. Clusius n'en avoit pas bien observé
la fructification pour pouvoir la décrire ; cette

découverte eft due à Aftroemerius, fénateur Sué-
dois, dont Linneus a donné le nom à une plante
liliacée qui nous vient du Pérou. Les Italiens appellent la vallifneria *cortelino*, petit couteau,
parce que fes feuilles en ont la figure. *Botanicum*
veronenfe. Seguier, tom. 1. (a)

CHAPITRE XXVII.

Arles & fes environs.

LA chauffée qu'on a élevée aux bords du
Rhône de Tarafcon à Arles, traverfe une
belle plaine où l'on trouve de tems-en-tems des
marais & de bas fonds remplis des eaux croupiffantes, que les inondations de ce fleuve laiffent
de tous côtés, au point de mettre ces belles
campagnes dans la faifon des pluyes prefque toutes
fous les eaux. Le chemin devient alors fort incommode aux voyageurs. La ville d'Arles eft située fur
la rive gauche du Rhône, à une petite diftance de
l'endroit où ce fleuve fe partage en deux branches,
pour contenir cette partie de terrain à qui l'on a donné le nom de *Camargue* : elle s'étendoit plus loin
autrefois ; mais il ne refte plus que le faubourg
de Trinquetaille entre lequel & la ville on a établi
une communication par un pont de bateaux que
l'on entretient avec foin, fur lequel on voit des

(a) M. Artaud, Lieutenant de la Sénéchauffée d'Arles,
qui cultive la Botanique avec beaucoup de fuccès, vient
de découvrir la *vallifneria* dans les canaux de cette
Ville. On avoit cru jufqu'aujourd'hui qu'elle ne fe trouvoit pas en France.

Q 4

trotoirs fort commodes & des bancs qui mettent les voyageurs à pied à leur aife. (a)

La population d'Arles par le dernier dénombrement ne va qu'à 22000 ames, quantité bien au-deffous de ce qu'elle étoit au commencement du fiecle : le nombre des femmes y eft un peu plus grand que celui des hommes. Le fexe y eft généralement très-bien fait : il a la taille bien coupée, les traits du vifage réguliers & ornés de vives couleurs. Il n'y a aucune montagne aux environs de la ville ; les rayons du foleil divergent de tous côtés fans échauffer un quartier plus que l'autre. Le luxe & l'aifance qui regnent dans ces cantons, contribuent à donner de belles races. La vie moyenne des hommes ne va pas au-delà de 27 ans à Arles, celle des femmes à 30. Les maladies vénériennes abregent le terme de la vie plus qu'on ne fauroit croire.

L'air du pays n'eft rien moins que falubre. Les exhalaifons qui s'élevent de quantité de marais fitués à l'entour de la ville rendent les mois de Juillet & d'Août pernicieux aux habitans, parce que l'humidité jointe aux chaleurs, détruit l'économie animale : les mois de Septembre & d'Octobre font plus fains. Les hivers y font fort doux, lorfque les vents ne foufflent point : mais en revanche, le vent du Nord-Oueft y eft très-violent à caufe des froids piquans ; fon fouffle impétueux fouleve tellement les eaux du Rhône, qu'on les prendroit pour les flots de la mer courroucée par la plus vive tourmente. Les bords du fleuve, les remparts, les rues attenantes de la ville font couverts alors de vagues écumeufes. Le thermo-

---

(a) Ce pont s'ouvre au milieu pour donner paffage aux bâtimens.

metre ne baisse guere à Arles qu'à un degré ou deux , sous la congélation , dans les plus grands froids , tandis que les plus grandes chaleurs ne font pas élever la colonne du mercure au-dessus , du 22e. degré. L'élévation de la ville d'Arles sur le niveau de la mer , n'est pas bien sensible. Le barometre s'y tient presque toujours à la même hauteur dans ces deux endroits , n'y ayant pas sept pieds de pente de la ville aux bords de la mer. Les maladies qu'on observe communément à Arles , font les fievres remittentes qui deviennent souvent contagieuses & attaquent un nombre de personnes à la fois ; l'hydropisie , les fluxions catharrales , la paralysie y détruisent l'espece humaine. On ne peut y sauver la moitié des enfans. Les maladies des glandes , les dartres , où le virus vénérien joue le principal rôle , y font également fréquentes.

Le commerce de cette ville consiste principalement en grains , foins , avoines , agneaux , bœufs & chevaux qu'on éleve en rase campagne , & dont la race est excellente. Les productions de son terroir qui contient environ 40 lieues de circuit , font les blés qui donnent de riches moissons ; mais dont le grain est sujet à se gâter, si l'on néglige les précautions qu'une sage économie ne manque pas de suggérer. L'humidité , la chaleur attirent une infinité d'insectes dans les magasins destinés à le conserver : ils en dévorent une partie ; la nielle , le charbon en gâtent l'autre ; & jusqu'à ce que les cultivateurs renoncent peu-à-peu aux préjugés qui les égarent , & qu'ils adoptent les pratiques confirmées par l'expérience , ils gémiront plus d'une fois de leur négligence qui les expose à perdre le fruit de leurs peines. L'on récolte beaucoup de vin dans le terroir d'Arles :

celui de la Camargue eſt épais & pareſſeux ; mais
le vin de Crau eſt plus clair & plus fumeux.
L'huile n'y ſuffit pas pour la conſommation du
pays : l'olivier n'aime point les campagnes ouvertes ni les champs ſpacieux ; il ſe plaît ſur les
coteaux abrités dans une expoſition favorable.
Les cultivateurs d'Arles prétendent que les grands
vents préſervent les oliviers des inſectes qui rongent ailleurs les feuilles & la chair de l'olive , &
percent juſqu'au noyau. C'eſt un avantage qu'ils
ne partagent point avec les autres cultivateurs
de la province. L'on conçoit aiſément comme le
ſouffle des vents fait tomber à terre les vers à
peine éclos , lorſqu'ils vont butiner ſur les feuilles
de l'arbre , & qu'ils ſont encore trop foibles pour
pouvoir ſe ſoutenir , ou quand ils n'ont pu s'enfermer encore dans l'olive que la mouche à dard
n'a point piquée : il périt par-là une infinité de
ces inſectes deſtructeurs. Les foins , les pâturages ſont très-abondans dans un terroir où l'eau
ne manque point.

Combien de bras ne ſont pas néceſſaires
pour metre en valeur une ſi vaſte étendue de
pays , où l'agriculture n'eſt pas traitée auſſi bien
qu'on le deſireroit ? Combien y a-t-il encore de
terres en friche , de champs inondés , de fonds
où le ſel marin domine ſupérieurement, qui pourroient être cultivés ? Le défaut de travailleurs , une
population qui diminue tous les jours mettent des
entraves aux projets des propriétaires. L'étendue
de ce terroir n'eſt point relative à la quantité
d'ouvriers & de payſans que poſſede la ville :
ſans l'affluence des laboureurs & des bergers
étrangers qui accourent de tous côtés , les riches
poſſeſſeurs courroient riſque de perdre leurs moiſſons. C'eſt ce qui entretient une liaiſon qui rend

les divers cantons de la province dépendans les uns des autres. Auffi MM. les Confuls d'Arles ne manquent jamais de faire avertir les payfans des montagnes par leurs Curés au prône , du jour où ils doivent fe mettre en marche pour couper leurs moiffons. La difcipline & le bon ordre ne regnent pas toujours dans ces hordes tumultueu-fes ; les moiffonneurs qu'on nomme *Gavouez* , pour faire allufion à leur afpect rude & groffier , pro-fitent adroitement des circonftances dans les mau-vais tems , dans les journées de grands vents qui font péricliter les blés : ils favent rançonner les riches particuliers , lorfque le fouffle du Nord-Oueft fecoue impétueufement les épis fragiles & fait tomber les grains ; c'eft alors qu'ils fe met-tent au plus haut taux : heureux celui qui peut en louer fuffifamment. Y a-t-il rien de plus jufte ? N'eft-ce pas eux qui portent tout le poids & la chaleur du jour ? Ils fe hâtent d'affurer la moif-fon par les plus rudes travaux ; on les voit d'une aurore à l'autre courbés fur leurs faucilles ; & tan-dis que les femmes qui lient les gerbes , leur font oublier un moment par leurs frédons ruftiques & les couplets de quelque chanfon , les peines at-tachées à ces rudes travaux , haletans de foif , dégouttans de fueur , ils s'agitent fans relâche & coupent les épis flottans que le vent couche à leurs pieds. Pourroit-on les récompenfer trop en des occafions auffi urgentes ?

On s'apperçoit depuis long-tems que la race des travailleurs & des payfans manque à Arles : elle y diminue fenfiblement tous les jours. La cul-ture d'un terroir auffi fertile & les riches pro-ductions des campagnes mettent bientôt les pay-fans à leur aife , & les rendent plus pareffeux au travail : la plupart fe montrent fort difficiles dans cet état, ils fe font rechercher, ils augmentent le prix de leurs journées, ce qui dégoûte les particuliers, qui donnent le moins de culture qu'ils peuvent à leurs biens. Les enfans des payfans un peu aifés, ne fecondent plus les travaux de leurs peres : ceux-ci ne les endurciffent point à la fatigue dans un âge encore tendre ; ils les envoient au collége, ou les deftinent à prendre un métier. La plupart aiment mieux fervir un maître, & venir dans les villes fe livrer au défordre & à la corruption des mœurs, (j'en dis autant des filles de campagne) que de retourner aux champs de leurs peres, qui les ont vus naître. Ces abus dangereux fe multiplient de tous côtés : l'efpece humaine deftinée à la plus utile & à la plus néceffaire des occupations diminue par-tout, & à moins que le gouvernement n'y remédie bientôt par des loix fages, dont l'exécution foit en vigueur, j'ofe prédire la ruine de l'agriculture, principalement auprès des grandes villes où le luxe deftructeur, un commerce de frivolités & le libertinage énervent tous les bras, anéantiffent la vigueur de l'efpece humaine, & s'oppofent aux premieres vues de la nature. (a) Quel art mérite de plus grands encouragemens que celui de l'agriculture ? Art le plus effentiel, art de

---

(a) Les payfans des villes travaillent aujourd'hui avec leurs cheveux empapillotés ; tous les perruquiers font occupés les jours de fête à les baigner & à les frifer. Les filles de la campagne portent à Arles des bijoux, des chaînes d'argent qu'elles attachent à leurs ceintures ; les modes, les frivolités, les rubans, gagnent déjà les chaumieres des laboureurs, le luxe qui dévore tout, l'impitoyable luxe frappe du même pied les tours & les palais des grands, que les foibles murs & les toits ruftiques des payfans.

premiere néceffité , qui change la face de toute la terre , & en rend le féjour agréable aux malheureux mortels deftinés à l'habiter. Quel eft l'état policé qui n'en connoiffe tout le befoin ? On ne fauroit donc veiller trop foigneufement à tout ce qui peut le rendre floriffant. La ville d'Arles fe foutient par l'agriculture ; on nomme fon tertoir le grenier de la Provence & du Languedoc : c'eft donc méconnoître fes intérêts que de ne pas tourner fes vues de ce côté-là , & refufer d'imiter les nations agricoles qui nous en donnent l'exemple. Il ne peut être qu'avantageux à cette ville d'appeller à la culture de fes terres des travailleurs étrangers , de les engager même par toutes fortes de bons traitemens à fixer leur domicile fur les lieux , pour y cultiver des champs fertiles & toujours en état d'enrichir leurs poffeffeurs.

On divife le terroir d'Arles en quatre parties : favoir , le plan du Bourg , la Crau , le Tresbon , ou Tribon & la Camargue : le plan du Bourg eft fitué du côté du Couchant , la Camargue vers le Midi , le Tribon que l'on a changé en Tresbon à caufe de la fertilité de fes fonds , à une lieue de long : le terroir de Tarafcon le borne au Nord , le Rhône au Midi , & de vaftes marais au Levant. La communauté d'Arles fit deffécher fes marais dans le fiecle dernier par des Hollandois qu'on fit venir exprès : on jugea avec raifon qu'étant citoyens d'une république dont les terres étoient prefque toutes anciennement fous les eaux, où l'on a conftruit avec tant d'induftrie cette quantité de digues qui fervent à les contenir ; ils feroient mieux en état que bien d'autres de deffécher les marais d'Arles , & de procurer à leurs eaux ftagnantes un libre cours jufqu'à la mer : c'eft ce que les Warrens exécuterent , en faignant

les marais par de profondes coupures : ils en dé-
riverent les eaux dans un large canal qu'on nomma
Roubine , lequel étant prolongé jufqu'à la mer
facilita leur deffechement. Des communications
établies entre le grand canal & quantité d'autres
conftruits à cet effet , y conduifoient toutes les
eaux croupiffantes , après les pluies & les inondations du Rhône , au moyen de quoi tout fut mis à
fec : on jouit long-tems de ces travaux dirigés avec
autant d'art que d'intelligence : les marais difpa-
rurent infenfiblement. Déja on commençoit à dé-
fricher une partie du terrain que les eaux ftagnantes
avoient abandonné : ce nouveau terrain fut accordé
pour récompenfe aux induftrieux Hollandois ;
mais la révocation de l'édit de Nantes , les ayant
obligés de revenir dans leur patrie où l'opinion
ne nuit jamais à la liberté ; ces travaux n'étant
plus entretenus , de nouvelles inondations remi-
rent bientôt les chofes dans leur premier état.
La grande Roubine , les canaux de communication fe comblerent , la mer & le Rhône forme-
rent des atterriffemens par le reflux des eaux
& des fables accumulés fur le rivage , par le
fouffle des vents & le peu de pente du terrain fupérieur. La ruine d'un autre canal appellé *Va-
queiras* & les inondations prefque annuelles mirent
derechef le terrain défriché fous les eaux ; les
marais reparurent & tous les champs voifins s'en
reffentirent comme auparavant.

C'eft parmi les marais du Tribon que s'élevent
les petites montagnes ou collines de Mont-Major
& de Cordes : il y a fur la première une ancienne abbaye de Bénédictins , & l'on voit encore
fur celle de Cordes , les veftiges d'un camp retranché que le peuple prend pour les ruines d'une
ville. Une ancienne infcription que l'on trouve

dans la chapelle de la Croix près du monaftere des Bénédictins, attribue aux Sarrafins de s'être retranchés dans ce camp, après avoir été battus par Charlemagne. M. Anibert dans la defcription hiftorique qu'il nous a donnée de ces montagnes, prétend que cette infcription eft fauffe & qu'elle a été fabriquée dans le dixieme fiecle par les moines de cette abbaye, à l'imitation de tant d'autres faux titres & d'infcriptions controuvées. C'eft ce que je ne lui contefterai point. Les Sarrafins originaires de la ville de Cordoue en Efpagne, *Cordoua*, la patrie de Séneque en Andaloufie, ont habité, felon lui, ces montagnes, d'où celle de Cordes a tiré fon nom : elle eft fituée à une petite diftance des marais qui l'entourent de toutes parts, & en forment une prefqu'ifle pendant les deux tiers de l'année. La pierre de cette montagne difpofée par couches eft entierement calcaire ; mais peu propre à faire de la chaux, étant de nature craieufe, quoiqu'on trouve des veftiges de fours à chaux au pied de la montagne. Les curieux y vont admirer une grotte appellée le Trou-des-Fées. L'art y a beaucoup ajouté. Je renvoie aux differtations de M. Anibert fur les antiquités d'Arles. La voûte de cette grotte excite fon admiration. Ce qu'il nous importe de favoir, c'eft que le marais qui environne cette montagne, l'étang de Peluque, appellé le *Grand-Clar*, qui n'en eft éloigné que de fix cent pieds, étoit un bras de mer ou bien une branche du Rhône, il n'y a pas plus de fix cens ans. Une file de marais placés fur la même ligne à peu de diftance les uns des autres, s'étend depuis l'étang de Peluque jufqu'à celui de Galejon qui communique avec la plage de Fox & avec la mer : auffi n'arrivoit-on qu'en bateau à cette montagne qui portoit le nom d'*Isle* au douzieme siecle. On la regardóit alors comme bien pourvue de plantes médicinales : M. Anibert nous apprend » qu'un certain Ro- » mieu assure qu'il a vu en 1754 plusieurs person- » nes curieuses qui se mêloient de *magie natu-* » *relle* , aller cueillir sur ces montagnes des herbes » rares & de grande vertu dont elles tiroient des » secrets admirables pour la guérison des maladies » qui font incurables à la médecine ordinaire ; » pag. 14. de sa dissertation. » Malheureusement ces personnes curieuses étoient la plupart des jongleurs , des empiriques , de véritables ignorans dont la vaine superstition , & la crédulité ridicule, offroient encore une image des siecles de Barbarie qui avoient si fort rallenti les progrès de l'esprit humain. Le tems qui détruit tout , a fait disparoître ces simples merveilleux. Voici ceux que les vrais connoisseurs trouveront en bien petit nombre sur ces montagnes , s'ils daignent les parcourir.

On rencontre parmi ces plantes , le thim , les calamens , (*a*) la rue champêtre , les plantains , *coronopus* , toutes plantes médicinales , le *xanthium spinosum* que je n'ai vu qu'aux environs d'Arles , l'*anagyris fœtida* , le bois puant , est commun à la montagne de Cordes , quantité de cistes , le *limonium statice* , alysson , *mar imum incanum* (*b*) , *tamariscus Narbonensis* , le tamaris commun dont je parlerai plus bas , & quelques autres arbustes & plantes qui viennent par-tout ailleurs.

Nous avons vu combien les ouvrages des Hollandois avoient été utiles à ces contrées , combien

---

(*a*) *Calamintha satureia facie & odore.* Tournefort. Espece de sarriette ligneuse très-odorante , *lou pebre d'Ai.*
(*b*) *Clypeola maritima.* Linn.

le

le terroir d'Arles avoit profité des travaux de ces hommes induſtrieux. Des fonds toujours ſous les eaux, des campagnes inondées couvertes dans peu de riches moiſſons, rendoient non-ſeulement l'air plus ſalubre, mais contribuoient à augmenter la population. Quelques-uns de ces ouvrages ſubſiſtent encore. Il eſt de marais dont on ne retire que des joncs pour les engrais & les couvertures des cabanes, leſquels vuident leurs eaux dans un grand canal creuſé depuis la partie ſupérieure du Rhône juſqu'à la mer. On trouve les veſtiges d'un autre canal qui y conduit les eaux débordées du Rhône, lorſqu'elles ont inondé la plaine; mais tout cela eſt ſi mal entretenu, que les eaux franchiſſent bientôt tout obſtacle & refluent de toute part dans les champs attenans. La ville d'Arles forma un projet bien noble & favorable à la conſervation des citoyens, c'étoit de rétablir les anciens travaux des Hollandois, de recurer les grands canaux ou roubines, & de procurer une libre communication aux eaux du Rhône avec celles de la mer; l'on devoit ſaigner de nouveau ces marais, & dériver leurs eaux croupiſſantes; les inondations du Rhône n'auroient plus nui aux campagnes, & les maladies qui en réſultoient n'auroient plus eu lieu. Ce beau projet eſt encore bien loin d'avoir ſon exécution.

Tout ce vaſte terroir par ſon peu de pente à la mer, eſt expoſé à demeurer ſous les eaux, pendant les pluies d'automne, ſur-tout cette année-ci où les inondations ſont ſi fréquentes. En vain après le cours d'une évaporation lente, on y voit les prairies s'émailler de verdure & de fleurs. En vain les ſimples qui naiſſent aux bords des marais, étalent un air de vigueur qui ſurprend. En vain les campagnes

Tome I. R

engraiſſées des limons fertiliſans du Rhône & du débris des végétaux tombés en diſſolution putride, préſentent un des plus rians ſpectacles qu'on puiſſe voir en agriculture. Tous ces avantages ne peuvent compenſer les ſuites funeſtes qui en émanent. A combien de maladies, ceux qui fréquentent ces cantons inſidieux, les imprudens cultivateurs qui remuent ces terres infectées, la la partie de la ville qui les avoiſine, ne ſont-ils pas expoſés ? Lanciſi, Médecin Romain, qui ſous le pontificat de Clément XI, a décrit les maladies cauſées par les exhalaiſons putrides des marais, a mis dans ce nombre les fievres malignes avec éruption de taches pétéchiales, de parotides d'un mauvais caractere, qui les font rentrer dans la claſſe des fievres peſtilentielles ; la cachexie, les écrouelles, les dartres, le ſcorbut : voilà quelles ſont les cauſes qui diminuent l'eſpece humaine dans tous les lieux expoſés aux exhalaiſons meurtrieres des marais, & déciment ſouvent les citoyens d'une ville entiere, ſans qu'il ſoit poſſible de combattre leurs effets pernicieux auſſi heureuſement que l'imaginent les perſonnes mal inſtruites, qui deſireroient que l'art de la médecine triomphât de pareilles maladies qui détruiſent tout-à-coup le principe de vie qui anime la foible organiſation de l'homme, tant qu'enveloppé continuellement d'une atmoſphere infectée, il s'obſtine à vivre dans une ſécurité impardonnable parmi ces foyers de pourriture, ſans craindre le ſol perfide d'où s'exhalent tant de levains contagieux.

Les nouvelles obſervations nous apprennent que les miaſmes d'infection qui s'élevent des eaux ſtagnantes des marais, ſont d'une nature moins volatile qu'on ne l'avoit cru juſqu'aujourd'hui. Ruſſel qui nous a décrit la peſte meurtriere qui fit périr tant de monde à Alep en 1740 , prétend que tous ceux qui fe reléguerent fous les toits n'en furent point attaqués , quoiqu'ils fe fréquentaffent les uns les autres au moyen des communications établies par les terraffes dont les toits des maifons font couverts dans le Levant. La pefte ne féviffoit qu'au rez-de-chauffée ou dans les bas appartemens. On doit avoir obfervé la même chofe à Arles , lorf-qu'il y regne des fievres contagieufes ; du moins les levains pernicieux , ces exhalaifons meurtrie-res qui couvrent la furface des eaux ftagnantes , que l'on diftingue même à l'œil nu au lever du foleil , ne s'élevent pas fort haut dans l'atmof-phere : auffi les RR. PP. Bénédictins qui ont leur monaftere fur la colline du Mont-Major fituée au milieu de ces marais , font rarement atteints des maladies régnantes , tant qu'ils ne defcendent pas dans la plaine ; tandis que ces exhalaifons por-tées dans les rues les plus baffes de la ville , ne tardent pas d'infecter leurs malheureux habitans.

Ne pourroit-on pas demander ici , fi l'on n'a point encore fait des expériences pour développ-per la nature de pareilles exhalaifons ; fi l'on ne connoît aucun moyen , tant pour fe garantir de leurs funeftes effets que pour les combattre avec fuccès ? La queftion ne fauroit être plus inté-reffante. Le vice que ces exhalaifons communi-quent à nos humeurs , l'impreffion qu'elles por-tent fur nos organes, le dérangement qu'il en ré-fulte dans l'économie animale , font du reffort de la médecine. Il ne faut pas douter que cette fcience falutaire ne fe foit occupée jufqu'ici non-feulement de tout ce qui peut nous développer la nature cachée de ces levains contagieux , mais encore des remedes qu'on peut leur oppofer ; & quoiqu'ils foient fouvent le moins praticables , elle n'a jamais ceffé de recommander , comme le premier précepte de fanté , de procurer un libre cours aux eaux ftagnantes , qui recelent dans leur fein tant de caufes de mort. Combien de cantons dans la province , de champs fupérieurement cultivés , qui avoifinés de marais & d'eaux croupiffantes , font funeftes aux agricoles & à tous ceux qui ne fe défient pas de leur proximité. Quand ces triftes confidérations fixeront-elles les regards paternels d'une adminiftration amie de l'humanité qui cherche à favorifer la population ? A quoi fervent les influences du plus beau ciel , l'afpect riant des campagnes les plus fertiles , les plus riches productions dans une végétation toujours renouvellée avec le même fuccès , fi les feux qui nous éclairent , font éclore fous nos pieds tant d'exhalaifons putrides ? La nature des miafmes qui en émanent un peu mieux connue , tient à la nouvelle branche de chimie qui peut feule analyfer de pareils corps qui fe dérobent à nos fens. Il nous fuffit de favoir que ces émanations provenues des eaux croupiffantes dans les marais , font autant de fluides aériformes , bien différens de l'air atmofphérique , des gas fubtils imprégnés d'acides volatils , méphitiques , très-capables de porter la deftruction dans nos organes , & de caufer même l'afphyxie ou la mort fubite , lorfqu'on s'y expofe témérairement. C'eft aux auteurs de pareilles découvertes à les pouffer auffi loin que peut aller la fagacité humaine , & à nous fuggérer les moyens les plus propres pour en triompher. (a)

(a) Voyez le rapport de la Société Royale de Médecine , fur la maniere de fe garantir de l'impreffion de ces miafmes pernicieux.

Le terrain de Tribon a été formé en grande partie des limons que les inondations du Rhône y ont accumulés. L'humidité & le débris des végétaux ont rendu les terres fort compactes : elles ont besoin de puiſſans labours pour produire beaucoup ; les vignes ne ſauroient y donner de bon vin. Le plan du bourg eſt borné au Midi par des marais que traverſent des canaux de deſſéchement, & au Levant par la mer : c'eſt le même terrain que celui de la Camargue ; il eſt fort ſujet à être inondé, parce que toutes les eaux depuis Avignon juſqu'à Arles s'écoulent par-là. C'eſt au plan du Bourg qu'eſt ſitué le village qui tire ſon nom des foſſes marianes.

Marius, Général Romain, établit ſon camp dans cet endroit, & y attendit pendant deux ans les ennemis de Rome ; il employa les ſoldats de ſon armée à creuſer ces foſſes célebres qui portent ſon nom, où il dériva les eaux du Rhône juſqu'à la mer, afin d'éviter les obſtacles qui traverſoient la navigation alors comme aujourd'hui : il en accorda la proprieté aux Marſeillois, ainſi que de toute la côte maritime, pour les ſecours qu'il en avoit reçus. Il n'exiſte plus aucune trace de ces foſſes : il y en a qui ont propoſé de les renouveller en ſaignant le Rhône au-deſſous d'Arles. Voyez les raiſons qui rendroient ces moyens impraticables dans les diſſertations couronnées par l'académie de Marſeille.

CHAPITRE XXVIII.

De la Camargue.

LA Camargue eſt un grand terrain qui forme par ſa poſition un triangle équilatéral ayant ſept lieues de longueur à chaque côté. Cette iſle ſépare les deux bras du Rhône qui ſe diviſent au-deſſous d'Arles : elle eſt bornée au Nord par le petit bras, au Midi par le grand bras & au Levant par la mer. Son enceinte étoit moins conſidérable autrefois. Les atterriſſemens ſucceſſifs que le Rhône a formés à ſon embouchure, l'ont agrandie. Son terrain eſt un mélange de gravier fin, & de terre de marais dont il eſt réſulté de riches campagnes. Le Rhône y a concouru : pluſieurs bras de ce fleuve convertis aujourd'hui en canaux, ſervent à l'arroſer. Tous les bords de cette iſle ſont mis en valeur : l'intérieur étant plus bas, eſt devenu le lit de ces eaux ſtagnantes qui ont formé des étangs, des marais ſalés. La mer a dû couvrir toutes ces terres, avant que le Rhône y déposât ſes ſables : la quantité de ſel marin dont elles ſont imprégnées, & les ſources ſalées qui ſourdent de part & d'autre, en ſont une preuve évidente. On donne le nom de Tour aux campagnes ſituées aux bords du Rhône, attendu la quantité de Tours qu'on y avoit conſtruites auparavant, où l'on poſoit des ſentinelles pour défendre l'entrée du fleuve. La Tour Saint-Louis qui fut élevée près des bords de la mer en 1630, en eſt éloignée aujourd'hui d'une lieue. (a)

_____

(a) On obſerve avec beaucoup d'exactitude en plu-

Les étangs, les marais de la Camargue communiquent souvent avec les eaux de la mer, surtout lorsque le vent d'Est souffle. On peut voir ici comment cet élément abandonne peu-à-peu les côtes qu'il baigne, pour en couvrir de ses eaux d'autres plus éloignées, puisque dans l'intervalle d'un siecle la mer s'est retirée plus d'une lieue en avant de ses bords : il est vrai que les atterrissemens du Rhône y ont contribué. Ce fleuve passoit autrefois plus près du Languedoc qu'il ne fait aujourd'hui. C'est à son inconstance & à ses débordemens que sont dus tous les marais des environs, qui occasionnent souvent des naufrages aux navigateurs qui ne connoissent pas les côtes ; entrainés par les courans, ils se trouvent à terre, lorsqu'ils se croient encore au large. Les deux branches du Rhône à une petite distance du quartier de Trinquetaille, ne se réunissent plus : la principale coule près de la ville, l'autre s'éloigne vers le Sud-Ouest. Quoique ce fleuve soit considérable, il ne verse pas une grande quantité d'eau dans la mer en été, à cause des coupures qu'on y a faites pour arroser les campagnes. Les salinieres de Vacarets en consomment beaucoup : les inondations de ce fleuve sont toujours à craindre, lorsque les vents d'Est & de Sud font remonter ses eaux.

La Camargue est remplie de bestiaux qu'on y laisse dépaître nuit & jour en liberté. Cette isle nourrit au moins 40000 agneaux : on y compte actuellement 3000 chevaux & autant de bœufs ; les premiers sont tous blancs, tandis que les

─────────────────────────

sieurs villes de Suede de combien la mer s'éloigne peu-à-peu de ses bords, tandis qu'elle s'avance sur d'autres terres, & les couvre de ses flots.

R 4

bœufs du pays font reconnoiffables à la couleur noire de leur poil. Le terrain ouvert de tous côtés, la liberté & les pâturages peuvent y contribuer. Les terres de la Camargue ayant été fous les eaux de la mer, ont confervé un degré de falure, qui fe communique à la plupart des végétaux que les beftiaux dévorent avec avidité. Cette falure eft fi forte en plufieurs endroits, qu'on fe flatteroit en vain de faire produire aux campagnes les riches moiffons dont elles font couvertes, fi l'on n'avoit pas l'induftrie d'y dériver les eaux du Rhône pour mitiger la propriété defficative du fel marin, par les limons gras & vifqueux qu'elles dépofent furtout après leurs débordemens. L'on eft furpris malgré cela de trouver prefque toujours le terrain de la Camargue dans le même degré de falure.

Le fel marin y eft très-abondant ; il s'y forme naturellement par un concours de circonftances bonnes à connoître : la volatilité de fon acide, la facilité qu'il a de faouler les terres alkalines, ainfi que de s'en féparer & d'abandonner fes différentes bafes, produifent encore beaucoup d'alkali minéral dont les terres font imprégnées ; de-là cette quantité de foude qu'on retire de la combuftion du kali & de plufieurs plantes maritimes. Tant de fources faumâtres & de marais falans y contribuent encore. Les terres de la Camargue leffivées, donnent également du fel de glauber & beaucoup de fel marin calcaire : auffi ne doit-on pas être furpris de leur degré de falure que les arrofemens fréquens, & les débordemens du Rhône ne fauroient tarir. Lorfque nous aurons un peu mieux étudié la nature, que nous connoîtrons fa marche cachée dans la formation des fels, nous faurons peut-être comment les divers acides qui neutralisent leurs bases, sont dépendans les uns des autres : ceux-là se volatilisent, ceux-ci sont plus fixes ; de leur combinaison réciproque il arrive des mutations dans leur substance, de nouvelles combinaisons qui nous surprennent tous les jours. Le sel marin joue un si grand rôle dans la nature ; son acide, son alkali sont susceptibles de tant de combinaisons différentes, que l'esprit humain sera toujours dédommagé des recherches qu'il fera là-dessus.

Salinieres de Vacarets. (a)

L'étang de Vacarets fournit à la Camargue une quantité prodigieuse de sel : les chaleurs de l'été & les souffles des vents favorisent l'évaporation des eaux salées. Les fermiers généraux font garder les étangs par des brigades d'employés, jusqu'à ce que les pluyes aient entraîné le sel qui se cristallise sur leurs bords. Les salinieres établies à côté, appartiennent à la communauté d'Arles par un privilége qui lui a été confirmé depuis peu. Les fermiers font transporter dans leurs magasins le sel qu'on perçoit des étangs qui communiquent avec la mer. C'est ainsi qu'on y procede.

On dérive les eaux dans un réservoir commun, afin que le soleil puisse en faire évaporer une bonne partie : lorsque les ouvriers s'apperçoivent que l'eau est un peu échauffée, ils la conduisent au moyen des canaux pratiqués exprès dans des puits à roue que des chevaux font tourner continuellement. Le mouvement rapide des roues sur

(a) Cet étang contient au moins trois lieues de circonférence : il communique avec la mer, lorsque les vents d'Est & du Sud regnent sur la côte.

lefquelles cette eau falée tombe & s'échappe, atténue fa furface , divife fes molécules & en fait évaporer encore une plus grande partie. Le fel marin fe rapproche alors & paroît fous forme criftallifée : on conduit l'eau qui en eft imprégnée dans des compartimens pratiqués au bas des prés , où le fel s'accumule peu-à-peu dans cette retraite ; & quoiqu'on ait multiplié les furfaces, l'eau réduite au moindre efpace qu'elle peut occuper dans ces compartimens , acheve de s'y évaporer totalement. On enleve la croûte du fel qu'elle a dépofé pour la mettre en meule : ce travail commence en Juin & finit en Octobre.

Le Rhône fe jette dans la mer par plufieurs embouchures ; elles oppofent au tranfport des marchandifes de grands obftacles , que les vaiffeaux qui veulent remonter ce fleuve , éprouvent par le peu de profondeur de ces bouches multipliées , & les atterriffemens fréquens qui s'y forment. La navigation du Rhône a toujours été regardée comme abfolument néceffaire pour entretenir le commerce de Marfeille , & la circulation réciproque des productions du royaume & des marchandifes convenables aux manufactures ; cependant l'embouchure de ce fleuve dans la mer devient tous les jours incertaine : les dangers que les vaiffeaux plats , les alleges , les barques de mer éprouvent en voulant doubler ces parages , augmentent de plus en plus. Les vents qu'on effuye fur une côte découverte , le défaut d'afile & de ports affurés pour fe mettre à l'abri, les courans qui les font dériver & les jettent fur les écueils que le Rhône préfente à fes embouchures, multiplient tellement ces obftacles , que bientôt la navigation deviendra impraticable , fi l'on n'a recours aux moyens les plus convenables que de

citoyens éclairés ne cessent de nous communiquer. Pourquoi ne pas prévenir un malheur aussi
ruineux pour le commerce , que préjudiciable à
l'Etat ?

La profondeur des eaux varie autant dans les bouches du Rhône que la situation de celles-ci : les
vents qui soufflent sur la côte , ses débordemens lui
font changer souvent de place. N'est-il pas essentiel , pour éviter les naufrages , de découvrir ces
bouches périlleuses d'aussi loin que l'on peut ?
C'est pour les prévenir que le commerce de
Marseille entretient des hommes vigilans qui , à
l'approche des vaisseaux , leur font connoître par
des signaux si les embouchures du fleuve sont na-
vigables , & s'ils peuvent les doubler sans risque :
on nomme ces hommes baliseurs , *escandaillairés* ,
de l'office dont ils s'acquittent , savoir , de mesurer
tous les jours la profondeur de ces embouchures
avec la sonde , & d'indiquer le passage le plus
favorable aux navigateurs au moyen d'un pavillon
qu'ils élevent successivement. La premiere élévation marque une brasse de profondeur : on compte
ensuite pour chaque nouvelle élévation du pavillon demi pan de profondeur , d'où les navigateurs peuvent connoître au juste la quantité
d'eau que contiennent les embouchures qu'ils
veulent doubler pour diriger sûrement leur marche. Malgré ces pénibles soins , la navigation
n'est pas toujours possible : au tems des grandes
crues elle est suspendue. On ne double jamais
ce périlleux passage , dans l'obscurité de la nuit ,
il y auroit trop de risque ; pendant les grandes sécheresses , les eaux sont si basses que les vaisseaux
toucheroient aisément le fonds. Combien de fois
un navire trop chargé renonce à continuer sa

route , & fait paffer fur de petits bateaux une
partie de fa cargaifon , ou bien va fe morfondre
dans le port de Bouc dont la fituation eft peu
affurée , & qui menace de fe combler tous les
jours , ainfi que je le dirai ?

L'Académie de Marfeille a couronné deux ouvrages qui ont fuggéré les expédiens les plus
propres à furmonter les obftacles que le Rhône
oppofe au cabotage. Les auteurs indiquent ponc-
tuellement le moyen qu'il faudroit mettre en œuvre pour donner au Rhône une embouchure fixe
& invariable , afin d'ouvrir une navigation affurée aux bâtimens qui font le cabotage de
Marfeille à Arles. On s'eft occupé depuis long-
tems de projets auffi utiles que l'on a propofés
au miniftere. Il eft à fouhaiter que les vœux de
ces généreux citoyens aient un jour leur exécution.

Les naufrages que tant d'écueils rendent prefque
inévitables , la perte des navigateurs & des richeffes
englouties pour toujours dans le fein des eaux , la
diminution du commerce & la langueur qui fe répand néceffairement fur ce puiffant mobile d'un
Etat , inconvéniens qui proviennent du peu de profondeur des embouchures du Rhône : tout cela mis
quelque jour fous les yeux du monarque bienfaifant qui nous gouverne , dans un tems de paix
furtout , où un Roi qui aime fes fujets ne fauroit
mettre des bornes à la mefure de fes bienfaits ,
nous fait efpérer qu'on exécutera le projet una-
nime qui confifte à réduire toutes les petites branches du Rhône ou *Graus* , en une feule qu'il faudra foutenir avec des digues , pour qu'il ne fe
forme qu'une feule embouchure. En forçant les
eaux de fuivre cette route , elles élargiront peu-

à-peu leur lit , augmenteront fa profondeur , & les bâtimens ne rencontreront plus les obftacles journaliers qui les en éloignent.

J'ai dit qu'on laiffoit dépaître jour & nuit les beftiaux à la Camargue. Les bœufs livrés à eux-mêmes jouiffent d'une liberté que rien ne gêne : ils deviennent fi ombrageux , fi farouches , que ce n'eft pas fans peine qu'on les foumet au joug dans la fuite , & qu'on les conduit aux boucheries. Les bergers , les gardiens munis d'une perche armée d'un trident de fer & montés fur des chevaux légers , pourfuivent ces animaux à la courfe , jufqu'à ce qu'ils les aient fatigués & contraints par degrés à fuivre la route qu'ils defirent. Une quantité fi confidérable de beftiaux vivant pêle & mêle enfemble en toute liberté , ne peut que fe confondre l'une avec l'autre ; ce qui a été caufe que chaque particulier a imaginé de les faire marquer à la cuiffe avec un fer chaud gravé à fa marque ; c'eft ce qu'on nomme les ferrades que l'on renouvelloit autrefois tous les cinq ans : aujourd'hui que les gardiens s'attachent à connoître un peu mieux les beftiaux , qu'ils donnent un nom à chaque bœuf , on y met fouvent plus d'intervalle.

Les ferrades d'Arles & de Tarafcon.

Les ferrades ont un appareil militaire qui attire une foule de monde de tous côtés : quantité de perfonnes y affiftent par curiofité. On y voit de jeunes filles , des femmes accourir avec empreffement , & augmenter par leurs cris & leur joie pétulante le tumulte guerrier qui y regne. On fe prépare de loin à cette fête champêtre : lorſque pluſieurs particuliers ont quantité de veaux & de vaches qui n'ont pas encore porté, ils conviennent entr'eux de les marquer chacun de leurs fers & de donner tous enſemble une fête au public. Quelquefois c'eſt un riche particulier poſſeſſeur lui ſeul de beaucoup de beſtiaux qui les donne ainſi en ſpectacle. Cette fête eſt annoncée d'avance, on y vient de tous les environs.

On choiſit pour cela une vaſte plaine dépouillée de tout arbre & de la plus petite pierre ; ce qui eſt fort aiſé dans la Camargue qui eſt le contraſte de la Crau. On pratique une grande enceinte conſtruite en demi-cercle, ouverte par le milieu, au moyen des voitures & des charrettes qu'on entrelaſſe les unes avec les autres pour empêcher les bœufs de les franchir : on les orne de drapeaux, de banderoles qui flottent au gré du vent : l'on allume enſuite un grand feu où les propriétaires font rougir les fers qui ſont à leurs marques ; il y a pluſieurs théâtres qu'on élève au milieu des enceintes, où ſe placent tous les ſpectateurs que la curioſité y a conduits.

Les gardiens à pied & à cheval armés de longs tridens, vont chercher les bœufs & les chevaux qu'on doit marquer, & qu'on tient enfermés dans quelque enceinte voiſine ſéparée l'une de l'autre : ils les font ſortir, les pourſuivent & les obligent de pénétrer dans la grande enceinte. Ceux qui ſont près du bucher, les bouviers, les maréchaux emploient alors plus d'adreſſe que de force pour ſe rendre maîtres des taureaux : les plus vigoureux viennent à leur rencontre ; ils ſaiſiſſent ces animaux par les cornes, en leur donnant un coup de pied au jarret, ils les renverſent par terre ; d'autres les prennent par la queue

& leur font faire un mouvement de rotation qui les étourdit & les fait tomber : plusieurs hommes les assujettissent de la forte en les tenant fortement. Les différens gardiens reconnoissent alors leurs bœufs & leur appliquent à la hanche un fer rouge à la marque de leur maître ; après quoi on laisse l'animal en liberté , qui se releve avec furie & court tête baissée sur tout ce qu'il rencontre ; c'est alors que tous ces opérateurs ont besoin d'adresse & d'agilité pour se mettre à couvert de l'incursion de ces animaux devenus furieux par la douleur. Les uns montent sur les charrettes , les autres grimpent sur les voitures ; tous fuient précipitamment de part & d'autre : les cavaliers doivent être bien montés pour se dérober à la poursuite des taureaux devenus indomptables : lorsqu'on est surpris , il faut se jetter ventre à terre pour éviter leur choc impétueux ; le bœuf en fureur dédaigne d'attaquer un ennemi terrassé , il revient sur ses pas. Les chevaux dont on forme de nombreux haras , infatigables à la course , dérobent plus promptement les cavaliers à leur poursuite. Ce dangereux divertissement se ressent encore un peu des combats sanguinaires des Romains qui avoient habité cette ville ; mais à cela près , la joie , la bonne chere , les danses , les jeux y regnent à l'envi. Cette fête champêtre est composée souvent de plus de dix mille personnes : on y marque dans le jour jusqu'à cent taureaux & plusieurs chevaux. Les ferrades ne sont pas toujours aussi brillantes , parce qu'elles sont fort dispendieuses ; mais du moins ceux qui donnent de pareilles fêtes sont obligés de tenir table ouverte & de faire couler des fontaines de vin.

Avec cette quantité de bestiaux qui paissent

toute l'année dans les campagnes d'Arles, &
contribuent à faire fleurir le commerce & l'a-
griculture ; n'eft-il pas étonnant qu'on n'ait point
encore établi une école vétérinaire dans cette
ville, où il y a certainement des perfonnes intelligentes & éclairées ? N'eft-ce pas là où fe
formeroit une foule de fujets qui feroient en état
par des lumieres & des connoiffances acquifes,
de traiter avec fuccès les beftiaux qui fuccombent fous une infinité de maladies, fans les confier aveuglément, comme l'on fait, à des gens
fans étude, fans principes, exerçant des métiers
& des fonctions incompatibles avec l'art du Médecin vétérinaire, à d'ineptes bergers, à de
ftupides gardiens, dont l'ignorance & les préjugés dirigent prefque toujours leurs pratiques ab-
furdes ; tant les fciences utiles qui peuvent procurer l'aifance & concourent au bonheur de
l'homme, furmontent difficilement les obftacles
qui s'oppofent à leurs progrès.

Je n'ignore point que la Communauté d'Arles
envoie de tems en tems des fujets à l'école (a)
vétérinaire de Lyon pour s'inftruire ; que les
Etats de Provence payent à Aix, un homme
qu'ils ont fait venir de loin pour fecourir les beftiaux atteints de maladie ; mais qu'eft ce que ce
petit nombre de fujets, & dans quelle claffe
de Citoyens eft-il choifi ? Croit-on qu'elle puiffe
en fournir d'excellens ? Dépourvus comme ils
font de connoiffances & de lettres, tyrannifés

_____

(a) Celui qui s'y trouve actuellement eft de Saint-
Martin de Crau ; c'eft un maréchal ferrant, à qui on a
fait promettre de venir s'établir à Arles, après qu'il
aura fini fon tems convenu.

par

par le befoin , occupés à des œuvres pénibles ;
leur efprit abruti acquerra-t-il ce degré d'élévation qui doit les éclairer ? Combien leur faudra-t-il
de tems pour en être fufceptible ? N'eft-il pas furprenant que les étrangers nous montrent les voies
depuis long-tems , fans que nous ofions les imiter ?
L'Efpagne nous trace la route que nous devrions
fuivre pour l'établiffement des écoles vétérinaires
dans nos principales villes. Le Gouvernement plus
occupé qu'on ne croit , de la fanté des Citoyens ,
veille à la population & à tout ce qui doit faire
fleurir fon commerce : de fages Loix & toujours en vigueur éloignent de ce Royaume cette
foule d'empiriques & de vils bateleurs , ces poffeffeurs de fecrets , tous ces charlatans breve-
tés que l'on tolere malheureufement dans les
pays les plus policés de l'Europe , & dont on récompenfe les talens pernicieux , à proportion
des dupes qu'ils ont l'art de faire tous les jours
par leurs fourberies & leurs vaines jactances ,
jufqu'au point de féduire ceux qui fe piquent le
plus de connoiffances & de jugement. La claffe
des Médecins vétérinaires en Efpagne eft diftin-
guée du commun des Citoyens ; ce n'eft point dans
le corps des maréchaux ferrans & de pareils
ouvriers que les candidats font choifis ; ce font
des jeunes gens lettrés qui ont fait leurs études ,
lefquels fe deftinent à l'exercice d'un art honnête
dont les Romains faifoient plus de cas que nous ;
ils s'occupent non-feulement des maladies communes aux beftiaux , mais encore du foin de
traiter les épizooties , auxquelles on n'applique
fouvent d'autre remede que celui de tuer tous
les beftiaux qui en font attaqués , pour empêcher par cette voie deftructive la contagion , au
défaut d'expérience & d'obfervations en ce genre.

Tome I.   S

Aucun bourg en Efpagne, pas même le plus chétif village, n'eft privé de fon *Arbeitar* ou Médecin vétérinaire penfionné. Cet art n'a rien que de noble ; il eft en grande vénération dans ce Royaume, où les chevaux, les mules & les troupeaux, forment la plus riche branche de fon commerce intérieur. Rougirions-nous d'imiter un exemple auffi fage ? N'eft-ce pas favorifer le commerce d'une Province entiere, augmenter fes richeffes, que de favoir auffi bien conferver les troupeaux & les beftiaux, qu'on a l'art de les multiplier ?

En attendant que l'on s'occupe un jour en Provence des moyens de perfectionner un art auffi utile, la Société Royale de Médecine nouvellement créée par des Lettres-Patentes de S. M., regarde la connoiffance des maladies épizootiques comme un objet des plus effentiels : elle defireroit, fuivant l'intention du Roi, que les Médecins tournaffent enfin leurs vues de ce côté-là, & fiffent une collection de matériaux & d'obfervations néceffaires à l'hiftoire de ces maladies, & dont le foin ne feroit plus confié à l'empirifme & à l'ignorance. Qui peut mieux éclaircir une matiere auffi obfcure que les Médecins eux-mêmes voués par état à l'étude de la nature ? Quelles lumieres la médecine vétérinaire exercée par des Citoyens inftruits, ne répandra-t-elle pas encore fur la médecine vouée à l'efpece humaine ? Hippocrate ne s'eft-il pas aidé en plufieurs occafions des connoiffances qu'il avoit puifées dans l'art vétérinaire. Celfe avoit écrit un bon ouvrage làdeffus ; & plufieurs favans Médecins, nous ont laiffé d'excellens traités fur les maladies des beftiaux. Voilà de quoi tirer cet art utile de l'aviliffement dans lequel la groffiereté de ceux qui l'exercent, l'a fait tomber. Leur ignorance est cause que personne n'a recours aux maréchaux, que le peu de cas que nous faisons des arts utiles, & notre suffisance ont erigé en autant de Médecins vétérinaires. Le berger le plus ignoble, le particulier le moins éclairé, se croient en état de traiter par eux-mêmes les maladies des bestiaux. Puisse un nouveau jour luire bientôt sur un art livré à la routine, & dissiper les ténebres qui l'enveloppent encore !

Je reviens à Arles. L'on ne connoît que deux sortes de pierres dans son terroir; celles qui viennent des meulieres situées auprès de la ville, dont on se sert pour les chauffées: l'autre espece de pierres qui est tendre & blanchâtre approche de la pierre coquilliere: on la tire de Fontvieille & du Castelet. Ces pierres sont chargées en général de beaucoup de molécules sablonneuses; elles deviennent plus dures à l'air, surtout si on les mouille, lorsqu'elles sont en place. Les chauffées du Rhône en sont revêtues, ainsi que j'ai dit; on en transporte beaucoup à Marseille & à Toulon.

La principale place d'Arles est ornée d'un obélisque ou pyramide de granit, dont la construction ressemble à celle des obélisques qu'on voit à Rome. Ce qui fait croire qu'on l'a transporté d'Egypte; mais outre qu'il n'y a point de figure hiéroglyphique, comme on en voit communément sur les pyramides qu'on tailloit en Egypte, nous ne manquons point de colonnes de granit, dont aucune ne nous soit venue d'outremer. La ressemblance qu'elles ont avec le granit de nos montagnes, & celui qu'on trouve dans celles du Dauphiné, font présumer qu'elles n'ont pas d'autre origine.

La pyramide d'Arles a 52 pieds de haut; elle étoit renversée depuis les Goths destructeurs des arts & des monumens de l'antiquité. On employa, en 1646, pour la relever de terre, huit gros mâts de navire qu'on dreſſa près de ſon piédeſtal : ces mâts furent liés enſemble par leurs bouts, & au moyen de fortes poulies on mit en œuvre de gros cabeſtans : la pyramide dont le poids eſt de deux mille quintaux, fut enlevée de terre par ces forces motrices, & ſuſpendue en l'air d'où elle fut poſée ſur le piédeſtal en moins de deux minutes. Pelliſſon, Secrétaire de l'Académie Françoiſe, compoſa les quatre inſcriptions qu'on lit aux quatre faces du piédeſtal à la louange de Louis XIV. Une partie de l'amphithéâtre qui fut érigé dans cette ville par Jules-Céſar, ſubſiſte encore : l'on y voit de fort belles colonnes ; les portiques ont été conſtruits avec des pierres de taille d'une grandeur étonnante ; chaque étage comprenoit ſoixante arcs dont quelques-uns ſont encore en place.

Il y a aux environs d'Arles un grand nombre de tombeaux, ou de pierres creuſées dans leſquelles on enfermoit les morts, ſurtout dans un endroit nommé *les Champs Eliſées* : on en a fait ſervir quelques-unes à l'ornement des veſtibules ; il y en a qui ſont ſculptées avec des moulures & artiſtement travaillées : ces pierres ſont la plupart d'un marbre gris fort commun, avec leur couverture. Les tombeaux des Païens ſe connoiſſent aux deux lettres majuſcules D. M. aux Dieux Manes ; ceux des Chrétiens ont une croix. Ces pierres ont été tirées des montagnes voiſines d'Arles, où l'on trouve des marbres pareils d'une ſeule couleur ; les autres ſont d'une pierre dure, griſe, calcaire. Il y a aux Champs Eliſées une Chapelle dans l'Egliſe des Minimes, qui eſt de la plus haute antiquité ; on y voit des colonnes de marbre vert antique.

Fontaine de la Crau.

On voit non loin d'Arles , à côté du canal de Craponne , une fontaine d'une eau claire & limpide qu'on a regardée pendant long - tems comme minérale : elle est formée en partie par les eaux du canal de Craponne qui se filtrent dans les terres : on lui attribuoit beaucoup de vertus dans le siecle dernier : le peuple s'en sert encore aujourd'hui pour se purger au moyen du sel d'epson. Un Médecin d'Arles , les ayant examinées au commencement de ce siecle , dit en avoir retiré un sel qu'il regardoit comme un grand dissolvant. Les Consuls d'Arles firent construire des bancs de pierre auprès de la fontaine , dont plusieurs particuliers alloient prendre les eaux en printems & en automne. Il existe encore un exemplaire du traité de ce Médecin que M. le Marquis de Mejane , ancien Procureur du pays de Provence , possesseur d'une très-riche Bibliotheque & amateur des beaux arts , eut la complaisance de me faire parvenir avec quelques bouteilles d'eau de cette fontaine ; je ne retirai par l'évaporation que très-peu de terre absorbante & une nuance de sélénites ; ce qui en avoit fait porter un faux jugement dans un tems où la Chimie n'étoit gueres cultivée. La réputation de la fontaine de la Crau s'est évanouie aujourd'hui : appréciée à sa juste valeur , ce n'est qu'une eau de source fort claire , fournie en partie par celle du canal de Craponne qui n'a rien de salin avec elle ; mais qui passe facilement par les voies urinaires & dissout parfaitement les sels neutres d'epson & de Glauber , dont on l'accompagne pour se purger. C'est le jugement qu'en portent à Arles toutes les personnes de l'art.

S 3

CHAPITRE XXIX.

Plantes de la Camargue & des environs d'Arles.

LEs fimples & les arbuftes qui végetent à la Camargue, tiennent en partie de fon fol & à fes marais falans où le fel marin abonde de tous côtés : on y voit les ftatices ou *limonium maritimum* ; beaucoup d'alyffons, de coronilles, l'*atriplex maritima*, efpece d'arroche qui s'éleve fort haut, que les curieux cultivent dans leurs jardins, l'*after folio craffo tridentato*, Tournef. l'*after maritimum*, la *frankenia* rampante. Les brebis font friandes de la plupart de ces plantes, parce que leurs tiges, leurs feuilles, font pénétrées de fel marin qu'elles aiment paffionnément.

Le pavot cornu, *cheirantus maritimus*, violier marin ; les fleuriftes font beaucoup de cas de fes fleurs dans les autres efpeces qui fe diverfifient fous plufieurs formes agréables & ornent les parterres toute l'année. *Rubeola maritima*, &c. : plufieurs plantes graminées, les joncs, les typhas, les fparganiums, les fouchets, font communs dans les bas fonds & le long des étangs.

(*a*) Les falicots ou kalis viennent au bord des étangs, dans les eaux ftagnantes des marais ; ce qui donne lieu aux cultivateurs d'Arles d'en percevoir le fel de foude par l'incinération, à l'imitation des habitans d'Alicante en Efpagne, qui en retirent un très-grand profit. Le fel de foude ou l'alkali minéral qui fert de bafe au fel marin, expofé à l'action du feu, fe vitrifie avec le fable & produit le verre dont nous nous fer-

---

(*a*) *Kali fpinofum Salfola* Linn. Le Kali. *Kali geniculatum.* Tourn. *Salicornia* Linn.

vons tous les jours ; c'est au hasard que nous en devons la connoissance. Des matelots Phéniciens, au rapport de Pline, ayant préparé leurs alimens avec des faisceaux de kali qu'ils brûlerent sur le sable de la Mer, en retirerent du verre & apprirent ainsi à le composer. Ce fut au commencement du siecle que les habitans d'Arles mirent à profit le kali, qui naît aux bords des étangs de la Camargue. Un bâtiment de transport ayant beaucoup de graines de kali qu'on envoyoit d'Espagne en Sicile, fit naufrage par un mauvais tems du côté de Notre-Dame de la Mer, & s'étant entr'ouvert & brisé sur la côte, les graines furent emportées par les vents jusques dans les marais salans, où elles trouverent un terrain qui les fit lever & croître, surtout ceux de Sigoulete, appartenans aux MM. Davignon & Brun. Ces vastes marais parurent couverts de kali, ce qui surprit leurs propriétaires qui ne connoissoient point cette plante : un Catalan qui s'étoit retiré à Notre-Dame de la Mer, leur apprit l'usage qu'on en faisoit en Espagne & les engagea à en faire un commerce, ce qui les enrichit bientôt.

Le kali qu'on cultive à Arles, est l'espece que les Botanistes nomment, *salsola herbacea foliis inermibus*, Linnei, kali *majus semine cochleato*, Tournef. le salicot : les autres especes, comme le kali *spinosum*, kali *geniculatum majus*, *salicornia semper virens geniculata* Linnei, viennent encore à la Camargue ; mais, ou leur tige est trop ligneuse, ou ils donnent moins de sel de soude par l'incinération ; ce qui a fait donner la préférence à la premiere espece. Sa tige, ses feuilles, sont plus chargées de suc ; toute la plante s'éleve assez haut. Le kali *Hispanicum supinum annuum*, Jussei. *Act. Academ. Paris. Ann.* 1715.

Salſola diffuſa herbacea foliis teretibus glabris, Lin. Spc. Plant. 325 , préſente l'eſpece cultivée à Alicante , (a) & dont M. de Juſſieu a donné la deſcription : elle eſt plus herbacée & plus remplie de ſuc que les autres kalis. La ſoude qu'on en retire eſt plus pure ; auſſi les marchands lui donnent-ils la préférence dans le commerce : cette eſpece de kali leve très-bien ſur les bords de nos Mers où l'on en trouve de tems en tems quelques pieds. Il ſeroit eſſentiel de le cultiver en grand à Arles ; mais il paroît qu'on y aime mieux l'eſpece déſignée plus haut , dont la tige élevée fait croire ſans doute qu'on en retirera plus de ſel de ſoude. Il n'eſt pas facile de faire entendre un peu mieux leur intérêt aux cultivateurs qui n'aiment gueres à réformer leurs pratiques , dès qu'elles ont réuſſi à un certain point.

Les feuilles de kali ſont ſeſſiles , longues , épaiſſes : il a ſa racine fibreuſe ; ſa tige s'éleve de trois pieds de haut , les fleurs ſont axillaires : elles n'ont point de corolle ; le calice ſeul diviſé en cinq parties forme la fleur ; il contient cinq étamines , un piſtil qui eſt entouré d'une capſule remplie de ſemences noires & luiſantes roulées en ſpirale : toute la plante a un goût ſalé ; on s'en ſert rarement en médecine , quoiqu'elle ſoit apéritive & diurétique.

Les graines de kali que l'on jette dans les marais de la Camargue , & ſur leurs bords , ayant levé , & la plante ayant fructifié , on la cueille , dès qu'elle a acquis ſon entiere maturité : on en ſépare exactement les graines que l'on met à

(a) Ce kali a les feuilles ſi graſſes qu'elles reſſemblent à la joubarbe , d'où on l'a caractériſée ſous cette dénomination , *kali ſedi folio*.

part : cette même graine que l'on feme dans des
champs bien préparés & voifins de la mer , leve
en Avril ; la pluie lui eft très-favorable , autrement il en naît fort peu. Il faut farcler le kali
pour le délivrer des mauvaifes herbes. Au mois
de Juillet fon pied commence à rougir, on l'arrache bientôt & on le met en meule , comme
celui qu'on a cueilli aux bords des marais ; la
meule eft une efpece de parallélogramme. On
lui donne tout le tems de fe fécher , après qu'on a
ramaffé fa graine. On le brûle peu-à-peu dans
un trou profond conftruit en forme de cône ren-
verfé , dont les bords font revêtus de briques ou
bien d'une terre argileufe : on allume pour cela
avec des brins de paille des faifceaux de kali
bien fecs que l'on jette fucceffivement dans le
trou , ayant foin de les remuer , tant qu'ils brûlent , avec une pelle de fer , ou une barre de bois,
fans difcontinuer , afin de bien mêler enfemble
les cendres qui contiennent le fel de foude , jufqu'à ce qu'on ait rempli le trou de toute la matiere qu'il peut contenir , ce qui revient communément à quarante quintaux de ce mélange
pour un trou de cinq pieds de diametre fur huit
de profondeur : on vend cette matiere faline aux
marchands chez qui les fabricans de verre &
de favon vont fe pourvoir. On fe fert encore du
fel de foude en chimie & en médecine ; il fe
fait un débit de plus de 800000 livres tournois de
foude en Provence qu'on fait venir de l'étranger : le terroir d'Arles en fournit à peine pour
10000 livres ; c'eft toujours à celle d'Efpagne ,
comme plus pure , que nos marchands donnent la
préférence.

Il feroit à fouhaiter qu'on augmentât cette branche de commerce en Provence , où le kali vient

naturellement fur les bords de la mer , dont le climat a prefque la même température que celui d'Alicante en plufieurs endroits, & qu'on y cultivât avec foin l'efpece connue dans ce pays ; il feroit aifé de perfectionner la maniere de le brûler, ainfi que je l'ai expofé. Je fuis perfuadé que nos marchands ne feroient plus venir la foude d'Efpagne , & qu'ils s'accommoderoient de celle de Provence qui auroit les mêmes qualités. Quelques particuliers déterminés par mes confeils , avoient déja commencé à cultiver le kali ; mais ils n'ont point continué ; tant la perfévérance s'accommode peu avec la mobilité du caractere de nos agriculteurs. (a) Il n'y a gueres que les endroits voifins de la Mer, où le kali réuffiffe ; je l'ai vu femer en Efpagne avec le blé , mais toujours en des cantons où le fel marin abonde naturellement. L'expérience a appris qu'il ne contient que trèspeu de fel de foude , lorfqu'on le feme dans des endroits éloignés de la Mer.

Le fel marin exifte tout formé dans le kali que l'on vient de cueillir : on retire du fuc exprimé de la plante, qu'on a fait évaporer lentement au foleil , des cubes de fel marin , mêlés avec beaucoup de parties graffes & vifqueufes.

(a) On brûle dans quelques endroits du Languedoc, comme à Beziers ; à Agde, à Narbonne , le kali, dont on vend la foude aux marchands de Marfeille. Le goëmon ou varec , *fucus five alga latifolia major fronde dichotomo ferrato.* Quantité de plantes graffes maritimes , de mouffes , fervent au même ufage fur toute la côte de Normandie , & on en retire la foude. Si jamais l'induftrie fe tournoit de ce côté-là en Provence, on trouveroit ces plantes qui viennent également fur les falaifes , au bord de la mer , & dont on retireroit la même quantité de foude.

L'action du feu volatilise aisément l'acide marin, & les cendres du kali ne contiennent presque plus après l'incinération que l'alkali minéral ou sel de soude qui forme la base du sel marin.

On voit quelques plantes fluviatiles dans les marais du terroir d'Arles ; *alisma plantago*, c'est une espece de plantain aquatique que l'on peut regarder comme une renoncule, *lycopus palustris*, *marrubiastrum*.

Ranunculus flammula, la petite douve, *ranunculus pratensis longiflorus*, *ranunculus foliis cordatis*, Linnei. *Ranunculus foliis submersis capillariis*. *Ranunculus pratensis acris*. Toutes les especes de renoncules sont à craindre en général ; leurs racines, leur bulbes sont âcres : les bestiaux n'y touchent pas : elles leur causent, à ce que prétendent les bergers, beaucoup de maladies & leur font enfler le ventre. Les paysans se servent du *ranunculus acris erectus*, auquel on a donné l'épithete de *sceleratus*, en guise de caustique pour les douleurs de sciatique, les enflures : ils appliquent sur les chairs les bulbes ou racines de cette plante qu'ils ont brisées auparavant ; elles cautérisent la peau, & lorsque l'escarre est tombée, il en résulte un ulcere d'où la sérosité âcre s'échappe en dehors : ce topique n'est pas sûr, j'en ai vu résulter des douleurs vives, des crampes, des tiraillemens de tendons.

(*a*) La nymphe, *nymphæa*, Tournef. Les feuilles de cette plante aquatique sont larges, charnues, vertes, en forme de cœur surnageant sur les eaux. Elle a sa racine blanche en dedans, & noirâtre en dehors. La fleur est attachée au haut de la tige sans support, disposée en

---

(*a*) *Nymphæa lutea major*. *Nymphæa*, la nymphe.

rofe avec quinze pétales plus courts que le calice, qui n'eft divifé qu'en quatre parties. Cette fleur contient cinq étamines avec un piftil qui devient une baye divifée en plufieurs loges remplies de femences noirâtres, oblongues. La racine de nymphea a un goût douceâtre, vifqueux; fes fleurs font inodores, infipides : cependant elles font d'ufage les unes & les autres; leur décoction convient aux coliques néphrétiques : on compofe un firop de la racine. Il faut convenir malgré cela qu'on accorde trop de vertus à cette plante, aqueufe comme elle eft, & infipide par elle-même : on voit fes fleurs furnager en été à la fuperficie des eaux ftagnantes ou fluviatiles.

(a) Le ftyrax, l'aliboufier, cet arbriffeau ne vient qu'aux Maries dans le terroir de la Camargue, ainfi que l'éléagnus.

Typha paluftris major & minor, la fagne : l'ufage de cette derniere eft connu; on en garnit les chaifes & les canapés.

(b) Les tamaris viennent communément dans les endroits peu écartés de la mer, ils font claffés dans la dioétie de Linné, ayant leurs fleurs mâles fur un pied & les femelles fur un autre. On retire de leurs cendres leffivées beaucoup de fel de Glauber (c) & un peu de tartre vitriolé. Le bois, les racines,

---

(a) *Styrax folio mali cotonei*. Le ftyrax. L'aliboufier.

(b) *Tamarifcus Narbonenfis floribus pentandris* Linn. Le tamaris.

(c) Nous devons cette heureufe découverte à M. Moutet, Apothicaire de Montpellier. Les cendres de tamaris que l'on brûle à la Camargue ne leffivant point le linge, firent foupçonner à M. Blazin qu'elles contenoient un fel neutre : il en retira également par les procédés connus, le fel de Glauber, que l'on vend aujourd'hui dans les boutiques.

l'écorce du tamaris font d'ufage en médecine. On en conftruit de petits barils à Arles, des taffes & des gobelets, qui communiquent à l'eau qu'on y met une vertu diffolvante & apéritive. Toutes les parties de cet arbre font en effet diurétiques & apéritives. On brûle le tamaris pour en retirer le fel effentiel qu'on vend dans le commerce. Les falpêtriers d'Arles prétendirent que cette pratique qui tendoit à détruire les tamaris, nuifoit encore aux fabriques de falpêtre, parce qu'ils employoient les cendres du tamaris à la leffive des terres nitreufes : auffi ils s'en plaignirent pour obtenir une prohibition contre les Apothicaires d'Arles, de toucher aux tamaris ; mais il paroît qu'on n'étoit gueres inftruit de la théorie du nitre & du mécanifme de fa formation dans les falpêtrieres. Les cendres des tamaris ajoutées à la leffive des terres nitreufes, font fort inutiles, pour ne pas dire entierement oppofées au but qu'on doit fe propofer en leffivant ces terres. La potaffe, les cendres des farmens, du génêt, en un mot, celles de toutes les plantes qui contiennent l'alkali fixe, conviennent effentiellement à cette opération pour former le vrai nitre, quand il n'exifte pas ainfi dans les terres. Les cendres de tamaris contiennent très-peu d'alkali fixe, par le tartre vitriolé qu'on en retire. Tout le refte n'eft qu'un fel de Glauber plus ou moins épuré ; & ce n'eft que par une double affinité que l'acide nitreux qui fe dégage de fa bafe calcaire, s'empare de l'alkali fixe, & forme ainfi le vrai nitre. Le fel de Glauber qui fe décompofe en partie dans cette opération, paroît tout au moins inutile. Auffi les eaux meres du falpêtre font beaucoup chargées de ces fels aux fabriques d'Arles. On pouvoit faire ceffer les plaintes des ouvriers en leur indiquant une manœuvre plus convenable ; mais la routine prévaut là comme ailleurs *(a)*.

Nous touchons au moment favorable où la fabrication du falpêtre doit s'exécuter fans gêne, fans entraves pour la liberté des particuliers. Nous connoiſſons depuis long-tems la véritable théorie du nitre. L'ame bienfaifante du Monarque qui nous gouverne, va délivrer fes fujets de la fervitude où les falpêtriers les tiennent depuis long-tems, en fouillant à leur gré dans leurs habitations, dans leurs caves & magafins, pour y chercher les terres nitreufes. Nous allons connoître quelles font celles où le vrai nitre fe forme naturellement : on conftruira partout des nitrieres artificielles ; nous aiderons au travail de la nature, & graces aux découvertes de la Chimie, nous procéderons avec connoiſſance de caufe dans un travail auſſi utile que néceſſaire. Voyez l'article Saint-Chamas.

CHAPITRE XXX.

Des Poiſſons du Rhône.

L'EMBOUCHURE du Rhône dans la mer attire pluſieurs poiſſons de bonne qualité. L'on y pêche dans certaines faifons la plupart de ceux qui remontent les fleuves.

(b) L'efturgeon. Les naturaliftes ont rangé celui-ci dans la claſſe des poiſſons cartilagineux : fes nageoires ont du rapport avec les cartilages des ani-

---

(a) Monſieur Gages, Apothicaire de cette Ville, fit ceſſer ces plaintes, en expofant la vérité du fait, & gagna fon procès.
(b) *Acipenfer fturio*, l'efturgeon.

maux. L'esturgeon vient de la mer en Avril : il remonte le Rhône où il s'engraisse en été ; il a le corps formé en pyramide pentagone au moyen des écailles qui le divisent en cinq rangs. Chaque écaille est armée d'une forte épine recourbée en arriere à son sommet : la tête de l'esturgeon est médiocrement grosse & garnie de tubercules ; il a les yeux petits, le bec long, large & pointu ; sa bouche disposée en forme de tuyau est sans dents, il s'en sert pour sucer ; il l'avance & la retire à son gré pour avaler les insectes dont il se nourrit ; on ne trouve pas autre chose dans son estomac : sa queue est fourchue. La chair de l'esturgeon que l'eau douce attendrit, est estimée. La grande espece d'esturgeon sert en d'autres pays à faire l'ichthyocolle, ou colle de poisson.

(*a*) La lamproie. Ce poisson cartilagineux ressemble à l'anguille, excepté par sa tête qui est de figure ovale : sa bouche est garnie de dents jaunâtres, sans ordre ; son corps est rond avec une queue menue un peu large : le ventre est blanc & semé de taches bleues ou blanches. La lamproie a un conduit au palais par lequel elle tire ou rejette l'eau, comme les poissons qui n'ont point de poumons : elle nage au moyen de deux petites ailes dont l'une est placée à la queue, & l'autre un peu plus haut ; elle s'en sert pour diviser l'eau ; les replis de son corps lui facilitent la natation ; elle entre dans le Rhône au printems & s'en retourne en automne. Voyez ce qu'en disent les ichthyologistes.

(*b*) Le daine. Ce poisson qui est de la grosseur

_____

(*a*) *Lampetra* . . . . . *fluviatilis.* *Petromisa.* La lamproie.
(*b*) *Sciena corpus ovato lanceolatum.* Gouan *de piscibus*
103. Le daine.

du corbeau, de l'ombre, a la chair ferme & d'un bon goût ; il remonte le Rhône : on le diftingue de ces efpeces par fa chair blanchâtre, fa délicateffe & fa fermeté. C'eft le labrus de Rondelet : il remonte également le Nil. La rapidité des eaux du Rhône eft caufe qu'on y prend moins de poiffons que dans d'autres rivieres : on y trouve pourtant la plupart de ceux qu'elles contiennent. Les barbeaux, les meuniers, les carpes, les anguilles, jufqu'aux brochets. Je renvoie à un autre Chapitre ce que j'ai à dire fur les oifeaux du terroir d'Arles

CHAPITRE XXXI.

La Crau.

ON entend par la Crau (a) une étendue de pays qui contient plus de 20 lieues de terrain, en comprenant tout ce qui porte cette dénomination ; favoir, la plaine qui eft cultivée & celle qui eft inculte & déferte. La Crau a pour bornes le terroir d'Arles & d'Eiguieres au Couchant, celui de Fox & d'Iftres au Midi, le terroir de Salon & de Miramas au Levant, celui de la Manon & partie du terroir d'Eiguieres au Nord. Les anciens avoient fait mention de ce champ fingulier fous le nom de *campus herculeus, campus lapideus*, le champ d'Hercule. Je tairai la fable qu'ils avoient imaginée à ce fujet. Strabon liv. 4 de fa géographie lui donne l'épithete d'admirable ; fa forme eft triangulaire ; fon fol a peu de profon-

---

(a) L'étymologie du mot *Crau* vient de *Craï* qui fignifie *pierre* en langue celtique ; ce qui lui a fait donner le nom de champ pierreux.

deur, il eſt couvért de différentes couches d'une terre rouſsâtre & brune mêlée avec une quantité innombrable de cailloux de divers calibre depuis la groſſeur d'un pois juſqu'à celle d'une courge. Ces cailloux également répandus ſur la ſurface du terrain, ſe touchent tous, ils forment une eſpece de poudingue qui s'enfonce juſqu'à trois ou quatre pieds de profondeur, & que le fer le plus dur entame difficilement. Il y a des endroits où le poudingue pénetre juſqu'à cinquante pieds dans le ſein de la terre, comme on l'a reconnu en creuſant des puits : ces cailloux ſont également ſéparés ou adhérens entr'eux, au moyen d'un gluten lapidifique, d'une conſiſtance fort dure : la terre qui eſt au-deſſus des premieres couches horiſontales, eſt plus calcaire qu'argileuſe ; ces deux ſubſtances ſe trouvent ſouvent mêlées enſemble ; elles ſont preſque toujours humides ; le gravier, le ſable n'y ſont pas moins communs : on rencontre enſuite la roche vive.

La plaine de Crau qui paroît d'une égale continuité & entierement nue à l'œil, eſt interrompue par des élévations & de bas fonds : on voit en la parcourant des ravins & des enfoncemens que les eaux pluviales ont remplis juſqu'à former des étangs. Pour avoir une idée exacte du local, il faut ſe repréſenter une plaine unie dont les bords méridionaux & occidentaux ſe terminent à l'horiſon, tandis qu'elle eſt bornée au Nord par des collines & des montagnes ; ce qui forme une plage que les eaux de la mer ont couverte auparavant. Les cailloux de divers calibre qui rempliſſoient ſon ancien lit, paroiſſent avoir été apportés par ſes flots qui les ont laiſſés en ſe retirant, ou bien avoir été détachés en partie des montagnes attenantes. Pluſieurs de ces cailloux ont leur ſurface unie : ils ont été roulés, & tiennent au calcaire ; leur forme

extérieure a du rapport avec la pierre des montagnes & collines voisines ; ils n'ont point le grain
ni la contexture du silex & ne sauroient scintiller
sous le briquet : d'autres plus unis , plus serrés sont
de nature fusible ; il en est où le grès arrondi &
les molécules quartzeuses dominent entierement.
La longueur du tems a perfectionné les uns &
altéré les autres. La nature opere insensiblement
des mutations surprenantes par des voies qui nous
sont inconnues. Cette espece de poudingue est devenue en quelques endroits , par l'adhésion de petits
cailloux diversement colorés , un vrai marbre breche qui en reçoit le poli. Des variolites plus ou
moins grandes sont disséminées parmi ces cailloux.
La variolite est arrondie , lisse , & paroît avoir été
roulée : elle est compacte , solide , *scintillant* un
peu avec le briquet : sa couleur est verte tirant
sur le brun ; elle est parsemée de taches obscures ,
plates ou relevées qui se touchent ou bien sont
éloignées les unes des autres : lorsque ces taches
sont protubérantes , elles ressemblent à des grains
de petite vérole dont la pierre a tiré son nom ,
lapis variolarum , *peiro de veirolo*. On la nomme
du côté de Sisteron *peiro de la rougno*. Quelques
naturalistes ne regardent ces accidens que comme
un jeu de la nature ; ce qui fait que l'on confond
les variolites avec d'autres pierres. Ces accidens
se voient en effet sur des marbres roulés , des granits , des agates ; mais la variolite est reconnoissa-
ble à ces caracteres distinctifs.

Le brillant de ces pierres , après les avoir cas-
sées , leur contexture intérieure , leur pesanteur
indiquent qu'elles renferment quelque minéral. En
effet , M. de la Tourrete , Secrétaire perpétuel de
l'Académie de Lyon , croit y avoir apperçu de l'argent natif en feuilles qu'on prendroit d'abord pour

du mica fans l'analogie & la comparaifon. (a) L'acide nitreux n'attaque point la variolite ; il s'en échappe feulement quelques bulles d'air, mais il n'excite aucune effervefcence : en la tenant longtems dans l'acide vitriolique, on pourroit mieux juger de fa nature par la combinaifon de cet acide avec les fubftances qui entrent dans fa compofition. La variolite réfifte à l'action du feu, & n'eft point fufible : on y trouve des molécules ferrugineufes, comme dans la plupart des quartz, du feld-fpath : elle a la dureté du porphyre, ajoute l'auteur cité, elle eft réfractaire comme lui : c'eft peut-être le *filex virefcens Linnei*. Ce qui la diftingue du filex, c'eft d'être métallique. Les variolites que la Durance entraîne avec elle, ont toutes les propriétés de celles de la Crau, leur dureté, leur pefanteur, leurs taches, le même grain ; il y en a dont les taches font blanchâtres : on diroit que c'eft une vraie efflorefcence qui s'eft formée fur la pierre. On trouve plus communément les variolites aux bords de la Durance dans les champs de la Crau que partout ailleurs ; elles font beaucoup plus répandues fur quelques collines du Dauphiné. M. Guettard a découvert dans cette Province un coteau rempli de variolites qu'un torrent entraîne dans la Durance. Les rivieres qui naiffent dans les mon-

---

(a) Voyez la differtation de M. de la Tourrete, concernant la variolite, dans le Journal de Phyfique de M. l'Abbé Rozier, Octobre 1774. Ces taches, ces petits corps ronds, dit l'Auteur, fe confondent avec la maffe des variolites & ont un tel rapport avec elle, qu'elle ne paroît être compofée que d'une feule fubftance dont les particules les plus dures, les plus homogenes fe font ramaffées en globules, de la même maniere que fe forme le cercle des agates oculées. Voyez les minéralogies de Cronfted, Vallerius, Valmon de Bomare.

tagnes du Dauphiné, celle d'Ubaye qui a son embouchure dans la Durance, charrient des variolites. On en a trouvé sur les coteaux de Digne vers Malijay, le long de Bleaune, dans des ravins & des ruisseaux près de Sisteron. Il paroît par-là que les variolites se forment en plusieurs endroits, & que la matiere silicée dont elles sont composées, acquiert insensiblement dans la succession des tems les propriétés qui la distinguent des autres cailloux.

Les bas fonds de la Crau sont couverts de bois & de pâturages ; on y éleve des chênes qui donnent des bois taillis : les mûriers y viennent très-bien, mais ils ne parviennent jamais à une certaine grosseur ; le noyer y prospere davantage, à raison de l'humidité qu'il aime ; l'amandier n'y sauroit réussir, le terrain est trop découvert, trop battu des vents & sous un ciel trop froid en hiver ; l'olivier réussit à la Crau, mais par la même raison il n'est pas de durée ; l'espece de saurins qui résiste davantage au froid, y souffre moins ; les vignes s'accommodent bien du sol de la Crau, mais leur durée, comme de toutes celles qu'on plante aux bords de la mer, n'est pas longue ; leur produit annuel dédommage le propriétaire de leur courte existence ; le vin est fumeux, pétillant & rempli d'esprit : il jouit d'une réputation méritée.

Les puits qu'on est obligé de creuser dans la Crau pour se procurer de l'eau douce, sont plus ou moins profonds, relativement au voisinage des montagnes. Il existe des eaux souterraines au quartier de l'Hamadelle duquel paroît avoir été détachée une grande quantité de cailloux. Ces montagnes ont une direction parallele à celle des Aupies dont elles ne sont éloignées que d'une lieue. Cette direction va du Levant au Couchant : elles présentent une crête exhauffée de trois pieds fur la furface du terrain dans l'efpace de plus de 500 pieds d'étendue. Une fouille que l'on pratiqua dans l'emplacement de ces roches, fit voir combien elles s'enfoncent dans le fein de la terre. Ces montagnes ont été couvertes des dépôts fucceffifs de la mer, qui en ont comblé les vallons & réduit ces vaftes champs au niveau d'une plage qui repréfente l'ancien lit de la mer. On ne voit qu'une plaine continue qui décline à l'Oueft entre les montagnes & la mer. Les eaux qu'on retire des puits ouverts dans cet efpace, ont d'autant plus de profondeur qu'elles en font plus éloignées. A Entreffaut où les montagnes ne font qu'à la diftance d'un quart de lieue des Aupies, on voit fourdre une fontaine à la fuperficie de la terre, & l'on puife à la main l'eau des puits qu'on y a creufés; tandis qu'à une lieue plus bas, l'eau eft à une profondeur extraordinaire dans les puits; ce qui paroît indiquer que ces montagnes retiennent les eaux dans leurs cavités où il s'eft formé des réfervoirs, tandis qu'entraînées plus loin dans la profondeur de la terre où elles ne trouvent aucun obftacle à leur cours, il faut creufer fort bas pour les rencontrer.

La plaine de Crau eft extrêmement aride; il n'y a que fes lifieres qui foient devenues fertiles par la culture: elles font fituées dans les terroirs d'Arles, Eiguieres, Sallon, Iftres, &c. Les eaux du canal de Craponne y favorifent puiffamment l'agriculture: une branche de ce canal traverfe la Crau; & au moyen des faignées qu'on y pratique, tout le pays préfente un fpectacle agréable. Les prairies, les jardins potagers, les vergers, les plans immenfes d'oliviers, les champs à blé entourés de mûriers, les arbres de haute futaye qui s'élevent majeftueufement au-deffus, forment uu contrafte frappant avec la partie aride & déferte de ce champ pierreux. Toute la Crau feroit encore un défert inhabitable fans le canal de Craponne qui en a changé la face ; mais fi, loin de le faire traverfer par un fimple canal, on y dérivoit une plus grande quantité des eaux de la Durance plutôt que de lui laiffer dévafter les plus belles terres de la Provence, on pourroit fe flatter de fertilifer les trois quarts de la Crau. On voit encore les veftiges de la voie Aurelienne qui conduifoit de Sallon à Arles à travers ce champ pierreux : les Romains s'étoient fervis de ces cailloux pour conftruire le lit du chemin ; le mortier qui les lie, eft devenu auffi dur que la pierre.

Le climat de la Crau ne diffère pas de celui de la partie méridionale de la Provence ; les hivers y font communément doux & tempérés ; les vents du Midi & du Nord décident de cette température. Ouvert comme il eft au Couchant & au Midi, ce vafte champ fe reffent de leur fouffle impétueux qui eft fuivi de frimats ou de pluies : le calme amene toujours la chaleur & la fécherefle. Il y pleut rarement en été, & ce n'eft qu'après des tonnerres épouvantables, que cela arrive. On ne doute plus aujourd'hui que le tonnerre ne s'éleve quelquefois brufquement du fein de la terre & n'éclate fouvent avant d'atteindre la nuée : j'en ai été le témoin en plaine, comme fur les plus hautes montagnes. On le voit s'élever des bas fonds, frapper le bétail, les arbres, avant d'être parvenu au-deffus de l'horifon. Tout fert de conducteur alors au feu électrique, & il vaut mieux être ifolé en plaine, qu'appuyé fous quelque arbre où l'on fe croit mal à propos en fureté.

Une longue expérience a appris que dans cette contrée les pluies n'arrivent, pour ainfi dire, que

de proche en proche, après une grande sécheresse.
Il faut qu'il pleuve sur les hautes montagnes attenantes à la Crau, pour qu'elle profite à son tour
des eaux du ciel & qu'elle soit baignée des pluies
qui lui sont réservées. S'il s'est écoulé plusieurs
mois sans pleuvoir, en vain le ciel se couvre de
nuages ; en vain un bruit sourd soutenu par beaucoup de tonnerres, annonce les approches de l'o-
rage ; si les eaux du ciel ne sont point tombées
graduellement sur les montagnes, toutes ces fausses apparences s'en vont en fumée ; il tombe quelques gouttes d'eau, les nuages s'éclaircissent, la
sérénité, les chaleurs, la sécheresse reviennent encore : ce n'est qu'après des jours de brumes répétés & plusieurs fausses annonces, qu'on voit
enfin tomber la pluie à gros grains ; mais une fois
qu'il a commencé de pleuvoir, que la terre est
pénétrée des eaux du ciel, le plus petit nuage,
de quelque côté que le vent l'amène, se résout en
eau. Sans doute que les grandes chaleurs dont la
terre est brûlée après une longue sécheresse, ou
plutôt l'élément du feu répandu dans l'atmosphère
résout promptement les vapeurs & dissipe les nuages qui amènent la pluie ; au lieu que dans les
saisons pluvieuses, lorsque l'atmosphere est déja
chargée de beaucoup d'humidité, les vapeurs
qui s'élevent du sein de la terre & de la mer venant à s'unir aux montagnes avec celles dont l'air
est déja pénétré, se condensent promptement &
tombent en pluie. Aussi le peuple, accoutumé à
de pareils phénomènes, sans en connoître la cause,
dit proverbialement : *fau que lou tems barruele
per plauré* : Il faut que le tems varie souvent pour
pleuvoir.

Les vents de Sud-Est & d'Est y amènent encore
la pluie ; au lieu que ceux d'Ouest & de Nord-

Oueſt chaſſent les nuages & donnent la ſérénité. Les premiers procurent un tems doux en hiver, couvrent l'horiſon de nuages & font fondre les glaces. Il ne regne aucun vent le matin pendant les chaleurs de la canicule ; mais il s'éleve bientôt un vent de mer qu'on nomme *lou pounent*, lequel ſuit la marche du Soleil & ſouffle juſqu'à ſon coucher. Les vents du Nord-Nord-Oueſt ſont ſuivis d'une fraîcheur en été qui approche du froid. Le vent d'Oueſt, *lou vent larg*, eſt moins redoutable que le miſtral : il n'eſt jamais auſſi impétueux ni auſſi fréquent : il devient brûlant dans certains jours d'été ; mais le miſtral eſt toujours froid ; il ſouffle avec tant de violence, qu'il déracine les arbres, abat les cheminées, renverſe les maſures & enleve des pierres aſſez groſſes pour en faire ſentir les atteintes de loin. Les voyageurs à cheval, les voitures qui traverſent la Crau ſont quelquefois culbutés par ce vent terrible. Un homme fut enlevé ſur le chemin d'Eiguieres à Orgon & emporté dans ſa redingote au fond d'un vallon, où il fut privé pendant vingt-quatre heures de l'uſage de la voix, & il eut pendant pluſieurs jours de ſuite la reſpiration précipitée, avec des douleurs de poitrine. Les anciens connoiſſoient le ſouffle de ce vent furieux dans la plaine de Crau : ils lui donnoient le nom de *Circius* dérivé de *circuitus*, par les circuits qu'il fait & les tourbillons qu'il excite. Son ſouffle n'eſt pas auſſi dangereux que celui de l'*auvergnac* ou ſeptentrion, qui fait périr les olives & brûle l'herbe des prés. Heureuſement il eſt moins fréquent que le *circius*.

Les chaleurs de l'été en 1773 ont été à la Crau à deux degrés de moins qu'au Sénégal. En revanche l'étang de Berre qui eſt à côté, ſe gela ſi fort en 1776, que les hommes & les bêtes de charge s'y ſou-

tenoient deſſus. Dans un climat auſſi variable, il y a
des années tellement pluvieuſes, qu'elles mettent
obſtacle à la culture des terres. L'orage qu'on eſ-
ſuya en 1724 à la fin de Mai, mérite d'être cité
pour exemple dans les faſtes météorologiques de la
Provence. Les eaux tombant rapidement du ciel,
inonderent une partie du pays, noyerent les brebis, les lievres, les grandes houles (a): la pluie
couvrit en un inſtant une zone d'une lieue de large
ſur ſix de long du Sud au Nord : les eaux forme-
rent, ſans avoir eu le tems de s'étendre à droite
& à gauche, une maſſe liquide, convexe, élevée
de huit pieds au milieu de la Crau, comme il
arrive aux flots de la mer qui s'élevent ſur ſa ſurface en ſe ſoutenant à de grandes hauteurs. C'eſt
dans cette maſſe liquide que furent ſuffoqués tous
les animaux qu'elle ſurprit. Sans doute que le ſouffle
de pluſieurs vents contraires faiſoit refluer ainſi les
eaux ſur elles-mêmes, arrêtoit leur mobilité & en
tenoit les flots ſuſpendus, juſqu'à ce qu'entraînées
par leur poids elles emporterent tout : ruches,
planches, pierres, claies, décombres, bâtimens
même ; rien ne réſiſta à leur violence.

Il n'y a guere que la montagne des Aupies aux
limites de la Crau, entre Eiguieres & Roquemar-
tine dont l'élévation ſoit un peu conſidérable : elle
a plus de 400 toiſes au-deſſus du niveau de la mer,
& ſert de ſignal aux matelots qui naviguent ſur la
côte. Les autres montagnes de la Crau doivent
être au rang des coteaux ſecondaires qui ſe ſont
formés peu-à-peu par l'alluvion des eaux, leurs
couches ayant toutes une même direction (b).

(a) Oiſeau particulier à la Crau.
(b) Quoique je n'aie donné qu'une origine commune
aux cailloux de la Crau, que j'attribue à la mer qui a

Troupeaux de la Camargue & de la Crau.

Le commerce intérieur de la Province dépend tellement de la multiplication des troupeaux & de leur conservation, qu'on voudra bien me permettre de traiter, le plus succinctement qu'il me sera possible, tout ce qui regarde une partie aussi essentielle dans ces cantons. Ceux qui s'occupent de l'agriculture & du commerce, me sauront peut-

---

couvert anciennement ces parages; je n'ignore pas que les sentimens sont partagés là-dessus. *Solery*, Auteur géographe, qui a écrit sur les antiquités de la Provence, & dont les ouvrages ont resté en manuscrit, est le premier qui a prétendu que la Durance a charrié dans les champs de la Crau ces cailloux, que la mer a répandus ensuite de part & d'autre. Les eaux de cette riviere faisoient irruption, selon lui, dans le terroir de la Manon, à l'endroit même où l'on a construit le canal de Crapónne, & alloient se jetter dans la mer à la plage de Fox, auprès de l'étang de Valduc. *Bouche* qui rapporte le sentiment des anciens, n'a pas adopté celui de *Solery*. D'autres prétendent que les cailloux se sont formés dans la Crau, à-peu-près comme ceux qu'on trouve en plusieurs endroits de la Provence. M. *de la Manon*, qui a rédigé une histoire particuliere de ce champ merveilleux, & qui n'a rien oublié dans ses laborieuses recherches, de tout ce qui peut exciter la curiosité, a embrassé le sentiment de *Solery*. Il croit avoir trouvé l'ancien lit de la Durance qui pénétroit dans la Crau, & les causes qui l'ont obligée de se dériver dans la suite des tems & de suivre la route qu'elle tient aujourd'hui. Il a comparé attentivement les cailloux que la Durance entraîne avec ceux qu'on observe dans la Crau, & il résulte d'un pareil examen des preuves assez fortes pour lui concilier les suffrages. On peut dire qu'il a tout vu par lui-même, qu'il n'a épargné, ni voyages, ni soins, pour découvrir la marche de la nature dans ses opérations mystérieuses. Recherche sur l'origine des montagnes & des vallées.

être gré de ce détail. Tout ce que j'ai à dire des troupeaux de la Crau a rapport à ceux de la Camargue : ces deux vastes champs constituent une partie du terroir d'Arles. La Camargue plus cultivée, plus unie, moins âpre & moins aride, contenant des étangs & des marais, nourrit pendant l'hiver une quantité considérable de bétail ; & les oiseaux qui s'y rendent de plusieurs régions de la terre ne different pas de ceux de la Crau. Plusieurs riches particuliers d'Arles ou des environs, ont leurs troupeaux établis à la Crau, comme à la Camargue, lesquels y trouvent une abondante nourriture : les plantes qu'ils y broutent ont un goût succulent & salé dont ils sont friands. Ces régions désertes les préservent de plusieurs maladies que l'espece de domesticité où on les tient ailleurs, la mal-propreté des bergeries & l'ineptie des gardiens, leur causent le plus souvent.

Dès que la saison du printems s'annonce dans la basse Provence, ces nombreux troupeaux vont dépaître les riches gazons des Alpes. Voilà ces migrations annuelles, ce commerce intérieur, cette correspondance mutuelle entre plusieurs endroits éloignés de la Provence, qu'il faut connoître. L'expérience a appris enfin aux propriétaires des troupeaux que les meilleures laines, les plus fines & les plus longues, sont celles qui leur viennent dans les régions tempérées & un peu froides ; tandis que les grandes chaleurs font pousser au bétail des laines courtes, grossieres & de moindre valeur : aussi les Espagnols ils laissent leurs troupeaux jour & nuit en plein air. On ne voit dans les vastes plaines d'Aragon & de Castille que de grands parcs où ils les enferment pendant la nuit.

Les pâturages, l'air, le climat tempéré en hiver favorisent la multiplication du bétail. *Aries* en

latin, le belier, *arez* en patois, fe nomme agneau ;
agnéou, dès la premiere année ; *anougé* à la feconde ; & mouton à la troifieme, lorfqu'il a été
châtré fans amputation par le frottement réïtéré ;
ce qui s'appelle *biftourné* ; n'ayant point encore
fervi de belier, on le fépare des brebis pour l'engraiffer. Les beliers de Crau portent fur leur tête
deux cornes qui viennent fe recourber au-devant
du front en demi cercle, ou bien elles font con-
tournées en fpirale. Il y en a dont les cornes font
fort épaiffes à leur naiffance & longues d'un demi
pied ; ce qui oblige de les fcier pour donner plus
de facilité aux beliers de paffer leurs cornes au
travers les claies des parcs où on les enferme : fans
cette précaution, ils feroient arrêtés. Ces cornes
entortillées leur ferrent la tête, & leur pointe les
preffe fouvent. Les brebis portent quelquefois de
petites cornes, mais elles font moins longues &
plus foibles : on leur donne le nom de *tranchettes*.
Les beliers fans cornes font appellés *mottis*, & ceux
dont les cornes font courtes & ne font qu'un demi
cercle, *tranchets*. On connoît plutôt l'âge des brebis
& des moutons à leurs dents qu'aux anneaux qui
fe forment fur la corne de leurs pieds. L'accroiffement de cette corne dépend de la vigueur de l'a-
nimal. Dans les années de ftérilité où il fe nourrit
mal, la corne ne pouffe point : d'ailleurs les rides
ou canelures qui l'accompagnent empêchent de
bien diftinguer l'anneau qui doit produire tous les
ans, la nouvelle pouffe des cornes : On ne s'y mé-
prend point en examinant leurs dents. Les moutons & les brebis n'ont d'abord que huit dents
canines à la mâchoire inférieure : deux de ces dents
font remplacées au bout d'un an par des dents mâ-
chelieres ; ils en ont quatre à deux ans, fix à trois
& huit à quatre ans : on juge ainfi de leur âge.

Ces dents se soutiennent en bon état environ un an ; celles de devant, à la mâchoire inférieure, se perdent la première année, & dans la troisieme elles sont toutes remplacées : leur dépérissement successif indique la suite de leur âge.

On ne peut rien ajouter à ce qu'a dit M. de Buffon de la pétulance & de la hardiesse du belier en amour & de l'indifférence apparente de la brebis ; tout est conforme au vrai ; les beliers de Bourgogne ne different point de ceux de la Crau à cet égard. On choisit les brebis les plus vigoureuses pour perpétuer l'espece : on préféreroit, s'il étoit possible, celles qui n'ont point de cornes, parce que les agneaux qui en proviennent sont exposés à périr par les grands froids qui leur gelent la racine des cornes & le bout de la verge aux moutons.

On fait servir les beliers pendant cinq ans ; ils perdent alors leurs dents ; rarement ils vont jusqu'à sept ans. On les bistourne ensuite pour les engraisser : cette opération se pratique en leur tournant les testicules en tout sens pour détruire les vaisseaux spermatiques & les faire rentrer dans le ventre le plus haut possible, ainsi que les bourses. On ne leur fait point d'amputation. On opere ainsi les agneaux pour en avoir des moutons.

Quoique la brebis paroisse le quadrupede le plus stupide, qu'elle ne connoisse pas même le danger ; cependant cette stupidité ne va pas, comme plusieurs Naturalistes l'ont avancé, jusqu'à se laisser enlever son agneau sans s'irriter & se défendre ; lorsque le chien ou quelque animal s'approche d'une brebis qui a son agneau auprès d'elle ; elle s'avance intrépidement au-devant de l'animal dont elle craint les approches, retourne auprès de l'agneau, le flaire, le cache avec inquiétude, revient fur l'animal, frappe la terre du pied, trépigne & laiffe échapper un murmure plaintif; enfin elle flaire l'animal & le frappe du pied jufqu'à ce qu'il fe foit éloigné : elle en ufe de même avec le berger; & lorfqu'elle ne peut empêcher qu'il ne lui enleve fon agneau, elle le fuit en belant, franchit les obftacles qui s'oppofent à fon paffage & témoigne fa fenfibilité par plufieurs mouvemens. Il faut que les brebis qui ont fourni des obfervations contraires aient été moins farouches & qu'on les ait tenues en des lieux plus habités que les campagnes de Crau.

Les moutons & les brebis font d'un tempérament délicat, craignant la chaleur & l'humidité : ils ont befoin de beaucoup tranfpirer; cependant on obferve qu'une trop forte tranfpiration leur eft nuifible. Ami de la liberté le mouton fe trouve à l'aife en plein air; & s'il eft libre, il eft toujours divagant. Lorfque les chaleurs de l'été commencent à fe faire fentir, les troupeaux fe ferrent les uns contre les autres & fe mettent en peloton, la tête baffe, fans bouger, à l'ombre de leur corps jufqu'au foir. C'eft en vain qu'on voudroit les faire avancer; le foleil, la pluie ne les font pas mouvoir : on les laiffe repofer ainfi dans les étables, en rafe campagne, à l'ombre de quelque grand arbre, & on ne les mene au pâturage qu'à la fraîcheur du matin & du foir.

Les brebis mettent bas difficilement; on eft obligé de les délivrer. Au moment que cela eft fait, le berger fait teter les agneaux & les porte avec leurs meres dans un endroit féparé des troupeaux, pour que celles-ci puiffent dépaître en liberté & fe nourrir fuffifamment de l'herbe qui leur fourniffe un lait abondant. On préfente les brebis au belier en Juillet, afin qu'elles portent à la feconde année. Les agneaux naissent en Janvier : ceux qui n'ont pas beaucoup de brebis laissent toujours le belier avec elles ; ils en ont des agneaux deux fois l'an, qu'on nomme *agneaux-de-camp*, qu'ils engraissent pour les boucheries.

On tond la laine aux moutons, brebis & agneaux dans le courant du mois de Mai. C'étoit une fête autrefois parmi les nations Nomades ; on y met moins d'appareil aujourd'hui ; on ne connoît point la pratique de laver plusieurs fois auparavant la laine des troupeaux de la Camargue & de Crau, quoiqu'on les ait tenus tout l'hiver éloignés des bergeries, qu'ils aient parqué pendant la nuit. Cette pratique salutaire, en les délivrant des immondices qu'ils contractent nécessairement, releveroit encore plus la valeur de leur laine : celle de Crau est de très-bonne qualité, par l'attention qu'on a de tenir constamment les troupeaux en plein air ; son tissu ou *germe*, ainsi qu'on le nomme, est long & serré : cette éducation rapproche nos troupeaux de ceux qu'on éleve en Espagne, en Angleterre ; aussi le reconnoît-on à leur toison ; tandis que celle du bétail qui a passé l'été dans la basse-Provence & qu'on tient enfermé en hiver dans les bergeries, est communément courte, frisée & d'un *germe* peu serré. L'humidité, l'air croupissant & les ordures l'ont détériorée. La toison des brebis de Crau pese environ cinq livres, celle des moutons cinq & demi ; celle du belier va au delà : les toisons des troupeaux élevés différemment & qu'on n'a point menés aux montagnes pendant l'été, ne pesent pas au-dessus de quatre livres. Tout cela prouve la nécessité de les tenir, autant qu'il est possible, dans un air tempéré pendant les chaleurs de l'été, de les exposer au frais & de les faire parquer en tout tems pour les éloigner des étables.

Voilà déjà un heureux commencement dans la maniere d'élever les bêtes à laine. Un peu de conduite pour les préferver des maladies auxquelles on fait qu'elles font expofées, perfectionnera tellement leur éducation, que leurs laines iront bientôt de pair avec celles de l'étranger. Les manufactures de Languedoc, de Dauphiné, du Comtat Venaiffin emploient les laines de Crau. Celles des agneaux, nommés *agnelins* fervent aux fabricans de chapeaux. La laine eft fouvent hériffée des pointes que l'animal détache des chardons du *caucalis*, de la *bardane* en s'y vautrant deffus; c'eft avec peine qu'on les en arrache : elle perd alors en qualité & déchoit de fon prix ; ce qui prouve la néceffité d'adopter la pratique de laver fouvent les troupeaux avant leur tonte.

La brebis aime le fel qui la préferve de bien des maladies, furtout des infectes & de la pourriture ; mais on ne lui en donne qu'avec économie, attendu la cherté. Elle en mangeroit davantage, furtout aux montagnes, où elle ne jouit pas des avantages qu'elle trouve à la Camargue, dont les plantes & le fol ont une falure qui fait que le bétail y en confomme moins. Le fel excite l'appétit de la brebis ; elle en eft fi friande qu'elle connoît le moment où le berger va le préparer. Toutes courent enfemble précipitamment, dévorent dans un inftant ce qu'on leur en diftribue, & lechent pendant long-tems les pierres où le fel étoit pofé. On regrette que le prix du fel empêche les propriétaires de leur en fournir autant qu'il leur en faudroit. Cet objet de dépenfe excéderoit le profit, fi on ne le renfermoit dans de juftes bornes. (*a*).

_____

(*a*) Ce qui multiplie les troupeaux dans la vallée de Barcelonette, & les préferve de beaucoup de mala-

La

La nature du fol & du pâturage donne beaucoup de faveur à la chair des moutons de la Crau : on la trouve délicieufe.

Difons un mot des principales maladies auxquelles les troupeaux de ces cantons font expofés. Quoique plufieurs Auteurs nous aient tranfmis leurs obfervations & que nous ne manquions pas de bons traités fur les maladies des beftiaux ; tout n'a point encore été dit : il y aura du nouveau à glaner à chaque pas, fi l'on veut s'occuper d'un objet auffi effentiel ; les connoiffances multipliées font à defirer là-deffus : elles pourront fervir à ceux qui voudront nous décrire les maladies que les troupeaux de la Provence contractent ordinairement, ainfi que les épizooties dépendantes du fol & des pâturages, lefquelles en détruifent la plus grande partie. Je fens combien il feroit effentiel que nous connuffions parfaitement la nature de ces maux, que les bergers, les gardiens à qui le foin des troupeaux eft confié, ne fauroient guérir par eux-mêmes, & dont la pratique fuperftitieufe n'a pour guide que l'impéritie & la routine. Mais en attendant que l'adminiftration patriotique fe tourne de ce côté-là, le tableau fuccinct que je vais en faire, engagera peut-être quelque citoyen à traiter cette matiere importante dans un plus grand détail.

Les maladies les plus communes que les bergers obfervent dans les troupeaux de Crau, celles qu'ils traitent eux-mêmes, font : la *pefte*, le *claveau* ou la *picote*, la *peço*, lou *falugé*, lou *calecugi*, la *rougne* & la *gamadure*.

La pefte, qu'on nomme *lou maou* tout court,

---

dies : c'eft la conceffion que les Comtes de Provence firent aux habitans du pays de ne payer le fel qu'à un prix très-modique : conceffion dont ils jouiffent encore.

est à peine connue : il s'écoule quelquefois des siècles, avant que le bétail en soit attaqué ; elle est au-dessus de tout remede. Ses symptômes sont à-peu-près les mêmes que ceux de la peste des bœufs. On se contente de séparer les brebis saines d'avec celles qui sont infectées, lesquelles périssent bientôt.

Le *claveau* ou la *picote*, *lacas*, en latin *clavulus*, est particulier aux bêtes à laine & se communique de l'une à l'autre, étant contagieux : il se manifeste par des taches & des boutons rouges enflammés, qui s'élevent aux endroits où la peau est moins couverte de laine, comme aux épaules, au nez, à l'intérieur des cuisses. L'éruption est retardée suivant la nature du tems & de l'air, relativement à la force, l'âge & le tempérament de l'animal : elle est achevée le quatrieme ou le cinquieme jour. L'animal est pris de la toux, il porte la tête basse ; une morve gluante lui découle du nez. Les boutons sont de plusieurs formes ; ils commencent par être rouges, ils blanchissent, deviennent mous, suppurent, se dessechent & tombent en une croûte noire qui se sépare d'elle-même. Lorsqu'il en meurt, il ne se fait point de suppuration dans les boutons ; ils noircissent plutôt & tombent en gangrene le septieme ou huitieme jour. Le *claveau* est toujours plus dangereux dans le bétail avancé en âge ; cependant il sévit plus sur les agneaux dont il emporte une grande partie.

Le claveau ou la petite verole des troupeaux forme-t-elle une maladie différente de celle qui attaque l'espece humaine ? Les Arabes nous ont les premiers transmis celle-ci : l'ont-ils contractée de leur bétail avec lequel ils vivoient pêle & mêle sous leurs tentes ; ou bien, le venin contagieux a-t-il passé des hommes aux troupeaux avec les différences relatives à leurs especes ? La question n'a pas encore été décidée, & ne le fera peut-être pas fitôt qu'on l'imagine. Le venin de la petite verole cueilli fur l'efpece humaine, inoculé aux moutons, aux agneaux, n'a point été fuivi d'éruption à la peau. Il feroit dangereux, du moins peu convenable, de tenter l'inoculation du claveau des moutons fur les hommes. (a) On peut effayer d'inoculer les troupeaux, lorfque le claveau fe déclare pernicieux : l'analogie conduit à cette heureufe pratique. L'inoculation fait ceffer quelquefois les funeftes effets des petites veroles épidémiques dans l'efpece humaine, quand on a été affez hardi pour inoculer un grand nombre de perfonnes à la fois, en procurant une éruption plus douce & plus benigne. Pourquoi ne réuffiroit-on pas auffi dans les troupeaux, lorfque le claveau fe manifefte avec de très-mauvais fignes ? Plufieurs citoyens éclairés defirent qu'on introduife cette pratique en Provence dans le moment que l'épizootie fe déclare, ou bien fur les agneaux qu'on veut conferver. Elle eft des plus aifées : un peu de coton imbibé dans le pus du claveau, ou le pus des boutons introduit, par une légere incifion, fous la peau de l'animal, lui communiquera cette maladie qui ne fera plus ni fi dangereufe ni mortelle. On fauvera ainfi tous les animaux qui fuccombent aux attaques de cette maladie, lorfqu'ils la contractent naturellement. Déjà une fociété de perfonnes intelligentes s'eft confacrée à cette œuvre en Hollande. Ce n'eft pas feulement les troupeaux qu'on inocule, mais encore tous les beftiaux qui ne font point infectés du levain des épizooties qui fe manifeftent tout-à-coup. Les plus grands fuccès couronnent déjà leurs effais mul-

---

(a) On pourroit tenter cette opération fur des criminels condamnés à mort.

tipliés. Tous les animaux inoculés hardiment échappent au poison destructeur qui les menace. Cet exemple est digne d'être imité.

On ne connoît point encore de remedes efficaces contre le claveau; du moins on n'en pratique point en Provence. On donne, en Angleterre, plus abondamment à manger aux troupeaux dans le cours de la maladie. C'est à l'expérience à confirmer si c'est-là un remede assuré. On se contente parmi nous de les visiter deux fois par jour, de les tenir enfermés, de séparer les brebis saines d'avec les malades, confiant la guérison de celles-ci à la nature. J'observerai que l'air libre & frais, dans les saisons tempérées surtout, leur seroit plus salutaire que celui des bergeries toujours relâché, trop chaud & corrompu. On peut les faire sortir hardiment, le matin & le soir, en printems & en été, entretenir pendant la nuit un air tempéré dans les bergeries, les conduire souvent à l'abreuvoir, les parfumer; les fumigations convenables ne sont pas à négliger, ainsi que les remedes qui, sans trop échauffer, favorisent l'éruption, lorsqu'elle est tardive.

Le claveau est contagieux aux lapins qui vont brouter les pâturages que les moutons frappés de cette maladie, ont broutés auparavant : la morve gluante qu'ils y répandent les fait périr, ainsi que les renards qui y touchent plus rarement.

J'ai observé plusieurs fois que le claveau régnoit en même tems que la petite verole attaquoit les enfans dans les villages, précisément au même lieu : les deux maladies avoient alors la même marche : bénignes au printems, mortelles pendant la canicule, leurs atteintes contagieuses se faisoient sentir aux animaux comme à l'espece humaine. Cela prouveroit-il quelque identité ?

La *peço* est une inflammation de la rate ; elle

du rapport avec celle qui attaque le foie de la brebis & dont l'ictere ou la jauniffe eft le fymptôme le plus apparent. La rate fe tuméfie extraordinairement dans la peço; l'animal s'agite, il a la refpiration précipitée; la plupart de ceux qui en meurent, paroiffent enflés. La faignée dès les premiers jours de la maladie leur eft très-utile. Les bergers la pratiquent autour de l'œil, mais toujours trop tard. Ils prétendent que cette maladie a les mêmes caufes que la péripneumonie. On peut voir dans les premiers volumes de la Société Royale de Médecine (page 316.) la maniere de faigner les moutons que propofe M. d'Aubenton. On le fait au bas de la joue, à l'endroit de la racine de la quatrieme dent molaire qui eft la plus épaiffe de toutes. La place qu'elle occupe eft marquée fur la face externe de la mâchoire fupérieure par un tubercule. Cette faignée eft pratiquée depuis un tems immémorial aux Alpes & furtout à la vallée d'Entraunes, régnicole de Provence. Les bergers l'exécutent de la même maniere qu'on peut le voir dans la planche gravée du volume cité. Je confeille aux propriétaires des troupeaux de Provence de fe fervir de cette maniere de faigner qui a fes avantages par-deffus les autres.

Lou *falugé* eft une inflammation à la véficule du fiel. Les bergers veulent que le fiel foit attaqué, fans que la véficule fouffre, mais fes membranes font enflammées & fort tendues: les fymptômes font les mêmes que dans l'inflammation de la rate. Cependant l'animal fouffre moins, n'a pas la refpiration fi pénible & ne s'agite pas auffi violemment. Il faut combattre cette maladie par les mêmes remedes. Celui qu'emploient les bergers, paroîtra bizarre; ils affurent pourtant qu'il eft efficace. Ils lient fortement la queue de la brebis malade;

V 3

ils la laissent enfler un jour ou deux, ils la piquent
ensuite avec une aiguille, ou bien avec un couteau
pour dégorger le sang arrêté (a), ou bien ils y font
des incisions avec des ciseaux. Dès que l'animal
est un peu enflé, dès qu'il ne mange point, on
lui lie l'oreille & la queue, qu'on scarifie ; il en
découle beaucoup de sérosités (c'est ce qu'on appelle mal-à-propos encore, lou *félage*, inflammation de la rate). Après quoi ils ôtent la ligature, &
l'animal ne tarde pas de guérir. Le noyau inflam-
matoire, qu'ils ont l'art d'amener à la queue, &
d'ouvrir ensuite, lui tient lieu de saignée revulsive,
& déplace le sang en stagnation dans la vésicule du
fiel, à-peu-près comme *l'acupuntura* des Japonois (b). Le mécanisme de cette guérison se comprend aisément ; aussi l'expérience est-elle pour
eux. Les bergers n'oublient pas les cataplasmes
émolliens sur la partie affectée.

(a) On n'est point en usage en Provence de couper
généralement la queue aux moutons & aux agneaux,
comme on le pratique en Angleterre, en Hollande, en
Allemagne & en Espagne ; ce qui leur épargneroit les
maladies & les incommodités que cette partie leur occasionne souvent. Plusieurs personnes pensent que cette
opération n'influe en rien sur l'animal ; on ne peut
croire qu'une pratique aussi générale, faite avec une
exactitude aussi marquée dans ces pays-là soit indiffé-
rente. Il en résulte un avantage : les parties qui avoisinent les cuisses de l'animal, les proximités de l'anus
sont moins sujettes à l'échauffer. Couchés toujours à
terre, livrés à l'intempérie des saisons, les moutons
en sont beaucoup plus propres & leur laine moins détériorée.

(b) Les Médecins Japonois traitent la plupart des maladies au moyen de plusieurs piqûres qu'ils font sur la
peau. Il en résulte des noyaux inflammatoires qui attirent le cours des humeurs sur cet organe, d'où celles
qui sont en stagnation sur d'autres parties, sont bien souvent dérivées, & les malades guérissent.

Lou calugi, l'étourdiffement, le vertige, l'avertin, fang, folie. L'animal qui en eft atteint paroît privé de la vue : d'ou vient le mot *calu*, louche; il ne garde aucune route fuivie, court, faute & frappe fouvent de la tête contre les murs & les arbres, jufqu'à ce qu'il tombe à terre. Les bergers ne connoiffent aucun remede à cette maladie : ils tuent les brebis qui en font attaquées, autant par fuperftition que pour en vendre les chairs. Ils font perfuadés que tant qu'il exifte de chaleur dans les troupeaux, cette maladie fe communique de l'un à l'autre : elle dépend de plufieurs caufes qu'il eft bon de connoître. L'on trouve fouvent dans leur cerveau une humeur corrofive qui l'occafionne. Les fétons, des errines, les véficatoires, tous les remedes qui concourent à détourner les humeurs, leur conviennent. Le vertige eft amené quelquefois par des infectes qui irritent, déchirent les membranes du nez & des finus attenans. On trouve en effet dans les finus du nez des brebis des vers qui y féjournent jufqu'à ce qu'ils foient devenus mouches.

La *gamaduro*, ou pourriture, eft de deux fortes : la premiere eft occafionnée par les brouillards & le long féjour que font les troupeaux dans les lieux bas & humides. Cette efpece de pourriture fe nomme plus fpécialement *nebladure* du mot *neblo*, brouillard : elle donne au bétail une maladie qui rend leur chair flafque, pâteufe, mollaffe, & leur caufe une diffolution putride dans les humeurs : auffi eft-elle fouvent accompagnée d'œdeme & d'afcite, dans les brebis, furtout pendant l'automne, & les hivers pluvieux. On manque de détails fur ces maladies. La rofée qui eft répandue fur les plantes, eft dangereufe aux troupeaux ; les bergers obfervent avec foin de ne les mener dépaître qu'au moment où le foleil l'a diffipée. D'autres penfent plutôt que cette rofée n'eft point nuifible au bétail, puifqu'il broute avec plaifir les pâturages qui en font couverts, fans qu'il en réfulte aucune fuite fâcheufe. Ni les uns, ni les autres n'ont pas affez réfléchi fur l'efpece de rofée qu'il faut éviter, ni fur celle qui n'eft point à craindre. Toute rofée qui eft fur l'herbe le matin, dans un lieu fec de lui-même, fur des plaines & des coteaux arides, ne peut être que bienfaifante aux troupeaux : on les voit rechercher avec plaifir l'herbe qui en eft humectée, tandis que les paturages couverts de rofée dans les lieux bas & humides, où les débris des végétaux tombés en pourriture dans le cours de l'été, communiquent aifément des levains contagieux, leur deviennent funeftes (a).

La feconde efpece de *gamaduro* dont les moutons font attaqués leur eft occafionnée par un infecte qui fe trouve communément aux bords des étangs, dans les foffés, les lieux humides, auprès des plantes graminées & des joncs dont les lieux marécageux font remplis. Cet infecte s'attache au foie du bétail & ne leur occafionne d'abord que peu de mal, s'il n'eft point multiplié : l'on voit en effet beaucoup de moutons qui ont des vers à leur foie, fans qu'ils paroiffent malades extérieurement ; mais lorfque ces infectes ont pullulé, ils occupent les grands vaiffeaux du foie, la veineporte, la veine-cave & fe répandent dans le parenchime de ce vifcere. Le peuple les nomme *arapèdes*, parce qu'ils reffemblent au lepas, quand

_____

(a) Ces levains font fi actifs qu'on a vu des brebis, après avoir brouté, au grand foleil d'été, des pâturages infectés de rofées putrides, être prifes de diarrhée & mourir le jour même.

on l'a arraché de fa coquille. L'animal qui eft atteint de cette maladie maigrit peu-à-peu & dépé-
rit : on en mange la chair dès le commencement,
le vice ne paroiffant alors que local. Cette *gamaduro* n'eft pas auffi dangereufe ni auffi prompte que
la premiere. On la connoît à une tumeur qui fe
forme au col de l'animal & qu'on nomme *montrer*;
toute brebis qui montre eft de rebut , l'action re-
dhibitoire a lieu , lorfqu'on la vend dans cet état ;
ou bien fi elle montre dans un tems limité.

Les champs de la Camargue , les lieux bas &
marécageux de la Crau font remplis de plantes
graminées & de joncs furtout. Il en eft une efpece
dont la tige s'éleve fort peu , qui végete par touffes , que les Botaniftes caractérifent fous le nom de
juncus articulatus , juncus nemorofus articulatus.
Tournef. jonc-articulé , à caufe des inégalités &
des lignes qu'on voit fur fes feuilles. Les bergers ,
les *bailes* & tout le peuple de ces cantons nomment
ce jonc *l'herbo à papilloun* , parce qu'ils y trouvent
fouvent un petit moucheron , une efpece de teigne
qui y dépofe des œufs , dont il fort un petit ver que
la brebis avale en broutant les joncs & les pâturages des environs prefque toujours mouillés de la
rofée du matin.

La pourriture de la premiere efpece eft caufée ,
ainfi que je l'ai déjà dit , par les brouillards & l'humidité des bas fonds, qui corrompent les pâturages ;
elle a plufieurs degrés que les bergers diftinguent
très-bien ; mais , loin de l'attribuer à ces caufes
évidentes , ils s'imaginent que le jonc articulé ,
l'herbe à papillon leur occafionne cette pourriture.
C'eft ainfi qu'à leur exemple plufieurs croient encore que l'*afphodelus fiftulofus* procure le dévoiement au bétail ; l'*hydrocotile vulgaris* , écuelle
d'eau , le *ranunculus flamula* , la petite douve , le

ros solis rosera donnent la pourriture ; lors même que les troupeaux avertis par un inſtinct naturel n'y touchent point. Les bergers confondent ainſi le ver plat qui donne la pourriture de la ſeconde eſpece aux moutons , avec celui qui s'attache au jonc articulé : du moins ils leur attribuent la même origine, ainſi qu'aux deux eſpeces de pourriture fort différentes entre elles.

Le ver qui s'attache au foie des moutons eſt apode , plat , ovale : ſes deux extrémités ſe terminent en pointe , comme les vers inteſtinaux ; ſa couleur tire ſur le gris : on voit les ramifications des vaiſſeaux ſanguins à travers la peau ; il a la tête comme la pointe d'une épingle , c'eſt ſa bouche. Quand on l'ouvre ou qu'on le preſſe , on lui fait rendre le ſang par cette ouverture ; le plus gros reſſemble à la graine de courge , ou plutôt à des feuilles ſeches ; c'eſt ce qui le fait prendre pour un papillon : on ne le nomme pas autrement dans toute la vallée de Barcelonette , aux Alpes , en Savoie ; voilà ce qui juſtifie le ſoupçon de M. de Buffon (t. 4. in-12. hiſt. nat. des quadrupedes). Peu de Naturaliſtes, encore moins ceux qui ont écrit ſur les maladies des troupeaux, ſe ſont attachés à nous donner une hiſtoire complete de cet inſecte qui échappe à nos recherches : le Journal des Savans de 1666 fait une légere mention de ces ſortes de vers , trouvés en Hollande dans les foies des moutons qui avoient mangé du *ſideritis glabra arvenſis* , eſpece de crapaudine : ce ver , diſent les bouchers , eſt aſſez ſemblable à la feuille de cette plante ; il eſt plat & d'une figure ovale , ainſi que je l'ai décrit ; mais il ne faut pas croire que les troupeaux ne doivent ce ver qu'à la feuille de la crapaudine : ce fait eſt évidemment faux. Linnæus a claſſé cet inſecte parmi les limaces : *faſciola feu limax ovatum*, (hift. nat. tom. 2.) il vit dans les eaux ftagnantes & bourbeufes, s'attache aux pierres le long des ruiffeaux, à la racine des plantes ; il paroît de même nature que le *ténia* ou ver folitaire & plufieurs efpeces de polipes qu'on découvre dans l'eau des marais : (a) on nomme *douves* les infectes qui s'attachent au foie du mouton.

Le petit infecte que l'on voit fouvent fur les joncs, & les fchænus qu'on appelle indiftinctement, à la Camargue & à la Crau, *herbo à papillon*, eft un ver qui provient d'une efpece de moucheron, *tipula culici-formis*. (Geoff. tom. 2. des infectes), femblable à-peu-près à celui qui fe tient dans les caves. Cette mouche eft de couleur brune, elle a fix pieds, & deux ailes fort déliées qui fe réuniffent horifontalement comme celles des mouches ; mais qui s'applatiffent l'une contre l'autre comme les deux rangs de plumes de la queue des poules. De cette mouche naît un ver, imperceptible d'abord, qui fe change en chryfalide, fe dépouille de fon enveloppe & paroît fous la forme d'un petit moucheron blanc & noir avec fix pattes & deux antennes, qui court quelque tems fur l'herbe n'ayant point encore d'ailes pour voler. Cette partie fe laiffe appercevoir par deux rayes brunes

---

(a) On trouve également cet infecte caché dans le fable, le long des rivieres, long-tems après les inondations. Lorfque les eaux ont laiffé beaucoup de fable & de limon fur les herbes, il eft dangereux d'y laiffer dépaître les troupeaux qui ne tardent pas à contracter la pourriture, foit que les douves cachées dans le limon, foit que le fablon lui-même que les brebis avalent avec l'herbe, ainfi que le prétendent les bergers, en foient la caufe. Cette maladie eft commune en hiver dans la partie méridionale de la Province auprès des rivieres fujettes à fe déborder, & fréquentées par le bétail.

qui fe dégagent infenfiblement de l'infecte, lequel rembrunit peu-à-peu, jufqu'à ce qu'il foit en état de voler. Ce moucheron n'a point un vol foutenu, comme celui des coufins & des mouches; mais il vole par bonds & s'élance avec rapidité; on le perd de vue au même moment qu'on le voit. La petiteffe de cet infecte, quoique dévoré par les brebis, ne permet pas de croire qu'il foit une des caufes principales de la pourriture dont elles font atteintes dans les années pluvieufes, pendant les brouillards & par les pâturages pénétrés d'humidité & de rofée, dont elles fe nourriffent en automne & en hiver (a).

On voit par ce court expofé combien il regne encore de confufion & d'obfcurité à ce fujet. Il feroit à fouhaiter qu'un bon obfervateur s'en occupât, & nous décrivît les caufes éloignées & prochaines de cette maladie, à laquelle on donne fouvent une origine étrangere. La Société d'Agriculture des Savans d'Hollande a demandé les réponfes aux queftions propofées en 1777 : *quels font les diagnoftics de la maladie des brebis connue fous le nom de* foie douvé; *quelles en font les caufes, les préfervatifs & les remedes ?* Ces réponfes rendues publiques ne peuvent que répandre beaucoup de jour fur un objet auffi intéreffant. Je ne connois perfonne plus en état de traiter cette matiere que M. Capeau, Viguier d'Iftres. J'invite ce généreux citoyen à rendre ce fervice important à la patrie : fes lumieres, fon activité, fon zele l'en rendent furement très-capable; fon goût pour

---

(a) Cependant ce petit ver peut concourir à la maladie de pourriture dont les troupeaux font atteints, puifqu'on les trouve encore dans les foies des brebis & des moutons, ainfi que le *fafciola*.

l'économie rurale, pour la conduite & la régie des troupeaux de la Crau ne peut être plus marqué : il est sur les lieux, il voit tout par lui-même ; les observations neuves qu'il a bien voulu me fournir lui garantiffent le fuccès.

Les brebis atteintes de pourriture vivent à peine deux ou trois mois : elles ne paroiffent pas trop maigres ; mais c'eft un faux embonpoint. La graiffe, le fuif, tout dégénere dans leur chair devenue mollaffe ; les bailes des troupeaux m'ont affuré à Arles que leur foie préfenté au feu fe liquéfie comme de la bouillie, & fe réduit en cendres noirâtres. C'eft à la prévoyance des bergers à renfermer les troupeaux dans le parc, fitôt que les brouillards s'annoncent, & à ne les laiffer fortir pour dépaître qu'au moment où le foleil & le vent ont diffipé la rofée mal-faifante qu'ils laiffent fur les plantes. S'ils font menacés de contracter la même maladie en buvant des eaux croupiffantes, les bergers expérimentés ne manquent pas alors de paffer les premiers & de remuer l'eau avec leurs bâtons pour rompre cette légere couche que les brouillards y ont dépofée ; ce qui n'arrive point dans les eaux courantes. Les limons que les débordemens du Rhône entraînent dans les champs, leur caufent encore cette maladie, fi on laiffe dépaître les herbes qui en font couvertes ; mais leur effet n'eft pas fi conftant, parce que le foleil en fait bientôt évaporer l'humidité.

Les bergers n'ont que des fecours prophylactiques pour les maladies dépendantes en partie du local : encore manquent-ils le plus fouvent d'intelligence pour leur application.

Après tout ce que nous venons de dire, quel citoyen ne fera pas des vœux pour l'établiffement d'une école vétérinaire, dans un pays furtout que son commerce, son agriculture & ses troupeaux ne peuvent manquer d'enrichir.

Je ne finirois point si je voulois faire mention de plusieurs autres maladies des troupeaux, qui ne sont pas même définies. Ces connoissances demeureront long-tems dans l'oubli, jusqu'à ce qu'un auteur laborieux veuille bien s'en occuper. (*a*).

_____

(*a*) Je ne parle point du *caledusmi* dont les bailes distinguent plusieurs especes. Le principal symptôme de cette maladie consiste en ce que la vue du bétail s'affoiblit peu-à-peu, se perd totalement ; il tourne, la tête baissée, autour de lui-même. Dans la premiere espece les trois quarts de la cervelle lui tombent en fonte ; il périt dans l'intervalle d'un mois. Dans la seconde ce sont des vers qui rongent le cerveau, & l'animal meurt, après avoir perdu la vue. On reconnoît à-peu-près les mêmes symptômes dans la troisieme espece ; mais la cervelle est séparée du haut de la boîte osseuse, & affaissée dans le fonds. La quatrieme espece est distinguée des deux autres en ce qu'elle est occasionnée par la foiblesse du tempérament, par une longue marche, par une nourriture froide & mauvaise en hiver : la laine du bétail se détache facilement & reste entre les doigts, pour peu qu'on y touche : les agneaux sont beaucoup plus exposés à cette maladie.

Les autres especes de *caledusmi* sont relatives à celleci : le rapport des bailes n'est pas uniforme. Si on les en croit, il n'est point de remedes à ces sortes de maux ; ils se contentent de saigner l'animal pour profiter de la chair.

On conseille la décoction des plantes ameres avec le sel marin, pour la pourriture occasionnée par les insectes. Linneus propose une espece de saumure, *muria pellendo*, contre les douves ou vers plats. L'expérience est pour lui. D'ailleurs le sel est à un si haut prix ! Mais les bergers prétendent qu'en le donnant aux brebis atteintes de pourriture, il leur développe plutôt cette maladie, en les faisant montrer. On sait que le sel marin prescrit en dose insuffisante devient un vrai septique, lequel en attendrissant les chairs les dispose à la dissolution putride. Voyez les expériences de Chevalier Pringle.

La gale, *la rougno*, attaque fouvent les troupeaux, qui fe frottent alors partout. Les bergers féparent la toifon en la vifitant & frottent les parties galeufes avec un mélange égal d'huile d'olive & d'huile de cadé : cette derniere eft cauftique ; elle a une odeur forte & défagréable ; après deux ou trois onctions la brebis eft guérie. La gale des troupeaux eft plus fréquente dans les années ftériles & les hivers rigoureux que dans le cours des années ordinaires. Si on négligeoit la moindre brebis galeufe, elle infecteroit bientôt tout le troupeau & la toifon tomberoit en floccons. Les meilleurs Naturaliftes foupçonnent que la gale eft l'ouvrage de quelques infectes imperceptibles qui piquent les chairs & pullulent étrangement. Le microfcope les fait paroître fouvent à la vue. Auffi ne guérit-on la gale que par des remedes cauftiques & par tout ce qui tue les vers. La pommade compofée avec du fain-doux, à parties égales d'huile d'olive & d'huile de térébenthine, que propofe M. d'Aubenton pour la gale des troupeaux, eft à préférer à l'huile de cadé, qui eft cauftique & nuit, felon lui, à la toifon, en lui donnant une teinte jaunâtre. Ce mélange guérit auffi bien la gale & eft fans aucun inconvénient.

CHAPITRE XXXII.

Maniere de gouverner les troupeaux.

LA maniere de gouverner les troupeaux du côté de la Crau, eft différente de celle des autres provinces du Royaume ; c'eft pourquoi j'en dirai un mot. La plaine de Crau eft divifée en différentes propriétés couvertes de bons pâturages que l'on nommé *cousous*, lesquels ne sont distingués les uns des autres que par quelques monceaux de cailloux qu'on éleve de distance en distance à l'endroit le plus commode du *cousous*. On construit une cabane de roseaux où les bergers enferment leurs hardes, leurs provisions ; ils y prennent leurs repas, à couvert de l'inclémence du tems. Il y a également à côté une étable couverte de roseaux, qui sert de remise aux ânes destinés à suivre les troupeaux : des puits creusés dans les *cousous* fournissent l'eau nécessaire.

Un berger, avant-coureur du bétail, arrive des Alpes à la fin de Septembre, conduisant avec le secours d'un gardien un haras d'ânes, nommé la *pautraille*, qui servent à porter tout le bagage : il fait aussitôt la provision de bois pour l'hiver, qu'il va couper souvent à deux ou trois lieues loin de sa cabane ; il s'occupe à raccommoder les clayes des parcs, & à mettre en bon ordre tout ce qui peut servir à la conservation des troupeaux & des bergers. On voit arriver en Novembre les *annougés*, les agneaux d'un an, les moutons & les chevres ; à la fin du mois les brebis. Les agneaux viennent plutôt, pour ne pas souffrir du froid qui se fait dejà sentir aux montagnes ; les moutons se vendent aux foires d'Arles. Les brebis & les beliers résistent davantage au froid : on differe leur départ, autant que l'on peut, pour épargner les pâturages.

Lorsque le troupeau est parvenu dans le *cousous*, & qu'on en a séparé tout ce qui doit être vendu, on le divise en trois parties, dont l'une est composée de brebis couvertes, l'autre d'*annougés*, & la troisieme de brebis & de moutons libres nommés *flancs* : on donne encore le nom de petit ou grand *vassiou* aux autres

tres portions ; en général tout ce qui n'est pas brebis de lait s'appelle *vassiou*. Dans les *cousous* d'une plus grande étendue on sépare les *annougés* d'avec les femelles. On confie à la garde d'un berger & d'un chien, cinq ou six cent bêtes de *vassiou*.

L'on n'enferme jamais les troupeaux de la Crau que le jour de la toison : on les fait parquer toute l'année. Le parc est une enceinte de claies de bois de saule proportionnée à la quantité de bétail qu'elle doit contenir ; chaque claie a plus d'une canne de long sur autant de large : on les fixe par les deux bouts avec deux pieux fichés en terre ; on a soin de fermer le côté d'où vient le vent par des claies beaucoup plus hautes, garnies de roseaux, appuyées obliquement sur des fourches qu'on nomme *tavelles*. On change le parc de place tous les deux jours. C'est pour les troupeaux une maison ambulante, dont la position varie aussi souvent que le terrain & le vent l'exigent.

Les bergers menent une vie rude & solitaire, vivent en tout tems en rase campagne, exposés à l'intempérie de l'air. Pendant les frimats les plus rigoureux ils n'ont d'autre abri qu'une de ces claies garnies de roseaux, sous laquelle ils s'arrangent de leur mieux : ils couchent par terre sur un espece de grand caban nommé *eissarri*, qui forme un double panier en le mettant en travers sur le dos des ânes. Ce misérable lit est couvert d'une peau de mouton : le berger s'enveloppe en se couchant d'un gros manteau de cadis sur lequel il endosse une forte chape d'étoffe encore plus épaisse ; c'est *la capo* que le maître du troupeau leur fournit. Ils quittent le parc avant l'aurore & vont à la cabane préparer une

Tome I. X

foupe qui n'eft autre chofe que du pain bis trempé dans l'eau bouillante avec de l'huile & du fel ; ce qui compofe tout leur dîner. Ils garniffent leur panetiere du pain qui leur eft néceffaire jufqu'au fouper , rempliffent leur flacon de vin mêlé avec partie égale d'eau , & retournent au parc où dès la pointe du jour ils s'occupent à foigner les bêtes malades & à faire teter les agneaux que les meres ont abandonnés pendant la nuit. Au lever du foleil ils font fortir les troupeaux du parc , chacun conduit fa portion & gagne le quartier ou *coufou* qui lui eft affigné , fans communiquer jufqu'au foir avec les autres bergers. Au foleil couchant on ramene les troupeaux au parc , on paffe à la cabane où tous s'occupent à l'envi comme le matin. Leur fouper eft auffi frugal que l'a été le dîner : ils reviennent enfuite fe coucher au parc.

Les chiens qui ont les troupeaux en garde , ne doivent jamais les abandonner : on ne les fouffre ni le jour ni la nuit dans la cabane , & ce n'eft qu'au parc qu'on leur donne à manger. Ces quadrupedes different beaucoup de ceux que M. de Buffon nomme chiens de berger , quoiqu'avec les mêmes inclinations : ils ont leurs oreilles baffes & leur queue reffemble à celle des épagneuls. C'eft une race originaire de nos montagnes : Colmars & la Seftriere fourniffent les plus belles efpeces ; ils fe font multipliés dans la Camargue & la Crau. C'eft de ces animaux qu'eft formée la garde des troupeaux : ils ne les abandonnent jamais , rodent la nuit autour des parcs pour en défendre l'approche aux loups : l'arrivée de ces derniers jette la terreur parmi le timide bétail , quoiqu'ils ne puiffent pénétrer à travers des claies auxquelles on ne laiffe aucun intervalle. Ces chiens

mens qu'un pays leur a fourni, & qu'un autre
pays leur en promet de nouveaux. Les corpuscu-
les fétides qui s'exhalent des cadavres corrompus
après une bataille, attirent de bien loin les sales
& dégoutans vautours qui viennent se disputer cette
proie. Les oies, les canards, qui se nourriffent
de crysalides ou phalenes, de cousins dont les
marais du Nord abondent en été, trouvent en hiver
sur les bords de nos étangs quantité d'insectes qui
les alimentent.

Nombre d'oiseaux qui se nourriffent aussi d'insectes abandonnent en été les régions Méridionales où le défaut d'humidité les prive en grande
partie de leur aliment. Ils viennent chercher une
nourriture assurée dans des pays tempérés. Ceux
qui ont passé l'hiver dans les déserts de l'Afrique
reviennent au printems & vivent dans nos campagnes jusques en automne ; tandis que ceux qui
ont trouvé en hiver dans les régions tempérées
de quoi se nourrir de baies de genievre, de myr-
the, d'aubepin, de troefne, ne regagnent en été
les montagnes des alpes qu'au moment où ils sont
assurés d'y trouver d'autres fruits qui les nourriffent.

Les autres causes qui déterminent les oiseaux à
des migrations nous sont moins connues. La plupart viennent rejoindre avec plaisir les contrées qui
les ont vus naître : ils connoiffent le lieu de leur naiffance de préference à tout autre : ce local isolé
dans une vaste campagne, le sol, le buisson qui
les a dérobés aux dangers qui les menaçoient est
encore présent à leur mémoire. Ils se rappellent
les endroits qui leur ont d'abord fourni des alimens, où ils ont éprouvé les premieres sensations
de leur existence, où ils ont pris leurs inclinations & leurs mœurs. On voit en Suede, en Da-
nemarck, en Hollande, la même cigogne venir

faire fon nid annuellement dans la même cheminée , ainfi qu'en Provence la même hirondelle , le même roffignol, qu'on a marqué avec des chauffettes , revenir , fi malheur ne lui eft arrivé en chemin , dans le même lieu où il a vu le jour. Linneus a obfervé pendant fix années de fuite deux bergerettes qui venoient nicher dans le jardin royal des plantes d'Upfal où elles étoient nées , & qui étoient familieres : elles ne fuyoient point les hommes & n'avoient pas la timidité des autres oifeaux.

Le peuple qui obferve peu les oifeaux de paffage , les chaffeurs qui ont de la peine à les tirer , leur donnent des noms enfantés par le caprice , & relatifs à quelques apparences extérieures qui frappent le plus. Ces dénominations prefque toujours bizarres leur demeurent : elles varient fuivant les lieux. Il eft bien difficile de reconnoître les oifeaux à des fignes fi peu diftinctifs ; il ne faut point s'en tenir à des nomenclatures auffi équivoques , mais bien examiner les oifeaux foi-même , fi on veut leur affigner le véritable rang qu'ils occupent dans l'hiftoire naturelle , fuivant les claffes où les plus favans Ornitologiftes les ont admis. C'eft ainfi que j'ai tâché de faire , en examinant foigneufement tous ceux que j'ai pu me procurer dans mes voyages , en défignant les lieux de leurs habitations , en étudiant leurs mœurs , en ne m'attachant qu'à la nomenclature la plus reçue.

Il eft donc bien avéré que nos étangs , nos lacs & nos grandes rivieres attirent des pays Septentrionaux la plupart des oifeaux plongeurs qui viennent y paffer l'hiver , non loin des hérons dont le domicile y eft fixe (a). Les oifeaux de proie ,

_____

(a) Les hérons ne voyagent pas & paffent leur vie auprès des marais au bord des étangs où nichent quelques-uns d'entr'eux.

accipitres,

accipitres, abandonnent rarement le pays qui les a vus naître : les aigles, les éperviers, les faucons, les laniers, les facres, les buzes, habitent communément des lieux élevés d'où leur œil perçant découvre dans la plaine le gibier, les agneaux, les pigeons fur lefquels ils fondent impétueufement pour les enlever & les dévorer. L'aigle fait fon aire entre des rochers efcarpés, fur de hautes montagnes : il découvre fa proie de fort loin, s'élance deffus & l'enleve rapidement dans les airs. On voit beaucoup plus de ces oifeaux de proie en été qu'en hiver ; les frimats femblent les engourdir : ils fe tiennent cachés dans les montagnes ; ils habitent de vieux antres d'où ils viennent chafier au gibier dans les beaux jours. Il eft des quartiers qui tirent leur nom du grand nombre d'aigles qui y habitent, comme la vallée d'Aiglun réunie à la Provence par un traité d'échange fait avec le Roi de Sardaigne en 1763.

L'aigle de mer fréquente nos côtes maritimes ; les anciens lui ont donné le nom d'*offifraga* (a), parce qu'il brife fous fon bec les os des animaux qu'il dévore. Il fe nourrit encore de poiffons, & pêche la nuit dans les étangs & au bord de la mer. Les pêcheurs le connoiffent au bruit qu'il fait & l'entendent de fort loin. Il eft plus gros que l'aigle royal. Voyez-en l'hiftoire dans M. de Buffon.

Le vautour. (b) On le voit voler rarement dans nos prairies : il habite les rochers efcarpés où il fe nourrit d'animaux, foit en vie, foit morts. Les cadavres corrompus, les charognes l'attirent de fort loin : il defcend en hiver des montagnes pour fe réfugier fous les promontoires élevés &

(a) *Aquila offifraga falco.* Linn. l'aigle de mer.
(b) *Vultur cinereus.* Le vautour.

Tome I.   Y

les rochers escarpés qui bordent les côtes de la mer. Des matelots en ayant blessé un sur le rivage de nos mers inférieures, j'eus occasion de l'examiner à loisir : sa peau étoit fort dure, les plumes du col & du ventre ressembloient au duvet des oies ; mais ce qui le faisoit remarquer principalement, c'étoit une espece de cravate, formée par le duvet de son col, qui pendoit de la tête sur les deux côtés : le peuple lui donnoit des noms bi·zarres.

Je ne m'arrêterai point aux autres especes d'oiseaux de proie décrits par les Naturalistes : nous les possédons presque toutes. On les confond en général sous le nom d'épervier, d'*escriveau*. Le sacre qui ressemble au gerfaut est nommé *lou tardaras*. Il vole en plein jour sur nos campagnes, fait la guerre à la volaille ; le peuple craint ses approches. Les milans, les buzes sont plus rares & se tiennent aux montagnes. Les oiseaux de proie nocturnes se voient communément dans nos forêts : on entend leurs cris lugubres & perçans dans l'horreur des ténebres : ils volent bas pendant l'obscurité & surprennent leur proie. Les grands (*a*), les moyens (*b*) & les petits ducs se retirent le jour dans des antres, dans quelque caverne enfoncée, parmi des rocs escarpés. Le chat-huant (*c*) reste sur les arbres, d'où, aux approches de la nuit, il se laisse tomber en roulant. La chouette & l'ef-

(*a*) *Bubo* , *Strix capite auriculato* , *corpore rufo.* Linn. le duc , *lou dugou.*

(*b*) Le moyen duc est remarquable par ses longues oreilles : on le trouve communément dans les bois. Le grand duc se tient aux montagnes.

(*c*) *Caprimulgus* , *strix* , *noctua major* , *ulula.* Linn. 133 le chat-huant , *lou cabraraou* ou *cabraret.*

fraie, (a) fe rapprochent des habitations ; le dernier fe tient le jour fur le toit des clochers & des bâtimens élevés, d'où il fort la nuit. Son foufflé perçant qu'on entend de loin au milieu des ténebres dans des lieux retirés, infpire la terreur aux femmes & aux enfans. On croit que cet oifeau vient boire l'huile qui brûle dans les lampes des Eglifes, ce qui lui a fait donner le nom de *beou-holi*. La beauté de fon plumage qui eft marqué de diverfes couleurs, fon collier noir fur un fond blanc, le fait diftinguer aifément des autres oifeaux de proie nocturnes. Les grandes & petites chouettes, *la machotte*, (b) ne font pas moins communes. Les anciens avoient confondu le petit duc avec la chouette : leur chant nocturne qui n'eft pas le même, les fait diftinguer, l'un d'avec l'autre. Les chouettes fe perchent fur les arbres des jardins d'où elles font, pendant la nuit, la guerre aux petits oifeaux. Une chofe remarquable dans la plupart de ces oifeaux de proie, c'eft un moyen que la nature met en œuvre pour leur faciliter la digeftion des animaux & des oifeaux qu'ils ont dévorés fans beaucoup brifer leurs os. Les oifeaux granivores font pourvus d'un organe mufculeux qui leur fert à triturer les graines & les baies dont ils fe nourriffent. Les oifeaux de proie devroient avoir des organes encore plus forts, & un eftomac mufculeux pour brifer les os & digérer la chair des animaux qu'ils dévorent. Mais ce vifcere n'eft compofé chez eux que de membranes lâches & flexibles, fans réaction fur les parties dures. La nature a pourvu les oifeaux de proie de fucs di-

---

(a) *Strix cinerea.* Linn. l'effraie, *lou beou-holi.*
(b) *Scops capite auriculato penna folitaria*, la chouette, la machotte.

geſtifs très-pénétrans qui diviſent , atténuent les chairs ; les aſſimilent à la ſubſtance de l'animal & les portent dans le ſang. Ces diſſolvans n'attaquent point les peaux des rats & les plumes des petits oiſeaux : elles ſont rejettées deux ou trois jours après par le vomiſſement , comme inacceſſibles aux ſucs digeſtifs , ſous la forme de petites pelotes que l'on trouve ſouvent aux pieds des arbres ou dans les gîtes des oiſeaux de proie. Il eſt vrai que quelques-uns d'eux plument adroitement les petits oiſeaux , avant de les dévorer : d'autres les éventrent pour manger leurs entrailles ; mais la plupart ne font point tant de façon.

Aves anſeres. Parmi les oiſeaux remarquables que l'on voit quelquefois aux étangs de la Camargue , on admire le cygne ; (a) c'eſt le plus grand de tous les oiſeaux palmipedes. On eſtime ſon plumage par ſa blancheur. Il nage avec beaucoup de grace & d'agilité. Il a quatre pieds de long & ſept d'envergure ; ſes pieds ſont palmés : rien n'eſt plus moelleux que ſon duvet , dont on ſe ſert pour garnir des couſſins appliqués ſur les endroits où ſe font ſentir les douleurs de rhumatiſme : il les ſoulage ; ainſi que ſa peau préparée que l'on tient ſur les glandes & les tumeurs dures , les préſerve des frottemens qui leur ſont nuiſibles à la longue. On fait encore de la peau de cygne des houpes pour appliquer la poudre ſur les cheveux , des manchons : depuis quelque tems on en fait des bordures aux grands manteaux de ſatin dont les Dames ſe couvrent en hiver.

Le cygne a un bec terminé par une appendice en forme d'ongle , évaſé pour qu'il puiſſe prendre en nageant beaucoup de boue & ſe nourrir des

_____

(a) *Anas cygnus.* Le cygne.

infectes qu'elle renferme : il rejette cette boue par
une ouverture dont son bec est percé comme celui
des canards, & avale commodément les infectes :
il se nourrit également d'herbe. Sa voix qui est
une espece de croassement le distingue des canards : il la doit à la configuration réfléchie de
la trachée-artere en forme de pompe, qui donne
plus de force à l'air qui, sortant des poumons,
ébranle plus vivement les cordes vocales. Son long
col lui fait atteindre aisément sa nourriture qu'il
cherche dans l'eau. Quelques Naturalistes sont
d'avis que la courbure de la trachée-artere sert au
cygne pour respirer, lorsqu'il tient long-tems sa tête
plongée dans l'eau. Cet oiseau vit plusieurs années ;
la femelle pond cinq ou six œufs & les couve pendant deux semaines. Rien n'est plus agréable, dit
un Auteur, que de voir une troupe de cygnes
voguant avec légereté à la faveur de leurs ailes
qui aident leurs mouvemens rapides & concertés.
Ces oiseaux quittent nos contrées & vont passer
leur été dans les étangs de la Pologne, sur les rives
de l'Oder & des fleuves septentrionaux.

Le cormoran, *lou cormaran* ou *cormarin*, corbeau aquatique. Cet oiseau est dans le genre des
oïes : il a la partie supérieure de son bec crochue
& recourbée, pour retenir aisément sa pêche,
& les bords tranchans. Ses pieds sont organisés
différemment que ceux des oiseaux palmipedes
dont les doigts sont unis ensemble par trois membranes, tandis que le cormoran n'en a que deux
qui joignent seulement trois doigts du pied ensemble par devant : il s'en sert pour nager sous l'eau
avec plus de force & de vîtesse ; il a ses pattes
tournées en devant : par cette disposition il prend
quelquefois sa proie avec un pied ; tandis qu'il nage

de l'autre par l'impulsion directe qu'il donne à son corps ; ce qui n'arriveroit pas si ses pattes étoient tournées en dehors : Gesner l'avoit très-bien observé. Une petite dentelure qu'il a le long de ses doigts, lui sert pour arrêter le poisson. On apprivoise cet oiseau en Allemagne, en Pologne, & on le dresse pour la pêche : il jette en l'air le poisson qu'il saisit, lui fait faire un demi-tour & l'avale toujours par la tête, pour n'être point embarrassé par la queue & les arêtes qui autrement se présenteroient de rebours : les chasseurs sont quelquefois témoins de cette manœuvre. Le cormoran a la grosseur de l'oie ; on le nomme indistinctement dans ce pays-ci, cormoran ou *cormarin*.

Le pelican, l'onocrotale, *grand gouzier*. *Sacco gulari aquam siticulosis pullis offert, migrat sæpè in Ægyptum*. Linn. pag. 209. L'onocrotale, quoique moins commun, a été observé quelquefois dans le terroir d'Arles & aux étangs d'Hieres. Les grands vents, les tempêtes l'empêchent de voler & l'abattent. On en tua un, il y a trente ans, à la Camargue, je l'ai vu attaché à la porte de l'Hôtel-de-Ville d'Arles. La grosseur de cet oiseau est comparable à celle de l'oie : il a le bec plat, fort large à son extrémité, très-gros vers la tête avec des bords tranchans ; le dessous est évasé en canelures dans lesquelles entrent les tranchans du côté supérieur : il porte une poche ou une espece de sac sous le bec qui lui sert à mettre sa nourriture en réserve : c'est un jabot dans lequel il la garde, comme les oiseaux qui en prennent beaucoup, avant de la transmettre à leur estomac, ou de la donner à leurs petits. Différens en cela des oiseaux de proie qui la portent dans leur bec ou dans leurs serres. Les sauvages en Amérique se servent de ces poches pour y mettre leur tabac. (*a*) Le plu-mage du pélican eſt orné de vives couleurs, il a les pieds palmés comme le cormoran, vole fort haut & vit long-tems.

Les oies ſauvages (*b*) fréquentent ces cantons : elles arrivent en grand nombre des régions ſepten-trionales, hantent les étangs & les marais. Le peuple appelle cet oiſeau *l'aouque ſaouvagi*. Sa chair eſt plus délicate que celle de l'oie domeſti-que. Nos oies de mer ſe font remarquer par leur groſſeur, la couleur de leurs plumes. Il en eſt de pluſieurs eſpeces : *anas fera*, *anas penelope* : celles-ci ont un cri qui les annonce de loin ; leur plumage eſt orné de blanc & de noir ; leur queue eſt bifur-quée : elles ſe nourriſſent ordinairement de coquil-lages. *Anas celangula* : cette eſpece a la trachée-artere enflée & volumineuſe : il en eſt de même des canards ſauvages qui varient infiniment par la couleur de leurs plumes, par la largeur de leur bec, de leurs crêtes, par la configuration de leur queue : ce qui fait que les chaſſeurs & le peuple leur donnent des noms différens. La quantité de marais & d'étangs dont ces lieux ſont remplis en attirent de pluſieurs eſpeces : les plus remarquables ſont les ſarcelles. Cet oiſeau aquatique (*c*) habite plutôt les étangs ſaumatres que les bords de la mer : on le reconnoît à ſon bec un peu plus large que celui des canards, & à une tache verte qu'il a ſur les ailes : ſa chair eſt plus délicate ; il arrive en automne pour retourner au printems.

Les canards ſauvages volent en troupe : ils na-gent ſur la ſuperficie des eaux, ont le col cannelé,

(*a*) Voyez le Dictionnaire des animaux.
(*b*) *Anas paluſtris*. Oie ſauvage.
(*c*) *Querquedula anas maculá alarum viridi*. La ſarcelle.

les pieds rougeâtres & le bec avec un anneau blanchâtre à fa bafe. J'en défignerai quelques efpeces avec leurs noms vulgaires : le canard noir , (a) la foulque , la macreufe : cet oifeau palmipede tient de la nature du poiffon & on le mange les jours maigres. Il a le bec plat & large , le pied & le plumage noir ; il vit d'infectes , de coquillages & de poiffons qu'il prend en plongeant jufques au fonds de l'eau ; fes ailes font trop petites relativement à fon corps , ce qui le fait voler difficilement ; mais en revanche il marche & nage d'une vîteffe extrême. Sa chair eft coriace , huileufe , d'un goût fauvageon : les cuifiniers favent corriger ce défaut. L'on croit que la macreufe eft une variété des diables de mer , foulques , poules d'eau ou pouffins.

Le plongeon , *lou gabian.* On voit quantité de plongeons fur nos étangs & au bord de nos mers. Quelques-uns fe dérobent fi promptement à la vue , en fe plongeant dans l'eau , dès qu'ils apperçoivent de loin le chaffeur qui s'apprête à les tirer, que le peuple les nomme mal à propos *œil de verre ,* comme s'ils avoient une lunette d'approche pour y voir de plus loin. On les regarde comme des demi-canards : ils en different par les pieds qui font fitués près de l'anus ; ce qui fait qu'ils vacillent en marchant & fe foutiennent avec peine. Leur corps reffemble à celui des canards , mais leur bec eft plus long & ils ont la tête plus petite. Les trois doigts de leurs pieds font palmés , à l'exception de celui de derriere qui ne l'eft point. On nomme *gabian* le plongeon de mer dont le plumage eft d'un blanc cendré : les autres ont divers noms comme *mejeans.* (b) Le plongeon hupé a les jam-

_____

(a) *Anas filveftris , anas nigra.* La macreufe.
(b) *Mergus ferrator ,* le plongeon , *lou gabian.*

bes fort légeres & petites; les doigts des pieds ne font palmés que par une membrane découpée en forme de frange fans être unie & d'une feule piece. Les colimbes font des plongeons qui demeurent long-tems dans l'eau ; celui qui a une crête fur la tête fe voit communément fur nos étangs : le peuple l'appelle le *fuma*. D'autres font fans crête, ils ont les pieds demi-palmés & placés fous le ventre ; ils les alongent en arriere, lorfqu'ils marchent. Ils reffemblent beaucoup aux foulques. Nous pouvons joindre ici les hirondelles de mer *leis randouletous*, & quelques autres efpeces d'oifeaux rangés dans cette claffe.

Des Oifeaux hémantopedes.

On nomme ainfi la claffe de ces oifeaux, parce qu'ils font montés fur de longues jambes & armés de longs becs. Ils cotoyent les bords des marais, les étangs, les rivieres où ils cherchent leur proie : fe nourriffent d'infectes, de poiffons qu'ils pêchent dans les eaux ftagnantes, tandis que les efpeces défignées ci-deffus nagent & plongent dans l'eau.

Aves grallæ Linnei, (a) le flaman. Cet oifeau fe fait remarquer dans le terroir d'Arles par la beauté de fon plumage & de fes couleurs. Son corps qui n'eft point en proportion de fa hauteur, eft monté fur de longues jambes avec des pattes grêles, au moyen defquelles il cherche au bord des marais, des poiffons, des infectes, des graines même qu'il dévore : il rejette la boue à travers les afpérités dont les bords de fon bec font garnis ;

(a) *Phænicoteros ruber remigibus nigris*. Linn. le flaman. On le diftingue aifément par fes ailes d'un rouge éclatant.

il eft palmipède, vit en fociété, & vole en troupe.
Les flamans ne fe quittent point, & lorfqu'ils s'arrêtent pour manger, ils laiffent toujours quelqu'un
d'eux en fentinelle qui les avertit au moindre danger
qui les menace : ils conftruifent leurs nids aux bords
des marais avec de la boue, en forme de cone
tronqué ; ils y pratiquent une ouverture & couvent leurs œufs en pofant leur croupillon deffus
& leurs pieds par terre. Les petits flamans ont un
chant agréable qu'on entend au point du jour
à la Crau ; on les tire plus facilement que les
grands. Cet oifeau s'envole aux approches de l'hiver & quitte ces contrées pour fe rendre en Afrique, où l'on en voit en grande quantité, & furtout en Barbarie. Les anciens avoient trouvé un
goût exquis à la langue du flaman : tout le monde
connoît le fameux repas du glouton Vitellius. Peyrefc crut bien régaler fon ami Duver atteint des
fievres, en lui faifant fervir des langues de flamans, que celui-ci trouva défagréables ; ce que
Peyrefc attribua à fon goût dépravé par la fievre.
(a) On chaffe peu au flaman, quoique fa chair ne
foit point mauvaife.

Le héron. (b) Ce genre d'oifeau comprend plufieurs efpeces auxquelles le peuple d'Arles a donné
différens noms uniquement fondés fur le caprice.
Les grues (c) font placées parmi les hérons par
Linneus. On les voit arriver des régions du Nord
en Provence, dans le cours du mois d'Octobre,
pour gagner les côtes de la mer, traverfer la Méditerranée, fe rendre en Egypte & atteindre les
montagnes de l'Abiffinie & de l'Ethiopie ; tandis

(a) Voyez la vie de Peyrefc par M. Requier, page 137.
(b) Ardea, le héron.
(c) Grus, la grue.

que les hirondelles parviennent jusques dans la Nigritie & le Sénégal. Les grues passent l'hiver dans ces régions, où elles trouvent facilement leur nourriture. Elles retournent au mois de Mars en Lithuanie, en Pologne, en Suede, où elles nichent dans le cours de l'été. Elles ont un passage réglé en plusieurs endroits, s'arrêtent peu en chemin pour prendre leur nourriture, ne se reposent que sur un pied, placent toujours quelqu'une d'elles en sentinelle pour les avertir du danger. La grue a un cri aigu qu'elle fait entendre de fort loin en volant, ce qu'elle doit à la configuration de sa trachée-artere qui est large, contournée en spirale, réfléchie sur le sternum, avant d'entrer dans le poumon, & accompagnée au milieu de son long col, de cartilages saillans & semés de protubérances. Les cordes vocales multipliées sur une large surface transmettent ce son à de grandes distances, par l'action de l'air, qui les ébranle fortement en sortant de la poitrine. Le foie des grues est attaché au dos & fort petit, comme dans les oiseaux aquatiques dont elles forment une espece. Elles se nourrissent de graines, d'herbes & de fruits. Il y a dans leur marche un ordre marqué qui présente dans les airs différentes figures qui attirent les regards : la troupe forme presque toujours un cordon qui se repliant en divers sens forme des especes de chiffres. Elles semblent être enfilées les unes derriere les autres, & soit qu'elles se touchent, se soutenant chacune sur celle qui la précede, soit qu'elles se suivent seulement de près, la grue qui ouvre la marche doit avoir plus de peine à fendre l'air que les autres : aussi assure-t-on qu'elles prennent tour-à-tour la premiere place, & celle qui la quitte vient se mettre à la queue pour se retrouver de nouveau à la tête de l'esca-

dron volant, quand celles qui la précédoient l'ont fucceffivement quitté. Les fortes pluies, les vents violens, les tempêtes les obligent à s'abattre, furtout
pendant la nuit. Malheur aux champs femés & aux
vignes qu'elles rencontrent alors. J'ai vu une vigne
ainfi dévaftée par un troupeau de grues : elles
avoient non-feulement vendangé les raifins dont
elle étoit couverte, mais dévoré jufqu'aux feuilles,
dans l'efpace d'une nuit : quelques-unes s'étoient
tellement gorgées, qu'elles eurent beaucoup de
peine à prendre leur effor & on les tira facilement.
Il en refte en été dans les bois, de malades, de traî-
neufes, qui n'ont pas pu fuivre les autres ; elles
y paffent fouvent jufqu'en automne, après quoi
elle s'envolent.

La cigogne (a) fe voit pendant l'hiver à la Camargue, ainfi qu'à la Crau. Il y en a de noires
qu'on reconnoît au bruit qu'elles font en frappant
des bords de leur bec l'un contre l'autre. La cigogne
eft plus haute que le héron : elle a fes yeux garnis
de plumes ; fon bec eft d'un rouge clair, à angles
aigus & fort pointus : il lui fert à arrêter les reptiles dont elle fe nourrit. Les doigts du devant de
leurs pieds font joints à leur commencement par
de petites membranes courtes & épaiffes avec les
ongles blancs. La cigogne noire fréquente plus les
bords de la mer que la blanche : la premiere fe
plonge fouvent dans l'eau fans pêcher ; elle a les
jambes fort hautes & fans plumes jufqu'au genou.

Le héron cendré. (b) Il y en a de plufieurs ef-

(a) *Ardea ciconia*, la cigogne, *ciconia alba*.
(b) Sa chair fent le fauvageon. On le regarde comme
un oifeau ftupide : il refte immobile en attendant fa
proie ; cependant il bleffe quelquefois le chaffeur avec
fon bec pointu. *Ardea cinerea major fupra nubes volitans*,
le héron cendré.

peces auxquelles le peuple donne encore des noms bizarres. Le héron commun que l'on obſerve dans ce terroir a quatre pieds de long, depuis l'extrémité du bec juſqu'à celle des griffes. Sa tête eſt armée d'une crête noirâtre dont les plumes longues de deux ou trois pieds ſont eſtimées ; les autres plumes de ſon corps ſont blanches, marquées de taches noires : le dos qui n'a qu'un duvet, eſt couvert de longues plumes qui ſortent des épaules ; il eſt moins gros que les cigognes ; le deſſus de ſa poitrine & du croupillon ſont un peu jaunes. Le héron a les jambes hautes, dégarnies de plumes, ainſi que les cuiſſes ; ſes doigts du pied ſont longs, & celui du milieu eſt dentelé : ſon bec a au moins un demi-pied de long ; les bords en ſont hériſſés de petites pointes pour arrêter les poiſſons & les grenouilles dont il ſe nourrit. Sa tête eſt ramenée entre les deux épaules ; c'eſt ſon allure naturelle. Il eſt toujours ſolitaire, pêchant pendant le jour & ſe retirant la nuit ſur quelque arbre de haute futaye où il niche. On l'apprivoiſe dans quelques Provinces du royaume ; il indique les tempêtes, lorſqu'il vole ſur les nues. J'ai gardé longtems un petit héron empaillé : les plumes de la gorge, du col, de la poitrine & du ventre ſont blanchâtres ; ſa crête n'a pas un pied de long.

Le héron butor. (a) On lui a donné ce nom, parce qu'il crie, le bec plongé dans l'eau, dans la boue, & qu'il imite le mugiſſement d'un taureau. On l'appelle *moz* au terroir d'Arles, parce que ſon cri perçant fait entendre ce mot. Les bergers, les chaſſeurs, le diſtinguent par-là : il eſt hupé, plus petit que le héron commun, avec des jambes

----

(a) *Ardea butaurus* Linnei. *Mugitus ſtentorii pares emittit ;* le héron butor, *lou moa.*

nues & des pieds verdâtres dont les doigts font fort alongés & les ongles longs & forts. Le doigt extérieur qui tient à celui du milieu a fon côté intérieur dentelé, comme les autres efpeces de héron qui fe fervent de ces pointes pour retenir les coquilles : il ne chante qu'au printems dans la faifon de fes amours ; il fait fon nid par terre , & pond cinq ou fix œufs blanchâtres tachetés de noir : il a le bec fort droit & tranchant des deux côtés ; la partie inférieure entre dans la fupérieure.

Le héron grisâtre. Cette efpece de héron eft moins folitaire que celles dont je viens de parler ; ils volent en troupes aux bords des grands étangs & paffent la nuit & le jour dans les eaux ftagnantes. Les chaffeurs qui les trouvent endormis en tuent quelquefois deux ou trois d'un feul coup. Ils appellent ce héron *galejoun* du nom de l'étang qui fe voit près de la montagne de Cordes , où cet oifeau devoit fe trouver en quantité autrefois. Ils débitent férieufement que ces oifeaux font munis de fept veſſicules de fiel dont deux font placées à la racine des ailes , deux au haut des cuiffes , une fur le croupillon & les deux autres à la partie fupérieure de l'eftomac , & tout le peuple après eux attribue à cet animal fept veſſicules de fiel, fans celle que la nature lui a donné. Cet oifeau a été examiné foigneufement par M. Bouret , Avocat d'Arles , qui ayant beaucoup de goût pour les fciences naturelles travaille à former un cabinet de ce que notre Province fournit de plus curieux , furtout en foffiles. Il a eu la bonté de m'en envoyer un, avec la defcription qu'il en a faite lui-même ; la voici : le plumage de ce héron (*a*) eft gris au-deffus du

---

(a) *Ardea criſtata ſubnigra , remigibus ſuſcis* ; le héron gris , *lou galejoun.*

corps & blanchâtre fous le ventre : il a la queue ainfi que le col, d'un gris tirant fur le blanc ; fa tête eft furmontée d'une grande crête noire & fes ailes font d'un noir clair : il a le bec jaunâtre & pira-midal long d'environ fix pouces & dentelé fur fes bords : fes yeux font d'un rouge vif, les jambes jaunes jufqu'aux cuiffes & entierement nues ; les pieds ont quatre doigts armés d'ongles aigus, fé-parés diftinctement les uns des autres. Cet oifeau a deux pieds & demi depuis la tête jufqu'aux pieds, quatre pieds & demi du bout d'une aile au bout de l'autre, & un pied de haut des cuiffes jufqu'aux pieds. Il prend fa nourriture au bord des étangs & des marais, où il pêche des poiffons & des co-quillages. Les prétendus fept fiels qu'on lui donne gratuitement font autant de pellicules jaunâtres qu'on lui trouve aux endroits défignés ci-deffus. Ces pellicules font partie du panicule-adipeux, & fé-parent une humeur jaunâtre & cérumineufe que la nature lui a donnée pour en luftrer fes plumes & les rendre impénétrables à l'eau, fur laquelle cet oifeau demeure plus long-tems que les autres de la même efpece qui paffent la nuit fur les ar-bres. La peau de ces volatiles eft fort amere au goût ; auffi plufieurs l'enlevent avant de le faire cuire : d'autres la mangent fans répugnance. La plupart des hérons dont j'ai parlé ont également en petit des peaux jaunâtres dont ils retirent, comme d'autant de follicules, une efpece d'huile qui doit leur fervir au même ufage ; mais elles font plus marquées dans le héron gris. On les con-fond cependant les uns avec les autres, & on at-tribue à tous les fept vefficules du fiel. J'ai jugé à propos d'éclaircir ce fait qui n'induira jamais à er-reur un vrai Naturalifte.

Tous ces cantons font également pourvus des

oifeaux que Linneus a claffés dans le genre des fcolopaces , *fcolopax* , la becaffe , *fcolopax rufticula filvatica* , autre efpece de becaffe , *fcolopax minor* , la becaffine , *fcolopax altera* , lou becaffoun , *fcolopax armata* , le petit courlis , *lou courcliou.* Quantité de ces oifeaux fe font voir ici en hiver. On y remarque le grand & le petit courlis , le premier a la couleur d'un gris fauve ; il eft haut monté , fur des jambes nues , & porte une queue courte & bigarrée comme les oifeaux aquatiques. Il vole en troupe , habite les marais , court fort vite : fon bec eft long & recourbé. Le petit courlis ne differe du grand que par fa taille : *fcolopax roftro fubcurvato , bafi rubro , pedibus fufcis* , fauna fuecia. Linn. 172.

La poule-d'eau , *la poulo d'aiguo.* On en diftingue de trois efpeces : la grande , la moyenne & la petite *galinago* , (*a*) la grande poule-d'eau , *lou galligaftre* ; celle-ci l'emporte de beaucoup fur les autres par la groffeur. Les poules-d'eau ne font gueres plus groffes que les poules domeftiques : elles vivent de petits poiffons , conftruifent leur nid dans des brouffailles , ou les pofent dans des trous qu'elles conftruifent exprès dans la terre ; leur chair eft favoureufe & peut être comparée à celle de la farcelle.

La foulque ou poule d'eau noire (*b*) fréquente également les marais : elle ne differe pas beaucoup des plongeons & vit à-peu-près comme eux : elle a fes côtes croifées. Il ne faut pas la confondre avec la poule-d'eau commune.

Le vanneau. (*c*) C'eft un oifeau de paffage : il

(*a*) *Gallinula minor* , *la poulo d'aiguo* , la poule d'eau.

(*b*) *Fulica atra natat curritque fupra aquas, nidificat inter arundines* , lou diable de mar.

(*c*) *Tringa vanellus* , le vanneau.

aime

aime les prairies baffes & à l'abri ; il a les pieds rouges , la poitrine & les ongles noirs avec une crête pendante.

Le chevalier , (a) *lou cambet*. Cette efpece de pluvier eft connue à la Crau : il eft de la groffeur du pigeon , il fréquente les étangs où il s'enfonce dans l'eau jufqu'aux cuiffes. Nous en avons de deux efpeces dont la chair eft délicate.

Le pluvier vert , (b) le pluvier doré. Les pluviers fe voient dans ces contrées ; on y trouve encore le pluvier criard : ces oifeaux n'ont que les trois doigts au-devant du pied & manquent de celui de derriere. Ce n'eft tout au plus qu'un faux doigt qui ne leur fert de rien ; ils font de la groffeur du pigeon.

Le râle - de-genêt. (c) Celui-ci a les plumes fort molles donnant fur le duvet : il a les pieds verts & les paupieres rouges ; il vit de vermiffeaux & conftruit fon nid dans les champs.

La canapetiere. (d) Les Naturaliftes la regardent comme une petite outarde , elle en a les inclina- tions ; le mâle fait la roue : on la trouve le long des ruiffeaux & des lieux bas.

L'outarde. (e) Cet oifeau fe rencontre fouvent à la Crau : il a le ventre blanc & le dos bigarré par des lignes noirâtres & tranfverfales ; fa groffeur approche de celle du dinde , fon bec de celui d'une poule. Il n'a que trois doigts au-devant du pied ; celui de derriere manque : fes ongles font convexes & ovales. Les outardes arrivent en troupe au mois de Novembre à la Crau , précifément au tems où

(a) Le chevalier , *lou cambet* ; *tringa roftro pedibufq. nigris.*

(b) *Pluvialis viridis* , le pluvier vert.

(c) *Rallus geniftarum* , le râle-de-genêt.

(d) *Otis capite guláque levi* , la canapetiere.

(e) *Otis tarda* , l'outarde , *l'eftardo.*

Tome I.   Z

les moutons viennent des montagnes parquer dans ces contrées. Elles y demeurent tout l'hiver jusqu'au printems, & les quittent, lorsqu'on fait partir les troupeaux pour les alpes. Les outardes tiennent toujours une d'entre elles aux aguets pour les avertir par ses cris, dès qu'il paroît quelqu'un. Leurs ailes courtes, leur gros ventre leur inspirent ces précautions, pour qu'elles aient le tems de s'envoler, ce qu'elles ne font d'abord qu'avec peine. Ces oiseaux se nourrissent d'herbes, de grains, d'insectes : ils ne manquent pas d'intelligence. Quiqueran, *de laudibus Provinciæ*, rapporte qu'une outarde ayant été prise versoit des larmes de se voir captive.

Oiseaux gallinacées.

La classe des gallinacées comprend une quantité d'oiseaux dont on voit un bon nombre habiter ces contrées. Je désignerai ailleurs les principales especes qui habitent nos montagnes, parmi lesquelles on distingue la perdrix rouge & grise, la petite & grande bartavelle nommée *la givaudano* : la perdrix blanche, *perdix five attagen aselepica, campi lapidei*, la perdrix de Crau, la *grandoulo.* Cet oiseau qui forme la chaîne entre la perdrix, le francolin & le pigeon ramier, habite principalement la Crau : on le voit rarement dans les campagnes éloignées de ces lieux ; il vole en troupe, ce n'est point une perdrix qui ait un rapport bien marqué avec les especes désignées ci-dessus, ni même avec ces perdrix errantes dont on voit quelquefois des troupes, quoiqu'on le nomme ainsi, & ne ressemble point aux francolins n'ayant point d'ergots à ses pieds ; il se rapproche plutôt par sa tête du pigeon ramier. M. Lieutaud, dans sa

matiere médicale, l'a mis au rang des francolins
fur l'étimologie de fon nom *grandoulo*, ou
francoulo. Cet oifeau paroît plutôt fe rapporter
aux pigeons fauvages qui volent toujours en troupes. Pour les mieux obferver j'ai gardé long-tems
le mâle & la femelle en vie. Il y en a qui penfent
que cet oifeau eft un métif procréé du pigeon ramier & de la perdrix rouge ou grife ; mais ce métif
n'auroit pas dû être fécond pour avoir perpétué
fon efpece, ce qui arrive rarement aux mulets qui
n'ont jamais fait race. Des Naturaliftes ont gardé
quelque tems des perdrix mâles avec les femelles
des pigeons ramiers : il n'en eft jamais rien réfulté,
tandis que le mâle du pigeon ramier eft plus ca-
reffant avec la perdrix femelle ; ils paroiffent s'aimer, mais fans conféquence.

La perdrix à collier qu'Ardrovande a décrite,
a quelque rapport par fa forme extérieure avec la
grandoule, ainfi que la perdrix d'Alep en Syrie,
qui a le port & les mœurs fauvages. Le mâle de
cette perdrix reffemble à celui de notre grandoule : il a le même plumage d'un gris obfcur,
leurs pieds, leur bec font configurés à-peu-près
de même ; la femelle tire un peu plus fur le fauve ;
fon col eft orné jufqu'au jabot de trois petits colliers paralleles entr'eux d'une couleur noifette : on
nomme cette perdrix *krata* à Alep ; elle vole fi
haut qu'on ne peut la tirer au fufil. Son vol eft
très-rapide. On en voit des troupes de plus de deux
mille ; on en tue plufieurs d'un feul coup, fans
qu'il s'en trouve deux parmi les femelles dont les
plumages fe reffemblent totalement pour la couleur : elles ont toutes des nuances & des variétés
qui les rendent différentes entre elles. C'eft ainfi
que s'exprime M. de Villette dans une lettre qu'il a
écrite à M. fon frere de l'Académie de Marfeille.

Tout cela pourra fervir quelque jour à diftinguer la grandoule des oifeaux auxquels on la rapporte communément. Après des recherches plus exactes on faura fi la perdrix qu'on nomme ainfi à Alep, & qui reffemble fi fort à celle-ci, eft de la même efpece; fi elle a les mêmes inclinations; fi elle éleve fes petits de la même maniere; fi la grandoule eft un oifeau particulier de la Crau, d'où il ne s'écarte pas bien loin; s'il y eft venu de quelque autre pays, & dans quel genre de gallinacées il faut la placer. En attendant, voici la defcription qu'en a faite, d'après nature, M. Capeau, Viguier d'Iftres, avec lequel j'ai parcouru ces contrées. La grandoule (a) imite à-peu-près la perdrix par fa groffeur : le plumage du mâle eft bariolé d'un jaune pale donnant fur la couleur de paille & de gris-brun, ainfi que la femelle, avec cette différence que les taches jaunes font plus diftinctes dans le mâle. Les plumes des ailes font dans tous les deux d'un gris cendré & parfaitement conformes à la couleur du pigeon ramier. Chaque aile eft terminée par deux plumes effilées (b) beaucoup plus longues que les autres, à-peu-près comme celles de l'hirondelle : le ventre eft d'un blanc fale. On voit fur le bec du mâle une tache noire, comme aux moineaux, & deux colliers; l'un de couleur de paille foncée, & l'autre fauve, féparés par une petite raie noire; la femelle n'a point de tache noire fur le bec, mais elle a à-peu-près

_____

(a) A Arles, à Aix & partout on croit que la grandoule eft une perdrix grife dégénérée.

(b) Les deux plumes effilées qui terminent la queue de la grandoule, font encore plus longues; elles font noires, au lieu que les autres font bariolées de noir & de jaune clair.

les mêmes colliers que le mâle : ses pieds sont couverts en devant d'un petit duvet blanc avec trois doigts ; dont celui du milieu est plus long que les autres ; le quatrieme doigt de derriere n'a pas plus de deux lignes de long.

La grandoule habite la partie stérile de la Crau, fuit les terrains cultivés, fréquente plutôt les bois, les montagnes, les marais : elle a le vol élevé, l'aile forte, vit en troupe, pousse un cri aigu en partant. On en voit quelquefois à la petite Crau de Berre & à la plaine de Senas ; mais elle est naturalisée à la Crau où on la trouve en tout tems. Elle s'accouple en Mars, pond deux ou trois œufs en Juin sur la terre, sans se donner la peine de construire un nid : les petits grandoulons naissent sans plumes ; la mere les nourrit en les gorgeant, comme les pigeons, jusqu'à ce qu'ils soient assez forts pour chercher leur nourriture ; c'est ce qui est cause qu'elle fait rarement deux pontes. Les grandoules marchent lentement, ne se laissent pourtant point approcher, prennent aisément l'épouvante, en poussant de grands cris & s'envolent à tire d'aile, lorsqu'elles apperçoivent quelqu'un. Les chaleurs de l'été, l'aridité des plaines de la Crau les obligent de venir aux bords des étangs & des ruisseaux pour boire, surtout le matin. Elles se succedent par petites bandes ; le chasseur qui est à l'affût tire sur celles qui volent derriere, ou se reposent à sa portée. La troupe ne s'arrête plus au bord des étangs, lorsqu'elle a essuyé quelque coup de fusil ; elles boivent alors en volant & rasent la surface des eaux. Cet oiseau n'est pas regardé comme excellent, la chair en est noire & dure : on estime davantage le petit grandoulon qui est tendre & de fort bon goût : les gourmets le préferent même aux perdrix ; il a du rapport avec la

Z 3

gelinote des Pyrénées que les Espagnols appellent *ganga* ; (*a*) mais ses mœurs sont très-différentes. La gelinote se plaît aux plus hautes montagnes, & l'autre n'a jamais abandonné les régions tempérées qui l'ont vu naître.

Cette description exacte fait voir que la grandoule ne se rapproche pas trop avec nos perdrix ; on pourroit la classer plutôt parmi les pigeons : elle a les pieds fort courts, ce qui est cause qu'elle a la même allure & marche comme eux, tandis que la perdrix court & marche rapidement. La grandoule a un vol fort élevé & vole en troupe comme les pigeons : elle ne pond que deux ou trois œufs, & la perdrix en pond quinze ou vingt ; ses petits naissent sans plumes & gardent le nid jusqu'à ce qu'ils soient en état de suivre les meres, qui les nourrissent en les gorgeant, ainsi que les pigeons ; & les petites perdrix courent au moment qu'elles ont brisé leurs coques, sans autre soin de la part de la mere que de les conduire & de les couvrir de ses ailes. La grandoule a plus de rapport avec l'*anas* d'Aristote, espece de pigeon sauvage & montagnard, qu'avec les gélinotes, les francolins & les perdrix : si elle n'est pas une variété. (*b*)

On observe à la Camargue, à la Crau & tout le long des côtes maritimes quantité d'autres oiseaux, surtout de la classe des moineaux dont je parlerai plus bas. Quelques especes d'alouettes ne quittent point ces contrées entre le Rhône, l'étang

---

(*a*) Voyez le III. vol. de l'hist. nat. des oiseaux de M. de Buffon.

(*b*) On pourroit nommer la grandoule, *columba (perdix) torquata, remigibus griseis, abdomine cinereo, caudâ duabus pennis stiliferis nigricantibus torminatâ, herculei campi.* Le pigeon perdrix de la Crau.

de Berre & la mer. Telles font l'alouette commune, *la coquillado*, *la calandro & lou criou.*

L'alouette à collier noir, (a) ainfi nommée à caufe qu'elle a autour de fon col une bande noire, plus petite dans la femelle que dans le mâle. Elle conftruit fon nid à terre ; pendant qu'elle couve, le mâle s'éleve en l'air de tems en tems & s'y foutient au-deffus du nid par un mouvement précipité des ailes dans une efpece d'immobilité, chantant en même tems pour amufer fa compagne jufqu'à ce que la laffitude le ramene auprès d'elle. On peut apprivoifer cette efpece d'alouette, qu'on nommé *calandro* ; elle imite affez bien le chant de quelques oifeaux. L'alouette *coquillado* (b) a les mêmes habitudes que les autres, mais ne vole point en fi grande troupe : dans la faifon de leurs amours le mâle fait la roue autour de fa femelle.

L'alouette commune (c) ne paroît qu'à la St. Michel : elle habite la Crau jufqu'au mois de Mars ; c'eft l'alouette d'hiver ; elle vole en troupes, aime les prairies, & les champs à blé.

La petite alouette, (d) la locuftelle, *lou criou*, arrive, lorfque l'alouette ordinaire s'en va : elle pond fes œufs aux mêmes lieux que la calandre au nombre de quatre à cinq ; elle s'en va en Octobre ; c'eft l'alouette proprement dite de ces contrées : elle perche rarement : on veut que lorfqu'elle le fait, ce foit un préfage de pluie ; il s'en faut bien que ce figne foit certain. On prend l'alouette au filet, au piége ; quantité de gens font occupés de cette chaffe jufqu'à la fin d'Août. Le *criou* s'en-

---

(a) *Alauda non criftata major*, l'alouette à collier, *la calandro.*

(b) *Alauda criftata major*, la coquillado.

(c) *Alauda arvenfis vulgaris*, l'alouette commune.

(d) *Alauda maritima locuftella*, la locuftelle, *lou criou.*

Z 4

graiſſe dans les volieres : il vaut plus que l'ortolan ;
il n'aime pas la captivité & s'y fait avec peine ;
ceux qui ne ſuccombent pas au chagrin d'être
enfermés s'engraiſſent dans trois ſemaines.

CHAPITRE XXXIV.

Liſte abrégée des plantes qui naiſſent au terroir
de la Crau.

TANDIS que la Camargue eſt extrêmement
cultivée, que le ſel marin, le ſel de glauber,
l'alkali minéral abondent dans ces terres, que ces
ſels unis aux limons onctueux du Rhône & des
étangs forment autant de ſucs fertiliſans; le terrain
de la Crau eſt aride en général : il n'y croît aucun
arbre; mais les plantes principales qui végetent
ſur un pareil ſol méritent d'être connues.

CLASSE PREMIERE.

Du ſyſteme ſexuel du Chevalier Linnéus.

Monandrie, Monogynie.

Salicornia, kali geniculatum, eſpece de kali
à tige un peu ligneuſe. Il ſe trouve vers la mer aux
bords de la Crau. On le confit en Angleterre avec
du vinaigre; ſon ſuc guérit les crevaſſes des ma-
melles des vaches, & ſa décoction tue les vers.

CLASSE II.

Diandrie, Monogynie.

Jaſminum luteum fruticoſum, jaſmin ſauvage,
joouſemin fer. La culture embellit cet arbre dans
les jardins, & lui donne un port agréable.

Liguſticum vulgare , le troëſne.

Verbena vulgaris , la verveine.

Lycopus europeus , eſpece de marrube.

Roſmarinus officinalis , le romarin , *lou rou-maniou*.

CLASSE III.

Triandrie , Monogynie.

Valeriana rubra hortenſis , la valériane rouge des jardins , *lou pancouguou*. Il y en a qui accordent mal-à-propos à cette valériane les mêmes propriétés qu'à celle des montagnes dont je parlerai ; cela ne ſauroit être : ſa racine inodore & inſipide eſt bien différente de l'autre.

Valeriana calcitrapa.

Valeriana locuſta , mâche.

Cneorum tricoccum , la chamelée , eſpece de garou. Cette plante vient aux mêmes endroits que le *ſalicornia* : c'eſt un violent purgatif dont il ne faut pas ſe ſervir , comme font quelques payſans. Son fruit tue les loups , les renards.

Gladiolus communis , *lou coutelet* , plante liliacée qui vient naturellement dans les blés.

Iris Germanica , le glayeul , *lou gloujoou*.

Schœnus glumâ multiflorâ , eſpece de jonc commun.

Cyperus ſpicâ diſticho imbricatâ.

Scirpus fluitans.

} Plantes graminées qui donnent de bons pâturages. Le ſcirpus à force de tracer fertiliſe ſouvent les terres.

Panicum dactilon , le paniz , *la paniſſo* , chiendent uſuel qui multiplie beaucoup.

Phleum bulboſum , chiendent bulbeux ; il fournit de bons pâturages.

Aira ceſpitoſa , chiendent des blés à panicule

de roseaux ; c'est encore un pâturage excellent dans les bons fonds.

Dactylis glomerata, chiendent en épis à feuilles dures.

Cynosurus durus, chiendent des champs, paniculés.

Festuca ovina, fétuque des brebis ; nourriture des brebis & des bœufs.

Bromus secalinus, fétuque à bâle hérissée. Les bromus présentent des pâturages fort hauts jusques dans les lieux arides.

Stipa juncea, fétuque à feuilles de jonc.

Avena fatua, fausse avoine, *civado fero*, pâturage fertile.

Lagurus ovatus, chiendent cotoneux à épis. Les cochons aiment beaucoup sa racine.

Lolium perenne, ivraie pérennel, *lou margrail*. Les brebis broutent avec plaisir les plantes graminées & surtout celle-ci qui naît en abondance parmi les cailloux : cette espece de *raigras*, ainsi nommé par les Anglois, blanchit sous la pierre comme les chicorées, les laitues des jardins que l'on dérobe à l'action de l'air en les attachant. Le bétail est fort friand de cette plante graminée qu'il trouve fort tendre : elle fournit un bon pâturage dans les prés & dans les champs.

Hordeum murinum, orge de muraille, *hordi sauvagi*.

Triticum repens, gramen usuel. Les cochons aiment beaucoup sa racine.

C'est des plantes graminées que l'homme & plusieurs animaux tirent leur principale nourriture : elles forment la base de nos prairies & servent à alimenter nos bestiaux. On peut construire des prairies artificielles avec la plupart d'entr'elles. C'est une ressource qu'il faut savoir se procurer au befoin. Mais il y en a de venimeufes dans ce genre, qu'il faut connoître.

Plantago vulgaris, le plantain, *lou plantagi.*

Plantago coronopus, corne de cerf. Ces deux plantes font aftringentes, furtout la premiere.

CLASSE IV.

Tetrandrie, monogynie.

Dipfacus fullonum, chardon à bonnetier.

Scabiofa vulgaris, la fcabieufe. Ce genre comprend plufieurs efpeces : *fcabiofa arvenfis*, *fcabiofa folio integro*, *morfus diaboli*, mors du diable ; les feuilles de celle-ci font un peu ameres & aftringentes : elle eft alexitaire, comme la premiere efpece, fudorifique & vulnéraire : le peuple fe fert de la fcabieufe pour réfoudre les tumeurs & les phlegmons ; on connoît à fa fleur le tems de faucher les prés.

Gallium luteum, le caille-lait-jaune.

Gallium album, le caille-lait-blanc.

Aparine cruciata ; cette plante eft nuifible aux pois.

Rubia tinctorum, la garance, *lou raftelet* ; la racine de cette plante eft une des cinq racines apéritives mineures : elle rougit les urines & la terre abforbante que la nature emploie à la formation des os. Cette découverte (*a*) précieufe a donné occafion à plufieurs belles expériences pour connoître le mécanifme de la régénération des os dans le calus, dans les fractures. Les Teinturiers emploient la racine de la garance pour teindre les étoffes en rouge : c'eft une branche de commerce qui n'eft pas encore trop en valeur en Provence ;

(*a*) Voyez les Mémoires de l'Académie des Sciences, année 1742.

il n'y a pas bien long-tems qu'on commence à y
cultiver cette plante. Il y a plusieurs terres incultes dont on pourroit faire des garancieres. J'ai parcouru celles qu'on a établies dans le Comtat Venaissin. On trouve des garancieres aux environs de
la Crau, à la Manon, qui sont dirigées avec intelligence par des personnes qui connoissent la
bonne culture de la garance & l'art d'en tirer le
meilleur parti. Voyez à ce sujet les traités d'agriculture de M. du Hamel.

La fleur de la garance est petite, monopétale,
en godet sans tube : elle a quatre petites étamines. Son fruit est formé par deux baies arrondies,
contenant de petites semences qui sont fécondées
par quatre étamines. Ses feuilles verticillées, au
nombre de cinq ou six, ovales, sessiles, rudes au
toucher, garnies de poils, légerement crénelées. Sa
racine est longue, rampante, branchue, rouge
en dedans & en dehors. On se sert des feuilles de
la garance pour nétoyer les vaisseaux d'étain :
elles sont préférables à *l'equisetum*, queue de cheval, *lou fretadou.*

CLASSE V.

Pentandrie, Monogynie.

Echium vulgare, la vipérine ; le nectaire de cette
plante est situé au fond de la corolle dont la partie
inférieure est en forme d'entonnoir : les enfans le
sucent pour en tirer une goutte de miel qui s'y
trouve ; ce qui lui a fait donner le nom de *susse-
melo* : elle a les mêmes propriétés que les plantes
borraginées. Le sel nitre se trouve tout formé dans
ces sortes de plantes ; elles sont béchiques, inci-
sives, diurétiques & rafraîchissantes. Les abeilles
recherchent les deux especes d'echium.

Convolvulus arvensis, le liseron, *la courregiolo;*

le bétail y touche rarement : il eſt aſtringent &
nuit aux champs.

Cynogloſſum officinale. La cynogloſſe , *l'herbo
de Noueſtro-Damo.* Les brebis ne touchent point
à la cynogloſſe : elle eſt narcotique , aſſoupiſſante
& déterſive ; le peuple en applique les feuilles ſur
les vieux ulceres des jambes dont elle adoucit les
douleurs. Le bétail connoît par inſtinct que cette
plante eſt dangereuſe comme certaines autres ,
mais ne laiſſe pas de s'y leurrer quelquefois.

Verbaſcum thapſus , le bouillon blanc. Sa fleur
eſt un très-bon béchique anodin & rafraîchiſſant ;
le bétail ne le mange point.

Buplevrum rigidum fruticoſum.

Eryngium campeſtre , le chardon roland , *lou
panicaou* ; c'eſt un très-bon apéritif & diurétique.

CLASSE VI.

Hexandrie , Monogynie.

Pancratium maritimum , eſpece de lis blanchâtre.

Juncus articulatus. Les joncs ſont fort communs
dans les lieux bas & aquatiques de la Crau. On
attribue ſouvent aux petits inſectes , aux teignes ,
aux pucerons qui ſe trouvent ſur ces plantes les
maladies de pourriture dont le bétail eſt atteint ,
après avoir mangé de ces plantes aquatiques. Ce
jonc eſt nuiſible aux moutons.

Rumex acetoſa , *l'aigreto* , l'oſeille ſimple ,
plante rafraîchiſſante & acidule : elle nuit aux
champs.

Aſphodelus fiſtuloſus. Cette plante liliacée doit
être exempte des reproches qu'on lui fait communément ſur quelques maladies du bétail dont
elle n'eſt pas la cauſe , ainſi que la *droſera.*

CLASSE VIII.

Octandrie, Trigynie.

Polygonum aviculare, la renouée, centinode, traînasse. Cette plante est un très-bon astringent : elle est rampante & collée contre terre. On la foule aux pieds, on la méprise comme les choses communes ; elle pourroit être plus connue & d'un plus grand usage ; on en tire une eau distillée pour les boutiques. Les troupeaux ne sauroient y toucher.

CLASSE XI.

Dodecandrie.

Euphorbia cyparissias, la Titimale, *lou lenchouscle.* Toutes les titimales sont pourvues d'un suc âcre & laiteux dont les paysans se servent pour cautériser les verrues, les porreaux. Il seroit dangereux d'en prendre intérieurement, comme font quelques-uns, pour guérir les fievres quartes rebelles : il devient un violent purgatif qui agit par le haut & par le bas. Le bétail n'y touche jamais. Les chevres broutent quelquefois les jets naissans de la petite ésule, *lou retoumbet* ; elles mangent quelquefois des titimales ; leur lait peut alors causer des tranchées & le dévoiement.

CLASSE XII.

Icosandrie, Polyginie.

Potentilla repens, espece d'aigremoine ; elle est nuisible aux brebis. L'aigremoine ordinaire fournit un bon incisif, un diurétique convenable aux maladies du foie. Elle détériore les prés.

CLASSE XIII.

Polyandrie , Monogynie.

Ciſtus ladaniferus.
Ciſtus albidus, le ciſte , *la maſſuguo blanco.*
Ciſtus monſpelienſis.
Ciſtus helianthemum.

Les brebis ne touchent guere aux ciſtes. Le ciſte blanc ne perd point ſes feuilles ; il pourroit ſervir à l'ornement des jardins par ſa fleur roſacée , s'il n'étoit pas ſi commun. Le peuple avoit cherché autrefois à remplacer les feuilles de tabac à fumer par celles du ciſte blanc dont il ſe ſervit quelque tems , & s'en déſabuſa totalement dans la ſuite.

CLASSE XIV.

Didynamie.

Hyſſopus officinalis, l'hyſſope, ſe trouve communément à la Crau : il aime les lieux un peu humides & tempérés ; il fait un joli effet dans les bordures des parterres : ſa corolle eſt labiée avec quatre étamines dont deux ſont plus hautes & deux plus baſſes. Le calice de la fleur renferme ſous le piſtil quatre ſemences oblongues ; ſes feuilles ſont ſimples , ovales, ſeſſiles. L'hyſſope s'éleve à la hauteur de deux pieds ; il a ſes fleurs en épi d'un ſeul côté ; toute la plante a une odeur forte , aromatique & une ſaveur âcre : elle eſt cordiale, inciſive, ſtomachique ; on en retire une eau diſtilée & une huile eſſentielle ; les brebis ne le broutent qu'en hiver.

Lavandula ſpica , la lavande , *l'aſpic* ; les brebis n'en mangent encore qu'en hiver.

Thymus capitatus , le thim , *la farigoule* : cette plante aromatique donne un meilleur goût à la chair de mouton, ainfi que le thim ordinaire. On en retire une huile effentielle dont l'odeur eft plus fuave que celle de la lavande : elle fournit un miel excellent aux abeilles.

Sideritis romana.

Sideritis hirfuta procum- *bens.* } On croit que ces plantes font dangereu- fes au bétail.

Teucrium polium.

Teucrium chamæpithis, l'ivette : l'odeur de mufc qu'elle exhale fait que le bétail n'y touche pas.

Teucrium chamædrys, la germandrée, la *ca-lamandrino,* petit amer, bon fébrifuge : elle rend la chair des moutons excellente.

Teucrium grave olens. Celle-ci eft délaiffée par les bœufs.

Marrubium vulgare, le marrube ; les brebis n'en mangent qu'en hiver.

Ballota nigra, le marrube noir ; les brebis ne touchent point à celle-ci ; fon odeur fétide les en éloigne. Elle fert de remède aux bœufs.

CLASSE XV.
Tetradynamie.

Lepidium latifolium, grande pafferage. Le goût âcre & piquant des pafferages n'excitent point les brebis, quoique ces plantes foient de très-bons antifcorbutiques ; elles n'en mangent pas, lorfque cette plante fleurit. Elle indique la pluie par l'in-clinaifon de fes feuilles.

Myagrum perenne, très-nuifible au lin.

Clypeola maritima, pan blan, *aliffum calyci-num.* Les brebis évitent également ces efpéces.

Braffica filveftris, chou fauvage qui détériore les terres.

Eryfimum officinale, l'herbe au chantre ; elle donne aux brebis qui la broutent une odeur d'ail.

CLASSE

CLASSE XVI.

Monadelphie.

Malva sylvestris, la mauve.

Althea cannabina, fauſſe mauve, l'alcée.

Geranium Robertianum, l'herbe à Robert, bec de grue. Les eſpeces de géranium ſont multipliées. On aſſure que les feuilles de cette plante, cuites par l'application d'un fer preſque rouge, & appliquées entre deux linges ſur le col, guériſſent radicalement les maux de gorge. Des perſonnes dignes de foi l'ont expérimenté.

CLASSE XVII.

Diadelphie, Monogynie.

Trifolium lotus.

Trifol. dorychnium, *trifol. pratenſe*, *trifol. fragiferum*. Les trefles ſont dangereux au bétail, lorſqu'il en mange avec excès : ils donnent pourtant un excellent pâturage, ainſi que les luzernes.

Les *medicas*, les *ononis*, les *lathyrus*, la gëſſe, *vicia*, la veſce, nuiſent aux blés, mais forment de bons pâturages.

Aſtragalus glycyphyllos, fauſſe régliſſe.

Coronilla varia.

CLASSE XVIII.

Sygeneſie.

Catananche cœrulea; cette plante ſe trouve principalement dans les lieux ſtériles.

Chryſanthemum leucanthemum.

Scolymus maculatus, eſpece de chardon à fleur jaune que les troupeaux broutent.

Tome I. A a

Carduus crispus ; les brebis ne touchent qu'aux jets naissans de ce chardon ; il devient ensuite trop dur pour elles. On en seme par graines ; il y en a plusieurs variétés qui se distinguent par des veines blanchâtres & vertes qui se voient sur les feuilles. Son calice est en forme d'écailles recourbées qui ne purgent point, comme dans les autres chardons.

Carduus Marianus, le chardon Marie.

Carduus lanceolatus ; le bétail n'y touche point.

Centaurea calcitrapa, chausse-trape, *caoucotrapo*.

Onopordum acanthium ; ce chardon nuit aux champs.

Tragopogon pratense. Sa fleur ne s'ouvre qu'à trois heures, & se ferme à neuf heures du soir ; on peut manger sa racine.

Centaurea solstitialis, auruello.

CLASSE XXI.

Monoecie.

Quercus coccifera, petit chêne-vert, *l'avaoux*. Le kermès (Garid.) c'est sur cet arbrisseau qu'on ramasse le kermès, sorte de gallinsecte. On trouve une autre espece d'ilex, ou plutôt une variété qui n'est pas moins commune ; mais elle ne porte point de kermès.

Ilex quercus, le grand chêne-vert produit quantité de bois taillis en Provence : il a ses feuilles rudes & piquantes à leur bord, d'un vert foncé, placées alternativement, dont il ne se dépouille pas en hiver. Son bois a beaucoup de ressort & dure long-tems. Le gland qu'il produit, quoique petit, engraisse les bestiaux.

Le petit chêne-vert a l'apparence d'un buisson :

il a fes feuilles d'un vert luifant. On n'a pas encore effayé fi le kermès tranfporté fur les plants de cet arbriffeau pourroit vivre en d'autres climats où on cultive le petit chêne-vert. Le kermès aime les côtes méridionales. Garidel nous a donné une hiftoire affez fuivie de ce gallinfecte qui approche de la figure d'une boule dont on auroit retranché une petite partie ; il eft plus gros à la Crau que vers les côtes de la mer. Ceux qui en font la récolte diftinguent trois différens tems. 1°. Lorfque le kermès, *lou varmilloun*, n'eft pas plus gros qu'un grain de millet ; ce font les œufs du kermès déja fécondés. On dit alors *lou vermeou groüe*. Lorfqu'ils s'attachent aux branches : *lou vermeou efpelis*. Enfin lorfque le kermès a acquis toutes ces dimenfions, c'eft *lou freiffet*. On trouve fous le ventre du kermès au moins deux mille grains très-petits de figure ovale ; voilà les œufs d'où naiffent autant de kermès qui grimperont fur l'arbre & multiplieront infiniment leur efpece. Une quantité d'arbriffeaux à kermès réunis dans une campagne forment une *garriguo*, ou une *touafquo* où l'on va récolter le vermillon. On obferve deux fortes de kermès qui pondent les mêmes œufs : quand cela eft fait, l'infecte tombe bientôt en pourriture. Ces petits œufs donnent dans la fuite un ver blanc qui n'eft autre chofe qu'une nymphe de laquelle il naît un moucheron, tantôt plus gros, tantôt plus petit : les uns font noirs & brillans, les autres d'un blanc fale. Ceux-ci fervent à la régénération de l'efpece.

On fait la récolte du kermès au commencement de l'été à la Crau : les femmes font occupées à cet ouvrage : après qu'elles ont détaché avec leurs ongles cet infecte des branches du petit chêne-vert & qu'elles l'ont mis en réferve ; on a foin de l'arrofer de vinaigre pour le faire mourir : fans

cette précaution il subiroit sa métamorphose &
s'envoleroit. On tire du kermès une belle teinture
qui approche de l'écarlate ; aussi plusieurs Naturalistes le regardent comme une espece de coche-
nille. Sa couleur rouge fait appercevoir de loin le
kermès aux pigeons qui sont friands de ce mets,
quoiqu'il leur cause le dévoiement & leur soit préjudiciable à la longue. Le kermès est d'usage en
Médecine ; on le vend plus ou moins cher, selon
qu'il fournit de la poudre colorante.

On observe sur quantité d'arbres d'autres gal-
linsectes qui subissent les mêmes métamorphoses
que celui-ci : on en voit sur le laurier-rose, sur
le laurier-cerise, le hêtre, le prunier. Celui qui
s'attache au figuier, à l'oranger & qui menace
nos oliviers, est d'un autre genre. J'en parlerai en
son lieu. On donne également le nom de gallinsecte
à d'autres petits insectes qui ressemblent à des
galles ; ils naissent sur les arbres qui ne se dépouillent point de leurs feuilles en hiver ; ils s'y nourrissent en pompant la séve pendant un an que
dure leur vie. Les mâles sont de fort jolis moucherons à deux ailes, dont la tête, le corcelet
& le corps sont d'un rouge foncé. Les femelles
sont d'une espece différente ; elles sont fécondées
au printems par ces sortes de moucherons.

CHAPITRE XXXV.

Division du canal de Craponne, canal d'Istres.

LE canal de Craponne fertilise plusieurs campagnes & prairies de la Crau. Il y pénetre
par la gorge de la Manon, arrose le terroir de
Salon, d'Eiguieres, de Grant, de St. Chamas,

de Miramas & d'Iftres, & va fe jetter en partie dans la riviere de la Touloubre & en partie dans la mer de Berre. Frédéric de Craponne, frere d'Adam, prolongea ce canal long-tems après la conftruction de la derniere œuvre.

On voit près d'Iftres un autre canal qui établit une communication entre fon étang & celui de Berre, que la communauté de cette ville fit conftruire vers le milieu du dernier fiecle. On compte au moins deux mille ames à Iftres; ce bourg eft dépendant de la principauté de Martigues; fes remparts font bâtis fur une pierre coquilliere qu'on trouve dans tous fes environs, lorfqu'on creufe tant foit peu : elle eft couverte en quelques endroits de grandes écailles d'huitres pétrifiées. On voit à quelque diftance de la ville un coteau qui s'eft formé dans le fein des eaux; fa bafe eft fablonneufe; la nature de ces couches pierreufes à l'extérieur & fon organifation intérieure annoncent vifiblement les dépôts fucceffifs des eaux de la mer. C'eft au bas de ce coteau, allant du Midi au Nord, qu'on trouve l'étang d'Iftres qui n'étoit autrefois qu'un marais formé par les eaux pluviales. Depuis l'introduction des eaux de la Durance dans ce terroir, fon étang devient tous les jours plus confidérable. On a été obligé, pour prévenir les inconvéniens des inondations & de la ftagnation, de donner cours aux eaux de l'étang d'Iftres, en perçant une montagne qui le fait communiquer avec celui de Berre, au moyen d'un nouveau canal, dont une partie eft à découvert & l'autre traverfe la montagne, dans une voute de 9 pieds de haut & 9 de large; les eaux y ont plus de trois pieds de profondeur; une béte marine, efpece de bateau plat, y paffe.

La montagne eft percée à la longueur de cin-

quante pieds. Rien ne fait mieux l'éloge de cet ouvrage que ce qu'en dit le pere Philippe, Carme
déchauſſé dans le tems de ſa conſtruction, (a) dans
ſa *Chronologia gallica*, imprimée en 1665.

Le petit étang d'Iſtres n'étoit donc autrefois
qu'un marais que Fauſtus Avianus nomme le marais d'*aſtroemela*, *oppidum aſtroemela priſcum
paludis* : on le nomme aujourd'hui *l'étang des oliviers*; ſes eaux ſont peu éloignées de la ville ; elles
ſont beaucoup moins ſalées que celles de la mer.
On donne une lieue de circonférence à cet étang. Il
préſente un phénomene curieux aux Naturaliſtes qui
voudroient étudier exactement l'hiſtoire des moules, & éclaircir encore ce qu'il y a de douteux
à ce ſujet. Voici ce que M. Capeau voulut bien
m'apprendre & me faire obſerver ſur les lieux.

L'étang d'Iſtres eſt preſqu'entierement pavé de
moules qui ont toujours fait les délices des bonnes
tables. Sa vaſe, ſes rochers, ſes parois, en un
mot, tout ce que ſes eaux peuvent atteindre &
battre de leurs flots eſt abſolument couvert de
moules qui ſe touchent immédiatement. Toutes les
moules de l'étang de Berre, celles qu'on pêche
aux côtes de la Méditerranée & dans la réſerve
de Marſeille paroiſſent de la même eſpece que
celles de l'étang d'Iſtres ; mais toutes n'ont pas le
même goût ; les moules de la mer & de l'étang de
Berre ſont inférieures pour la délicateſſe à celles de
l'étang d'Iſtres ; les premieres ſont coriaces & ſalées,
tandis que celles-ci ſont douces & fort tendres :
quelques perſonnes leur préferent pourtant celles
de la réſerve de Marſeille, ſoit par préjugé, ſoit

_____

(a) *Hujus urbis gloriam proſequar, dùm opus inſigne re-
fero ab ipſa patratum quod veterum Romanorum munificen-
tiam adæquat.*

parce qu'elles ont un goût de marine qui les rend moins fades. C'eft fur quoi on ne doit pas difputer.

La température des eaux de l'étang d'Iftres qui tiennent le milieu entre le doux & le falé, contribue à donner à fes moules la délicateffe dont les autres ne font point pourvues. Mais quand les averfes adouciffent trop les eaux, quand elles s'alterent, faute d'être mifes en mouvement par le fouffle des vents; ou bien lorfque leur élévation au-deffus du niveau de la mer empêche l'eau falée de pénétrer dans l'étang, les moules périffent prefque toutes : celles qui furvivent à la mortalité, fervent à reproduire leur efpece, après quelque changement falutaire qui furvient aux eaux : elles font fi prolifiques que l'étang en eft auffi fourni dans fix mois qu'il l'étoit auparavant. C'eft en Juillet, en Août que la mortalité a lieu, parce que c'eft l'époque des plus grandes chaleurs, le calme eft de plus grande durée : il n'y a que le froid & les bifes d'hiver qui purifient les eaux : les moules ont déjà pris affez de confiftance en Mars & en Septembre pour être fervies fur les tables.

On éprouva à la fin d'Août de 1773 une mortalité qui dura jufqu'en 1779. Les moules fe renouvelloient chaque année par le frai de celles que la contagion avoit épargnées, & cette nouvelle génération périffoit tous les ans fans parvenir au moindre accroiffement. Ces années ont été fort pluvieufes. L'eau du canal de Craponne, beaucoup moins employée alors pour les arrofages, fe mêloit en plus grande abondance avec les eaux du canal intermédiaire ; ce qui leur donna un niveau fupérieur à celui de la mer qui ne pouvoit y pénétrer ; les chaleurs & le calme des étés alterent tellement les eaux, qu'elles en changent de couleur. Toutes ces caufes contribuerent à faire périr les moules : heureusement la grande sécheresse de l'hiver de 1779 a donné lieu à l'étang de se purger par l'évaporation de cette grande quantité d'eau douce qui l'altéroit nécessairement ; au moyen de quoi sa communication avec la mer a été rétablie par le flux & reflux qui doit résulter entre deux masses d'eau séparées par un canal intermédiaire : aussi, le point de salubrité nécessaire à la vie des moules étant ramené, celles qui ont survécu ont travaillé de nouveau à la reproduction des moules qui paroissent devoir se conserver dans l'étang comme auparavant.

On pêche les moules attachées aux rochers avec des mains de fer clouées au bout d'une perche, presque toujours en plongeant ; c'est ce qui forme à Istres les plus habiles plongeurs de toute la côte. On prend celles du fond de l'étang avec un filet construit en forme de sac, dont l'ouverture est attachée à un demi-cercle qui le tient toujours ouvert au moyen d'une bande de fer qui le traverse. Le sac se jette dans l'eau ; de manière que la lame de fer tombe sur la vase : ce filet tient à une longue corde attachée à la poupe d'un bateau : on le traîne à force de rames, jusqu'à ce qu'il soit à-peu-près rempli ; après quoi on l'amene dans le bateau ; cet engin se nomme *gangui*. Les moules détachées des rochers sont meilleures que celles qu'on pêche avec le gangui qui se ressentent un peu de la vase d'où elles ont été tirées. Les Naturalistes ne s'accordent point encore sur le sexe & le mouvement des moules dont il est bien difficile de s'instruire. M. Capeau, qui a fait des observations exactes sur les moules des étangs d'Istres, m'a avoué qu'il n'a point été encore assez heureux pour éclaircir les doutes qui lui restent, malgré les peines qu'il s'est données à ce sujet. Voici

pourtant ce qui réfulte des recherches de cet obfervateur intelligent.

Les moules font de diverfes couleurs ; les unes
font blanches & les autres couleur de cuivre. Cette
différence des couleurs n'indiqueroit - elle pas la
diverfité du fexe ? M. de Meffin eft d'avis que les
moules d'eau douce font hermaphrodites. M. Capeau imagine que celles de mer & des étangs falés
peuvent l'être auffi. Quoique les moules foient placées fort près les unes des autres , que plufieurs
d'entr'elles foient adhérentes & collées enfemble ,
il eft perfuadé qu'il n'y a point de forte de copu-
lation dans ces coquillages , quand même il y
auroit diverfité de fexe , & en cela la génération
des moules reffembleroit à celle des poiffons. Au
commencement d'Avril la moule devenue plus
groffe répand fon frai qui eft une fubftance lai-
teufe , dans laquelle on ne diftingue aucun grain
de différente couleur , comme dans le frai des
femelles du poiffon. Cette fubftance eft parfaitement conforme dans chaque moule : nulle différence entre celle des moules blanches , noires ou
rouffes , qui puiffe caractérifer la diverfité du fexe ;
elle a donc été fécondée dans le corps de la moule ,
en fuppofant qu'elle eft hermaphrodite , ou bien
s'il y a différence de fexe , le frai de la femelle eft
fécondé par les laites de la moule que leur proximité met fi fort à portée les unes des autres : après
quoi ce frai nage au gré des flots , jufqu'à ce qu'il
rencontre un corps dur auquel il puiffe s'attacher
par les filamens décrits dans la plupart des ichthyo-
logiftes. Cependant cette opération n'eft point à
la portée des fens , puifque de petites moules imperceptibles font déjà attachées par une légere
touffe de filets qu'il faut enlever avec effort , lorfqu'on veut les prendre.

La moule devient maigre après avoir frayé, &
ne reprend fa vigueur qu'au commencement de
l'hiver. Qu'on ne croie pas cependant, comme
plufieurs l'ont avancé gratuitement, qu'une fois
détachée par quelque accident, elle tombe dans
la vafe & y périffe, fans pouvoir quitter le lieu
de fa chute. La moule eft véritablement faite pour
être fédentaire : elle a la faculté de s'attacher avec
des liens qui la retiennent toujours à la même place :
elle peut multiplier ces liens, réparer ceux qui
caffent ; mais elle ne fauroit les brifer d'elle-même.
Ce n'eft que par des accidens qui lui furviennent
du dehors qu'elle peut être féparée des corps
qu'elle a faifis : c'eft parler contre l'expérience
que d'avancer qu'une fois détachée, elle périt.

Les moules ont un mouvement progreffif qui fait
qu'elles s'attachent les unes aux autres, lorfqu'elles
ont été féparées : celles qu'on prend au bord de
la mer & qu'on jette dans l'étang fe trouvent réunies en de gros paquets, lorfqu'on veut les en retirer. C'eft de cette maniere qu'on a peuplé l'étang
de Fox & autres ; c'eft ainfi qu'on a foin d'entretenir les moules de la réferve de Marfeille. Les
pêcheurs jettent dans l'eau les moules qui fe trouvent dans leurs filets, & quoiqu'elles foient féparées entre elles, elles ne manquent point de fe
faifir de tout ce qu'elles rencontrent & de s'y attacher de nouveau ; tant leurs filieres font inépuifables, comme celles de l'araignée qui renouvelle
fes toiles toutes les fois qu'on les détruit. (a)

C'eft auffi une erreur d'avancer que la moule
peut détacher fes filets, les replier à fon gré,

(a) La moule, *mutilus, lou mufcle* : cet infecte marin
a été très-bien décrit dans Reaumur, dans Heyde furtout, qui en a fait l'anatomie.

voyager même pour s'établir ailleurs ; il ne dépend plus d'elle de ramollir ses filets une fois attachés & coagulés contre les corps qu'elle a saisis ; elle ne peut plus s'en détacher ni faire des mouvemens assez vigoureux pour briser la gerbe de liens émanée de ses entrailles. N'arrive-t-il pas souvent que d'autres moules viennent s'attacher sur les premieres qui tiennent au rocher & s'accumulent les unes sur les autres en forme de paquet ? Comment la moule pourroit-elle se débarrasser non-seulement de ses liens, mais encore des liens étrangers qui la saisissent de toutes parts ? Comment pourroit-elle porter sa langue ou ses bras, qui n'ont pas deux pouces de long, sur tous les filamens qui correspondent aux divers points de sa coquille ? Quelque flexibles que fussent ses membres, ils ne pourroient jamais parcourir tous les contours que font ces filets étrangers qui l'ont saisie.

Les eaux de l'étang d'Istres ne sont pas toujours à la même hauteur : lorsqu'elles sont élevées, les nouvelles moules s'attachent à leur niveau aussi haut que ses flots peuvent atteindre : lorsqu'elles sont basses, elles laissent à sec une ceinture jaune de petites moules tout autour de l'étang, qui ressemble assez bien aux litres funebres : s'il étoit permis à ce coquillage de se détacher de lui-même, y auroit-il de circonstance plus pressante que l'instant, où, séparé de son élément, il n'auroit qu'à se laisser tomber pour le rejoindre & s'attacher de nouveau ? Cependant la moule ne le fait pas ; elle meurt plutôt attachée à la même place, tandis qu'il lui seroit si aisé de prolonger sa vie par un moyen aussi facile en apparence : pourquoi n'y a-t-elle pas recours ? Il faut qu'un pareil essor soit au-dessus de ses forces, & qu'il soit vrai que la moule, une fois attachée à un corps étranger, ne puisse plus s'en séparer d'elle-même, quoiqu'elle puisse se lier de nouveau, lorsqu'elle aura été détachée par quelque accident. Ce coquillage s'attache & fixe sa demeure sur du bois, sur des pierres, par le moyen d'une filasse sortant de son corps, qui n'est autre chose qu'une humeur gluante que la moule file comme une soie & qui se durcit dans l'eau.

Ce coquillage est dangereux, lorsqu'on en mange beaucoup; dans les saisons, surtout où le frai des étoiles marines s'y attache; ce qui les rend venimeuses. Pareil accident n'arrive pas ordinairement dans nos mers.

On pêche des anguilles, des mulets, des melets, des muges, des loups, des *cabassouns* dans l'étang d'Istres. Depuis quatre ou cinq ans on y prend des carpes, ce qui n'étoit pas encore arrivé. Il faut que le frai de la carpe y ait été apporté par les eaux du canal de Craponne. Le frai des poissons peut être ainsi transporté tout fécondé à des distances considérables, sans qu'il y ait rien à craindre. Il s'en fait un commerce à la Chine, où on le vend pour empoissonner les rivieres & des étangs fort éloignés. On connoît des étangs isolés qui se desséchent au printems, se couvrent de pâturages que l'on fauche en été, se remplissent d'eau en hiver, & on y pêche alors des anguilles & du poisson; sans que ces étangs aient aucune communication avec d'autres eaux.

La *canadelle* est un petit poisson délicat que l'on pêche dans l'étang d'Istres; on le nomme *sachetto* à Venise: c'est peut-être la canadelle de Rondelet & de Bellon; il ressemble par sa figure, ses couleurs & ses bandes transversales, à la perche de mer; il a ses nageoires comme celles de la mandolle: la partie supérieure de la nageoire du dos au-delà des aiguillons, a une tache noire ; cette marque lui eſt particuliere & la fait diſtinguer aiſément. La canadelle a le bec pointu, la bouche grande, la mâchoire inférieure un peu plus grande que la ſupérieure ; toutes les deux ſont armées de petites dents ; l'iris eſt argenté ; les nageoires du ventre ſont noirâtres ; la queue eſt fourchue & traverſée par de petites lignes jaunâtres.

La dorade, *l'aurado* (a) : ce poiſſon eſt plus gros que l'aloſe ; il a le corps large & plat, terminé par une queue évaſée & couverte d'écailles de diverſes couleurs ; hors de l'eau ſon ventre paroît laiteux & ſes côtes argentées ; dans l'eau c'eſt une couleur d'or, à fonds azuré, qui lui a fait donner le nom de *dorade* : il a les yeux rouges & brillans, les mâchoires diviſées en quatre parties, garnies de dents canines & molaires. La chair de la dorade eſt ferme & d'un très-bon goût ; on la pêche dans les bordigues de l'étang où elle vient s'enfermer : on y voit accourir, aux approches de l'automne, quantité de canards, de macreuſes, de plongeons, &c. Les melets ſont de petits poiſſons très-délicats de la famille des ſardines ; on en prend beaucoup ſur les côtes ; mais ils ſouffrent difficilement le tranſport : il faut les manger, pour ainſi dire, ſur les lieux, ſans quoi ils ſe dénaturent bientôt, & perdent leur goût primitif.

Il y a encore un petit étang nommé *Baſſuan*, à un quart de lieue d'Iſtres, formé par les eaux pluviales : les grandes ſéchereſſes le font tarir en été ; & comme les eaux en ſont peu ſalées, elles ſe corrompent aiſément. Le fonds de l'étang ne préſente que vaſe & que ſable ; ſes bords ſont couverts de cailloux roulés, parmi leſquels on trouve

_____

(a) *Sparrus aurata dorſo acutiſſimo*, la dorée. *Artedi.*

des variolites. Lorfque l'étang garde fes eaux pendant quelques années, les oifeaux palmipedes y accourent; on y pêche des carpes & des dorades: le frai des poiffons circule-t-il dans l'intérieur des terres avec les eaux? Lorfque l'étang eft réduit à fec, que devient ce frai? Nous verrons un pareil phénomene fe répéter en d'autres lieux.

Les dehors d'Iftres paroiffent très-bien cultivés; ils forment un terroir diverfifié par plufieurs coteaux, & nombre de champs complantés de vignes & d'oliviers; les prairies, les jardins embelliffent fes avenues; l'air y eft falubre & tempéré; il y regne peu de maladies, dans les années même pluvieufes: le peuple paroît y jouir de quelque aifance par le travail & les productions de la terre. L'agriculture fleurit aux environs de cette jolie petite ville, qui eft bien percée, & dont les rues font à couvert de l'infection qui regne ailleurs; les allées de mûriers préfentent un afyle agréable contre les chaleurs de l'été à l'entour de fes murs; la population ne peut qu'augmenter dans cette heureufe contrée.

La ville d'Iftres eft l'ancienne (a) *Aftromela* de

(a) Pline en décrivant les côtes maritimes de Provence, & parlant de l'embouchure du Rhône s'exprime ainfi: *Et ultra foffa mariana ftagnum aftromela oppidum maritimum leviticum fuperque campi lapidei;* le mot d'*oppidum* eft appliqué naturellement à Iftres, qui étoit fitué, comme aujourd'hui, à l'extrémité de la Crau tout près de l'étang; *fuperque campi lapidei.* Bouche a adopté cette opinion. Tous ceux qui connoiffent le local penfent de même; M. Capeau, Viguier d'Iftres, homme très-inftruit, m'a communiqué une differtation, dans laquelle il établit ce fentiment fur des preuves victorieufes: c'eft à lui à relever l'ancienne réputation de fa patrie; elle ne fauroit être en de meilleures mains.

Pline le naturaliste ; on l'a nommée ainfi fort long-tems. Tout fon terroir paroît un mélange de fable, de gravier & de débris de teftacées ou corps marins, d'où il eft réfulté une efpece de glaife tendre, légere, poreufe, très-facile à divifer ; une vraie marne fertile qui forme le fol de plufieurs riches campagnes.

Les coteaux qui entourent ce terroir ont leur bafe apparente affife fur ces diverfes fubftances, qui renferment des coquilles que le gluten lapidifique n'a point encore atteint. Par-tout l'on rencontre les débris des corps marins ; mais ce qui eft le plus remarquable, c'eft un large banc d'écailles d'huitres de la grande efpece pétrifiées, tout le long de la partie fupérieure d'un coteau, collées les unes contre les autres, la plupart ayant leurs valves ouvertes : la bafe de ce coteau eft entierement fablonneufe ; la partie moyenne préfente une pierre coquilliere, molle, grisâtre, ainfi que toute fa croûte extérieure, entre les couches de laquelle on trouve des camés ftriées, & d'autres coquilles bivalves incruftées dans la pierre.

Le banc d'huitres pétrifiées eft élevé de 52 pieds au-deffus du niveau de la mer : fa longueur en face de l'étang de Berre du côté du levant, contient 180 toifes. Ce banc, quoique divifé en deux, eft toujours le même ; il reparoît vers le couchant, après avoir été dégradé par le tems, & fe trouve prefque à la cime du coteau : il eft en partie faillant fur la pierre & en partie incrufté & faifant corps avec elle. L'épaiffeur du rocher qui couvre la couche d'huitres eft de fept pieds ; la largeur de cette efpece de montagne, qui eft éloignée de 330 toifes d'Iftres, allant du levant au couchant d'un banc à l'autre, contient près de 70 toifes. La plupart des valves de ces (*a*) huitres, font planes, écailleufes ; il y en a de ftriées ; peu font armées de pointes ; tout paroît avoir été un affemblage d'huitres amoncelées en couches paralleles par les flots de la mer. On fait que les teftacées ne quittent guere la place où ils font nés : ils marchent très-peu, tiennent fouvent leurs valves béantes pour fe nourrir d'infectes marins, & font prefque toujours en maffe, collés les uns contre les autres ; ils n'ont que la valve fupérieure qui jouit de quelque mouvement. L'huitre ne demande qu'un point d'appui pour s'attacher à tout ce qu'elle trouve, roches, pierres, bois, tout lui eft favorable ; fouvent le coquillage fe colle l'un contre l'autre, au moyen d'une gelée abondante dont il eft pourvu.

On ne peut douter à l'infpection exacte de ces lieux, à la vue de ces coteaux, formés par les débris des corps marins, à ces bancs d'huitres pétrifiées, que les flots de la mer n'aient été portés anciennement jufqu'aux pieds de la montagne des Aupies, qui fert de bornes à la Crau, & dont l'élévation n'eft à ce terme que de 80 pieds au-deffus du niveau actuel de cet élément ; les cailloux qui rempliffent aujourd'hui tout cet efpace, couvert auparavant des eaux de la mer, font iffus néceffairement de fon fein. L'œil attentif de l'obfervateur, après avoir parcouru les limites de ce champ pierreux, en découvre l'origine à la plage de Fox, à l'endroit nommé la *Coudouliere*, du mot *coudoulet* caillou, indice prefque affuré qu'ils

---

(*a*) *Oftreum planum leve*, *oftreum fquamofum*, d'Argenville ; la grande huitre.

font

sont venus de ces parages. Ces cailloux en effet
s'étendent bien avant dans le sein de la mer ; &
lorsqu'il regne quelque tempête, les flots irrités
les entraînent, les amoncellent sur le rivage : ils
roulent pêle-mêle, se heurtent, s'entrechoquent
& reculent avec un mugissement qui se fait entendre bien loin. La mer contient sans doute une
infinité de cailloux dans ses gouffres ; c'est au milieu de ses flots que s'est formé le banc d'huitres
élevé de 52 pieds sur son niveau actuel.

C'est elle encore qui a accumulé peu-à-peu sur
les testacées jusqu'à sept pieds de rocher ; & pour
qu'elle ait pu déposer sa vase, son sable, ses
coquilles à une pareille élévation ; il a fallu que
ses eaux dominassent au moins d'autant ce point
qui a dû lui servir de terme : or c'est précisément
l'élévation de la plaine de la Crau au pied des Aupies
sur le niveau apparent de la mer. En donnant à la
Crau 20 pieds de pente par lieue, on trouve précisément 80 pieds pour les quatre lieues qu'elle a
depuis cette montagne jusqu'à la mer, ce qui est
conforme aux observations de M. Capeau.

CHAPITRE XXXVI.

Particularités qu'on observe aux environs d'Istres.

LA grotte que M. l'Abbé de Régis a fait creuser,
avec autant de patience que d'industrie, dans
une partie du coteau que j'ai décrit ci-dessus, nous
fait connoître encore mieux son organisation intérieure : on y suit avec plaisir la marche que gardent les eaux pluviales qui se filtrent dans l'intérieur des montagnes à travers les lits de terre, de
sable & de pierre, jusqu'au moment, où étant

arrêtées entre les lames ductiles de la glaife, elles
fe forment des réfervoirs pour jaillir en fource,
en fontaine, & s'écouler du fein de la terre fur fa
fuperficie. Le Lecteur voudra bien me pardonner
cette petite digreffion qui tient à la nature des lieux
qu'il eft bon de connoître.

Les eaux pluviales d'où naiffent la plupart des
fources, pénetrent la pierre, fe filtrent à travers
fes couches peu adhérentes & mal unies, imbi-
bent leur fubftance, s'enfuient à travers les molécules de fable & de terre, & s'arrêtent entre
les lames de l'argile d'où elles s'écoulent goutte à
goutte, ou s'échappent d'un côté & d'autre. Tantôt
ces eaux font claires, limpides, fans mélange de
corps hétérogenes; tantôt elles font imprégnées
d'un gluten lapidifique, qui lie entr'elles les molécules mobiles & défunies des terres: elles forment
des concrétions tophacées, des ftalactites, diverfes criftallifations, lorfqu'elles rencontrent des
intervalles confidérables, des concavités parmi les
couches pierreufes. Ici les eaux tiennent aux qualités des fubftances qu'elles entraînent avec elles; là
elles deviennent méphitiques; l'air atmofphérique
renfermé dans les cavités de ces montagnes, perd fon
reffort. De nouveaux fluides, des gaz acidulés, émanés d'autant de corps différens, alterent fon élafti-
cité: les bitumes, les fels, les exhalaifons de plu-
ficurs foffiles de nature oppofée, interrompent
les mouvemens fpontanés de raréfaction & de con-
denfation dont l'air eft fufceptible. Les débris des
végétaux, la diffolution putride qui s'en empare,
les divers gaz qui en réfultent, les nouvelles combinaifons de plufieurs fubftances entr'elles, donnent occafion à une infinité de phénomenes qui
étonnent l'efprit humain.

Les champs qui avoifinent l'étang de Berre,

préfentent un fol fi bien cultivé , le climat de ces lieux eft fi tempéré , étant rafraîchi par des brifes de mer en été , que M. l'Abbé de Régis y avoit fait conftruire une maifon de campagne , qui lui affuroit une retraite philofophique. Sa fituation agréable la rapprochoit du *Laurentium* que Pline le jeune a célébré : toute efpece de plantation y réuffit ; la vigne s'y marie avec l'ormeau , le figuier , les arbres fruitiers y végetent en plein vent comme en efpalier ; mais la végétation la plus brillante n'auroit pas été de longue durée fans quelque fource qui entretînt la fertilité du local : comment fe procurer une fontaine à deux pas de la mer , au pied d'un coteau dont la bafe eft affife fur le fable mouvant ? Eft-ce dans un lit fi mobile , fi défuni , à travers de molécules rondes , anguleufes & gliffantes que les eaux de fource établiffent leur demeure ? Cependant ce fablon , cette bafe mobile font recouverts d'une pierre dure , d'une pierre coquilliere formée par les débris des teftacées. Comment ce fablon , entouré de molécules terreufes & abforbantes , abandonnant fon état primitif, a-t-il acquis la dureté de la pierre ? N'y auroit-il pas dans l'intérieur de ce coteau , quelque fubftance intermédiaire qui formât une chaîne entre le fable & la pierre ? Il eft à préfumer que le fable dérobé à l'action de l'air qui favorife plutôt la cohéfion des fucs lapidifiques , doit avoir paffé fucceffivement à l'état de marne & de glaife tendre , & qu'il n'eft devenu pierre qu'après avoir franchi cet intervalle , & avoir acquis auparavant la ductilité des argiles : les eaux pluviales doivent fe répandre entre leurs lames ; elles doivent repofer fur un lit mollet & flexible , remplir leurs interftices , en occuper les porofités ; ce qui rend les argiles toujours fi humides & fi difficiles à

deſſécher , quand on veut les priver totalement de
l'eau qu'elles retiennent. M. l'Abbé de Régis étoit
donc aſſuré qu'on trouveroit les couches intérieures
de la montagne diſpoſées dans cet ordre , & qu'en
la perçant de bas en haut , il pénétreroit juſqu'au
ſiége des eaux pluviales , avant d'arriver à la pierre
coquilliere : l'événement a juſtifié ſon attente.

Il fit creuſer horiſontalement à la baſe du
coteau une grotte de 380 pieds de long juſqu'à
ſon milieu , d'où il eſt parvenu au moyen d'un
degré conſtruit en ſpirale , à la hauteur de 72
pieds , au terme qu'il cherchoit : déjà le ſable
avoit perdu ſa forme incohérente & mobile , preſque à mi-chemin de la grotte ; déjà on avoit ouvert un veſtibule à double entrée , où les (a) couches terreuſes devenoient plus compactes ; déjà
quelques gouttes d'eau ſe trouvoient enchaînées
entre leurs lames ; on redouble d'activité & de
courage ; on perce de bas en haut ; on conſtruit
un degré en ſpirale ; on le perfectionne : la géo-
métrie ſouterraine eſt conſultée à chaque pas , &
la bouſſole fraie un chemin aux artiſtes dans ces
routes ténébreuſes ; l'humidité eſt marquée de plus
en plus ; on arrive à la glaiſe ; quantité de gouttes
d'eau ſuintent de ſa ſuperficie ; tout annonce qu'on
va trouver le ſiége de cette eau déſirée entre ces
lames glaiſeuſes ; on ſe donne du large ; on creuſe
un baſſin régulier dans un eſpace octogone pour
la recevoir ; on l'entoure de colonnes taillées ſy-
métriquement dans le plein : l'ordre géométrique
préſide à cette œuvre pratiquée lentement dans les

_____

(a) Quoique ces couches ſoient le produit d'une terre
abſorbante & coquilliere , cependant leur molleſſe , leur
ductilité en font autant de glaiſes tendres qui ſe durciſſent
à l'air.

contours ténébreux de la glaise, qui prend peu à peu de la confiftance au moyen de l'air extérieur, qui pénetre dans cette concavité artificielle, & condenfe fes lames extenfibles ; les colonnes prennent de la cohérence, deviennent folides, confervent les moulures & la forme que le cifeau de l'artifte leur a données ; une voute conftruite par deffus fert d'entablement au baffin ; on en parcourt les contours, au moyen d'un efpace ménagé dans l'intervalle des colonnes ; la fuperficie de la voûte eft mouillée confidérablement ; l'eau fe trouve dans quelque réfervoir attenant, ou bien chaque lame de la glaife la tient en réferve ; on perce enfin cette voûte par plufieurs coups de trépan ; l'eau s'écoule de toute part ; on la conduit par des rigoles dans le baffin qui lui eft préparé d'avance, d'où par un canal pratiqué dans toute la longueur du degré en fpirale, elle tombe dans le veftibule, & fuivant fa pente accélérée par fa chute verticale, elle jaillit en-dehors de la grotte, en gerbe, en cafcade, en fontaine, & va fertilifer les champs attenans : un feul ouvrier, un mineur originaire du village de la Couronne, a creufé cette grotte curieufe, fecondé par M. l'Abbé de Régis, qui, la bouffole & le compas à la main, s'ouvroit une nouvelle route dans les entrailles de la montagne.

Les eaux criftallines de cette fontaine, après avoir coulé quelque tems fans obftacle, malgré leur pente qui a près de 80 pieds, tarirent un beau jour dans la fource inférieure ; le baffin fupérieur étoit rempli ; nul corps étranger paroiffoit avoir interrompu fon cours dans le canal de terre cuite, que des balles de plomb jettées d'en-haut parcouroient librement ; cependant l'eau demeuroit comme fufpendue & ne s'écouloit plus : il arriva précifément ici ce que l'on obferve quelquefois dans les mines de charbon de pierre, où l'air atmosphérique, par une infinité de causes qu'il seroit trop long de déduire, perd tout-à-coup son ressort ; l'air intérieur de la voûte n'étoit plus en équilibre avec l'air extérieur, qui tenoit, pour ainsi dire, les eaux suspendues par sa pression & les empêchoit de s'écouler : je n'ai pas su si le barometre indiquoit le défaut de ressort de l'air dans la grotte supérieure, si les lampes continuoient d'y brûler avec la même clarté, si le mélange de quelque fluide aériforme avec l'air atmosphérique, si quelque émanation gaseuse occasionnoit ce phénomene ; mais à peine eut-on introduit par une ventouse un nouveau courant d'air dans le canal de la fontaine, que les eaux suspendues reprirent leur cours & s'écoulerent comme auparavant ; l'équilibre entre l'air intérieur & l'air extérieur de la grotte fut rétabli entierement. L'air renfermé dans les grottes souterraines est susceptible de pareilles variations : de-là ces vents réglés qui regnent souvent à leur embouchure, ces courans d'air périodiques dont j'aurai lieu de parler dans la suite. M. l'Abbé de Régis est possesseur d'un petit cabinet d'histoire naturelle à Istres, où l'on voit quelques especes curieuses dans la conchiologie, telles que des casques, des lepas, des nérites & des nautiles : il est très-bien en buccins & en tonnes. On y voit encore des moules, des pinnes-marines, des huitres, quantité de minéraux, des géodes à noyaux attachés, des coraux, des lythophites & des madrepores.

Bordigues. (a)

On a pratiqué des bordigues sur le canal de

_____

(a) *Bordigues.* Ce mot est dérivé du Celte & signifie un amas d'eau.

communication entre l'étang d'Iftres & la mer du Martigues, où le poiffon vient s'enfermer en paffant d'un endroit à l'autre. Ce font des emplacemens conftruits prefque en fpirale au milieu du canal, au moyen de longs rofeaux plantés dans fon fonds : l'entrée en eft affez large pour attirer le poiffon ; mais une fois qu'il eft parvenu au fonds de la bordigue, il a de la peine à en fortir. Ce fonds préfente une efpece de labyrinthe où le poiffon nage continuellement : les rofeaux font trop rapprochés, & l'iffue trop compliquée dans fes détours, pour que le poiffon, malgré fon agilité & fa prefteffe, puiffe s'en débarraffer aifément ; on l'y prend avec un filet en chaperon attaché au bout d'une perche qu'on nomme *lou croupilloun* ; la plupart font des poiffons littoraux qui viennent s'enfermer dans les bordigues. Lorfque les eaux de l'étang font plus baffes que celles de la mer, le poiffon choifit une nuit obfcure pour en fortir au moment que la mer y entre : il y retourne au contraire, quand les eaux de l'étang, venant à groffir par les pluies & les torrens, refoulent dans la mer : le poiffon nage alors dans un fens contraire au fil de l'eau, attendu la difpofition de fes nageoires & des ouies, qu'il eft obligé de tenir couchées, pour que le flot de l'eau ne s'oppofe point au mouvement natatoire, tandis qu'il nageroit avec peine, s'il fuivoit le fil du liquide qui le fouleveroit néceffairement & retarderoit fes mouvemens.

CHAPITRE XXXVII.

Étang de Valduc & de Vaugrenier.

LA plage de Fox , aux limites du terroir d'Iftres , contient deux étangs qui communiquent enfemble ; l'étang de Valduc & celui de Vaugrenier. Cette plage eft formée d'un terrain fi mal affuré , qu'on le fent trembler fous fes pieds en quelques endroits : l'on y a vu difparoître des bergers & des beftiaux , & s'engloutir tout-à-coup dans les entrailles de la terre. Les embouchures attenantes du Rhône , fes atterriffemens fucceffifs , la communication de la Mer avec les étangs voifins, ne peuvent rendre l'efpace contenu dans cette plage , que fort mobile & périlleux.

L'étang de Valduc eft attenant au terroir d'Iftres , de St. Martin & de Fox : il a trois quarts de lieue de circonférence ; le fol en eft pierreux , fans vafe , fans plantes quelconques ; l'eau tient une fi grande quantité de fel marin en diffolution , qu'on en retire communément par l'évaporation plus de la moitié de fon poids : cette quantité varie fuivant les années , plus ou moins fufceptibles de féchereffe & d'aridité ; nul poiffon n'y peut vivre , l'anguille même y périt ; le fel qu'on en retire eft blanc , pur , homogene ; c'eft un fel marin foffile qui eft mêlé avec très-peu de terre abforbante. L'alkali fixe réduit en liqueur , verfé fur cette eau falée , n'en précipite prefque rien ; l'alkali volatil produit feulement quelques flocons de matieres graffes ; ce fel eft fi ftimulant , qu'il pénetre dans le moment la chair de tous les animaux qui fe plongent dans l'étang ; les canards qui s'y repofent quelquefois, fe relevent tout de fuite, & s'envolent auffi précipitamment que s'ils étoient piqués par des épines : on n'y découvre aucun infecte. M. Capeau m'a affuré y avoir apperçu une fois des infectes rougeâtres de quatre ou cinq lignes de long, qui nageoient rapidement aux bords de l'étang ; c'étoient vraifemblablement des vers de mer prefque filiformes qui s'attachent aux vaiffeaux.

On voit à côté de l'étang quantité de ruiffeaux de fources falées qui viennent s'y rendre, & contribuent encore plus à augmenter le degré de falure dont fes eaux font imprégnées ; tant le fel marin doit exifter en grandes maffes dans les terres. Les anciens avoient connoiffance d'une efpece d'entonnoir, qui du milieu de l'étang communiquoit avec la mer ; mais on a pris tant de précautions depuis, pour augmenter le volume de fes eaux, en y dérivant tous les ruiffeaux qui font à portée, qu'on ne fauroit plus le diftinguer, & par cette économie mal-entendue l'étang falé empiete tous les jours fur les terres voifines qu'il détériore néceffairement.

Dans les années de féchereffe, lorfqu'il regne des vents de Sud óu de Nord, l'évaporation eft fi grande, comme en 1779, qu'on peut ramaffer à pleines mains le fel marin amoncelé fur fes bords. Les fouffles des vents excitent des tempétes fur la furface de l'étang, & portent fes flots foulevés jufques à la cime des arbuftes attenans qui paroiffent incruftés de molécules falines. La pouffiere du fel atténué fe répand au loin : elle s'attache aux rochers, couvre le fol des campagnes : des maffes de fel s'amoncellent aux bords de l'étang ; on y en voit qui pefent fouvent plus d'un quintal :

elles éblouiffent les yeux par leur blancheur ;
malgré les précautions extraordinaires que l'on
prend pour anéantir, s'il étoit poffible, cette production naturelle & de premiere néceffité. Il y a
tant de fel dans les eaux de l'étang, que les corps
qu'on y plonge en fortent couverts ; lorfqu'on s'y
lave les mains & qu'on les laiffe fécher au foleil,
elles reftent enduites d'un fel fin & fubtil qui
frappe la vue : ce fel, quoique fort pur, n'eft pas
comparable au vrai fel gemme que nous n'avons
point ; celui de nos étangs & fontaines falantes,
n'étant qu'un fel marin foffile mêlé fouvent avec
un fel marin calcaire. L'excès de fel que la mer
ne diffout point dans le fonds de fon baffin forme
les mines de fel gemme, que les générations futures découvriront, lorfqu'elle abandonnera le continent qu'elle occupe : c'eft ainfi que nous com-
mençons à découvrir aujourd'hui les mines de fel
qu'elle avoit formées anciennement, après avoir
abandonné le terrain qu'elle avoit couvert de fes
eaux.

On a imaginé divers moyens pour s'oppofer à
l'énorme falure de l'étang de Valduc : on y dériva
d'abord les eaux du canal de Craponne ; mais ce
fut en pure perte : on établit enfuite une communication entre la mer de Fox, l'étang de Vaugrenier & de Valduc, dont le niveau au-deffus des
eaux de la mer n'excede pas huit pieds. Il eft très-
facile de franchir cette pente légere, & d'introduire les eaux de la mer dans l'étang ; mais d'un
autre côté cette différence de niveau ne fuffit pas
pour vaincre la réfiftance du frottement, que
l'eau éprouve dans une diftance de 800 toifes
qu'elle eft obligée de parcourir : auffi n'eft-ce
qu'à l'aide des vents favorables, que l'eau de la

mer peut entrer dans le canal qu'on a ouvert, pour l'introduire dans l'étang de Vaugrenier & de-là dans celui de Valduc.

On ouvre ce canal en Avril pour le fermer en Octobre : par ce moyen les grandes salures ne font pas si fréquentes ; & s'il en arrive autrement, c'est lorsqu'on a négligé cette manœuvre. Quand les eaux de la plage ont été trop basses pendant les sécheresses, ou qu'il a régné des vents contraires, les eaux de la mer, beaucoup moins salées, adoucissent celles de l'étang, sans quoi leur salure seroit énorme : l'action du soleil & le souffle des vents éludent souvent ces vaines précautions ; le sel se cristallise en si grand volume, qu'on est obligé de le briser à coups de massue, & de le submerger dans l'étang. Cet ouvrage ne peut être que fort dispendieux ; c'est à recommencer tous les jours, parce que les eaux qui s'évaporent déposent le sel marin en moins de tems qu'il n'en faut aux argus qui veillent à la garde de l'étang, pour l'y submerger : c'est ainsi que des mains infidelles & mercenaires s'évertuent en pure perte & cherchent à détruire en vain une production dont la nature les gratifie aussi libéralement, tandis que par une économie mal-entendue, on retire à grands frais de plusieurs salinieres un sel marin, qui n'égalera jamais celui de Valduc par sa finesse & par sa blancheur.

L'introduction de l'eau douce dans l'étang, l'eau de pluie, lorsqu'elle est un peu abondante en été, & qu'elle est suivie du vent de bise, augmentent la salure, au lieu que l'eau de mer s'y oppose. L'expérience a fait connoître ces deux vertus contraires dans l'eau douce & dans l'eau salée : l'eau douce, l'eau de pluie surtout plus pure, s'empare aisément du sel marin que l'eau de l'étang tient en dissolution, & l'abandonne avec la même facilité au moment qu'elle s'évapore ; tandis que l'eau de mer , plus pesante , plus visqueuse , ne peut en dissoudre qu'une moindre quantité , qu'elle retient davantage, comme étant beaucoup moins susceptible de raréfaction.

Il ne peut que résulter de grands dommages des suites de cette énorme salure : tous les champs attenans , les coteaux circonvoisins , sont frappés de stérilité ; l'étang s'agrandit tous les jours : une maison qu'on avoit construite autrefois sur ses bords , est aujourd'hui entierement sous les eaux : ne seroit-il pas d'un avantage réel pour tout ce pays de dessécher ce pernicieux étang, plutôt que de mettre en œuvre tant de moyens ruineux qui ne sauroient obvier à ses ravages ? Cette voie n'est point impraticable : les forces humaines , le génie éclairé , l'industrie courageuse qui ne mollit pas aisément , triomphent tous les jours de plus grands obstacles : l'étang n'est pas assez large ni assez profond pour éluder ces travaux bien conduits ; le local présente moins de difficultés qu'on ne pense. De profondes saignées , des coupures , la dérivation de ses eaux dans la mer attenante , le mettroient à sec quelque jour. Dès qu'on aime mieux en détruire le sel que d'établir des salinieres à l'entour qui feroient d'un très-grand profit , ne vaudroit-il pas mieux s'en tenir à ces moyens beaucoup moins onéreux ? Combien de particuliers, de malheureux riverains qui gémissent tous les jours de voir leurs possessions, leurs vignes, leurs champs dépérir sous le sel qui les couvre ! Le mal augmente ; plus de ces prés verdoyans , plus de ces champs fertiles , qui embellissoient autrefois le voisinage de l'étang ; le sel marin , nuisible à la végétation , a tout desséché ; on ne marche plus que sur un sol aride ; mais ce qui devient encore plus

funeſte , ce ſont les contrebandiers en attroupe-
ment , qui ne ſont par malheur que trop communs
dans ces parages. Qui peut mettre un frein à la
cupidité de l'indigent cultivateur ? La nature lui
préſente le ſel marin avec tant de profuſion ! Qui
peut le retenir , quand il lui eſt aiſé de le cueillir à
pleines mains ? Sera-ce quelques vils employés
qui rodent jour & nuit à l'entour de l'étang , &
menent une vie errante & vagabonde ſur ſes rives
déſolées ? Son enceinte eſt trop étendue , la ſalure
trop abondante , le danger n'intimide point les
contrebandiers : ils s'attroupent & diſſipent les
timides gardiens , dont l'ame mercenaire n'eut jamais aſſez de courage pour les combattre en face , à moins qu'ils ne ſoient ſupérieurs en nombre. C'eſt ainſi qu'on a vu les rives de l'étang
teintes du ſang humain , & le ſpectacle effrayant
de la triſte humanité inſultée & détruite ſans com-
miſération pour une poignée de ſel. Je n'en ci-
terai point d'exemples ; pluſieurs témoins me
ſont garans de ce que je dis : ces horribles
ſcenes ſe ſont répétées plus d'une fois dans ces
cantons.

On emploie les eaux de l'étang , contre les maladies cutanées ; les bergers en lavent les troupeaux galeux. Le propriétaire d'un fonds voiſin
s'aviſa un jour d'imiter cet exemple ; il ſe baigna
dans l'étang , d'où il ſortit auſſitôt le corps enduit
d'une croûte de ſel , qui lui fit peler toute la peau.
Les bords de l'étang ſont couverts de cailloux
ſemblables à ceux de la Crau : on y voit des variolites juſques à la cime des coteaux voiſins , ainſi
que des écailles d'huitres pétrifiées.

L'étang de Valduc n'eſt ſéparé de celui de Vaugrenier que par une liſiere de terre fort baſſe &

fort étroite : les eaux de celui-ci approchent beaucoup de celles de la mer ; il eſt plus étroit que
large , n'ayant qu'une demi-lieue de circonférence :
on y pêche quantité de poiſſons ; il eſt terminé au
Nord par des collines de pierre coquilliere à 600
pieds de la mer : cette proximité lui facilite, une
communication avec ſes eaux, au moyen d'un
canal qui ne s'ouvre que pour prévenir & détruire
la grande ſalure de l'étang de Valduc. On voit encore à la rive occidentale de l'étang de Vaugrenier,
un banc d'huitres pétrifiées, à-peu-près comme à
celui d'Iſtres, d'environ quatre pieds de large ſur
une vingtaine de long, à la pente de la montagne
qu'on nomme *Barro de Fox* ; il eſt placé ſur des
rochers d'une pierre coquilliere : c'eſt l'étang de
Vaugrenier que Pline a déſigné ſous le nom de
ſtagnum ; les canards, les macreuſes y abondent,
comme à celui de Baſſuan.

CHAPITRE XXXVIII.

Voyage autour de l'étang de Martigues.

ON arrive par le terroir de Fox à celui de
Martigues , en ſuivant un chemin fort large
& pratiqué à travers des vignes & d'oliviers : la
plupart des coteaux ſont couverts de pierres roulées & de cailloux ; on peut les regarder comme
faiſant une partie de ceux de la Crau : les bas fonds
& les plaines attenantes, pour être cultivées, n'en
contiennent pas autant : ces cailloux ſont enfoncés
dans les terres , ce qui donne de la réputation aux
vins qu'on y recueille.

Martigues eſt ſitué au bord de l'étang de

Berre, & des canaux qui établissent une communication entre l'étang & la mer : cette ville se divise en trois parties, Jonquieres, l'Isle & Ferrieres, qui ne font qu'une seule Communauté : le quartier du milieu est entierement isolé ; les deux autres forment autant de presqu'isles qui communiquent ensemble par des ponts qu'on a jetté sur les canaux : cette position a fait donner à Martigues le nom de *Venise Provençale*. Ces canaux vont se rendre dans l'étang de Charonte, qui se trouve à égale distance du port de Martigues & de celui de Bouc, qui a environ un quart de lieue d'étendue sur autant de largeur : il y a d'autres canaux à l'extrémité occidentale de l'étang, qui communiquent avec le port de Bouc : les eaux de l'étang séparent ainsi les trois villes, baignent leurs murs & se joignent avec la Méditerranée.

Martigues doit sa principale origine à des pêcheurs & des matelots qui s'établirent sur la côte au onzieme siecle. Par le dénombrement que l'on fit de ses habitans en 1765, on n'y trouva que 7000 personnes de tout âge, de tout sexe ; celui de 1688 en avoit donné 22000 ; celui de 1698 13000 ames de communion : on voit combien la population a diminué depuis cette époque à Martigues ; ce qui arrive souvent dans les villes, tandis que dans les campagnes, l'aisance, la liberté, les mariages qui résultent d'une saine agriculture, la font augmenter à chaque génération. Plusieurs causes ont concouru à diminuer celle de Martigues ; le terrible hiver de 1709, qui fit périr les oliviers & les poissons de l'étang ; les guerres de Louis XIV ; la peste de 1720, ont causé cette énorme dépopulation ; en 1724 on n'y comptoit que 7600 personnes : ajoutez à ce calcul les migrations des matelots & des pêcheurs qui ont porté leur induſtrie ailleurs.

Il y a un ancien hôpital de lépreux à Martigues, dont les fonds ont été réunis à l'hôpital général. La lepre régnoit encore en 1751 dans cette contrée : les révolutions des croiſades, les voyages d'outre-mer y avoient attiré cette horrible maladie ; la ſituation des lieux n'avoit pas peu contribué à l'y entretenir plus long-tems qu'ailleurs. Les habitans des côtes maritimes ſont expoſés à contracter des maladies cutanées rebelles : les poiſſons, les coquillages dont ils ſe nourriſſent, ſi ſuſceptibles de putréfaction ; l'atmoſphere humide & relâchée dans laquelle ils vivent ; le ſel marin, qui en ſe volatiliſant devient ſeptique ; & accélere la diſſolution putride des ſucs muqueux, l'inclémence des tems que les matelots bravent témérairement, les rendent plus ſuſceptibles de pareils maux. La ville de Martigues eſt entierement délivrée de ce (a) fléau.

Le corps des pêcheurs de Martigues, célebre quelquefois une fête agréable, dont les joutes ſont le principal amuſement. Lorſque la ville donne ce ſpectacle à quelque perſonne de diſtinction, on y accourt de tous côtés : le combat s'exécute avec pompe & émulation ; il y a une récompenſe pour celui qui a jetté un plus grand nombre d'adverſaires dans la mer. Les joutes relevent le courage, entretiennent les forces & l'agilité des champions qui emploient ſouvent la ruſe, la ſoupleſſe & la

---

(a) Voyez la diſſertation de M. Vidal, Docteur en Médecine à Martigues, inférée dans le premier volume de la Société Royale de Médecine.

dextérité

dextérité pour décider la victoire en leur faveur. La mer est couverte de bateaux ; le rivage & le port étalent une infinité de spectateurs ; leurs cris, leurs applaudissemens tumultueux, joints au bruit des fifres & des tambours animent les jouteurs, qui, placés à l'avant de leurs bateaux, partent avec une vélocité inconcevable, & font parade de leur agilité, en joignant la force à l'adresse, soit pour éviter le choc impétueux de leurs adversaires, soit pour les culbuter dans la mer. Il seroit à souhaiter que de pareilles scenes se répétassent souvent, & que la guerre présente, qui enleve beaucoup de matelots à la ville de Martigues, n'interrompît point ces fêtes qui servent à entretenir la gaieté & l'émulation, & à relever les forces des matelots, l'unique ressource des pays maritimes.

Les pêcheurs forment une pépinière de matelots ; c'est dans le pénible exercice de la pêche, pendant les saisons les plus rudes de l'année, que se forment peu-à-peu ces individus robustes & intrépides qui affrontent les dangers & exposent leur vie sur mer, soit à la guerre, soit au commerce : les côtes maritimes où la pêche est abondante & lucrative, sont toujours pourvues de ces hommes laborieux ; les enfans, exercés dès leur bas âge aux plus rudes travaux, n'en deviennent que plus robustes & plus propres à remplir leur destinée ; les pêcheurs de Martigues réussissent principalement à la pêche à la tartane ; on croit qu'elle leur appartient en propre, & qu'ils en sont les inventeurs : cette pêche est hardie ; il faut qu'il fasse un peu de vent pour l'entreprendre : les pêcheurs s'éloignent du rivage, gagnent la haute mer avec leur tartane, & remorquent des filets construits avec de larges poches,

qui fe rempliffent de poiffons, pendant le trajet qu'ils
font le plus fouvent en dérivant ; cette pêche n'eft
plus en fi grande vigueur fur les côtes par la retraite
de plufieurs pêcheurs, qui ont porté leur induftrie
à Livourne & dans les pays maritimes d'Italie,
où l'on pêche à la tartane, depuis que les pêcheurs
de Martigues y ont fait une quantité d'éleves. La
franchife, la candeur, font en général le caractere
des matelots ; ils ne favent point diffimuler leurs
fentimens, ni mettre un frein à leurs paffions ; ils
font jaloux de leur liberté & extrêmement vifs, ce
qui les fait paroître brufques & impatiens : ils aiment la danfe ; on nomme *martinigale*, celle qu'ils
exécutent ici avec le plus d'action.

Le climat de Martigues eft fort fain ; il regne
très-peu d'épidémies dans cette ville ; on y voit
beaucoup de vieillards octogénaires qui travaillent encore : fon terroir eft naturellement fec ; il
feroit très-fertile, s'il y pleuvoit davantage. On
croit que les étangs écartent les nuages, ce qui
n'eft pas vraifemblable, la férénité dépendant le
plus fouvent du fouffle des vents d'Oueft, qui font
fréquens dans ces contrées. Tous les coteaux voifins font couverts de plantes aromatiques ; le petit
chêne-vert, auquel s'attache le kermès, y eft
commun ; on conferve une petite portion de ce
gallinfecte pour la médecine, le refte fe vend aux
teinturiers. Cette récolte eft une reffource pour le
menu peuple : le kermès eft fi fécond, qu'on trouve
au moins 2000 œufs de figure ovale fous la femelle, qui expire bientôt après leur ponte : quelle
prodigieufe multiplication n'en réfulte-t-il pas ?

On récolte fuffifamment de vin dans le terroir
de Martigues pour la confommation des habitans ;
mais l'huile eft toujours la meilleure production &
qui fe vend le mieux ; elle monte, année com-

mune, jufqu'à 30000 charges, dont on exporte une grande quantité hors du royaume, étant fort eftimée dans le commerce.

La ville de Martigues, bâtie fur les étangs, n'a point d'eau douce par elle-même : on a été obligé d'y conduire celle de la fontaine de Tole, qui en eft éloignée d'un quart de lieue, au moyen d'un aqueduc conftruit fous les eaux de la mer, qui ont plus d'une toife de profondeur dans ces endroits ; ce qui doit avoir rendu le travail, non moins pénible que difpendieux.

On a établi plufieurs bordigues ou pêcheries fur l'étang de Charonte : la premiere fe nomme la *bordigue du Roi* à qui elle appartient ; elle rapporte au moins 20000 livres de rente annuelle : le canal de cette bordigue a dix pieds de profondeur ; les autres appartiennent à divers particuliers ; on les démonte tous les ans au mois de Mars, pour laiffer le paffage libre aux poiffons qui viennent de la mer frayer dans l'étang : les mâles qui fuivent en troupes les femelles, fécondent auffitôt le frai en répandant leurs laites deffus ; on remet enfuite les bordigues ; & les poiffons que les chaleurs obligent de retourner à la mer, font pris en paffant dans ces labyrinthes. M. Duhamel a décrit exactement ces fortes de pêches, dont on lui a envoyé le détail de Martigues même. Voyez fon Traité des Pêches.

Les bordigues font conftruites avec des pieux & des rofeaux ; on fait venir les derniers de Fréjus, le terroir de Martigues étant dénué de cette production faute d'eau : les pieux font taillés en pointe à leur extrémité inférieure, pour pouvoir les planter dans la vafe du canal, ainfi que les rofeaux : on attache le tout avec des liens, on le refferre fortement pour ne pas laiffer fortir le

menu fretin qui s'accroît tous les jours dans l'é-
tang.; on élargit enfuite les bordigues peu-à-peu,
jufqu'à ce qu'on les ôte tout-à-fait. Le poiffon,
qu'elles fourniffent eft porté à Marfeille ; le menu
fretin fe nourrit tranquillement dans l'étang ; on
n'a garde de lui faire la guerre, la pêche ayant fes
relâches comme la chaffe ; mais dès qu'il eft en
état de gagner la haute mer en automne, on lui.
tend des piéges de tous côtés, & au moment où
l'eau de la mer pénetre avec le plus de rapidité
dans l'étang, il nage contre le fil de l'eau pour
en fortir, & vient s'enfermer de lui-même dans
les bordigues, où on le pêche avec le chaperon.

On prend dans ces bordigues beaucoup de muges dont on diftingue trois efpeces : le muge à
groffe tête, *lou (a) teftut* ; le muge limoneux qui
fent la vafe ; le muge à l'œil noir, *lou paillon* :
ces efpeces different peu entre elles par la forme
du corps, mais elles varient par le goût. Les mulets ont du rapport avec les muges, dont ils forment autant d'efpèces différentes ; leur goût eft
plus délicat ; ils paffent de la mer dans l'étang,
où ils font attirés par les infectes dont ils fe
nourriffent.

Le muge à groffe tête a le mufeau court,
épais, le corps oblong couvert d'écailles ; il nage
d'une grande vîteffe ; c'eft des œufs du muge dont
on fait la poutargue que l'on mange avec de l'huile
& du vinaigre : on éventre les femelles que les
pêcheurs diftinguent aifément des mâles ; on en
tire les entrailles ; on lave les œufs dont on fépare
adroitement les veines remplies de fang qui leur
font adhérentes; on les fale pour les preffer entre des
planches chargées de pierres & les applatir, après

_____

(a) *Mugi Cephalos Linnei.*

quoi on les fait fécher au foleil. Il n'y a point de
poutargues auffi eftimées que celles de Martigues :
elles ont été vendues jufqu'à dix francs la livre ;
mais lorfque la pêche du muge eft abondante,
leur prix ordinaire n'excede pas un écu.

Les poiffons plats font communs dans l'étang :
la fole qui fe cache & rampe dans la vafe, le
thurbot, *lou roumb*, dont on connoît plufieurs
efpeces, ainfi que la raie, *la clavelado*. On y
pêche encore des dorades, des loups, des rougets
& des (a) farguets, dont la chair fine & délicate
ne fouffre pas le tranfport. L'étang fournit auffi de
très-belles anguilles qui viennent fe prendre dans
les bordigues en ferrant les rofeaux de plus près ;
on les fale pour les tranfporter de part & d'autre.

Il y a quantité de carrieres de beau gypfe blanc,
du rouge, à Martigues, où la pierre fpéculaire, les
criftallifations féléniteufes font communes : on voit
la tête de quelques veines de charbon de terre,
entre des pierres fchifteufes noirâtres, au bord de
la mer ; on avoit même exploité autrefois cette
mine dont le profit n'a pas répondu aux efpérances qu'on en avoit conçues. Le port de Bouc eft
fitué fur l'étang de Charonte, à une lieue de
Martigues & à quatre lieues de Fox : ce port n'a
proprement de profondeur qu'au milieu, étant
environné d'un terrain fort bas ; on pourroit
échouer fans crainte fur fes bords en cas de néceffité ; ils n'ont qu'une vafe molle chargée de
mouffe & d'algue fans pierres ni gravier. Il y a
une fortereffe en entrant dans le port, au milieu de
laquelle on a conftruit une tour quarrée que l'on

(a) *Sargus, fparrus lineis tranfverfis*, Artedi. Le far-
guet.

découvre de fort loin ; elle eſt élevée ſur la pointe de l'Iſle qui eſt ſéparée de la terre ferme par un petit canal ; cette tour ſert de phare aux vaiſſeaux qui approchent de la côte pendant la nuit.

Les ſables entraînés dans la mer par les diverſes embouchures du Rhône , ont déjà comblé une partie du port de Bouc ; ils le détruiront à la longue , ſi l'on ne s'y oppoſe par des digues & des jettées convenables : quelle perte pour le commerce & pour la Province entiere ! Ce port ſert d'aſyle aux bâtimens , qui revenant d'Eſpagne , ſe trouvent ſurpris par la tempête & le mauvais tems ; ils ſeroient obligés d'échouer ſur une côte peu ſûre ſans ce baſſin commode , où mouilloient autrefois des frégates de 40 canons : il ſert d'entrepôt aux marchandiſes qui deſcendent du Rhône , aux ſels qu'on tranſporte de Berre à Arles. Le Parlement de Provence rendit un Arrêt en 1720 , qui oblige les particuliers des bordigues d'entretenir cinq pieds de profondeur dans les canaux de navigation du grand & petit Charonte , & preſcrit les limites que doivent avoir les chauſſées , vulgairement appellées *cédes* , & la largeur qu'il faut leur donner , pour empêcher par tous les moyens poſſibles , en enlevant la vaſe , en recurant les canaux , qu'un port auſſi utile au commerce ne vienne au point de ſe combler quelque jour.

Les (a) étangs de Charonte & de Berre ſe

_____

(a) J'apprends avec plaiſir que l'on va s'occuper des moyens efficaces de rétablir le port de Bouc , les canaux de Martigues , & ſon port , dans leur état primitif ; les ordres en ont été donnés par le Gouvernement , & M. de Pleville , Capitaine de port à Marſeille , vient de le viſiter à cet effet.

font formés dans les parties baffes & déclives, où la mer a dû laiffer fes eaux en fe retirant ; il y avoit des marais à l'entour, comme on en voit encore ; la main d'œuvre favorifa la jonction de ces étangs intermédiaires qui communiquent avec eux. Les canaux font féparés par des langues de terre élevées de quatre à cinq pieds au-deffus des eaux : c'eft dans cet efpace qu'on dépofe la vafe qu'on retire en les recurant ; c'eft un excellent engrais formé du débris des végétaux putréfiés , pour les légumes qui réuffiffent très-bien dans le terrain nommé *cédes*. On pourroit affigner par un jufte calcul l'époque reculée où le port de Martigues fera comblé dans les fiecles futurs : pareil événement eft arrivé au port de Fréjus, à celui d'Aigues-Mortes ; pourquoi celui-ci échapperoit-il à ce défaftre , fi chaque fiecle ne travaille pour les générations futures ?

Les eaux de l'étang & des canaux du Martigues ne jouiffent d'aucun mouvement fenfible à la vue : elles paroiffent auffi unies que la glace pendant le calme ; mais lorfque les vents foufflent ou qu'il a plu confidérablement , les eaux fe portent avec rapidité, de la mer dans l'étang , & de celui-ci à la mer. Outre ce mouvement par lequel les eaux obéiffent aux loix de l'hydroftatique & fe mettent toujours au niveau , elles jouiffent d'un autre mouvement beaucoup moins fenfible qui n'échappe point à l'œil d'un obfervateur un peu attentif ; c'eft celui qui dépend de la caufe générale des marées. Quoique les eaux de la méditerranée foient exemptes en général du flux & reflux périodique de l'océan ; cependant on ne peut méconnoître cette caufe qui fe fait fentir également fur les eaux de nos mers : on les trouve fort baffes en certains tems , & dans d'autres elles fe répandent fur leur

bord, fans parler du golfe de Venife, où l'on obferve des marées journalieres. M. Vidal, Docteur
en Médecine à Martigues, de la Société Royale
de Médecine & fort inftruit, a bien voulu me faire
part de fes obfervations là-deſſus, & m'éclaircir
plufieurs doutes avec toute l'intelligence poſſible.

    Il s'eft affuré que les eaux font très-baſſes dans
la mer de Martigues au tems des folftices & très-
hautes aux équinoxes : ces différences fe font remarquer également dans le cours des lunaifons ;
enfin les pêcheurs s'appercoivent très-bien que les
eaux de la mer font plus hautes à certaines heures du jour ; ce qui arrive, lorfque la lune paſſe
par notre méridien.

    Les étincelles que les eaux de la mer battues
des rames par les pêcheurs dans les belles nuits
d'été, ces traces lumineufes, ces fillons phofphoriques que les bateaux en divifant les flots laiſſent
après eux, ces jets étincelans font plus remarquables dans les grandes féchereſſes & pendant les
chaleurs : ils font dûs à un fluide igné, beaucoup
plus développé dans ces occafions, & dont les eaux
font imprégnées, tandis que les étincelles que
l'on obferve aux bords des canaux & de l'étang,
répandent des infectes phofphoriques du genre
des (a) fcolopendres, que le docteur Vianelli &
l'Abbé Nollet découvrirent les premiers dans les
lagunes de Venife.

    On voit beaucoup d'holothuries, ou orties de
mer qui nagent dans les canaux & au bord de
l'étang : le peuple nomme ces fortes de zoophytes
mau dués, parce que la vifcofité âcre dont ils font

_____

    (a) *Scolopendra marina vix conſpicua noctiluca.* Amœn.
Academ. Linnei, tom. 3. p. 303. Mémoires de l'Académie des Sciences. 1750.

enduits cause uue inflammation aux yeux , lorsqu'on y porte imprudemment la main qui les a touchés : l'on a découvert depuis peu que le vinaigre est le spécifique de cette ophtalmie , & qu'il corrige promptement l'âcreté du venin , quand on l'applique sur l'organe affecté : c'est par ce moyen qu'on détruit encore les engourdissemens & les enflures contractés en maniant les étoiles de mer. Le mouvement que l'on observe dans les zoophytes , leur ondulation , la configuration de leurs corps où l'on ne trouve qu'une espece de cartilage pulpeux , sont vraiment dignes d'arrêter un observateur.

On trouve également d'autres insectes imperceptibles en forme de vessie qui rendent les vagues de la mer lumineuses pendant la nuit.

L'on pêche quelquefois des loutres dans les canaux de Martigues qui font la guerre aux poissons : il seroit très-avantageux de tirer parti de ces animaux voraces qui sont de si bons pêcheurs. Il y a des pays où l'on a trouvé le moyen de les prendre en vie , & de les dresser à la pêche : il faut beaucoup de dextérité & de patience pour les domestiquer ainsi. Qui ne connoît pas les tentatives de M. de Buffon à cet égard ? La loutre , *la luri* , nage plus aisément que le castor : elle aime mieux les eaux douces , remonte & descend les rivieres. Sans être amphibie , quoiqu'elle se plonge dans l'eau pour y chercher sa proie , elle a besoin de respirer comme les animaux terrestres. L'anatomie ne découvre aucun passage d'un ventricule du cœur à l'autre pour ouvrir au sang une nouvelle route , sans qu'il passe par les poumons , quand la loutre plonge & reste quelque tems sous l'eau ; cette ouverture subsiste plutôt dans le castor , ce qui le rend amphibie. La loutre est pourvue de poumons fpacieux : elle infpire une grande quantité d'air qui lui permet de refter fous l'eau tout le tems dont elle a befoin pour chercher fa proie. On a pris autrefois des caftors dans l'étang de Martigues : on en trouve quelques-uns le long du Rhône ; ce font des caftors terriers qui ne vivent point en fociété & ne bâtiffent pas, comme les caftors du Canada qui cherchent des déferts éloignés de la vue des hommes & conftruifent leur habitation fur les rivieres & les lacs.

Toutes les montagnes, aux environs de Martigues, font de nature calcaire dont les pierres fe laiffent tailler facilement dans la carriere : la plupart font formées de débris de teftacées. Il y a quelques années qu'on trouva un fquelette humain pétrifié dans une maffe pierreufe : les ouvriers qui n'en connoiffoient point l'importance, briferent tellement cette pétrification, que les amateurs qui accoururent ne purent en emporter que des fragmens. La chaîne des montagnes qui bornent cet horizon du Levant au Couchant, s'étend depuis le cap Couronne & Carri jufques au golfe de Marfeille. Le cap Couronne eft éloigné de Martigues d'une lieue & demi : il avance dans la mer en s'élevant au-deffus de fon niveau à plus de deux cent toifes, & contient l'immenfe carriere de pierres où l'on trouve quantité de limaçons, de vis, des peignes & d'autres coquilles pétrifiées. Lorfqu'on a épuifé ces carrieres, on en ouvre bientôt de nouvelles qui ne font pas moins abondantes : les coupures des pierres, la terre que ces foffiles procurent, fervent aux cultivateurs à améliorer leurs champs graveleux. Il y a des marnes grifes & blanches dans le terroir de Martigues ; mais les particuliers fe fervent plutôt pour leur engrais des fumiers & des plantes marines putréfiées que de ces terres fertiles qu'ils foulent aux pieds fans les connoître. —

Les collines qui s'étendent de l'Oueft vers le Nord, s'abaiffent peu-à-peu jufques aux terres attenantes du port de Bouc, où la mer forme des brifans fur la côte de Fox, au moyen de gros rochers, dans l'intérieur defquels on trouve de grandes concavités qui ont été creufées par les flots ; elles fervent de retraite aux crabes, aux chevrettes & aux lepas que les pêcheurs y viennent chercher au milieu d'un efpace formé par autant de débris de rochers que l'on prend de loin pour des ftalactites. Les collines attenantes font couvertes en plufieurs endroits d'un amas de galéts arrondis ou de pierres roulées ; l'on n'y voit que la petite fougere, le geneft épineux, quantité d'ilex ou chêne-vert & quelques plantes maritimes.

Il n'y avoit dans le fiecle dernier qu'une foible colonie de tailleurs de pierre au cap Couronne : elle a augmenté depuis de plus de fept à huit cent habitans qui ont bâti un village. Ils entendent très-bien la pêche du corail qui eft moins abondante qu'autrefois fur ces côtes ; ce qui les oblige d'aller pêcher jufques en Afrique d'où ils retirent plus de profit. On voit une fontaine falante un peu chaude au cap Couronne ; on la nomme fontaine de *Saint-Jean* : elle tient en diffolution beaucoup de fel marin terreux & parfait ; on fe fert avec fuccès des lotions de cette eau minérale pour quelques maladies cutanées, & pour les douleurs rhumatifmales ; les habitans la croient miraculeufe, & joignent à fon ufage des pratiques fuperftitieufes. La fource tarit plus d'une fois dans ce climat aride ; ils penfent alors qu'un étranger mal-intentionné a jetté quelque charogne dans la fontaine ; ce qui la contraint à retirer fes eaux pures & merveilleufes ; tant elle eft cenfée aimer la propreté. De pareils préjugés , que les anciens Hiftoriens de Provence avoient accrédités par des récits fabuleux , regnent encore parmi le peuple. Voyez Bouche. Les habitans de la Couronne obligent alors leur curé de faire une proceffion pour obtenir le renouvellement de leur fource. Cette eau prife en boiffon purge affez bien , & remédie aux douleurs d'eftomac , au gonflement , aux ventofités de caufe froide.

CHAPITRE XXXIX.

Marignane & fes environs.

L'ETANG de Marignane ou de Beaumond , que l'on joint à une lieue de Martigues , par une plaine couverte de vignes & d'oliviers , femble avoir fait partie, dans les tems éloignés, de celui de Berre , & en avoir été féparé par la main de l'homme. Telle eft du moins l'opinion vulgaire. Cet étang eft au Sud-Oueft du Bourg de Marignane : l'efpace qui le fépare de l'étang de Berre préfente un chemin d'une lieue de long, fur vingt pieds de large , par où l'on va jufqu'à Vitrole. On prétend que Caïus Marius , Général des troupes Romaines , ayant campé pendant l'hiver , au bord de la mer de Berre , fit travailler fes foldats à ce (a) chemin, & d'un étang confidérable en forma deux par cette féparation. La tradition du pays , pour

_____

(a) On nomme encore le chemin qui fépare les deux étangs *lou Caiou*, mot dérivé, dit-on , de Caïus Marius. C'eft une des meilleures preuves fur laquelle les partifans de cette opinion fe fondent.

ajouter au merveilleux, porte encore que ce fut
l'ouvrage d'une nuit, & que l'armée Romaine de
ce Général l'acheva en préfence de l'ennemi. L'infpection des lieux convaincra aifément du contraire.
C'eft à la nature & au tems qu'on doit l'étang de
Beaumond plutôt qu'au travail des Romains. Le
terrain qu'il occupe eft inférieur à celui de l'étang
de Berre. Il y avoit des marais & des bas-fonds,
anciennement dans ce parage où les eaux qui fe
filtrent, de l'étang fupérieur à travers les terres, les
pluies, les inondations ont formé le nouvel étang
de Beaumond : auffi eft-il moins falé que celui de
Berre. Ses eaux font plus baffes, & pour peu
que le terrain s'éleve en tirant vers l'Eft, ce fera
une barriere qu'elles ne pourront jamais atteindre.
Le chemin qui fépare ces deux étangs en quelques
endroits, eft fi large, qu'il paroît que la nature &
non la main de l'homme leur a ménagé cet efpace ;
cependant au moyen d'une communication, pratiquée entre les deux étangs par un canal conftruit à cet effet, celui de Beaumond eft également
poiffonneux : les oifeaux aquatiques, & les poiffons littoraux, qui fe plaifent beaucoup moins
dans une grande mer dont les flots fe courrou-
cent aifément, accourent dans celui de Beaumond.
Des bordigues plantées dans ce canal attirent le
poiffon ; elles appartiennent à M. le Marquis de
Marignane. On prend les canards au filet ; on les
tire au fufil, lorfqu'ils paffent à l'approche de la
nuit d'un étang à l'autre ; mais la pêche de la
macreufe eft la plus confidérable, par la quantité
prodigieufe qu'on en prend.

L'appareil de cette pêche a quelque chofe de
royal & d'impofant, voici comme on s'y prend :
lorfque les macreufes couvrent la fuperficie de
l'étang en Automne, on raffemble plufieurs bateaux

montés par une quantité de rameurs agiles & d'un nombre suffisant de chasseurs : on part ensemble du milieu de l'étang pour aculer les macreuses vers ses bords. Elles nagent toujours, en fuyant la troupe meurtriere qui les poursuit, jusqu'à ce qu'elles soient parvenues à l'extrémité de l'étang : alors elles prennent leur vol pour gagner les bords opposés ; & comme la petitesse de leurs ailes ne leur permet pas de s'élever fort haut, les chasseurs les tirent aisément, lorsqu'elles volent par-dessus les bateaux & les pourchassent alternativement d'un côté de l'étang à l'autre. Cette chasse dure souvent tout le jour : plus il y a de bateaux qui partent de concert, plus il y a de chasseurs & de monde aux environs, & plus elle est amusante : elle réussit encore mieux par un froid vif & piquant qui réunit les macreuses ensemble ; on en fait des abattis considérables. M. le Marquis de Marignane en fait présent à ses amis, & en envoie quantité de toute part à cette occasion.

La macreuse nous vient des régions septentrionales ; les anciens ont débité des fables sur son origine : cet oiseau aquatique se reproduit par le moyen des œufs, comme les canards dont il forme une espece ; on le prend encore avec des lacets, comme ceux-ci : ce sont des filets à mailles quarrées que l'on tend avec des piquets presque à fleur d'eau dans le canal & aux bords de l'étang où le canard & la macreuse viennent chercher leur nourriture.

Cet oiseau qui plonge, passe par-dessous les filets ; mais lorsqu'il veut regagner la surface de l'eau, il rencontre un obstacle dans les filets qu'il cherche à franchir : ses pieds, son bec s'embarrassent dans les mailles ; plus il travaille à s'en délivrer, plus elles l'enveloppent & le serrent ; il fe débat, on accourt & on le prend de la forte.

Les chaffeurs diftinguent les canards & les oies fauvages qui fréquentent ces étangs, par la configuration de leur bec, & la couleur de leurs plumes. En voici quelques-unes dont je n'ai point encore parlé.

Le grand (a) plongeon : il y en a qui le nomment mal-à-propos *gabian* : il eft beaucoup plus gros & fes plumes ne font pas fi blanches que celles de ce dernier. Le plongeon differe des canards par la tête & par les pieds qui font placés hors de l'anus : ils ont le bec piramidal ; le grand plongeon a vingt-fept pouces de long depuis les pieds jufqu'au bec : fes yeux font rougeâtres, ce qui le fait nommer encore l'œil rouge, ou bien *leftrougnon* : il a les ailes noirâtres, les jambes larges & plates, & les doigts des pieds bordés de membranes à chaque côté.

Le (b) canard vert a fon plumage très-varié & fleuri avec de petits compartimens quarrés, & fon dos eft couvert de pourpre. Ses pieds font jaunes & fa queue eft de couleur cendrée.

Le canard à large bec, *lou cuilleras* : le caractere de (c) ce canard eft très-diftinct, & il eft plus petit que le canard domeftique : fon bec eft noir & fort long, plus large à fa bafe qu'à la pointe, & creufé en cuiller : fes plumes font ornées de bleu & de vert avec la poitrine, le croupion rouge ; le dos eft panaché de diverfes couleurs, & fes pieds font palmés.

Autre efpece nommée *lou faucret, lou fargoun* : (d)

_____

(a) *Mergus ferrator, anas longi roftro*, le grand plongeon.
(b) *Anas virefcens Linnei*, &c.
(c) *Anas clipeata, longi roftro*.
(d) *Anas virefcens filigula criftata roftro rubro & nigro. Linnei.*

c'eſt un fort joli canard dont la tête eſt colorée
de bleu & de noir ; le tour du bec , le dos , les
ailes ſont peintes de même couleur : il a les pieds
jaunes.

On nomme encore ici un autre petit canard à
bec rouge , aux pieds d'un pourpre éclatant , à la
queue cendrée , *lou pupu* : on comprend dans ce
genre les eſpeces de canards à long col , *lou coui
roux* ; ceux dont les plumes de la poitrine ſont
rouſsâtres , *lou coui griſard* , les pieds jaunes ; le
menarolle qui a le bec dentelé ; le charlot , ainſi
que la grande macreuſe , *lou rei de ſaucres* ; le
courlis , *lou courreliou* , eſt dans le genre des ſco-
lopaces : il fréquente les étangs où il trouve des inſectes qu'il tire avec ſon bec. Autre canard nommé
lou negroun dont la femelle eſt beaucoup plus
noire : il a la partie moyenne de ſon bec jaune
avec les pieds noirs ; on lui voit une petite éminence rougeâtre en forme de boſſe ſur le bec , &c.

Le martin-pêcheur , *lou martin-peſcaret* , *l'arnie* : cet oiſeau n'a pas plus de demi-pied de long
depuis la queue juſqu'au bec ; ſon envergure eſt
de dix pouces ; ſon bec noirâtre & long de deux
pouces : il a ſa poitrine & ſes ailes rouſſes , avec
les extrémités des plumes bleuâtres ; ſon dos eſt
d'une très-belle couleur bleue nuancée ; ſa queue
eſt courte , & ſes jambes ſont petites : il fréquente les bords des étangs , des rivieres , & s'é-
tablit dans des trous auxquels il donne une figure
ronde ; on l'en déniche difficilement , quoiqu'on
lui enleve ſes petits. Lorſque les payſans prennent
quelque martin-pêcheur , ils le deſſéchent moins
pour l'éclat de ſes couleurs que pour le conſerver
dans leurs garde-meubles , où ils s'imaginent qu'il
les garantira de la teigne , *leis arnes* , d'où lui eſt
venu le nom *d'arnie* ; cependant les inſectes s'attachent

tachent à son plumage qu'ils dévorent. Toutes les autres vertus qu'on lui attribue sont gratuites ; il se nourrit du poisson qu'il pêche dans les étangs & dont il rejette les arêtes par le vomissement : on le distingue par l'épithete de pêcheur , de l'hirondelle de rivage , *lou ribeirou* , qui fait son nid sur le bord de la mer. Nous avons une autre espece de martin-pêcheur beaucoup plus petite.

Le bourg de Marignane est dans une position fort agréable , les étangs de Beaumond & de Berre lui procurent d'abondantes pêches : de belles campagnes , un vaste terroir complanté de vignobles y amenent l'abondance : son château , son parc , le voisinage des trois plus grandes villes de la Provence , tout concourt à faire de ce lieu un séjour riant. La végétation y est des plus actives , attendu la qualité du terrain , & la maniere de le cultiver. La santé des habitans en souffre plus d'une fois par les fievres intermittentes qui sont endémiques dans ces contrées où il y a beaucoup d'eaux croupissantes dans les lieux bas ; mais , quoique ces maladies y soient opiniâtres pendant les saisons pluvieuses , son climat tempéré , son ciel ouvert aux influences des vents salutaires , l'usage modéré d'un vin généreux comme du meilleur préservatif dont ce beau pays abonde , & l'aisance qui y regne , rendent ces maux beaucoup moins fâcheux qu'ailleurs.

Les montagnes qui bordent l'horison de Marignane depuis Châteauneuf jusques aux Pennes , sont de nature calcaire : cette pierre est si dure en quelques endroits, qu'elle reçoit le poli du marbre. Ces montagnes s'étendent tout le long de la mer au midi : il y avoit autrefois des madragues établies depuis le port de Bouc jusqu'au cap Couronne ; mais toutes ces pêcheries ont été détruites par les courans qui s'y forment & par la quantité de fable que le Rhône entraîne. On trouve encore à Bonnieu , à Ste. Croix , des madragues qui appartiennent à M. de Jarente , ainfi qu'à Caumont & à Carri. M. le Marquis de Marignane fait aller à fes dépens celle de Gignac , où la pêche du thon eft fouvent des plus abondantes.

Le diocefe d'Arles fe termine à Marignane , & à Montvallon , étant borné par ceux de Marfeille & d'Aix. Le vin eft la principale produ&ion de ce pays ; il devient excellent , quand on le fait avec foin : la vigne y vient très-bien dans un fol léger , graveleux ; mais comme les paturages peu abondans ne permettent pas d'y entretenir beaucoup de beftiaux , on manque de fumiers de litiere pour donner des engrais fuffifans aux campagnes. L'on y fupplée par l'algue à petites feuilles (*alga folio capillaceo*. Garidel.) que l'on fait pourrir : cette plante naît abondamment dans les étangs au bord de la mer : on l'y cueille à pleines mains ; on la met en tas , & lorfqu'elle eft pourrie , elle devient un très-bon engrais. Le peuple des environs de Fox fait un commerce de cette algue qu'il porte à Iftres , à Salon ; ce qui le fait fubfifter pendant l'hiver.

L'algue a un inconvénient : chargée de beaucoup d'eau comme elle l'eft , il lui faut plus de tems qu'aux plantes terreftres pour tomber en pourriture : lorfqu'on fe preffe de l'enterrer dans les vignes , dans les champs , on la retrouve encore en nature l'année d'après , fans avoir fubi aucune fermentation.

La facilité dont jouiffent tous les petits cultivateurs de fe procurer l'algue , fait qu'ils l'amoncellent indifféremment devant leurs portes, contre les murs des maifons, dans les rues, fur les places publiques pour en accélérer la putréfaction : au lieu de la tranfporter loin des habitations dans des cloaques conftruits à la tête de leurs champs ; par une indifférence condamnable, ils aiment mieux vivre dans l'infection & l'ordure, que de fe donner un peu plus de peine ; ce qui ne peut que nuire à la fanté des citoyens. J'apprends avec plaifir que la police du lieu a donné depuis peu des ordres pour ne plus faire tant de fumier dans les rues.

Une loi fage, après les plaintes & les murmures des véritables citoyens & tant de malheurs qui nous ont appris à veiller un peu mieux fur notre fanté, nous enjoint d'éloigner foigneufement les cimetieres des habitations, & d'enfevelir profondément dans la terre les cadavres qu'une commifération mal-entendue nous engageoit à conferver dans les tombeaux des Eglifes ; & voici tout un peuple, une province entiere depuis la mer jufques aux plus hautes montagnes, des villages, des bourgs, de grandes villes dont les habitans ne favent préparer leur fumier que dans les rues, dans leurs maifons mêmes. Ne feroit-il pas tems que les loix s'armaffent de rigueur & obligeaffent la plupart de ces cultivateurs infenfibles à leur bien-être, à ne plus faire pourrir leur fumier que dans leurs champs, & toujours bien au loin de leur habitation ? L'amour de l'humanité infpire naturellement ces réflexions : on a beau dire que le corps humain s'accoutume à tout ; les levains de la pourriture de quelque corps qu'ils foient émanés, ne tardent point de lui communiquer le même vice & d'en corrompre les humeurs : je n'ai fait ceffer des épidémies de caufes putrides, qu'en faifant enlever de force les tas de fumier dont les villages étoient remplis,

& que leurs malheureux habitans s'obſtinoient
même à cacher ſous leurs lits. (a)

Les campagnes de Marignane & de Montvallon
ont quantité de belles allées de mûriers de la
grande feuille en pluſieurs endroits. Les coteaux
& les bois ſont plus répandus à Montvallon : le
pin , le chêne-vert forment des boſquets touffus
çà & là qui diverſifient tous les points de vue.
Les amandes , le vin , ſont une des meilleures
productions de ſon terroir qui eſt léger & ſablonneux. On trouve dans les rochers calcaires , dans
la terre également des cailloux ſphériques , ou de
petits globes qui ſe ſont formés au moyen d'une
criſtalliſation concentrique qui leur donne peu-à-

(a) Lorſque les rues de Madrid étoient couvertes de
fumier , que l'ordure & la ſaleté infectoient ſes carrefours & ſes places publiques , les Docteurs , les Virtuo-
fos , les Savans à lunettes , me ſoutinrent gravement un
jour cette ſottiſe , que le fumier étoit le correctif des
influences pernicieuſes de l'atmoſphere , qu'il ſervoit
d'excipient & retenoit tous les miaſmes putrides dont
l'air étoit corrompu : j'en connois plus d'un qui , ſans
être gradué , penſe de même. Faut-il que l'indolence , la
pareſſe , la molle ſtupidité de ces minces cultivateurs
leur faſſent prodiguer ainſi leur ſanté , lorſqu'il s'agit de
travailler leurs biens fonds ? Ils ne donneroient pas un
quart-d'heure , quand leur ſanté dont ils abuſent impunément , eſt menacée : l'appas d'un produit éloigné
l'emporte ſur un danger imminent. Telle eſt l'eſpece
humaine , avilie , dégradée par le beſoin : la ville de
Madrid plus éclairée aujourd'hui , a relégué les fumiers dans les champs & connoît toute l'importance de
tenir les rues propres : elles ont été élargies. La police veille au bon ordre & à la ſanté des citoyens que
les miaſmes putrides , & le ſel volatil des fumiers ne
ſauroient altérer à l'avenir ; mais combien n'en a-t-il
pas coûté pour vaincre à la fois les préjugés & l'ignorance ! Il a fallu toute l'autorité royale pour triompher
de la réſiſtance & ſubjuguer l'entêtement.

peu la figure d'un globe de divers calibres , &
réunit toutes les molécules lapidifiques à l'entour
d'un centre commun. Lorſqu'on ſcie les cailloux ,
on les trouve ainſi diſpoſés par couches circulaires ,
à l'entour du premier cercle qui a ſervi de noyau
à la criſtalliſation : la nature n'opere - elle pas
de même dans les minéraux ? Nous connoiſſons un
peu mieux le mécaniſme de la criſtalliſation des
ſels ; chaque molécule de ces ſubſtances a une
figure déterminée. Une fois que le liquide qui la
tient en diſſolution vient à l'abandonner , étant
près du point de contact d'une pareille molécule ,
elles s'attirent réciproquement l'une avec l'autre ,
s'attachent enſemble & par l'adhéſion de nouvelles
molécules elles forment des criſtaux réunis en
maſſe. Pourquoi n'arriveroit-il pas le même mécaniſme dans la formation des pierres ? La ſymétrie qu'on obſerve dans les couches circulaires &
concentriques des cailloux globuleux de Montvallon nous induit à le penſer de même : toutes
leurs couches diſpoſées à l'entour d'un centre commun ayant un premier cercle qui leur a ſervi de
noyau , indiquent des molécules identiques , qu'une
mutuelle affinité a déterminé à prendre , en ſe
réuniſſant , la même configuration.

Les amateurs de la Botanique trouveront quelques plantes dans le terroir & les bois de Montvallon : le romarin , le genêt épineux , la petite
bruyere y ſont preſque toujours en fleurs ; on emploie les feuilles & les fleurs de romarin en médecine. On en compoſe l'eau de la Reine d'Hon-
grie en diſtillant les fleurs & leur calice avec l'eau-
de-vie ; on en retire une huile eſſentielle dont on
ſe ſert pour l'épilepſie : les ciſtes , le grand genêt ,
le troëſne , le thim ſont répandus aux environs.

D d 3

CHAPITRE XL.

Berre & St. Chamas.

TOUT eft cultivé à l'entour de la mer ou de l'étang de Berre : les champs attenans font prefque tous complantés de vignes & d'oliviers ; les pierres des montagnes qui les bornent à l'Eft, font très-dures & reçoivent bien le poli : on y trouve fouvent de grands blocs de marbre, furtout à Vitrolle, terre appartenant à M. le Marquis de Marignane, dont les couleurs font variées : ce marbre a quelque rapport avec les breches. L'étang de Berre contient au moins quinze lieues de circuit ; il eft entouré de plufieurs bourgs que l'on découvre de Martigues : fes eaux, plus tranquilles que celles de la grande mer, dépofent beaucoup de fel marin fur fes bords, lorfque l'évaporation eft fort grande en été. Les vents répandent ce fel & l'amoncellent de part & d'autre : on peut l'y ramaffer à pleines mains ; de fidelles employés, des gardes vigilans, dociles à la voix de leurs maîtres, fachant combien le fel rend les champs ftériles, defféche, brûle les plantes & nuit à la végétation, accourent bientôt, détruifent & fubmergent tout ce fel dans l'étang. Les cultivateurs, le peuple voifin devroient leur favoir gré d'une attention auffi patriotique ; mais je fuis convaincu qu'ils en murmurent tout bas & qu'ils n'ont garde de leur prêter des vues auffi généreufes : ces cultivateurs mettent en ufage l'algue & les plantes maritimes qu'ils font pourrir dans des cloaques conftruits non loin de la mer, à la tête de leurs champs ; ce qu'on devroit imiter partout ailleurs.

Les vignes & les oliviers n'abondent pas moins dans tout le terroir de Berre : ce bourg contient environ quinze cent ames ; on prétend que l'air n'y eft pas fain, attendu le voifinage de l'étang, & l'humidité de fes campagnes. La petite riviere de Larc qui prend fa fource près de Pourrieres vient fe jetter dans cet étang, ayant fon cours du Sud à l'Oueft : elle a inondé autrefois les campagnes de Berre, ainfi qu'on en juge par la quantité de caillous & de pierres roulées dont elles font couvertes en quelques endroits ; ce qui leur a donné le nom de petite Crau, *campus lapideus*.

On a conftruit des falinieres auprès de Berre, au bord de l'étang, dont on retire par l'évaporation de fes eaux une quantité prodigieufe de fel que l'on tranfporte en divers endroits : ces falinieres appartiennent à de riches Seigneurs qui en livrent le fel aux Fermiers généraux à un prix très-modique. On rend les eaux de l'étang plus ftagnantes vers fes bords par des compartimens que l'on pratique au moyen de piquets & de pieux plantés les uns contre les autres dans fon fonds : les vents d'Oueft & du Sud, en agitant les eaux conjointement avec la chaleur du foleil, favorifent tellement l'évaporation, que le fel marin fe criftallife en grandes maffes à leur fuperficie : on l'en retire, on l'amoncelle, on en conftruit des piles élevées qu'on nomme *gamelles* où il s'égoutte peu-à-peu ; on le livre ainfi tout brut pour le compte du Roi. Ce fel eft beaucoup terreux ; il contient du fel marin calcaire & du fel de Glauber : il faut le purifier, fi on veut l'avoir bien blanc & s'en fervir en médecine.

Les maladies qui regnent communément à Berre font les fievres remittentes, les fievres putrides, l'hydropifie, la phthifie même : les émanations

D d 4

falines peuvent contribuer à cette derniere, tout comme celles qui s'élevent des eaux croupiffantes dans les marais, font les levains des fievres putrides.

Toutes les montagnes voifines difpofées en couches horifontales, à moins que des caufes particulieres n'aient dérangé cette direction uniforme, n'ont pas deux cent toifes au-deffus du niveau de la mer. La pierre coquilliere y abonde, furtout dans le terroir de Califfane, où l'on a ouvert depuis long-tems de très-belles carrieres, dont on retire une pierre fine, blanche, légere qui prend fous le cifeau du Sculpteur les formes les plus gracieufes. Le grain de la pierre de Califfane eft mêlé fouvent de quelques particules de mica : elle fe laiffe tailler aifément dans la carriere & acquiert toujours plus de confiftance à l'air, où elle perd infenfiblement fa blancheur & fon éclat : l'humidité, les vents l'alterent à la longue & rendent fon tiffu granulé & âpre : on en taille des ftatues qui fervent à l'ornement des jardins, des parterres & des veftibules ; cette pierre s'eft formée fous les eaux par un détritus fin des coquilles, qui s'eft amoncelé en couches & s'eft durci lentement. Le fablon de mer un peu quartzeux, les molécules fines du mica & une terre abforbante animale, qui a du rapport avec la craie, ont concouru aux diverfes mutations qu'elle a dû effuyer fucceffivement ; lorfque les molécules de cette pierre font moins fines & moins atténuées, les coquilles y exiftent encore en entier : nous avons vu combien elle eft abondante dans toutes les montagnes & tous les coteaux d'origine fecondaire.

On vient de Califfane à St. Chamas, autre bourg confidérable fitué au bord de l'étang, & très-peuplé, dont le terroir eft fort bien cultivé : les oliviers, les vignes, les amandiers fe plaifent

dans quantité de fonds très-fertiles qui l'avoisinent.
Ce bourg est encore dépendant de la principauté
de Martigues, dont M. le Comte de Galifet est
aujourd'hui revêtu : on voit deux (*a*) arcs de
triomphe à quelque distance du bourg, érigés anciennement par les Romains, dont les historiens
de Provence ont fait mention, & qui paroissent
avoir été construits de pierres tirées des montagnes voisines ; elles sont encore en place &
n'ont point souffert. Voyez Bouche, tome I. p. 319.

Le bourg de St. Chamas est divisé en deux parties ; la premiere est située au bord de la mer où
l'on a construit un petit port pour faciliter l'exportation des huiles & du vin à Martigues & à
Bouc. La seconde partie en est séparée par une
colline qui a été formée comme tant d'autres dans
le sein de la mer : le sable, la marne & la pierre
coquilliere en composent les diverses couches :
la partie supérieure, est entierement pétrifiée &
couverte en quelques endroits de terre végétale.
Le bourg de St. Chamas est ainsi divisé en deux
par cette colline dont la direction s'étend du Levant au Couchant, comme la plupart de celles
dont j'ai parlé : on a percé la colline en forme
de rue voûtée pour établir une communication
entre les deux parties du bourg ; la mollesse de ses
couches intérieures qui ont acquis l'état de marne,
a facilité ce travail ; on y trouve beaucoup de
glossopêtres ou dents de chien de mer, de peignes semi-aurites & de vis à demi pétrifiées.

L'on a construit dans l'intérieur de cette colline,

_____

(*a*) Ces deux arcs de triomphe sont élevés aux deux
extrémités d'un pont vulgairement appellé *Pont Surian*,
sur la petite riviere de la Touloubre, où passoit la
voie Aurelienne.

des moulins à huile, & à blé qui ont de la réputation ; l'on y a pratiqué des logemens relatifs à cet objet. Les eaux de la petite riviere de la Touloubre qui vont se jetter dans la mer, font tourner les moulins à blé qui ont des pierres meulieres d'un grès très-dur & très-compacte qu'on a fait venir de Franche-Comté ; non que nous ne possédions cette espece de pierres dans nos montagnes vitrescibles, puisqu'on en retire quantité de pierres meulieres qu'on transporte fort au loin ; mais l'usage n'en est pas aussi général qu'il devroit l'être. Celles qu'on employoit autrefois ici, étoient d'une espece de poudingue qu'on tiroit de cette colline qui forme une chaîne assez longue ; mais n'ayant point les propriétés du grès, elles ne pouvoient convenir à toute sorte de moulins.

St. Chamas est en réputation par la bonté de ses huiles. C'est de ce lieu même d'où nous est venue la meilleure façon de saler les olives *à la picholine*, du nommé Picholin : (*a*) toutes les autres pratiques ne sauroient en approcher.

La petite riviere de la Touloubre qui se précipite en cascade du haut de la colline, fait tourner également les moulins à poudre du Roi. La poudre à ca-

---

(*a*) La méthode de préparer ainsi les olives qui consiste à les tenir quelque tems dans une espece de lessive, détruit leur goût âcre & amer, & les rend douces & agréables, sans les dépouiller de leur couleur verte qu'elles ont sur l'arbre. Les alkalis de cette lessive forment un savon avec la partie âcre & visqueuse de l'olive que l'eau dissout & entraîne aisément, les olives qui contiennent des capres, des morceaux d'anchois font les mêmes qui, après avoir été préparées à la picholine, & qu'on en a extrait le noyau, se gardent ensuite dans l'huile. C'est à Manosque principalement qu'on les travaille de la sorte.

non eſt un mélange de ſoufre, de ſalpêtre, & de charbon: elle reçoit par l'inflammation du ſoufre, & la détonation du nitre cette force exploſive & ſubite qui excite la terreur & l'admiration. Ce mélange eſt trituré dans des mortiers de bronze par des pilons de bois chauffés de même métal : l'eau par la vélocité de ſa chute ſouleve ces pilons, en faiſant tourner une roue attachée à une poutre qui les met en mouvement : lorſque ce mélange, qu'on a ſoin d'humecter de tems en tems, eſt conduit à ſa perfection, on l'expoſe au ſoleil pour le faire ſécher ; on le paſſe enſuite par différens cribles, & on lui donne la forme grainue qui conſtitue la poudre à canon. Quoique nous ayons des indices manifeſtes de quelques mines de ſoufre en Provence, on n'a point cherché de s'en aſſurer par l'exploitation. Le ſalpêtre ou le nitre eſt fourni aux fabricans de la poudre à canon par les ſalpêtriers, qui le retirent des terres leſſivées qu'ils vont chercher dans les caves des particuliers, & partout où les débris des animaux & des végétaux tombés en pourriture, annoncent le ſalpêtre.

Le gouvernement voulant affranchir les citoyens d'une pareille ſervitude, a propoſé des encouragemens & des prix pour ceux qui trouveront des moyens plus convenables dans la préparation du nitre. On a indiqué depuis la vraie maniere de retirer le ſalpêtre des terres leſſivées, d'établir des nitrieres artificielles à l'exemple de la Suede & de l'Allemagne ; & ſi le nitre parfait exiſte tout formé dans les terres avec ſa baſe alkaline, il n'y a qu'à chercher ces terres nitreuſes.

Nous ne manquons point de pareilles terres ; les cendres alkalines des végétaux qu'on ajoute aux terres leſſivées dont on veut extraire le ſalpêtre ſont en ſi petite quantité, qu'on ne pourroit jamais subſtituer au nitre de (*a*) houſſage une baſe ſuffiſante, ſi le nitre parfait qu'on en retire ne ſe trouvoit déjà tout formé. Les ſalpêtriers connoiſſent ſi peu ce mécaniſme, qu'ils n'emploient les cendres des végétaux, que pour abſorber, diſent-ils, les matieres graſſes & viſqueuſes; loin de vouloir ſubſtituer une baſe alkaline au nitre de houſſage, de leurs terres. La plupart n'admettent aucun acceſſoire, ni cendres des végétaux, ni potaſſe dans leurs leſſives, & n'en retirent pas moins le nitre parfait. Les ſalpêtriers qui leſſivent les terres nitreuſes à St. Chamas, le font ſans addition quelconque; celles qui ſont aux environs de ce bourg préſentent autant de nitrieres où ce ſel neutre abonde : on voit quantité de fouilles, & d'excavations aux pieds des murs de Miramas d'où l'on retire ces terres nitreuſes en abondance. L'on a été obligé de mettre un frein aux travaux des ouvriers qui en fouillant trop avant feroient crouler les murs. Les terres, les pierres que l'on prend dans ces fouilles ſont enrichies de nitre parfait qui ſe criſtalliſe ſous ſa forme connue.

M. Bowle nous apprend dans ſon hiſtoire naturelle de l'Eſpagne, que le nitre exiſte tout formé dans la plupart des terres de ce royaume; qu'on ſe le procure par le procédé connu ſans addition quelconque, & qu'il ſuffit, après les avoir leſſivées, de les expoſer à l'air, pour les trouver, dans l'eſpace d'un an, également imprégnées de nitre. M. Bowle ne nous a point inſtruit ſi les débris des végétaux y entroient pour quelque choſe, ſi le voiſinage des habitations, des chemins, des voiries,

_____

(*a*) On entend par *nitre de houſſage*, celui qui a pour baſe une terre abſorbante ou calcaire, & non l'alkali fixe.

des cloaques, & la situation des lieux ne favori-
soient pas la formation du nitre dans les terres;
ou bien si le sel marin par sa base alkaline n'y
concourt en rien; en sorte que l'alkali fixe qui
constitue la base du nitre parfait sembleroit à ce
propos, dit un savant, être tombée du ciel sur
la terre. Voici ce que j'ai observé moi-même sur
les lieux; ce qui peut se rapporter aux terres de
Miramas, de St. Chamas & des environs de l'é-
tang de Berre.

Il est certain qu'on perçoit beaucoup de nitre
à base d'alkali fixe des terres de Catalogne &
d'Aragon jusques dans la Castille : les paysans, les
cultivateurs, s'occupent dans le cours de l'hiver,
où ils ne font plus rien à leurs campagnes, à lessi-
ver ces terres qu'ils ramassent de tous côtés : on ne
voit que petites cabanes à l'entour des villages où
ils travaillent le salpêtre, & *salitre*. Cette œuvre
peu fatigante les entretient, sans quoi ils ne feroient autre chose que de jouer de la guitare &
chanter des romances : ils portent ce salpêtre encore brut & chargé d'impuretés aux villes voisines,
comme Barcelone, Sarragoce, l'Almunia, &c.
où on le purifie tout de suite, par une nouvelle
cristallisation pour le compte du Roi ; mais ces
terres lessivées sont prises en général sur les grands
chemins, toujours fréquentés par beaucoup de
bestiaux, près des cloaques que l'on construit dans
les campagnes, partout où les matieres végétales
& animales se manifestent. On sait que l'alkali fixe
dans les plantes n'est jamais l'ouvrage du feu, &
qu'il y existe naturellement tout formé avant l'incinération. Il n'est pas étonnant que l'acide nitreux
étant aussi répandu qu'il l'est dans l'atmosphere,
puisse neutraliser cet alkali partout où il se rencontre dans les terres, & qu'on en perçoive ainsi

le nitre parfait ; mais ce qui doit ajouter encore plus à ces obfervations, c'eft que l'alkali minéral ou le natrum n'exifte pas moins avec abondance dans beaucoup de terres de ce royaume, & que la plupart des fources & des eaux en font imprégnées.

J'ai obfervé en effet que toutes les eaux depuis la haute Catalogne jufques au delà de Saragoffe, capitale de l'Aragon, font ameres & faumâtres, par l'abondance de l'alkali minéral, & du fel marin terreux qu'elles tiennent en diffolution : on ne trouve prefque aucune fource d'eau douce dans l'efpace de cinquante lieues ; tout le pays à Candafmo, Bujarallos, à Quinto, n'a que des eaux faumâtres. Il n'y a que les beftiaux qui y touchent ; les hommes ne fauroient en boire ; on eft obligé d'ouvrir partout des cîternes ou de ramaffer les eaux pluviales dans de larges concavités creufées exprès pour avoir de l'eau douce. Le plus petit village a fa *balfa* tout auprès, où l'on dérive l'eau de pluie pour fubvenir au befoin des habitans ; & lorfque la féchereffe regne long-tems, on eft obligé d'aller chercher l'eau douce aux fleuves les plus prochains. A Saragoffe on ne boit que de l'eau de l'Ebre ; toutes les terres font imprégnées de natrum ou alkali minéral, ce qui les rend très-fertiles, lorfqu'elles font humeƈtées par les pluies, ou par la neige ; *anno de nieve, anno de bienes*, difent les Efpagnols ; année de neige, année de richeffe. Or c'eft précifément de pareilles terres qu'on perçoit le nitre parfait, & où il fe forme avec tant de célérité. Dira-t-on que l'alkali minéral n'y entre pour rien ? Son analogie avec l'alkali fixe, le peu de différence qu'il y a fouvent entre l'un & l'autre, les mutations réciproques dont ces fubftances peuvent être fufceptibles, laiffent à l'efprit des doutes bien fondés ; c'eft ce que de meilleurs Chimiftes que moi peuvent décider.

Les terres de Miramas , de la Camargue , des environs d'Arles , où l'on perçoit du nitre abon-damment , font à-peu-près dans le même état que celles d'Aragon. Combien d'étangs falés , d'eaux faumâtres , de fources & de fontaines falantes dans ces contrées ! Le voifinage des eaux de la mer , la formation des coteaux fecondaires dans fon fein , tout concourt à favorifer l'exiftence du nitre parfait. Les eaux meres des leffives qu'on retire des terres nitreufes d'Efpagne , comme je l'ai obfervé , après qu'on en a perçu le nitre , font encore imprégnées de beaucoup de fel marin , de glauber & d'epfon : partout où l'on obferve de pareilles caufes , j'ai vu le nitre fe former en abon-dance : le fel marin eft toujours mêlé avec lui , & lorfqu'on a leffivé les terres , il fe criftallife le premier en cubes dans l'évaporation ; c'eft ce que les ouvriers nomment *le grain* , qu'ils ont foin de féparer du nitre , qui fe criftallife mieux à froid : l'eau mere de cette leffive contient encore beau-coup de fel marin.

Les plantes , les arbriffeaux qu'on trouve dans cette contrée tiennent à la nature du fol , un peu fec & aride & aux influences de la mer : les aman-diers depuis Montvallon , la Fare , jufqu'à Fox , y font d'un profit confidérable dans les bonnes fai-fons : l'efpece d'amande piftache eft celle qui rend le plus : on greffe communément ces arbres ; les gelées ne font pas affez confidérables pour faire couler les fruits ; le fouffle des vents du Nord y contribue davantage.

On y voit quantité de daphnès , ou thimeleas , le long de la mer , dans des fentes de rochers : la pafferina eft un violent purgatif dont quelques payfans ofent fe fervir ; elle fait venir par haut & par bas : l'efpece qu'on nomme communément *garou*, *thimelea lini folio* ; vient partout, mais principalement fur les coteaux voifins de la mer ; elle eft beaucoup plus en ufage. Le peuple connoît fi bien fes propriétés cauftiques, qu'il eft fort peu de maladies cutanées, de douleurs de fciatique & de fluxions où il n'emploie cet exutoire avec confiance. On attache beaucoup de vertus à l'écorce du garou, fur laquelle on a compofé un traité fort étendu ; il faut pourtant en ufer avec beaucoup de modération dans certains fujets, attendu fa caufticité : cet arbriffeau ne perd point fes feuilles en hiver. Le daphné *cneorum* naît encore près de la mer.

Les coteaux voifins font couverts de globulaires : on y trouve l'herbe terrible. (a) La fleur de ce petit arbufte, qui imite affez bien celle de la fcabieufe, eft arrondie en petit globe, & fait un joli effet fur les coteaux : elle dure affez de tems ; toute la plante eft dangereufe : c'eft un purgatif draftique dont quelques charlatans ofent fe fervir pour les maux vénériens. J'en ai connu un à Nice qui dupoit ainfi les imprudens qui avoient recours à lui ; quoiqu'il le donnât à petite dofe en guife d'altérant, cette plante épaiffiffoit la langue, excitoit la falivation & dilatoit le mufcle de l'anus.

Tous les bords de l'étang en allant de Miramas à Iftres font couverts des *buplevrum frutefcens* : ce petit arbufte a fes fleurs jaunes, difpofées en ombelle ; fes feuilles font liffes, alternes, feffiles, d'un vert foncé dont il ne fe dépouille point en hiver ; on lui donne la forme que l'on veut, &

_____

(a) *Globularia mirthi folio tridentato*, *alypon Monfpelienfe*. Garidel.

qui

On le taille à hauteur d'appui dans les parterres.

Le (a) plantain de mer, corne de cerf & quantité de lotus, tel que le *pentaphyllus frutescens*, n'y font pas moins communs.

(b) Le baguenaudier ou faux féné, n'en eft pas éloigné : on attribue une vertu purgative aux feuilles de cet arbriffeau dont les gouffes qui en contiennent les femences ont du rapport avec les follicules du féné. La coronille (c) plante à fleurs légumineufes, ainfi que le lupin (d) fauvage viennent à côté. L'épine blanche fe voit communément dans tous ces environs : on en forme des enceintes & des haies impénétrables par les épines dont elle eft hériffée ; fon fruit eft un léger aftringent. La grande centaurée, beaucoup de jacées, plufieurs efpeces d'afters, la (e) verge d'or à feuilles glutineufes, &c. s'y trouvent encore. Les payfans fe fervent des feuilles de cette derniere plante comme d'un bon déterfif pour panfer les ulceres des jambes : ils la nomment *la nafquo*.

CHAPITRE XLI.

Salon & fes environs.

LEs montagnes qui féparent les contrées dont je viens de parler, préfentent à-peu-près la même configuration que celles qui font attenantes aux bords de la mer : les pierres qui les compofent font de même nature, ont le même arrangement, une égale difpofition dans leurs couches ;

(a) *Plantago*, *coronopus Linnei*.
(b) *Colutea veficaria*, le baguenaudier.
(c) *Coronilla maritima*, la coronille.
(d) *Lupinus filveftris tenuiffimo folio*, le lupin.
(e) *Erigerum foliis glutinofis*, la verge d'or. *La nafque*.

les molécules fablonneufes & calcaires abondent dans leur intérieur, à leur bafe, & fouvent jufqu'à leur cime ; quand le gluten lapidifique ne leur a point donné la cohéfion qu'elles gardent entr'elles. On nomme faffré cette efpece de fable qui eft toujours plus ou moins calcaire, quoiqu'on y trouve fouvent du mica & du quartz. La montagne de Saint-Pierre de Canon, au-deffus de Salon, a été formée en partie de ce fable qu'elle recele dans fon fein où l'on a conftruit de petites loges dans lefquelles on enferme les infenfés que l'on garde dans cette maifon de force, qui appartient aux R. R. P. P. de l'Obfervance. On retire encore des pierres meulieres auprès de cette montagne non loin de Peliffane : ces pierres ont paffé à l'état de marbre, lorfque le gluten lapidifique a réuni des molécules fines & déliées. Tel eft celui qu'on trouve à Aiguieres, à trois ou quatre lieues de Peliffane. Le marbre de Salon ne préfente qu'une pierre dure avec un grain délié & fin, fans avoir des couleurs trop marquées : lorfque ce gluten réunit de petits cailloux arrondis & colorés, c'eft un marbre breche.

Salon, petite ville du diocefe d'Arles, eft dans un emplacement avantageux, & fon terroir eft des plus fertiles : fa population va de cinq à fix mille ames; fes diverfes plantations, fes belles campagnes, fon agriculture, le canal de Craponne ajoutent encore à fa réputation. Les eaux de ce canal font fi bien diftribuées dans les fonds des particuliers, qu'on admire à chaque pas leur induftrie. Il eft aifé d'abufer quelquefois de ces arrofemens faciles en les réitérant trop fouvent pour les arbres ; mais ils procurent tant d'avantages d'ailleurs, ils fertilifent tellement ces terres échauffées des ardeurs du foleil, qu'on bénit tous les jours la mémoire du citoyen généreux qui vint à bout d'exécuter une si glorieuse entreprise.

Salon est la patrie de Fusée Aublet, botaniste du Roi, qui nous a donné l'histoire des plantes de la Guiane Françoise dans l'Amérique méridionale : il étoit non-seulement grand amateur des simples, ayant botanisé dans plusieurs cantons de l'Europe, de l'Afrique & de l'Amérique, comme dans l'Isle de France, à Madagascar, à Saint-Domingue, à Cayenne ; mais encore cultivateur éclairé. Il avoit imaginé d'aclimater en Provence, les plantes les plus rares & les arbres du Nouveau Monde, en les cultivant d'abord dans des endroits tempérés, pour leur donner le tems de se fortifier & de pouvoir être transportés sans risque à Paris. Il travailloit à cette œuvre, vraiment digne d'un bon citoyen, lorsque la mort termina sa carriere en 1778 : il avoit fortifié sa santé pendant ses courses botaniques dans les forêts impénétrables de la Guiane Françoise, qu'il avoit fréquentées long-tems avec les Galibis, ou naturels du pays, que nous connoissons d'après lui ; il se mêloit avec eux, suivoit parfaitement leur genre de vie, imitoit leurs mœurs, & avoit été à leur suite jusqu'aux limites du Paraguai, ce qui auroit dû lui assurer une plus longue vie ; il avoit commencé de cultiver un jardin des plantes exotiques à Salon, où il venoit de tems en tems. Il communiqua un pareil goût à quelques-uns de ses amis, qui font honneur à la botanique. Les amateurs verront avec plaisir dans le jardin de M. de Rainaud quantité de plantes étrangeres, devenues presque indigenes sous un ciel aussi tempéré que celui de Salon.

On y trouve parmi les plantes des Indes le (a)

(a) *Jasminum Indicum flavum odoratissimum.* Le jasmin du Cap.

jasmin du Cap à fleur jaune , dont l'odeur est si suave ; le jasmin des Açores ; ces petits arbustes sont très-délicats ; il faut les tenir en serre pendant l'hiver, quoiqu'ils ne craignent plus tant les frimats : ayant vu moi-même végéter en pleine terre le jasmin du Cap à Salon ; ne pourroit-on pas greffer ces especes , ainsi que nous le faisons de ceux d'Arabie sur notre jasmin commun , ou sur le jasmin d'Espagne , si utile à nos parfumeurs ? (a) L'héliotrope des Indes , dont la fleur exhale un parfum de vanille : nos campagnes étalent de toutes parts l'héliotrope commun ou l'herbe aux verrues , *l'herbo eis barrugues* , dont les feuilles sont ameres , dessicatives , antiseptiques & résolutives : on se sert de leur suc pour fondre les verrues , brûler les fics & autres excroissances qui viennent sur la peau , ainsi que le polipe du nez.

Les *justicias adathoda* , dont quelques-unes sont de vrais arbustes , végetent aujourd'hui en pleine terre sans craindre les hivers.

(b) Le tulipier de Virginie s'éleve déjà fort haut & acquerra une grosseur surprenante ; ses feuilles ressemblent à celles de notre platane ; ses fleurs , grandes & belles , imitent les tulipes ; on peut former de jolies allées de tulipiers ; il aime les endroits chauds : les Sauvages en construisent leurs pirogues en Amérique.

(c) Le catalpa ; le P. Plumier nous a donné depuis long-tems la description de ce bel arbre , qui naît à la Caroline. Kœmpfer l'avoit trouvé auparavant au Japon , & M. Jacquin vient de le dé-

---

(a) *Heliotropium Indicum cœruleum.* L'héliotrope des Indes.

(b) *Magnolia folio subtùs albicante Linnei culipifera Virginiana.* Le tulipier.

(c) *Catalpa bignoniana foliis simplicibus cordatis Linnei.* Le catalpa.

crire récemment. Le catalpa s'éleve sur un tronc droit recouvert d'une écorce grise ; il a ses feuilles en cœur d'un vert satin par-dessus ; ses fleurs sont panniculées, blanchâtres, tiquetées de pourpre & rayées d'un jaune pâle, dans l'intérieur & aux deux bords. Cet arbre dont le bois est moelleux, aime une exposition au Nord ; il craint pourtant les gelées : on le multiplie par bouture ; il garnit très-bien les bosquets d'été. Le luxe & la fraîcheur de son feuillage, ainsi que ses fleurs, lui assurent un rang distingué.

(a) La bruyere du Cap est presque toujours en fleurs à Salon. Parmi les bruyeres que nous avons en Provence, il en est quelques-unes qui s'élevent & forment de grands arbustes, comme l'*erica arborescens*, (b) l'*erica scoparia*, l'*escoubo de bruc*. Les autres especes présentent des arbrisseaux nains, avec des fleurs rosacées purpurines qui durent quatre ou cinq mois de l'année. Les bruyeres aiment les coteaux secs, arides : la bruyere maritime vient ordinairement sous les bois de pins près des bords de la mer. Plusieurs especes de (c) sumac se font aclimatées en Provence, où elles ne craignent plus les hivers. Voyez-en la description dans le traité des arbres de M. Duhamel. Leur fruit est aigrelet & rafraîchissant ; il convient dans les hémorragies. Le sumac vernis donne par incision une substance résineuse, dont on fait un vernis à la Chine. M. Duhamel a observé la même chose dans quelques autres especes : ne pourroit-on pas les

---

(a) *Erica maritima parviflora folio lineari incurvato.* La bruyere du Cap.

(b) *Erica cordi folio maritima Linnei.* La bruyere maritime.

(c) *Rhus foliis pinnatis integerrimis Linnei* 780. Le sumac, vernis de la Chine.

mettre à profit, quand elles feront plus multipliées chez nous ? On teint les étoffes à la Chine avec la décoction de leurs grappes ; ces arbres font un joli effet dans les bofquets.

La verveine d'Amérique *verbena Aubleta*. M. de Rainaud cultive cette plante dans fon jardin, en mémoire de fon ami Aublet, qui l'avoit apportée de Cayenne, & lui avoit donné fon nom à jufte titre : elle a la même fructification que là verveine ; mais fes feuilles font plus découpées & plus larges & reffemblent à la valériane des Pyrénées.

Le jardin de M. de Rainaud contient encore plufieurs plantes étrangeres dont il feroit trop long de faire l'énumération. On voit dans fon cabinet un herbier avec la plupart des fimples des montagnes de Suiffe, qui ne different pas beaucoup de ceux qui végetent fur nos Alpes dont je parlerai dans la fuite. On y trouve auffi la plupart des familles des coquillages de Dargenville, avec des efpeces recherchées dans les lepas, les cornets, les buccins, les porcelaines ; quantité de minéraux avec leurs matrices, des demi-métaux, des pétrifications, des cornes d'Ammon minéralifées, des dendrites, des géodes curieufes, des infectes & des poiffons defféchés.

M. de Paul de la Manon, dont j'ai parlé ci-deffus, a ramaffé dans fon cabinet toutes les efpeces de cailloux qui couvrent la Crau, & les a mifes en oppofition avec celles qu'il a trouvées dans le lit de la Durance & du Rhône, pour avoir une reffemblance parfaite entr'elles ; ce qui vient à l'appui de fon opinion concernant l'origine & la fituation des montagnes & des plaines. On voit dans ce cabinet un herbier des plantes de la Crau, quantité de laves de volcans éteints en Provence, de marbres, de pierres curieufes. La conftruction de fes ruches à miel eft fupérieure à celle de M. Patulle, & paroît lui appartenir entierement. Sans donner ici une hiftoire exacte de l'abeille en comparant les obfervations anciennes avec les modernes, je vais parler feulement de ce qu'il nous importe de favoir relativement à fes productions en Provence.

Le miel que l'abeille nous prépare, eft un fuc végétal qu'elle a pompé dans le nectaire des fleurs, & qui tient un peu du goût des plantes dont elle l'a tiré, fans qu'il ait fouffert la moindre altération dans fon eftomac. Cependant depuis que l'on a obfervé que divers infectes, comme le puceron attaché à l'ieble, au fureau, rendent un fuc mielleux, auffi fuave que celui des abeilles, & dont les fourmis font tres-friandes, malgré que le fuc des arbres dont ils fe nourriffent foit amer & piquant, on peut conjecturer avec affez de vraifemblance que l'abeille fournit quelque chofe du fien à l'élaboration ultérieure du miel, & que les fucs digeftifs de fon eftomac contribuent à l'homogénéité de cette liqueur, matiere que je laiffe à difcuter aux habiles obfervateurs.

On diftingue deux efpeces de miel en Provence; le miel des maures, & le miel des montagnes. Le premier eft cueilli fur les plantes qui naiffent dans les maures ou fur les coteaux des pays méridionaux: on entend par maures, des terrains déterminés qui ont fervi de retraite aux Sarrafins dans les fiecles paffés, où les bois réfineux, les pins, les bruyeres, les lentifques, les ciftes ladaniferes abondent naturellement. Ce miel eft rouffâtre, n'a point d'odeur aromatique, & laiffe un goût piquant dans la bouche, *recoüi*, comme l'on dit : cela doit être ainfi par la qualité des fucs que l'abeille va butiner fur les térébinthes, les bruyeres, les cif-

tes ; tous ces arbuftes font remplis de fucs âcres &
réfineux qui en découlent dans les grandes chaleurs de l'été , à la moindre incifion qu'on pratique
fur l'écorce ; le miel devient alors piquant, incifif,
diurétique , purgatif, felon la nature des arbuftes
qui l'ont fourni. L'hiftoire fait mention de l'accident qui arriva à la petite armée de Xenophon dans
fa retraite , où les dix mille fe nourrirent un jour entier d'une quantité de miel que les abeilles fauvages avoient dépofé dans le creux des arbres : ce
miel jetta les foldats dans une efpece de délire
fuivi de vertiges , & les purgea copieufement par
haut & bas : on les voyoit, dit l'Hiftorien, mi-
férablement étendus par terre , & jonchés comme
autant de cadavres ; ils demeurerent immobiles
tout un jour & privés de fentiment, fe leverent
enfuite fatigués , abattus , comme s'ils avoient pris
une forte médecine , & continuerent leur marche
fans autre inconvénient. Tournefort en parcourant
la Colchide & les bords de la mer Noire , trouva
une efpece de *rhododendrum* dont les fleurs font
un violent purgatif : c'eft dans leur nectaire que les
abeilles avoient puifé le miel qui travailla fi fort
la petite armée de Xenophon.

La feconde efpece de miel que nous retirons
de nos montagnes Alpines & fous-Alpines, a un goût
plus doux , plus favoureux ; il eft plus blanc , &
fon odeur eft un peu aromatique. Les plantes odoriférantes & fuaves rendent ce fuc végétal très-
pur & d'un goût fupérieur au miel de Narbonne ;
il fe conferve long-tems , ne fouffre aucune altération dans les chaleurs de l'été , fe candit en
hiver & plaît à la vue par fa blancheur : on en
fait des confitures avec les fruits , qui équivalent à
celles que les Confifeurs préparent avec le fucre.
Les poires , les azéroles , les coins , les cornouil-

les , tous les fruits aigrelets , acerbes , austeres , font merveilleusement adoucis par ce miel que l'on garde long-tems aux montagnes & où il est d'un grand secours.

Le climat de Salon est salubre & fort tempéré en hiver : il y regne bien peu de maladies épidémiques. La vie moyenne des hommes est de plus longue durée que dans les grandes villes : la saine agriculture , l'aisance , le commerce annuel de ses productions , ont augmenté sa population. On récolte des grains de toute espece dans son terroir & aux environs. Ses huiles font un des meilleurs produits : la principale espece d'olivier qu'on nomme le plant de Salon , est recherchée de tous côtés ; on lui donne la préférence dans tout le terroir de Marseille.

Le petit sainfoin, (a) l'esperseil , vient communément sur tous les coteaux de Salon ; on n'en construit pas des prairies artificielles , à cause que l'eau ne manque point dans les plaines où l'on en voit quantité : on pourroit néanmoins cultiver cette plante sur les coteaux où elle n'a pas besoin d'eau pour végéter , comme les prairies artificielles ; d'autant mieux que cette espece de sainfoin est fort commune dans les montagnes sous-Alpines , qu'elle est d'un très-grand secours pour engraisser les bestiaux , & qu'on la cultive même en des lieux secs & arides.

Le tournesol *ricinoïdes , sive tournesol gallorum* , vient communément dans tous les champs qu'on n'a point semés dans le cours de l'année , surtout aux parties méridionales de Provence , comme ici. Cette plante a quelque ressemblance

---

(a) *Onobrichis saxatilis foliis viciæ.* Tournefort. Le petit sainfoin , *l'esperseil.*

avec l'héliotrope où l'herbe aux verrues : elle pousse une tige d'un demi-pied de haut ; ses feuilles sont d'un vert pâle ; elles sont petiolées. Leurs fleurs reniformes viennent sur de petits boutons qui forment une espece de grappe, parmi lesquelles il y en a de stériles & de fécondes, auxquelles succedent des fruits ronds, raboteux, d'un vert foncé, divisés en trois loges. Le suc exprimé de cette plante donne une couleur qui devient purpurine, lorsqu'on l'avive par la vapeur de l'urine putréfiée qui en développe le phlogistique : la partie colorante, loin de se détruire par l'alkali volatil qui s'éleve de l'urine, devient plus saillante ; c'est au moyen du suc du tournesol qu'on prépare les drapeaux colorés que l'on vend aux Hollandois, lesquels ont l'art d'en enlever la couleur & d'en composer les petits pains de tournesol qu'ils nous vendent ensuite dans le commerce.

Le village des Grand-Galades en Languedoc près de Nîmes, est en possession depuis quelque tems de ce petit commerce : plus de mille paysans, après avoir obtenu la permission du Magistrat, vont cueillir cette plante jusques dans la Basse Provence, & ils se cachent entr'eux les endroits où elle vient plus abondamment : ils en tirent le suc par un moulin qu'Astruc a fait graver dans son Histoire Naturelle du Languedoc ; ils en teignent des drapeaux de toile qu'ils exposent à la vapeur de l'urine putréfiée, pour leur donner cette couleur purpurine que les Hollandois enlevent de ces mêmes drapeaux qu'ils viennent acheter à Montpellier, pour en composer leurs pains de tournesol.

J'ai toujours cru qu'il ne seroit pas difficile d'enlever ce petit commerce aux Hollandois, surtout s'il devenoit un peu lucratif : un artiste intelligent en viendroit facilement à bout par l'analyse chimique, laquelle feroit connoître les substances qui entrent dans cette composition. Les drapeaux ou chifons colorés pour préparer les pains de tournesol deviendroient alors inutiles : l'eau froide ou chaude ne peut-elle pas se charger de la partie colorante du ricinoïdes, qu'il feroit aisé de se procurer en nature par l'évaporation ? On l'avive ensuite par la vapeur de l'urine putréfiée, ou par le mélange de l'alkali volatil, & on lui donneroit telle consistance que l'on veut. Les Hollandois connoissent ce procédé : ils y ajoutent sûrement des alkalis ou de la chaux, peut-être quelque composition d'orseille, (a) & avec un mucilage gommeux, ils en forment les petits pains de tournesol : l'on pourra s'en convaincre en les décomposant. Les drapeaux imprégnés du suc de ricin sont nécessaires, lorsqu'on veut présenter une plus grande surface à la vapeur de l'urine putréfiée, pour en exalter la couleur ; mais on abrégera le travail en procédant peut-être suivant la maniere que je viens d'exposer. J'engageai un Apothicaire de la ville d'Aix à préparer des pains de tournesol : il réussit très-bien avec le Sr. Pellissier, marchand liquoriste, à colorer les drapeaux ; mais la mort l'ayant prévenu, il ne put achever un travail que la chimie n'auroit pas manqué de perfectionner. Je conseille au premier artiste de bonne volonté de s'en occuper : le succès le recompensera de ses peines. Voyez la dissertation de M. Montet sur la maniere de préparer le tournesol dans le Mémoire de l'Académie des Sciences année 1754.

(a) L'orseille est une pâte qui se vend dans le commerce pour la teinture ; on la prépare avec une espece de lichen.

Le (a) paftel, *lou mes de Mai* : on trouve cette plante dans toutes les campagnes ; elle eft âcre & piquante, & jouit des vertus des plantes antifcorbutiques, comme toutes les cruciferes : on s'en fert pour la teinture, ainfi que de la gaude (b). C'eft en Languedoc où l'on en fait un plus grand ufage : ces plantes utiles pour les arts, donnent une couleur purpurine & jaunâtre qui prend très-bien fur la laine.

Le terroir d'Aiguieres eft terminé au Nord par la montagne des Aupies que l'on découvre de fort loin dans la mer, & par les bords de la Crau : on retire de ce terroir les mêmes productions qu'à Salon, Grans, Iftres ; celui d'Orgon près de la Durance contient de très-belles carrieres de pierres coquillieres. Le canal de Boifgelin qui doit arrofer les campagnes de Tarafcon, paffe à travers les belles plaines de Senas & d'Orgon : on a été obligé de percer un coteau fort élevé près d'Orgon pour donner un cours direct à ce canal ; la nature de ce coteau & fon organifation intérieure entierement femblable à celle de plufieurs coteaux voifins de la mer, ont retardé jufqu'ici la perfection de l'ouvrage, par la mobilité du fable qui forme prefque toujours la plupart des couches intérieures, & la bafe de ces maffes qui n'ont proprement que la croûte qui les enveloppe & leurs cimes pétrifiées ; mais l'induftrie des entrepreneurs, & la conftance des ouvriers triompheront de pareils obftacles & donneront au canal une folidité à toute épreuve, malgré la mobilité du fonds fur lequel on eft obligé de l'affeoir.

Le canal de Boifgelin eft pris dans la Durance

(a) *Ifatis vulgaris*, le paftel, *lou mes de Mai*.
(b) *Refeda luteola*. La gaude.

près de Malemort, au pied d'une montagne qui contient beaucoup de coquilles pétrifiées : déjà ſes eaux vont fertiliſer non-ſeulement les terres voiſines, mais encore toutes les belles campagnes de Senas & d'Orgon. Quel eſt le cultivateur qui ne connoît point tous les avantages d'un pareil canal d'arroſage dans des pays naturellement ſecs & arides ? On ne ſauroit qu'applaudir à des entrepriſes auſſi glorieuſes qu'utiles, ſurtout quand il s'agit de faire des ſaignées à la Durance & de dériver ſes eaux incoercibles, par des canaux qui augmentent la fertilité des terres. C'eſt au-deſſous de Malemort dans la terre du Vernegue, que cette riviere a dû s'écouler anciennement par le débouché de la Manon, ſi elle a inondé la Crau dans des tems reculés. Un obſervateur judicieux qui s'eſt déterminé par les faits, a adopté cette opinion ; il s'eſt attaché à découvrir les traces entierement effacées, d'un pareil événement, & à nous convaincre par des démonſtrations évidentes. Tout ce beau terroir va ſe terminer à celui de la Barben, qui eſt plus inégal, par quantité de coteaux couverts de bois.

Peliſſane eſt un gros bourg à quelques lieues d'Aix, orné de fort belles campagnes qu'une branche du canal de Craponne fertiliſe : les prairies, les vignes, les oliviers animent tous ſes environs ; les pierres, le moellon y recelent le fer de part & d'autre. Ce minéral ſe forme dans l'argile, dans l'ochre : les coquilles pétrifiées n'y abondent pas moins ; il y en a des bancs entiers dans le terroir de Peliſſane. Pour peu qu'on fouille dans la direction du Levant au Couchant, on en trouve des couches paralleles entr'elles. Les terres de la Barben, Valmouſſe, contiennent beaucoup de fer : l'argile, l'ochre, les marcaſſites

l'indiquent de tous côtés ; on le découvriroit en
plus grandes maffes, en filons même, fi on fe ha-
fardoit d'ouvrir quelque mine dans les montagnes
attenantes. Ce métal eft fi commun dans toutes
ces contrées, qu'il n'eft pas étonnant que les Sarrafins les aient habitées autrefois pour y forger le
fer, ainfi que porte la tradition.

CHAPITRE XLII.

Diocefe de Riez.

ON fe rend au diocefe de Riez par les plaines
de Lambefc, de Rognes en côtoyant la Durance près de Peirolles jufqu'à St. Paul. Ce diocefe
eft terminé au Couchant par celui d'Aix, au Nord
par celui de Digne & de Sifteron, au Levant & au
Midi par celui de Senez & de Fréjus. Ce diocefe
eft compofé d'environ 34 paroiffes : on y parvient
par le village de St. Paul qui eft bâti en partie
fur un rocher que la Durance atteint de fes eaux.
Cette riviere a abandonné la rive gauche pour
porter fes flots contre le pied de ce roc qui eft
d'une nature à braver long-tems fes efforts : on
y trouve des concavités avec des ftalactites, des
herbinites que les eaux qui fe filtrent à travers
la pierre en chariant des molécules calcaires,
ont formées ; mais ces concrétions lapidifiques
n'ont rien de remarquable. On arrive de-là à
Vinon, dernier village du diocefe d'Aix, après
avoir traverfé le bois de Cadarache qui a près
de deux lieues de long fur une de large : ce
font des chênes verts & blancs clair-femés, n'é-
tant touffus que par bouquets ; on n'y voit point
de bois taillis, parce qu'on n'a pas foin d'y femer
du gland & que les beftiaux dévorent tout, man-

gent les rejettons & les nouveaux plants qui levent à peine. La plupart des chênes blancs tombent en vétufté & demandent d'être renouvellés. Le chêne vert de la grande & petite efpece fe propage plus aifément, & forme une bonne partie des forêts en Provence qui fe détériorent moins. Le bois de Cadarache préfente une folitude fouvent peu af-furée aux voyageurs & furtout aux naturaliftes, lefquels pour être accoutumés à braver les dangers d'une autre efpece, fe défient moins de ceux que la rencontre des brigands & des voleurs dans ce lieu défert leur offre quelquefois.

La riviere de Verdon, qui a fon embouchure dans la Durance à une lieue de Vinon, prend fa fource aux montagnes d'Alos dans la vallée de la Ceftriere, diocefe de Senez. Le lac d'Alos lui four-nit une branche qui fe réunit avec elle dans le ter-roir de Colmars, & forme avec celle de la Ceftriere le Verdon qui s'écoule au travers des montagnes & des rochers : fes eaux font tellement refferrées, qu'elles s'échappent en bouillonnant avec bruit. Le Verdon a fa direction du Nord au Midi, depuis Col-mars jufques à Caftellane, où il femble revenir fur fes pas pour fe jetter vers le Couchant, & fe répan-dre dans les campagnes d'Aiguine, des Sales, de Bauduen, & après avoir été refferré entre de nou-veaux rochers à Efparron, Artignols, Montpezat & Quinfon jufqu'aux approches de Gréoux, où il jouit d'une entiere liberté ; il va fe jetter dans la Durance, & femble vouloir fe dédomma-ger alors de fa contrainte par les débordemens dont il couvre les plaines attenantes avec plus ou moins d'utilité pour les riverains. Les cailloux que le Verdon entraîne dans fon cours font de même nature que les rochers qui retréciffent fa marche précipitée : prefque tous font calcaires, liffes &

arrondis ; il en eft quelques-uns de grès & de quartz , par-tout où les flots de cette riviere donnent contre les bords des coteaux fchifteux ; ce qui arrive communément , lorfqu'elle parcourt quelque plaine , abandonnant toujours un terrain uni pour diriger fes efforts contre les rochers oppofés. Il n'eft pas fûr de marcher fur le bord de ces coteaux que les eaux minent fourdement à leur bafe : plufieurs voyageurs imprudens ont payé la peine de leur témérité ; l'on a vu s'engloutir & difparoître fous les débris de fes maffes creufes & feuilletées , des bergers & des beftiaux. Le lit du Verdon eft toujours gliffant pendant la fonte des neiges , qui ont couvert la cime des montagnes fupérieures : les débris des végétaux , les fels , les huiles que la riviere entraîne dans ces occafions , rendent fon lit fi gras & fi gliffant , que les bêtes de fomme ont de la peine à s'y foutenir. Plufieurs rivieres qui viennent s'y jetter augmentent encore le volume de fes eaux : fon cours entre des montagnes refferrées a permis d'y jetter des ponts d'une feule arche en plufieurs endroits : quoique fes débordemens foient moins à craindre que ceux de la Durance , ils ont tellement dégradé les chemins entre Saint-André & Colmars , que ce n'eft pas fans peine qu'on les traverfe en hiver. Le chemin de Vinon , après avoir paffé le bas de la riviere de Verdon , conduit à Gréoux par de fort jolies campagnes bordées de mûriers : ce village eft bâti fur le penchant d'un coteau qui fe termine en deux belles plaines de part & d'autre. On y voit un fort beau château qui domine toute cette contrée : la montagne qui eft au-deffus par où l'on va à Rouffet , préfente des points de vue les plus pittorefques qu'on puiffe defirer ; les amateurs trouveront à fe fatisfaire en obfervant l'enchaînement

ment des montagnes du Nord avec celles du Midi ;
le parallélifme des unes avec celui des autres ,
leur interruption , leur direction oppofée , une
efpece d'inégalité & de défordre apparent , qui
n'empêchent point la liaifon qu'elles gardent entr'elles. Saint-Julien le Montagnier , village fitué
au-delà du Verdon dans une expofition contraire
à celle de Gréoux , préfente des points de vue
différens vers le Nord , d'où l'on parcourt la chaîne
du Leberon , la cime exhauffée du Mont Ventoux ,
les afpérités de la montagne de Lure : cet afpect
eft vraiment pittorefque ; il fert de pendant au
premier. Les amandiers font multipliés dans le
terroir de Gréoux , qui fe refferre en remontant le
Verdon vers Riez ; les vignes , les oliviers couvrent
la plupart de fes coteaux.

CHAPITRE XLIII.

Eaux minérales de Gréoux.

LEs bains des eaux thermales de Gréoux
font fitués dans une petite plaine à quelques
pas du village près de la riviere de Verdon : ces
eaux étoient connues du tems des Romains ;
tombées enfuite dans l'oubli , & totalement dégradées par les malheurs des guerres civiles , on
n'en parla de nouveau qu'au milieu du fiecle dernier ; depuis elles ont opéré plufieurs guérifons
merveilleufes. Ces eaux ont été analyfées plufieurs
fois : il confte par ces obfervations qu'elles font
falines , bitumineufes ; leur chaleur toujours égale
eft au trentieme degré du thermometre de Réaumur : elles font douces & favonneufes au tact ,
dépofent une fubftance blanchâtre , moelleufe ,
qui n'eft autre chofe que le bitume décompofé &

réduit à un état favonneux, lequel peut convenir
à quelques maladies cutanées, étant émollient,
réfolutif & defficatif, ainfi qu'aux vieilles plaies ;
tandis que données en boiffon elles font diurétiques, purgatives, ftimulantes, diaphorétiques :
elles ont beaucoup de rapport avec les eaux minérales des Pyrénées, comme celles de Bareges,
Cauterets, relativement aux principes qu'elles contiennent, quoiqu'avec moins de chaleur.

Par une comparaifon du bitume décompofé
avec celui qu'on obferve dans quelques filets d'eau
minérale qui fourdent à côté des bains, & paroiffent dévoyés de la grande fource, on voit que le
bitume des bains a effuyé un changement confidérable dans le fein de la terre, tandis que celui-ci
paroît encore en nature : c'eft une fubftance graffe,
noirâtre, une vraie poix minérale, ou l'afphalte,
qui entre dans la compofition du charbon de pierre.
Cette poix fluide ou concrete, moins pure que le
fuccin & le pétrole, qui conftituent d'autres bitumes, eft décompofée dans le fein de la terre, &
réduite à l'état favonneux & blanchâtre, au moyen
d'une fource imprégnée de fel marin, dont l'eau
pénetre fes couches, les divife, les atténue, &
amene cette fermentation intérieure fuivie de chaleur, en combinant ces divers principes entr'eux.
Rien n'eft plus commun que le charbon minéral
dans ces contrées : la plupart des coteaux font
fchifteux, & lorfqu'on a paffé la Durance, les mines de charbon de terre s'étendent depuis Manofque, à plufieurs lieues loin. Les eaux qui s'écoulent à travers les fchiftes près de ces mines, font
quelquefois thermales & renferment les mêmes
principes que celles de Gréoux : on pourroit fup-
pofer des pyrites fulfureufes, comme on en trouve
quelquefois des lits entiers aux approches des eaux

minérales , dont celles-ci reçoivent leur chaleur
dans l'état d'effervefcence & de diffolution , où la
rencontre des eaux falines réduit néceffairement les
pyrites ; mais la nature du bitume , l'infpeétion
des lieux , l'organifation des montagnes voifines ,
indiquent plutôt que les eaux de Gréoux doivent
leur chaleur à la décompofition de cette poix minérale : on n'en retire point de foufre en nature ,
quoiqu'elles donnent une couleur de cuivre aux
métaux blancs qu'elles noirciffent à la longue ;
leur goût d'œufs couvés , leur odeur décelent un
foie de foufre ; il s'y en forme dont l'exiftence
n'eft pas douteufe par les phénomenes qui en réfultent. Ce foie de foufre paroît fous forme terreufe dans les fédimens des eaux : l'acide fulfu-
reux volatil qui s'exhale de celle-ci forme divers
fels aux voûtes des bains , fuivant les bafes qu'il
neutralife. J'y ai ramaffé des félénites , de l'alun ,
même du vitriol de Mars.

Les eaux de Gréoux contiennent encore de fel
marin commun , avec un peu de fel marin calcaire
& une terre abforbante , lefquels étant combinés
avec la partie huileufe du bitume forment un mélange favonneux d'où elles reçoivent leurs principales vertus. On prend ces eaux extérieurement en
bains , en douches , en étuves : elles fouffrent très-
bien le tranfport ; les femmes qui relevent de couche en font un grand ufage , dans les villes , pour
faciliter l'écoulement du lait , lorfqu'elles ne nourriffent point , & en prévenir les dépôts. On vient
prendre les eaux à Gréoux dans les faifons tempérées : les pauvres y font reçus *gratis* en tout
tems ; l'humanité , la commifération , le patrio-
tifme y préfident à l'envi : c'eft un établiffement
des plus utiles que les Etats de Provence ne fauroient trop favorifer.

On arrive de Gréoux à Riez par les campagnes de Saint-Martin, où les coteaux complantés de vignes & d'oliviers, les rives efcarpées du Verdon, les montagnes couvertes de bois taillis au Nord, forment un contrafte agréable & amufent les voyageurs, par autant d'objets diverfifiés. La petite riviere qui paffe par le village d'Allemagne, contribue à la fertilité de tout ce terroir, par un canal d'arrofage qui conduit fes eaux jufques dans les plaines de Gréoux : ce n'eft, pour ainfi dire, qu'un jardin continu depuis Allemagne jufqu'à Riez ; le chemin qui mene à cette ville eft bordé de grands arbres, avec des campagnes agréables d'un côté, & des coteaux cultivés de l'autre. Tous ces coteaux, les vallons même préfentent une infinité de cailloux plats, arrondis, & roulés comme les petits galets des rivieres : on en trouve jufqu'à leur cime, & bien avant dans la terre ; ce qui forme une efpece de poudingue qui donne de la délicateffe & un peu de montant au vin qu'on perçoit des fonds fi convenables à la vigne : ce poudingue s'étend à plufieurs lieues ; les pluyes, les torrens en ont dépouillé quelques coteaux ; ce qui a fait négliger d'y renouveller les vignes, à la partie du Nord furtout qui commence à fe couvrir de brouffailles : l'on a cru pouvoir y remédier en les multipliant dans la plaine qui eft toujours plus fertile ; mais ce n'eft plus la même chofe ; le vin a perdu de fa qualité depuis long-tems (a). Les

_____

(a) Les meilleurs vins de Provence font ceux de la Crau, de la Gaude, des Mées & de Riez, dont nous parlerons fucceffivement. Ce dernier eft beaucoup moins fpiritueux, quoique les vignes foient également complantées dans des terres calcaires. Le climat de ces contrées, plus tempéré que celui des parties méridionales de Provence, doit influer néceffairement fur la qualité des vins

cultivateurs intelligens qui ne difcontinuent point de complanter leurs coteaux de nouvelles vignes , font réduits à foutenir le terrain penchant par des murailles qu'ils élevent d'efpace en efpace ; & lorfqu'ils font dégarnis de cailloux , ils ont foin d'en faire tranfporter des vallons inférieurs : ils font affurés d'avoir alors un vin léger , un peu fumeux & de bon goût qui ne le cede point en qualité aux meilleurs vins ; mais la pareffe , la ftupide indolence dominent trop le commun de ces cultivateurs , qui préferent très-fouvent l'abondance du vin à une petite quantité fupérieure en goût qu'ils ne perfectionneront jamais , tant que la prévention & la routine préfideront à leurs opérations. Quoique le terrain inférieur couvert de cailloux paroiffe tenir aux propriétés des coteaux attenans , on conviendra aifément que la bonne expofition de ceux-ci , toujours ouverte aux rayons bienfaifans du foleil , éloignés comme ils font des vapeurs nuifibles des plaines & des bas-fonds , favorife la végétation de la vigne : les reflets de la chaleur pénetrent le fol de tous côtés par des furfaces multipliées , accélerent la mâturité des raifins , & perfectionnent leur fuc doux & muqueux qui , après une fermentation dans fes juftes bornes , donne un vin potable & généreux.

La ville de Riez eft ancienne ; elle contient environ 4000 ames , on y refpire un air pur : fa fituation au bas d'un coteau qui la défend du Nord-Eft , la met à l'abri de plufieurs maladies

de Riez , dont le terroir a plus de 260 toifes au-deffus du niveau de la mer , & où les coteaux & les montagnes qui l'avoifinent , ont encore plus de 100 toifes d'élévation au-deffus. Ce vin , quoiqu'un peu foible & légerement fpiritueux , fournit une boiffon fort agréable , quand il eft bien fait.

caufées par l'inclémence des faifons : rarement il y regne d'épidémies. La vie moyenne des hommes va au moins à 36 ans fous cet heureux climat ; & fans fes fumiers & la mal-propreté des rues, on auroit le plaifir de vivre fous un ciel tempéré, ainfi que fur un fol des plus agréables. Telle eft la molle indolence des cultivateurs, & le défaut d'une police qui peu active ne s'occupe de rien moins que de ce qui eft utile à la fanté des citoyens.

Le commerce & l'induftrie regnent pourtant à Riez : le premier confifte dans les fruits & les productions du pays ; c'eft un débouché pour les laines, & pour toutes les marchandifes qu'on y voiture des montagnes : la feconde dépend d'une quantité d'ouvriers qui font valoir plufieurs fabriques ; celle des cordes occupe le plus de monde ; on les exporte bien loin ; les campagnes, les vallons font enrichis de plufieurs plantes médicinales, telles que l'argentine, la pervenche, la gratiole : la premiere paroît affectée à ce terroir.

(a) Cette plante eft une efpece d'agrimoine, *la fourbeireto*, par fa reffemblance avec le forbier, *forbus* : les feuilles de l'argentine font vertes endeffus, garnies de petits poils, liffes & argentées par-deffous ; fa fleur eft jaunâtre, difpofée en rofe, ayant la même fructification que l'agrimoine : elle eft vivace, aime les lieux humides ; on la regarde comme aftringente & déterfive ; c'eft un bon topique pour les fievres intermittentes : les payfans l'appliquent aux poignets ; on fe fert de fa décoction pour raffermir les gencives, & la luette relâchée ; malgré ces avantages, elle ne fe trouve point dans les boutiques.

(a) *Potentilla fericei folio*, l'argentine.

Les amandiers font une des principales productions de tous les environs de Riez ; le terrain léger & graveleux convient à la culture de cet arbre : l'espece de poudingue qu'on rencontre à chaque pas, s'étend jufqu'à Quinfon ; il eft mêlé d'un gravier fin, de beaucoup de cailloux & de fable : l'argile, la glaife, la terre compacte n'abondent que dans les vallées & les bas-fonds bien ameublis qui produifent beaucoup de grains.

On cultive quantité d'amandiers à Riez, Puimoiffon, Vallenfole, où l'on a multiplié cet arbre utile : l'amandier (a) commun produit plufieurs variétés ; la coque en eft épaiffe, & contient de petits fruits. L'amandier à groffe amande eft plus rare : fes variétés méritent bien d'être cultivées.

(b) L'amandier à coque tendre, *l'amandier abalan*, mérite la préférence fur quantité d'efpeces : fa coque fe caffe aifément entre les doigts ; fon fruit eft très-bien nourri ; il mûrit plus tard que les autres efpeces & produit plufieurs variétés.

(c) L'amandier fultan, ou l'amande piftache, a fes feuilles d'un pouce de long & fort étroites ; fon fruit eft ferme & favoureux, approchant de la piftache. Tous les amandiers n'ont pas des caracteres affez faillans entr'eux, pour en diftinguer les variétés & les efpeces à la fimple infpection, furtout ceux dont l'amande eft à coque tendre : leur différence roule fur le nombre des étamines & la variété des pétales ; mais ces caracteres ne fauroient être faifis que par les connoiffeurs.

Quelques naturaliftes font d'avis que les fruits

(a) *Amigdalus fativa fructu minori*, l'amandier commun. Tournefort.

(b) *Amigdalus putamine molliori. Ibidem.* J. R. H. l'amandier abalan.

(c) *Amigdalus dulcis, putamine molliori,* amandier fultan.

des amandiers amers font provenus des femences fécondées par la pouffiere des étamines des fleurs du pêcher ; ce qui n'eft pas vraifemblable. Les curieux cultivent l'amandier nain ; ce petit arbufte fert à l'ornement des parterres ; il porte une amande amere.

La fleur de l'amandier eft blanchâtre, difpofée en rofe, avec quantité d'étamines rangées autour du piftil ; *Poliandria*. Linnei. Ses feuilles font longues, ouvertes ; il a fon bois veiné avec de belles couleurs. L'amandier a l'inconvénient d'une fleuraifon active & précoce : lorfqu'il n'y a point de gelées blanches en hiver, il fe couvre de fleurs dès le mois de Février & fouvent plutôt ; mais s'il vient à geler, & que les fouffles piquans des vents Nord, Nord-Oueft, fe faffent fentir, les étamines des fleurs fe flétriffent, le piftil qui fe convertit en coque, avorte, ou fi le fruit eft un peu avancé, il ne peut plus fe nouer, & la récolte des amandes manque totalement.

De tous les moyens qu'on a mis en œuvre pour retarder la fleuraifon de l'amandier fans lui nuire, afin que le fruit ne coule pas, il n'en eft guere de praticables en grand : on peut les employer en petit dans les jardins, dans les enclos, parmi les fruitiers où l'on eft plus à portée de donner à cet arbre la culture que l'on veut ; mais dans les campagnes, où il eft fi multiplié & fans abri contre les influences de l'atmofphere, tous ces moyens ingénieux font peu fûrs, & l'on s'expoferoit à perdre l'amandier plus d'une fois, fi on les adoptoit indifféremment. Nous avons plufieurs efpeces d'amandiers, dont la coque molle & tendre enveloppe un fruit tardif & charnu ; c'eft à celui-là qu'on doit s'attacher le plus, ainfi qu'aux efpeces tardives : c'eft celui-là qu'on doit cultiver de préférence. L'arbre ne se couvre de bourgeons qu'au mois de Mars, où les gelées du matin ne regnent plus ; les vents font alors plus humides & moins froids ; les étamines tendres & molles des fleurs ne font plus expofées à fe flétrir au moment qu'elles doivent féconder le piftil.

J'ai trouvé une efpece d'amandier dans tous les environs de Vallenfole, qu'on nomme *(a)* *couteloun* & l'amande *couteloune*, qui eft d'un produit confidérable. Ce bourg eft affis fur le penchant d'un coteau au Midi, à l'extrémité d'une grande vallée, fertilifée de tous côtés par de belles fources & des fontaines dont il eft pourvu : l'amande couteloune eft ronde, charnue, un peu pointue à fes extrémités avec une écorce dure. J'ai confulté les meilleurs cultivateurs du lieu ; ils m'ont appris qu'ils ont donné la préférence à cette efpece d'amandier, non-feulement parce qu'il eft d'un bon rapport, mais parce que fon fruit eft fort tardif, & moins fujet à couler que tout autre : il craint peu les frimats & rarement il avorte ; auffi commence-t-on à greffer cet amandier fur les autres efpeces. L'expérience a appris que la greffe quelconque pratiquée fur quelque variété d'amandier qu'on ait choifie, rend la fleuraifon tardive par le retard que la féve éprouve néceffairement avant de développer les bourgeons : auffi les cultivateurs intelligens ne manquent point de greffer tous leurs nouveaux plants ; ils retardent ainfi le montant de la féve au printems, laquelle met plus de tems à pénétrer dans les vaiffeaux de la greffe & à traverfer le bourrelet qu'elle a formé, où elle s'élabore avec plus de lenteur. La récolte des amandes en eft

_____

(*a*) *Amigdalus putamine molli fubrotundo acuto,* l'amendo coutelouno.

plus affurée ; elle eft devenue fi confidérable aujourd'hui à Vallenfole par la méthode de greffer
toute efpece d'amandier, qu'il s'en vend année
commune plus de 50000 livres du fimple produit
de ce terroir. La population de ce bourg eft au
moins de 1500 ames : elle augmente tous les jours
par l'aifance que le commerce de fes productions
y répand. Voilà déjà un pas fait pour retarder
la fleuraifon de l'amandier, la mettre à couvert
des gelées, & affurer fa récolte indécife. J'invite les cultivateurs de la Province à adopter une
pratique auffi judicieufe, & à multiplier de toutes
parts un arbre auffi utile.

L'amande a une enveloppe, où réfide une liqueur un peu âcre qui fait impreffion fur la langue ; ce qui oblige de la peler, lorfqu'on veut
en tirer l'huile par expreffion : c'eft cette liqueur
qui donne l'amertume aux amandes ameres fi nuifibles aux petits oifeaux par la délicateffe des fibres
de leur eftomac. Il n'y a aucune différence entre
l'huile extraite des amandes douces, & celle des
amandes ameres, qu'on a eu foin de peler auparavant. L'huile eft contenue dans la partie extractive de l'amande ; fa coque renferme encore
quelque peu d'huile, & les femmes qui caffent les
coques des amandes, les gardent fouvent pour tout
payement & s'en fervent pour allumer leur feu.

Aucune plante parafite ne végete fur l'amandier
dans la partie méridionale de Provence ; mais lorfqu'on eft parvenu aux environs de Riez, Puimoiffon, on eft furpris de la quantité de gui qui s'attache à ces arbres ; ce qui les fait périr infenfiblement,
fi on n'a pas foin de les émonder.

(a) Le gui, *lou vifc*, eft une plante parafite

(a) *Vifcus*, le gui, *lou vifc* ; *vifcus foliis lanceolatis obtufis
caule dichotomo Linnei*. Les fleurs mâles & femelles du

qui végete fur l'amandier, comme la cufcute fur le thim, l'hypocifte fur le cifte, & fe nourrit de fa féve. Le gui a fes rameaux croifés, fes feuilles longues, jaunâtres, épaiffes ; fes piftils & fes étamines font placées fur différens pieds ; fes fruits font autant de baies molles, rondes, tranfparentes, de la groffeur d'un pois dont la peau couvre une fubftance vifqueufe, qui enveloppe les femences variables dans leur forme & terminées par un corps arrondi, évafé, lequel s'attache à l'écorce de ces arbres au moyen de ce fuc vifqueux. Les racines que pouffe cette efpece de trompe, s'introduifent dans l'écorce de l'amandier; d'autres pénetrent jufqu'à l'aubier, & forment une efpece de bourrelet, à l'entour de l'écorce où s'attachent les femences du gui, & interceptent le cours de la féve dont il fe nourrit. Il n'y a gueres que le gui de chêne qui foit d'ufage en médecine : fa vertu antiépileptique n'eft pourtant pas fi affurée que celle de la valériane fauvage. On fe fert du gui pour en compofer la glu ; les anciens y employoient les baies. L'Hiftoire fait mention des cérémonies que les Druides pratiquoient, avant de les cueillir.

Parmi les monumens antiques que les curieux obfervent à Riez, ils y trouvent encore quelques colonnes qui ont bravé l'injure des tems : il y en a quatre qui font en pied près de la ville. La matiere de ces colonnes eft d'un très-beau granit, qu'on croit originaire d'Egypte. J'indiquerai les lieux où il en exifte de pareil en Provence, & d'où il eft plus vraifemblable qu'on ait tiré celui-ci, dont le grain a quelque chofe de plus fin que

---

gui font tantôt fur les pieds du même individu, tantôt fur des pieds différens : il y a des individus avec des pieds ftériles, & d'autres chargés de fleurs.

celui des granits dont j'ai parlé. Les colonnes de Riez font un compofé de feld de fpath ou quartz laiteux, de mica, de molécules fablonneufes & de criftaux de fchorl noir : il eft fufceptible de recevoir un beau poli ; tout eft fufible dans cette pierre, & l'action du feu la réduit à une demie vitrification fans addition des fels. Ces colonnes de l'ordre Corinthien formoient le devant d'un temple à trois faces, dédié à quelque divinité du paganifme ; il y a d'autres colonnes à côté enterrées profondément. Celles-là ont 25 pieds de haut, fans y comprendre la bafe & le chapiteau, qui font d'un marbre blanc : la corniche eft d'un marbre rougeâtre, marqué de noir & de gris ; le tout eft pofé fur une marche de pierre froide & calcaire.

On trouve au-delà du ruiffeau, les reftes d'un pavé à la mofaïque, dont les curieux détachent des morceaux. Il y a un temple ou plutôt une chapelle à côté, avec huit colonnes de granit difpofées en rond, & furmontées par un dôme ; elles font encore d'ordre Corinthien : ce temple paroît avoir été érigé pour conferver ces colonnes qui en occupent prefque toute la circonférence. L'autel de la Vierge eft placé derriere ; on y voit une infcription gravée fur la pierre du mur extérieur, à laquelle les Hiftoriens donnent plufieurs explications. On trouve encore de pareils monumens d'une haute antiquité, dans l'Eglife du Séminaire de Ste. Maxime que l'on a conftruite fur la cime du coteau au bas duquel la ville de Riez eft adoffée. Toutes ces colonnes gifent dans l'oubli ; elles fe détériorent tous les jours : ne feroient-elles pas à leur vraie place, fi elles ornoient le frontifpice d'un beau temple confacré au vrai Dieu, ou fi elles formoient le périftile d'un palais, d'un édifice fomptueux deftiné à l'éducation de la jeuneffe ?

CHAPITRE XLIV.

Mouftiers , Beauduen , Fontaine-l'Evêque.

IL faut traverfer une plaine entrecoupée d'allées d'amandiers , pour arriver de Riez à Mouftiers. Le Cailloutage , le gravier , cette efpece de poudingue dont j'ai parlé , forment en partie le fol de cette plaine : on defcend dans une vallée agréable , d'où l'on joint la petite ville de Mouftiers , qui eft bâtie en amphithéâtre au bas d'une montagne oppofée. Les prairies en peloufe dont elle eft entourée , une petite riviere qui baigne l'étendue de cette vallée , & fertilife les champs attenans , les vignes & les oliviers qui occupent dans une belle expofition tous les environs de cette montagne , donnent à cette ville un afpect agréable , malgré la hauteur & l'afpérité de la montagne qui la domine, que les eaux qui fe font écoulées d'en-haut femblent avoir féparée en deux. C'eft ainfi qu'on obferve au fommet de plufieurs montagnes les traces profondes des eaux qui fe font précipitées en torrent dans les vallées , & dont la direction fe porte conftamment vers la mer : (*a*) les eaux de la fource confidérable qui jaillit au pied de la montagne de Mouftiers en fe filtrant dans les terres ont dû former à la longue des cavernes , des tuffieres fur lefquelles on a bâti une partie des maifons , dont quelques-unes fe font affaiffées de nos jours , & ont été englouties fous les débris de leurs fondemens. La ville eft féparée en deux par

(*a*) Les eaux de cette fource font aller plufieurs moulins & arrofent toutes les prairies attenantes.

le ruiffeau qui defcend de la montagne ; on le
paffe fur des ponts : fa population va au-delà de
3000 ames ; fon commerce confifte dans les huiles
& autres productions du pays : fa faïence eft eftimée par fa fineffe, fa blancheur & l'émail qu'on
lui donne. On trouve de bonnes argiles dans fon
terroir, & lorfqu'on creufe un peu profondément
aux endroits défignés pour cela, on parvient à une
argile fi fine, fi ductile, qu'elle eft fufceptible de
prendre fur le tour toutes les formes qu'on veut ;
c'eft ce qui a déterminé à lui donner la préférence
dans les fabriques.

La premiere argile qu'on mit d'abord en œuvre,
n'étoit qu'à la profondeur de 15 toifes dans la terre;
mais elle abforboit par fa couleur le blanc de l'é-
mail, comme difent les ouvriers, ou empêchoit
la demi-vitrification de la couverture qu'on met à
la faïence, laquelle doit être d'un blanc mat à
demi tranfparent. On eft parvenu par des fouilles
plus profondes à découvrir de nouvelles couches
d'argile qui n'alterent plus la couleur de l'émail :
la faïence qui en réfulte eft d'un blanc fort eftimé ;
on ne cherche pas même à en relever l'éclat par
la peinture ; les ouvriers font un fecret de la maniere dont ils compofent leur émail ; mais les connoiffeurs y découvrent aifément le fablon d'Apt,
dont j'ai parlé ci-deffus, l'étain & la fritte des
verreries, dont le mélange proportionné eft réduit à une demi-vitrification par l'action du feu,
au point d'en recevoir un beau blanc. Le fablon
d'Apt a toutes les qualités requifes pour cela ; on
le fait fervir aux porcelaines, en d'autres endroits ;
mais les argiles de Mouftiers ne font pas encore
affez vitrifiables, elles tiennent un peu du calcaire,
ce qui fait qu'elles ne fauroient convenir à la bonne
porcelaine.

Il y a dans cette ville plufieurs fabriques de papier qui travaillent continuellement pour Marfeille, & plufieurs moulins qui fervent à triturer les métaux qui entrent dans la compofition de la faïence & de la poterie. La riviere de Verdon n'en eft éloignée que d'une demi-lieue ; elle traverfe une gorge étroite, entre deux montagnes efcarpées, d'où elle fe jette dans la plaine par Aiguine & les Salles. Lorfqu'elle eft arrivée au terroir de Beauduen, elle fe porte vers une montagne couverte de bois de chêne, non loin d'une fource d'eau très-abondante, qui jaillit d'un rocher : on nomme cette fource Fontaine-l'Evêque, à l'occafion d'un bâtiment qu'un Evêque de Riez fit conftruire tout auprès, au fiecle dernier. Il y en a qui la comparent à la fontaine de Vauclufe, par l'abondance & la limpidité de fes eaux, qui font tourner plufieurs moulins à deux pas de leur fource ; mais tandis que la fontaine de Vauclufe forme bientôt une riviere qui fe divife en plufieurs canaux, s'écoule à travers de prairies émaillées de fleurs, & arrofe des campagnes fertiles, avant de fe jetter dans le Rhône ; la Fontaine-l'Evêque, qui fourd à gros bouillons de la montagne de Beauduen, ne fe montre qu'à peine & va fe mêler malheureufement à deux cent pas de-là avec les eaux de Verdon, lequel empiete tous les jours fur ce court efpace, & menace de porter fes flots jufqu'au pied du rocher.

Le diocefe de Riez contient plufieurs paroiffes au-delà de Verdon en tirant au Midi, comme les Salles, Efparron, Montagnac, Artignofc, Saint-Laurens. Cette riviere marche toujours encaiffée entre de gros rochers ; les plaines d'Artignofc, de Beaudinard font au-delà. On trouve dans les coteaux attenans de belles carrieres de pierre calcaire d'un grain fin & ferré ; celle d'Artignofc a du rapport avec l'albâtre. Il y a de jolis marbres dans le terroir de Beaudinard, dont M. le Marquis de Sabran a fait conftruire plufieurs tables & cheminées dans fon château : leurs couleurs un peu ternes ne laiffent pas que de faire un joli effet ; toute cette côte eft couverte de bois de chêne, depuis Quinfon jufqu'à Monmeillan, qui rendent le pays plus riche, par la variété des campagnes & des coteaux complantés d'oliviers & de vignes. Les vins de Beaudinard doivent avoir du montant ; j'y ai vu planter les vignes dans le gravier & le tuf : le climat de ces contrées eft fort tempéré, quoique les montagnes fous-Alpines n'en foient pas éloignées : ce diocefe s'étend encore vers le Levant & le Nord jufqu'à la Durance. Les plaines de Puymoiffon, d'Oraifon n'étalent qu'amandiers ; les champs à blé y font très-bien cultivés ; les coteaux font également couverts de vignes & d'oliviers ; les approches de la Durance fe reffentent de fes débordemens ; les terres en font détériorées plus d'une fois. Cette riviere change fouvent de lit ; je l'ai dit plus haut : plus conftante dans fon cours, lorfqu'elle peut battre le pied d'une montagne, elle n'abandonne cette pofition qu'au moment où fes eaux rapides font réfléchies vers la rive oppofée par l'obftacle qui les arrête ; avant qu'elles aient le tems de s'amonceler à l'entour, & de fe creufer un lit. Les rivieres qui viennent fe jetter dans la Durance contribuent à rendre fon lit encore plus variable, par les directions contraires qu'elles impriment à fes eaux, furtout lorfqu'elles font débordées, & que la pente des eaux augmente leur vélocité.

Les fimples, qui naiffent au bord de la Durance dans les ifles que les inondations ont formées, font en petit nombre, n'ayant point un fol ftable

&

& à demeure. On y trouve quelquefois (a) l'onagra
de Tournefort : cette plante , quoiqu'exotique , eft
devenue indigene en Provence. On y voit quantité
de faules , de frênes , d'aunes (b) *la verno* ; le peuple fe fert des feuilles de ce dernier pour les douleurs de rhumatifme ; il en fait un grand lit pour
s'y coucher deffus tout nu & provoquer la fueur.
Une efpece de nerprun (c) hériffé de piquans, *aiguos*
pounchos : le fruit de cet arbufte eft acide ; on en retire un rob , comme de l'épine-vinette qui convient
très-bien aux dyffenteries. Le paliure, (d) porte-chapeau , *l'arnaveou* , vient plus communément dans
la partie méridionale de Provence : on en forme
des haies impénétrables , pour en clorre les vignes
& les champs , à la faveur de fes fortes épines. Il
porte un fruit en forme de chapeau , c'eft une
gouffe à trois loges , lefquelles contiennent une
femence chacune , que l'on regarde comme un
diurétique chaud ; on en a vu de très-bons effets
dans l'anafarque : les feuilles du paliure font pourvues d'un fel volatil urineux ; fon fruit favorife encore l'expectoration.

(e) Le grand faule , *lou grand faufi* , (f) le
faule commun , l'ofier , (g) *lou vefé* , le franc
ofier , (h) *l'aumarino* , font répandus le long de

(a) *Onagra molliffima* , *Bononienfis*. Tournef. *onothera*
biennis Linne.

(b) *Anus nigra baccifera* , l'aune , *la verno*.

(c) *Rhamnoïdes falicis folio* , *fructu flavefcente*. Tournef.
hypophaë foliis lanceolatis Linnei , *aiguos punchos*.

(d) *Rhamnus cortice albo* , *paliurus* , porte-chapeau , *l'ar-*
naveou.

(e) *Salix maxima fragilis* , *folio hirfuto* , le faule , *lou*
grand faufi.

(f) *Salix humilis capite fquamofo* , le faule commun.

(g) *Salix viminea* , l'ofier , *lou vefé*.

(h) *Salix lutea* , franc ofier , *l'aumarino*.

Tome I.   G g

la Durance : on fait trop de cas de ces bois dans les arts, pour ne pas connoître leurs propriétés. Quoiqu'ils aiment l'humidité, qu'ils viennent naturellement aux bords des ruisseaux, le long des rivieres, il y a des especes qui réussissent en des lieux secs & s'élevent à une grande hauteur : nous pourrions cultiver le saule dont les Allemands mêlent le duvet avec la plume & la laine fine pour en faire des meubles. On se sert du franc osier pour construire des harts & des liens ; on aime le saule à feuilles d'amandier, parce qu'elles sont beaucoup plus grandes que dans les autres especes : quoique son bois soit mince, & n'ait pas de corps, il aiguise très-bien les couteaux ; l'écorce, les feuilles & les chatons des saules sont rafraîchissans. Les feuilles se chargent aisément de l'humidité de l'air ; on en tempere les appartemens trop chauds en été, en les tenant dans des baquets remplis d'eau ; le duvet des chatons du saule appaise les hémorragies. Ces arbres dont les especes sont fort multipliées, ont leurs fleurs & leurs graines sur différens pieds.

La petite ville des Mées qui termine le diocese de Riez à l'Est, est en réputation par la bonté de ses vins, la qualité de son terroir graveleux & plein de cailloutage ; les montagnes qui bornent son horison au Levant, couvertes en grande partie d'une espece de poudingue, que les torrens & les averses ont entraîné dans la plaine, la légereté du fonds, procurent un montant agréable au vin, & lorsqu'on le fait avec soin, on est payé avantageusement de ses peines. Ce vin souffre le transport & se bonifie encore plus, lorsqu'on le garde dans les pays des hautes montagnes, où il fait les délices des bonnes tables : sa réputation s'étend jusqu'en Piémont & dans toutes nos Alpes ; on lui donne la préférence sur tout autre vin. Les montagnes des

Mées femblent de loin avoir été taillées par main d'homme : elles préfentent une variété remarquable dans leur configuration , où l'on diftingue des pointes , des fentes , des entailles en fautoir , en croix, des colonnes. Le poudingue détaché de leur fuperficie par la chute des eaux & entraîné irrégulierement dans la plaine , a donné occafion à ces différentes configurations : les parties les plus dures , les plus adhérentes entr'elles ont réfifté à l'impétuofité des eaux ; (a) tandis que les plus mobiles fe font laiffées entraîner. On découvre partout les traces des torrens qui ont bouleverfé ces montagnes , & la ville des Mées n'eft pas à l'abri des inondations & des pluies d'orage , ainfi que le lit d'une petite riviere qui la traverfe , & qu'on a eu foin d'encaiffer prudemment aux approches de la ville , l'indique à l'obfervateur : ce lit qui eft à fec en été , n'eft qu'un affemblage de cailloux détachés des montagnes voifines.

La Durance qui borde le terroir des Mées au Nord , le détériore fouvent. Toute la côte vers St. Jeurs eft complantée de vignes & d'oliviers ; & quoique le climat fe reffente un peu en hiver du voifinage des montagnes , dont la chaîne fe lie bientôt avec les fous-alpines , on y jouit partout d'une température convenable à ces plantations : il y a beaucoup de bois dans cette lifiere , vers le Nord-Eft principalement. Le quartier de St. Jeurs eft pourvu de plufieurs belles carrieres de gypfe , qu'on y vient chercher de tous les environs. Le pays eft

---

(a) Prefque toutes les maifons font conftruites avec ces cailloux que l'on trouve dans la plaine ; la Durance n'en eft éloignée que de quatre à cinq cent pas vers le Nord. Les ébranlemens que le globe terreftre a fouffert en divers tems peuvent avoir contribué encore , à la variété des configurations des montagnes attenantes.

inégal & coupé par des coteaux : il eſt baigné par des torrens & des rivieres ; celle d'Aſſe qui deſcend du dioceſe de Senez pour ſe jetter dans la Durance vis-à-vis de Volx , eſt fort à craindre par ſes débordemens & l'impétuoſité de ſon cours , que ſa pente lui procure : ſon lit eſt mobile & gliſſant , & a cauſé plus d'une fois la perte du voyageur imprudent ; ce qui a donné lieu au proverbe , *la ribiero d'Aſſo es foui qu'u la paſſo*. On a jetté un beau pont ſur cette riviere auprès de Mezel , petite ville du dioceſe , où l'on a vaincu la difficulté de l'entrepriſe & l'aſpérité du local : les coteaux attenans de nature calcaire ont fourni de très-belles pierres , d'un grain à recevoir le poli.

Quelques paroiſſes du dioceſe de Riez ſont contenues dans les montagnes ſous-alpines qui commencent au-deſſus de Mouſtiers. Le climat de ces contrées n'eſt plus ſi tempéré, l'atmoſphere beaucoup plus froid n'y favoriſe plus la vigne & l'olivier qui n'y végeteroient pas. Le terrain eſt maigre , froid & graveleux. Le débris des montagnes entraîné dans les vallées , en dépouillant les unes , n'engraiſſe pas les autres, par la quantité de cailloux dont il les couvre : ce n'eſt qu'à force de bras qu'on met en valeur de pareils fonds. La nature qui ménage de tous côtés un moyen précieux pour ſoutenir le terrain penchant des montagnes & des coteaux, en faiſant naître & croître fort promptement un arbuſte des plus utiles, n'eſt pas favoriſée. Le payſan que le beſoin tyranniſe plus que la prévoyance n'éclaire , s'obſtine à détruire partout le buis dont la nature couvre le terrain mobile des coteaux : il l'arrache impitoyablement juſqu'aux racines ; ce n'eſt pas ſeulement pour leurs engrais que les minces cultivateurs dépouillent les montagnes d'un arbriſſeau qui concourt autant à leur ornement , qu'à l'utilité publique ; mais encore pour le chauffage , pour l'employer aux fours , aux fabriques , aux tuileries. Je fus furpris de rencontrer un jour d'hiver dans une gorge au-deſſus de Mouſtiers , quantité de mulets & d'ânes chargés de buis arrachés avec leurs racines qu'on tranſportoit bien loin. Déjà tous les coteaux en deuil , les vallons engravés , les montagnes pelées , le terrain emporté par les torrens , annoncent de plus grands malheurs à ces imprudens agricoles que l'appas d'un médiocre profit rend inſenſibles aux déſaſtres qui les menacent , ſi une police active ne met un frein à la rage qu'ils ont de tout dévaſter. On trouve quelques pâturages & des arbres fruitiers aux environs des villages contenus dans cet eſpace par la facilité que leurs habitans ont d'y apporter leurs engrais ; mais les terres attenantes ne préſentent qu'un gravier dénué de fertilité : on lui donne le nom de *ſaveou* pour marquer qu'il eſt maigre & ſtérile. La chaîne de fer qui lie les deux montagnes de Notre - Dame de Beauvoiſie à Mouſtiers n'exprime que le vœu d'un inſenſé , qui auroit pu faire quelque choſe de plus utile pour l'humanité : ce puérile monument n'a point de rapport avec l'Hiſtoire Naturelle.

L'on parvient dans ces régions déjà froides par une gorge au village de la Palun : les eaux deſcendues des montagnes attenantes exhauſſent continuellement le ſol de cette vallée où l'on trouve une riviere qui s'agrandit tous les jours. L'uſage où l'on eſt d'arracher les buis dont les racines contiennent autant les terres , que les feuilles moderent l'impétuoſité des eaux dans leur chute, rend ces terres plus mobiles & ne contribue pas peu à leur écoulement ſucceſſif dans les bas-fonds. La Palun eſt entouré de jolies prairies ; l'on y voit pluſieurs poteries

qui occupent pendant l'hiver une quantité d'ouvriers ; les argiles dont on se sert, tiennent encore
du calcaire, ainsi que les montagnes attenantes.
Je traiterai plus au long la qualité du climat de nos
montagnes, celles de leurs productions & tout ce
qui a du rapport à la longueur de la vie des hommes, à leurs mœurs & au commerce de ces contrées, quand il en sera tems : ce n'est ici que le commencement des montagnes sous-alpines, où l'espece humaine ne présente point encore ces différences remarquables qu'on observe, lorsqu'on est
parvenu aux alpes : elle n'étale ici que des nuances
légeres, qui ne la distinguent pas encore assez de
celle qui habite les régions inférieures.

On a ouvert un chemin qui facilite l'exportation
des grains & des laines, & l'importation des huiles
& des vins, entre les villes inférieures, & les
villages des montagnes : ce chemin conduit de la
Palun à Rogon, Trigance, Comps, Draguignan.
Rogon n'a rien de remarquable que ses montagnes
qui séparent son terroir élevé des régions inférieures d'Eiguines, à travers lesquelles le Verdon
s'est pratiqué une route scabreuse, & fort étroite ;
on le passe sur un pont d'une seule arche, au con-
fluent de la riviere de Jabron : les montagnes es-
carpées à travers lesquelles ses eaux s'écoulent,
paroissent avoir été divisées en deux, comme si
on les avoit coupées perpendiculairement pour
ouvrir une issue à la riviere, qui, resserrée entre
cet espace, s'élance dans la plaine : quoiqu'il y
en ait quelques-unes de fort exhaussées, elles ne
paroissent pas d'origine primitive ; du moins on
trouve à leur base quantité de coquilles pétrifiées, ainsi qu'à la cime des coteaux. Le terroir de la Palun contient de très-belles ammonites minéralisées avec le cuivre, ou avec le fer ;

d'autres font feulement pétrifiées , & attachées contre la pierre calcaire : la commune opinion veut que ces coquilles appartiennent à la famille des nautiles , quoiqu'elles ne foient point chambrées. Les analogues ne fe trouvent point dans nos mers ; ce n'eft que depuis peu qu'on en a découvert dans les mers des Indes : les échinites , les camites , les pectinites ne font pas moins communs dans ces montagnes ; d'autres pétrifications peuvent en impofer à ceux qui ne font pas connoiffeurs. On m'a montré de prétendus tronçons de vipere , des ferpens entortillés , des vers réduits en pierre par le fuc lapidifique & plufieurs pétrifications animales. Le bec , les pieds des oifeaux , la corne des animaux font incruftés quelquefois de fucs lapidifiques ; mais les prétendus tronçons de vipere entortillés , les ferpens pétrifiés , ne font que des morceaux de corne d'ammon minéralifés fous les apparences d'anneaux de vipere. Les vers pétrifiés font la coquille du ver à tuyau , qui a fubi ce changement.

Les pierres numifmales , & lenticulaires font répandues dans ces environs : on les arrache des rochers fous diverfes formes ; les plus gróffes égalent à peine le volume d'une lentille. On peut les divifer en lames friables , qui fe féparent les unes des autres en les faifant macérer dans l'eau : toutes leurs couches font de nature coquilliere ; plufieurs prétendent en effet que les pierres numifmales font autant d'opercules de coquilles pétrifiées : on n'en connoît pas autrement l'origine.

Les terres de Verignon , Lagneros , où l'on vient par Trigance , contiennent beaucoup de marcaffites ferrugineufes dans les montagnes : elles annoncent que le fer eft renfermé en plus grandes maffes dans leur fein. Ces montagnes fe propagent par des chaînes différentes vers Montferrat, diocese de Fréjus, où ce métal abonde : je parlerai des tentatives qu'on a faites à ce sujet ; les prairies, les terres à blé rendent ces contrées précieuses dont le fonds est un mélange de glaise & de molécules ferrugineuses qui favorisent puissamment la végétation. Les montagnes qui ont leur exposition au Nord, sont couvertes de bois de chêne blanc & de pins. La forêt de Verignon est remarquable & les amateurs en Botanique y cueilleront des simples fort estimés : on trouve à Lagneros des lythophites, des madreporites en quantité ; les bois recelent beaucoup de viperes : ce dangereux reptile aime les pays un peu froids ; il passe l'hiver, caché entre les pierres dans des trous, où il ne s'engourdit que peu : les paysans de ces lieux sont fort adroits à les prendre ; ils en fournissent à plusieurs villes de la Province.

On sait combien le poison de la vipere est dangereux, surtout lorsqu'elle est irritée. On a vu des chiens devenir tous enflés & mourir en très-peu de minutes, pour avoir été mordus à la tête, au museau : une si prompte mort éluderoit l'action du meilleur remede. Nous possédons un spécifique dans l'alkali volatil fluor contre ce poison ; c'est une découverte de ce siecle qui appartient à feu M. de Jussieu : les chasseurs qui habitent les montagnes où la vipere est commune, devroient en porter sur eux ; il seroit avantageux que ce spécifique eût la même action contre le poison de plusieurs animaux. On croit que celui de la vipere attaque directement les nerfs, & détruit le principe d'irritabilité qui les anime. (a)

(a) On saura bientôt par les observations de M. l'Abbé de Fontana, que le venin de la vipere agit directement sur

L'on vient de Lagneros à Aiguines, par la plaine de Canjeurs, qui eſt fort étendue & dénuée d'arbuſtes & de ſimples : ce ſont des champs à blé preſque toujours en valeur, où les eaux pluviales & les torrens vont ſe rendre dans un bas fonds, d'où elles ſont englouties dans le ſein de la terre pour ſe répandre au-delà des montagnes à l'Oueſt en ſources, en ruiſſeaux, & porter la fertilité avec elles. Le village d'Aiguines eſt ſitué au bout de cette plaine, au pied d'une haute montagne couverte de bois, qui ſert de retraite aux oiſeaux de proie, leſquels découvrent le gibier d'en haut & fondent impétueuſement deſſus. On y tua un jour l'aigle royal des alpes : c'eſt en vain qu'on chercha à domeſtiquer les petits aiglons pris dans l'aire de cet aigle ; c'eſt en vain qu'on a cherché à les enchaîner pour les accoutumer peu-à-peu à connoître la voix de leur maître, & s'en laiſſer approcher, lorſqu'il lui donnoit à manger. Ces oiſeaux ſont indomptables & connoiſſent rarement la domeſticité ; il faut ſe tenir en garde contre leurs morſures qui déchirent cruellement.

Il y a pluſieurs Tourneurs à Aiguines qui tra-vaillent les racines de buis pour en faire des boîtes, (a) des boules à jouer & autres ouvrages : ce travail a répandu une eſpece d'aiſance parmi les Artiſtes ; mais autant il leur devient lucratif, autant il eſt pernicieux à l'agriculture & détériore les terres. La quantité de buis que les ouvriers arrachent inconſidérément de la terre, qui les nourrit, leur inſenſée déprédation, laiſſent les montagnes attenan-

_____

le ſang : ces expériences réitérées ſur un objet auſſi intéreſſant, confirmeront de plus en plus cette opinion dans l'eſprit des Savans.

(a) On fait également des boules à la Palun, à Trigance.

tes nues & découvertes, & menacent de ruiner tout le pays : ils ne font jamais plus contens qu'au moment où ils ont enlevé les plus gros arbres, & dégradé le terrain qui couvre leurs racines. Faut-il qu'un méprisable objet de luxe, ou d'un commerce si frivole, devienne aussi pernicieux? Ces montagnes à demi pelées offrent en échange de belles carrieres de pierre calcaire, dont on a construit les murs du château & du jardin du Seigneur d'Aiguines. Que ces avantages seroient précieux, s'ils pouvoient compenser tous ceux dont l'agriculture pourroit y gratifier l'homme! Les productions de cette contrée qui forme la chaîne des parties méridionales de la Province avec les montagnes sousalpines qui commencent ici, sont encore les vins & les huiles. Les eaux dont les campagnes sont fertilisées permettent les prairies artificielles ; il y a bien peu de minéraux dans ce diocese : voici la nomenclature de quelques quadrupedes que l'on peut observer dans l'enceinte des lieux que je viens de parcourir. Leur histoire est connue ; il suffit d'en donner seulement une courte notice, sauf à spécifier quelques particularités qui peuvent avoir échappé aux naturalistes, si le cas le requiert.

L'ours brun des alpes, se trouve dans les montagnes qui séparent le Dauphiné de la Provence, du côté de Pomerol au-dessus du Comté de Sault, d'où il vient jusqu'à la montagne de l'Ure : on le tire difficilement, ayant de la finesse & quelque intelligence : avec un corps aussi lourd & mal léché, comme on dit, il aime les fruits, grimpe sur les arbres pour s'en saisir, tout pesant & massif qu'il est. Il fuit l'homme, n'ayant jamais fait de mal à personne, à moins qu'on ne l'attaque, ou qu'il ne soit blessé ; il passe l'hiver dans le creux de quelque arbre, où il se pratique une retraite , qui le met à l'abri des frimats , à la faveur de la mouffe & des feuilles qu'il y porte en fe foutenant & marchant fur les pieds de derriere : il ne s'engourdit pas, comme les marmotes & les loirs.

(a) Le loup cervier. Ce quadrupede n'eft point le lynx fabuleux dont les anciens racontoient tant de merveilles : il eft un peu plus gros que le renard, a le poil long, tacheté ; fes oreilles font terminées par un bouquet de poil noir : il a fa queue noirâtre à l'extrémité & plus courte que celle du renard. Le loup cervier fait la guerre aux chats fauvages , aux écureuils ; il attend les lievres & les chevreuils au paffage , leur faute deffus , les égorge & fuce leur fang : il n'a point l'air farouche ; fa démarche eft comme celle d'un chat. J'ai vu de petits loups cerviers qu'on prit dans un bois où on les trouva endormis ; on ne put jamais les domeftiquer ; ils moururent bientôt. On fait des manchons & des fourrures de leur peau.

(b) Le chat fauvage, *lou cat-fer*. Les Naturaliftes font d'avis qu'il n'y a point de différence entre le chat fauvage & le chat domeftique : tous les deux ont la même origine ; & les chats ordinaires deviendroient fauvages , s'ils étoient abandonnés à eux-mêmes , & n'étoient point domeftiqués ; ce qui leur a procuré les habitudes que nous leur connoiffons. Les chats qui s'échappent des maifons pour habiter les campagnes , paffent bientôt à l'état fauvage : les chaffeurs les confondent alors avec ceux de cette efpece. Les chats fauvages ont l'air plus farouche , le poil plus long, & la peau plus dure que les chats domeftiques :

(a) *Lupus cervalius*, le loup cervier.
(b) *Felis cauda elongata*, *auribus æqualibus*. Le chat fauvage , *lou cat-fer*.

leur couleur eſt brune ou griſe, traverſée communément de bandes noires ſur le dos & les cuiſſes;
ils font la guerre aux écureuils, aux mulots &
aux rats. Le peuple en conſerve la graiſſe qui eſt
très-bonne pour les douleurs rhumatiſantes, &
les maladies des articulations. On fait des fourrures de leur peau; ils habitent plus volontiers la
partie tempérée de la Provence que la froide : on
les tire ſur les arbres où ils grimpent ſitôt qu'ils
voient quelqu'un.

(a) La belette, *la mouſtelo*. Tout le monde connoît ce petit quadrupede qui fait la guerre à la
volaille, aux pigeons & ravage ſouvent tout le
colombier ou la baſſe - cour, lorſqu'il peut s'y
gliſſer à travers la plus petite fente. On ne peut
qu'attribuer à la terreur dont la belette eſt ſaiſie à
la vue des ſerpens & du crapaud, les mouvemens
extraordinaires qui l'agitent en cette occaſion;
pluſieurs perſonnes en ont été témoins : tant de
chaſſeurs l'ont obſervée dans cette inquiétude,
qu'on ne ſauroit en douter. Perchée ſur un arbre
on la voit courir de branche en branche, pouſſer
des cris plaintifs, s'agiter & ſe débattre quelque
tems : pour peu qu'on ſoit curieux de ſuivre ſes
démarches, on découvre bientôt au pied de l'arbre
un énorme crapaud, la gueule béante qui attend
la belette juſqu'au moment où entraînée par une
force invincible, elle vient ſe jetter toute effarée
entre ſes pattes. C'eſt en vain qu'elle voudroit
échapper à l'ennemi qui la menace; cent fois plus
agile que lui, elle pourroit s'élancer ſur quelque arbre voiſin, ou tout au moins ſe tenir hors de ſa portée, demeurer tranquille ſur la cime de l'arbre, (b)

(a) *Muſtela cauda apice atro*. La belette, *la Mouſtelo*
Linnei. F. S.

(b) J'ai vu de petits oiſeaux frappés de terreur lorſ

& laiffer morfondre le crapaud qui l'attendroit inutilement au pied : cette retraite lui devient inutile. Elle avance plufieurs fois, recule d'horreur, héfite, chancele, jufqu'à ce qu'on la voit defcendre brufquement, & fe laiffer happer par le lourd crapaud qui ne bouge pas de fa place : quelle eft donc cette force irréfiftible, cette attraction involontaire qui la contraint à venir comme par défefpoir fe jetter dans fa gueule. N'eft-ce pas la peur, comme j'ai dit ? Quel empire cette paffion n'a-t-elle pas fur l'homme ? Comment écouter la raifon dans un moment où toutes les fenfations font fufpendues ? Le découragement accompagne prefque toujours la terreur. Il en eft de même des animaux qui ne fuivent alors que l'inftinct qui les détermine à fuir fans favoir la route qu'ils doivent tenir. Quelques perfonnes fe font occupées de pareilles recherches, & ont été témoins de la terreur qui faifit tout-à-coup les reptiles jufqu'au point de les rendre immobiles, lorfqu'ils ont pu les fixer & les furprendre à l'improvifte, en leur ôtant, pour ainfi dire, le moment de la réflexion. Les dindes arrêtent ainfi le timide & agile lievre, qui devenu comme immobile, fe laiffe tuer par leur gardien, lorfqu'il en eft furpris. L'averfion de la belette pour le crapaud eft fi forte qu'on en a vu qui, pour avoir été apprivoifées, n'en étoient pas moins craintives, je ne dis pas à fa vue, mais à celle de la tortue. Elles trembloient, couroient, s'agitoient, revenoient fur leurs pas, & fe jettoient tête baiffée contre elle ; tant la peur les avoit troublées.

---

qu'ils regardoient le crapaud du haut des arbres & s'agiter de branche en branche battant des ailes, fe laiffer tomber quelquefois, comme la belette, dans fa gueule ; à moins qu'on n'intercepte leur regard réciproque.

(a) La martre. Ce quadrupede n'a pas les inclinations auſſi cruelles que la belette. On confond ſouvent la martre avec la fouine, *la feino*, qui different entre elles en couleur, & en groſſeur. La fouine a plus de rapport avec la belette : elle ſe gliſſe comme elle à travers les fentes & les petits trous, mange les œufs de poule, tue les pigeons. La martre eſt plus groſſe, fournit une fourrure plus eſtimée, fait la guerre aux lievres & aux lapins qu'elle va chercher, juſques dans leurs terriers.

(b) Le blaireau, *lou taiſſon*. Le principal inſtinct du blaireau eſt de ſe conſtruire des terriers, comme le lapin, à la faveur de ſes ongles fort longs, ſurtout ceux qui ſont aux doigts des pieds de devant : il ſe jette ſur le dos, lorſqu'il eſt pourſuivi, & ſe défend des dents & des griffes. On voit ſous ſa queue au-deſſous de l'anus une eſpece de follicule, ou de réſervoir, garni de poils à ſes bords, qui renferme une liqueur graſſe de mauvaiſe odeur. On diſtingue deux eſpeces de blaireau, l'un qui a le muſeau d'un chien, & l'autre de cochon, que les chaſſeurs nomment *lou pourcin* & *lou canin*. Ils ne mangent point de ce dernier.

(c) Le loir, *lou greoulé*. Ce petit quadrupede s'éveille au printems, ſort de ſa petite taniere qu'il conſtruit dans un endroit un peu élevé pour n'être pas ſurpris par les eaux & dort pendant tout l'hiver ſous la mouſſe dont il s'enveloppe. Cet engourdiſſement pendant lequel il ne fait aucune déperdition de ſubſtance, dépend d'une lenteur dans la

---

(a) *Muſtela fulva nigricans, gula pallida*, Linnei. La martre.
(b) *Meles dentes priores obtuſi, ſuperiores ſtriati, folliculus juxta anum*. Le blaireau.
(c) *Glis*, le loir.

circulation, qui fufpend le mouvement du cœur & des nerfs, tient l'animal engourdi, jufqu'à la chaleur du printems qui le ranime peu-à-peu. Le loir qui fe tient ordinairement dans les jardins ne s'engourdit point dans les parties méridionales de la Provence, où les hivers font communément doux & tempérés. Ce n'eft que dans les régions plus froides où on le trouve en cet état de ftupeur.

Le loup habite les pays chauds comme les froids : il defcend des hautes montagnes pour fui-vre les troupeaux qui viennent hiverner aux con-trées méridionales, fe réfugie dans les bois pen-dant le jour, pour roder la nuit à l'entour des bergeries, attaquer les chiens, égorger le bétail. La cruauté le porte à tuer quelquefois tout le troupeau, lorfqu'il eft mal gardé : il eft fufcepti-ble de peur & perd toute fa férocité, quand il fe voit enfermé dans quelque lieu étroit. S'il tombe dans une foffe, il n'attaque point l'homme, ou le chien qu'il y trouve, fe laiffe mufeler, ou attacher comme l'on veut. Une fille étant tombée dans une foffe profonde à neuf heures du foir avec un chien qui la fuivoit, y paffa toute la nuit : une louve qui y tomba quelque tems après, s'y tint rencoignée fans bouger de fa place ; la fille dont les cris attirerent les paffans, lorfqu'il fut jour, fut retirée de cette foffe avec fon chien, fans que la louve fît le moindre mouvement : elle fe laiffa tuer à coups de pierre fans nulle défenfe.

Le loup n'a pu être domeftiqué jufqu'aujour-d'hui : tant qu'il eft jeune encore, & qu'on l'a pris fort petit, il accourt à la voix de celui qui le nourrit ; il joue avec les chiens ; il paroît docile ; mais lorfqu'il eft plus grand, que fon inftinct cruel & fanguinaire fe développe, il fe jette fur les ani-maux qu'il rencontre, déchire la volaille, fans qu'on puisse lui faire lâcher prise. J'en ai vu qu'on avoit élevé avec le plus grand soin, & qu'on fut obligé de tuer, pour n'avoir pu corriger leur naturel indomptable. On a pourtant réussi à faire accoupler le loup avec la chienne. M. de Buffon n'a pu faire accoupler le chien avec la louve, quoiqu'on les eût élevés & tenus long-tems ensemble, mais cet exemple ne prouve rien ; il est de fait que le chien a beaucoup de rapport avec la louve. Plusieurs bergers, nombre de cultivateurs m'ont assuré que le loup, lorsqu'il est libre, couvre la chienne, s'il n'est pas affamé & qu'il la trouve en chaleur. Il en est de même du chien à l'égard de la louve qu'on a trouvés quelquefois accouplés entre eux : toute la vallée d'Entraunes a été témoin de l'amitié d'une louve pour un chien qu'elle venoit joindre souvent dans la nuit, jusqu'à la porte de sa bergerie, pour s'en faire couvrir, & lorsqu'elle étoit suivie de quelques loups, elle veilloit à la sureté du chien, & le défendoit de leurs attaques.

Les loups sont beaucoup moins atteints de rage en hiver qu'en été : cette maladie leur est spontanée, comme aux chiens ; c'est principalement dans les grandes chaleurs par la soif & la faim dont ils sont dévorés qu'elle leur survient. Ils quittent les bois, se jettent dans les campagnes qu'ils parcourent à de grandes distances & attaquent indifféremment tout ce qui est animé, mordant hommes & animaux, s'élevant sur leurs pieds de derriere, & tâchant de les prendre à la gorge. Ils n'ont point horreur de l'eau, comme l'espece humaine atteinte de la rage : ils traversent les rivieres à la nage & dévorent même la chair des brebis qu'ils ont égorgées ; ce qui en a imposé quelquefois, & a fait croire qu'ils n'étoient pas enragés.

La

La nature de ce venin a éludé jufqu'aujourd'hui toutes les recherches de l'efprit humain : il y auroit trop de danger de le foumettre à l'examen analytique. D'ailleurs pourroit-on fe flatter de le connoître par une voie fi difficile à employer ? Il refte quelquefois des années entieres à fe développer, quoiqu'on en foit déjà infecté. L'imagination frappée dans ces occurrences contribue à fes progrès ; ce qui a fait recourir aux antifpafmodiques pour le combattre avec quelque fuccès. On fe perfuade aifément que l'alkali volatil qui eft le fpécifique du venin de la vipere, & de femblables reptiles, pourroit réuffir à dompter celui de la rage auffi efficacement. Le mercure a préfervé de cette maladie plufieurs perfonnes mordues par des animaux enragés. Combien de recettes ne trouve-t-on pas contre la rage dans les Auteurs ? On ne tarit jamais fur cet article, & les papiers publics ne ceffent d'en publier de tems en tems quelque nouvelle qui, felon le témoignage de l'inventeur, n'a pas manqué de réuffir. Il n'y a pas jufques aux acides, (a) aux fels âcres des infectes qu'on n'ait employé tout récemment pour combattre la rage. C'eft à l'expérience à confirmer leurs fuccès momentanés : il nous tarde de connoître le vrai fpécifique de ce poifon ; mais à force de le chercher ne nous éloignons-nous pas de la bonne route ? Combien de rages fpontanées

(a) On lit dans le fecond Volume du Mémoire de la Société Royale de Médecine publié récemment, une obfervation fur quelques animaux atteints de rage, par laquelle il confte qu'ils ont été fauvés par l'ufage du vinaigre qu'on leur a fait prendre en boiffon, & dont la vapeur même par l'ébullition leur a été fort utile & falutaire, & les a déterminés à en boire, malgré l'horreur des liquides qui accompagne cette maladie.

Tome I. H h

n'a-t-on pas guéri en traitant les malades méthodiquement ? Pourquoi ne pas le tenter, plutôt que d'attendre tout de l'empirisme, qui ne peut marcher qu'à tâtons dans ses recherches.

***

CHAPITRE XLV.

Principaux oiseaux de la Provence.

QUOIQUE la nomenclature des méthodistes ne soit pas toujours fort exacte dans la distribution générale qu'ils nous ont laissée des oiseaux, lorsqu'ils ont rapporté leurs différentes especes à certains genres les plus connus, & qu'ils n'aient pas toujours saisi leur principal caractere ; comme cet ordre sert à fixer la mémoire, & qu'il est toujours essentiel d'avoir une méthode, fût-elle un peu défectueuse, dans un champ aussi vaste que celui de l'Histoire Naturelle, je vais suivre leur énumération en désignant ainsi les oiseaux qu'on peut observer dans la partie méridionale de la Provence.

Les oiseaux qui sont à demeure dans les lieux qui les ont vus naître, sont rarement en disette d'alimens. Les arbustes qui ne se dépouillent point de leurs feuilles en hiver, les myrthes, les troefnes, les arbousiers, les genevriers, &c. leur présentent encore leurs baies, leurs graines, leurs fruits, & ceux qui vivent d'insectes trouvent également dans les régions tempérées des vermisseaux, des chenilles, des fourmis ailées dont ils sont fort friands, qu'ils vont chercher même jusques dans les creux des arbres. La quantité prodigieuse de nids de chenilles dont les pins, les sapins sont couverts dans les forêts, leur devient un appas, lorsqu'ils peuvent se saisir des jeunes chenilles que les beaux jours font sortir : ils n'abandonnent ces régions qu'au moment où la nourriture leur manque. C'est ainsi que l'on voit beaucoup d'oiseaux insectivores quitter les contrées méridionales en été par la sécheresse & l'aridité qui les prive souvent de cette ressource.

Les canards, les oies sauvages, les plongeons, les cigognes nous arrivent du Nord en automne, & se retirent en printems. L'outarde ne s'arrête point en été dans nos montagnes ; elle suit à-peu-près la même marche que ceux-là. Les râles, les pluviers, les vanaux, les bécasses, les grives préfèrent cette demeure en été, du moins s'en arrête-t-il beaucoup aux montagnes alpines où ils nichent, pour descendre aux approches de l'hiver en des pays plus tempérés.

Les cailles, les hirondelles quittent nos contrées en automne avec une infinité d'oiseaux, pour gagner la partie méridionale de l'Afrique & de l'Asie, d'où elles retournent en printems. Les perdrix n'abandonnent gueres les pays qui les ont vues naître : elles vivent ensemble par compagnie de sept à huit, s'apparient en printems pour travailler à la couvée qui donnera bientôt de nouvelles compagnies. La perdrix rouge est plus commune dans la partie méridionale de la Provence ; on en trouve encore aux montagnes sous-alpines. Quoique la perdrix grise aime les plaines, elle fréquente pourtant les pays montueux, & ne se mêle point avec la rouge. On trouve également la bartavelle aux montagnes : la grande bartavelle ou givodane n'habite que les contrées froides, & la perdrix blanche ne se voit que dans la région de nos alpes.

Parmi les principaux oiseaux que les Naturalistes du Nord ont classé dans les genres des pics, on remarque le torcol, efpece de pic. (*a*), le pic vert (*b*), le grand pic (*c*), *lou picateou*, le petit pic (*d*), *pichoun pic, longuo lenguo*. Toutes ces efpeces font communes dans les bois : on les entend pouffer des cris aigus, lorfqu'elles s'envolent ou qu'on leur fait peur, furtout au pic de la grande efpece. Tous s'attachent contre l'écorce des arbres au moyen des ongles crochus dont leurs doigts font armés : deux de ces doigts font placés en arriere, & les autres en avant ; ils s'en fervent pour efcalader les arbres & s'y cramponner, ayant de forts mufcles aux cuiffes. Leur bec eft dur & anguleux ; ils en frappent le bois d'abord qu'ils y fentent du vuide : on entend leurs coups d'affez loin ; ils percent l'écorce & introduifent leur langue munie au bout d'un aiguillon offeux ; elle eft enduite d'un fuc gluant dont ils fe fervent pour attirer les infectes qui font logés dans cette cavité, & s'en nourrir en même tems. Le pic eft peu fourni de chair ; ce qui a donné lieu au proverbe, lorfqu'on veut parler de quelqu'un qui ne fe porte pas bien, *es maigré coumo un pic*. Il a fes couleurs mêlées de vert & de jaune avec des bandes tranfverfales ; on le reconnoît aifément à fon bec, à fa langue vifqueufe qui le dépaffe de trois ou quatre pouces, lorfqu'on la tire à foi, & aux qualités défignées ci-deffus.

Le grimpereau (*e*), *lou reteiro*, eft claffé dans le genre du pic : il a beaucoup d'agilité & de mouvement ; fes couleurs fout variées de gris, de blanc & de noirâtre où le roux domine, furtout

---

(*a*) *Yunx torquilla* Linneï, le torcol, efpece de pic.
(*b*) *Picus viridis*, le pic vert.
(*c*) *Picus viridis major*, le grand pic.
(*d*) *Picus viridis minor*, le petit pic.
(*e*) *Certhia cinerea, falcinellus arboreus noftras*. Ibid. Le petit grimpereau.

aux parties inférieures. Il a les ongles très-longs, & crochus ; le dernier est plus long que son doigt & lui facilite le moyen de grimper sur les arbres. Son bec est effilé & un peu crochu : il vit dans le creux des arbres où il cherche de quoi se nourrir. La femelle pond cinq à six œufs, & sa postérité ne quitte point le pays qui l'a vue naître. Le petit grimpereau est plus gros qu'un pinçon, quoiqu'il n'en diffère pas beaucoup.

Le pic des murailles, petit grimpereau, *scalo barri*, étant ainsi nommé, parce qu'il grimpe, se loge, cherche sa nourriture dans les trous des murs, comme le pic & le grimpereau font sur les arbres : il se nourrit de fourmis, de mouches, d'araignées ; il est aussi vif & leste que les autres especes. Il a la queue courte, les ongles crochus, le bec pointu, effilé, le ventre, le col d'un gris clair, & le bout des ailes un peu rouge. Il pousse un petit cri plaintif en escaladant les remparts isolés des villages, les murs des granges, & les rochers un peu élevés. Le peuple veut que ce soit un signe de mauvais tems ; les femelles pondent dans les trous des arbres.

(*a*) Le corbeau, *lou courbeou*, *lou courpatas* : quoique cet oiseau soit sociable, qu'il soit susceptible de reconnoissance & d'attachement, qu'on puisse l'élever, lui apprendre à parler, sa couleur noire & lugubre, son croassement désagréable, sa mal-propreté, l'odeur fétide qu'il exhale de tout son corps, font que personne n'en veut, nul ne touche à sa chair ; on le regarde partout comme un oiseau de mauvais augure ; & malgré l'opinion des anciens qui lui attribuoient le don de prophétie, personne ne se soucie de lui. Il se nourrit au-

---

(*a*) *Corvus*, le corbeau, *lou courbeou.*

tant de chairs mortes , de cadavres infeɕts & dé-
goûtans , qne d'animaux vivans. Il eſt encore fru-
givore & porte à ſes petits des graines & des fruits
dont il fait des amas : il paſſe pour vivre long-tems.

(a) La corneille , *la graille.* Cet oiſeau a beaucoup de reſſemblance avec le corbeau , ce qui lui
a fait donner le nom de corbine en pluſieurs lieux ;
nous le laiſſons vivre tranquillement ſans lui donner chaſſe , ſans lui tendre des piéges ; il vole en
troupes , habite les forêts & cherche çà & là ſa
nourriture. Les corneilles ne fiſſent-elles la guerre
qu'aux œufs des perdrix dont elles détruiſent un
grand nombre , ne mériteroient-elles pas d'être
traitées avec la même rigueur ? On les voit ſouvent
pêle & mêle avec les troupeaux , ſauter ſur le dos
des cochons & des brebis avec tant de liberté
qu'on les croiroit domeſtiquées. On ne mange
point de leur chair, qui eſt noire & coriace. Toute
nourriture leur eſt bonne ; ce qui les a fait regarder
comme omnivores : elles mangent avec avidité les
larves des phalenes qui s'attachent à la racine des
plantes graminées , volent contre les vents en
pouſſant un cri qui les fait diſtinguer de loin. Elles
ſe poſent ſouvent à terre.

Le geai , *lou gai.* Il eſt ainſi nommé parce qu'il
avale des glands tous entiers, attendu la largeur de
ſon goſier. Le geai eſt plus petit que la pie dont
il ne diffère point par ſes inclinations. Les plumes
de ſes ailes nuancées de bleu , lui donnent une
apparence qui le fait diſtinguer des autres oiſeaux. Il a de plus un petit toupet ſur la tête en
forme de huppe qu'il releve ſouvent : rien n'eſt
plus moelleux au taɕt que ſes plumes ; quoiqu'il

(a) *Corvus glandaria , pica glandaria ,* Linnei , la corneille , *la graille.*

se nourrisse de noisettes, de chataignes & de fruits, il est également carnivore, & s'accommode aisément des petits oiseaux, lorsqu'il peut les surprendre. Il fait des amas de glands & de fruits à noyaux qui décelent souvent ses vaines précautions en germant dans la terre. Vif, pétulant & toujours en action, il pousse des cris désagréables sur les arbres, surtout le matin en hiver ; mais si l'on en veut à ses petits, ou qu'on les prenne au haut de la pipée, il crie encore plus fort, d'où est venu le proverbe *kiélo coumo un gai prés*, il crie comme un geai qu'on a saisi. On peut l'apprivoiser, & lui apprendre à parler ainsi qu'à la pie : il vit neuf à dix ans.

La pie, *l'agasso* (a) a les mêmes inclinations, le même instinct que le geai, vit de tout comme lui ; elle ressemble encore à la corneille, & n'en differe que par la queue & le blanc de son plumage. Qui ne connoît sa façon de nicher, ses ruses, ses mœurs, sa facilité à prononcer quelques mots de suite, à se familiariser partout ? Quoique la pie soit granivore, elle mange encore de petits oiseaux ; les poulets même, lorsqu'elle peut s'en saisir : elle écarte courageusement de son nid tous les oiseaux qui lui font ombrage & se rend, pour ainsi dire, la maîtresse de la maison où on la garde ; mais il faut se défier de cette fiere margot ; c'est une voleuse qui enleve & cache tout ce qu'elle peut attraper, *raubo coumo une agasso* ; elle aime les pays tempérés, & vit à l'entour des villages.

Le coucou (b) *lou couguou*. On n'entend chanter cet oiseau dans nos campagnes qu'au commencement de Mai jusques à la fin de Juin : il devient

(a) *Corvus, pica caudata* Linnei, la pie, *l'agasso*.
(b) *Cuculus canorus*, le coucou.

H h 4

muet enfuite & ne fe montre plus après le mois
de Septembre. Quelques Naturaliftes veulent qu'il
fe cache dans le tronc des arbres, & qu'il y demeure comme engourdi tout l'hiver. En effet il eft
fi foible, lorfqu'on l'apperçoit en printems où fa
mue dure encore ; il eft tellement languiffant,
ayant de la peine à fe traîner dans les buiffons,
qu'il n'eft pas à préfumer qu'il nous arrive en
cet état des pays étrangers (a), & qu'il foit un
oifeau de paffage, comme tant d'autres l'affurent.
Les coucous font bientôt en amour ; à peine le
printems s'annonce, qu'il commence à chanter ; la
femelle ne pond qu'un œuf ou deux, qu'elle va
dépofer dans le nid de la fauvette, de la linotte,
les abandonnant aux foins de ces petits oifeaux,
foit que la difpofition de fon eftomac placé directement fur les inteftins, lui interdife l'incubation
qu'elle ne pourroit faire fans les comprimer, foit
par un inftinct que nous ne connoiffons point. On
a débité beaucoup de fables fur le coucou, comme
de détruire les œufs de la crédule fauvette avant
de pondre le fien dans fon nid ; trompée par cette
apparence elle a foin de cet œuf étranger comme s'il lui appartenoit. Elle le couve avec toute
la fenfibilité de mere, porte régulierement au
coucou qui en éclot fa petite portion d'alimens ;
toujours plus infatiable elle dévore avec avidité ce
que l'innocente fauvette lui préfente plufieurs fois
dans le jour, & toujours avec la même follicitude,
toujours plus empreffée, fans pouvoir le raffafier,
jufqu'à ce que ce petit monftre ayant groffi, plein
d'ingratitude & de méchanceté fe jette fur la fau-

(a) On en voit cependant un paffage dans les ifles de
Malte en automne ; ce qui fuppofe que le plus grand
nombre quitte ces contrées pendant l'hiver.

vette & la dévore. Voyez les réflexions neuves que M. de Buffon a insérées dans l'histoire du coucou qui se dérobe ainsi à nos recherches , & par quelles preuves il détruit quelques préjugés à son égard. Cet oiseau se nourrit de graines & de fruits : il dévore encore les petits oiseaux. On lui a donné le nom de coucou , parce qu'il pond dans le nid des autres. On le trouve toujours bien nourri & fort gras en été , ce qui a donné lieu à un proverbe provençal ; on dit communément d'un homme qui se porte au mieux , qui est d'un embonpoint à ravir , *es gras coumo un couguou.*

La huppe (*a*) *la petugo.* La huppe est un oiseau de passage qui ne se voit qu'aux premiers jours d'été : il est remarquable par une crête de deux pouces de long composée d'un rang de petites plumes de couleur châtain qu'elle releve , & qu'elle abaisse à son gré. Sa queue est longue de quatre pouces , bariolée de rayes blanches & fauves : elle a des jambes courtes avec des pieds assez grands. On entend sa voix de fort loin ; elle se nourrit de chenilles ; on ne sauroit manger de sa chair qui est fort dure & a une odeur désagréable ; elle est susceptible d'éducation. Cet oiseau abaisse sa huppe par le moyen d'un pannicule charnu qu'il contracte à son gré & dans lequel ses plumes sont implantées.

(*a*) *Hupupa* , la huppe , *la petugo.*

CHAPITRE XLVI.

Oiseaux qui sont classés dans le genre des moineaux.

LE pigeon ramier, (*a*) *lou pigeoun favas*; il vole en troupes, se tient dans les bois, a ses pieds couverts de plumes. L'espece en est peu nombreuse; il paroît avoir contribué à multiplier les races des autres pigeons. Le pigeon (*b*) biset est plus petit que le ramier; on peut le regarder comme la tige primitive des pigeons : c'est un oiseau de passage qui s'apprivoise difficilement : il a ses pieds rouges, ainsi que le bec qui est raboteux. Les pigeons bisets se répandent en automne dans les forêts de Chines; ils sont très-friands de gland; ils se perchent sur les arbres, & ne quittent point un quartier qu'ils n'aient tout dévoré. Cette espece porte une tache noire sous le ventre & à chaque aile, construit son nid dans des trous : sa grosseur approche de celle des pigeons domestiques. C'étoit un messager des anciens; on lui attachoit des lettres aux ailes & aux pieds qu'il portoit à leur destination; il faisoit plus de chemin en un jour, qu'un homme à pied n'en auroit fait en six.

La tourterelle. La blancheur de son plumage dans quelques-unes, sa douceur, l'attachement mutuel d'un couple amoureux qui vit toujours ensemble pour ne plus se séparer; une si tendre union qui fait si bien l'éloge de la constance & de la fidé-

---

(*a*) *Columba torquata collo utrinque albo postico macula fusca* Linnei. Le pigeon ramier, *pigeoun favas*.
(*b*) *Columba livia*, le pigeon biset.

lité, ſes ſons plaintifs, ſa facilité à s'apprivoiſer nous rendent cet oiſeau infiniment cher : il fait les délices des femmes & des enfans. La tourterelle vole en troupes, aime les bois, y niche, & ſe mêle ſouvent avec le pigeon.

L'auriol, (a) *l'auruou*. Cet oiſeau ne ſe fait entendre qu'à la fin du printems ; ſa voix eſt fort haute & ſemble prononcer le mot d'auriol dont il porte le nom : il a le bec long, rougeâtre, avec la tête & le corps ; la queue eſt d'un beau jaune dans le mâle. L'auriol nous arrive en printems, il ſe nourrit d'abord d'inſectes, enſuite de cériſes ; il attache ſon nid à une branche d'arbre, où la femelle pond cinq à ſix œufs : il traverſe les mers en automne, & ſe retire en Aſie où il paſſe l'hiver : on ne peut point l'apprivoiſer, ni encore moins élever ſes petits ; ils meurent aux approches de l'hiver. L'auriol eſt bon à manger, & lorſqu'il eſt gras, il eſt de fort bon goût.

(b) Le merle, *lou merle*. La femelle ſe nomme *la merlato*. Le mâle ſe fait remarquer par ſa couleur noire & ſon bec jaune, tandis que celle-là ne préſente qu'un aſſemblage de roux, de brun, & de gris : ſon bec rarement jaune, eſt à-peu-près de même couleur ; elle ne chante point. Le merle habite les lieux qui l'ont vu naître, il paſſe l'hiver dans les buiſſons touffus d'églantiers, de ronces, & de myrthes : il s'envole en criant, lorſqu'il en eſt chaſſé. Il ſe nourrit de fruits, de baies & d'inſectes, conſtruit ſon nid avec la mouſſe & des brins d'herbe ſur les buiſſons, chante & ſiffle pendant tout le tems de la couvée qui ſe répete pluſieurs fois dans l'été. Il eſt fin & ruſé ; on le renferme

---

(a) *Oriolus flavus*, l'auriol.
(b) *Merula nigra* Linnei, le merle.

pourtant en cage, où on lui apprend à siffler, &
à prononcer quelques mots.

(*a*) La grive. On en diſtingue trois eſpeces : la
premiere eſt connue ſous le nom de grive commune, *lou tourdre* : la ſeconde eſt la groſſe grive,
la ſero, *la ſeiro* : la troiſieme eſpece eſt beaucoup
plus petite ; elle nous arrive en troupes. Les autres
eſpeces ſont plus ſolitaires, & ſe voient rarement
enſemble. Les grives ſont baccivores ; elles ſe
nourriſſent de baies & de fruits qu'elles avalent en
entier, comme celles du genevrier, du cadé, &
des olives même, dont elles rendent le noïau encore entier qui germe ſouvent dans la terre. Ces
oiſeaux arrivent en automne ; il en reſte quelques-
uns dans les vignes en été où ils nichent. On les
entend chanter dans les beaux jours d'hiver, lorſqu'ils ſont en nombre ; ils ſe retirent aux alpes
en printems, où ils font leurs nids. Pluſieurs d'entr'eux s'envolent juſqu'aux régions ſeptentrionales :
les froids précoces, les grands vents nous en amenent quelquefois des nuées en automne avec quantité d'autres oiſeaux dont on fait des abattis conſidérables. Je ne dirai rien des qualités de la grive,
de la bonté de ſa chair, du cas qu'en faiſoient les
anciens, des ſoins qu'ils ſe donnoient pour en en-
graiſſer quantité en cage, de la conſommation
qu'on en faiſoit à Rome les jours de triomphe, &
des grandes fêtes. Quoique nos mœurs ſoient différentes à cet égard, les grives ſont très-eſtimées,
dans les grandes villes ſurtout, où on les paye
chérement.

(*b*) L'étourneau, *l'eſtourneou.* Le plumage de

(*a*) *Turdus pilaris,* la grive commune, *lou tourdre,*
turdus, la groſſe grive, Linn. *la ſero.*
(*b*) *Sturnus vulgaris,* l'étourneau, *l'eſtourneou.*

Cet oiseau est noirâtre, tacheté de jaune & de noir : il a la langue fourchue, dure comme le pic, la queue & les ongles noirs, les pieds jaunes & les cuisses couvertes de plumes. Les étourneaux, les sansonnets, ou les chansonnets qui forment une variété un peu plus grosse que l'étourneau, vivent en société après leur couvée, volent en troupes circulairement, se pressent les uns contre les autres, s'agitent continuellement, & semblent par ces mouvemens tumultueux vouloir se dérober à l'oiseau de proie. Ils ne quittent point les lieux où ils sont nés, se cachent dans les buissons pendant la nuit, chantent & gazouillent dans le jour : ils se nourrissent d'insectes, de chenilles, de scarabées, & de fruits, rouges surtout ; ils pondent cinq à six œufs dans des trous ou dans les nids abandonnés des autres oiseaux : on peut les prendre dans de vieux pots de terre vuides qu'on attache contre les murs, les vieux arbres, où ils vont nicher. On les éleve en cage, où on leur apprend à prononcer quelques mots.

(a) Le gros bec, mangeur de noyaux, pinçon à gros bec, *peço-aulivo*. Cet oiseau est remarquable par un bec gros, court, recourbé & convexe, dont il se sert pour briser les noiaux des olives & autres corps durs desquels il se nourrit : il n'est point de passage, vit solitaire, n'a aucun chant, se cache sous les buissons, où il ne fait qu'une couvée. Nulle différence entre le mâle & la femelle ; il a la poitrine & le col cendrés, le dos rousseâtre. L'espece est peu multipliée ; on en voit davantage aux montagnes en été, où elle se plaît beaucoup. Sa chair est bonne à manger : il

---

(a) *Loxia cocothrastes* Linnei, gros bec, *peço-aulivo.*

fe nourrit de baies, ainſi que d'inſectes, de petits
oiſeaux même.

(a) L'ortolan, *l'ourtoulan*, nous arrive deux fois
l'année, en printems & en automne : il paſſe les
hivers en Italie, en Sicile, en Afrique, & ne s'arrête gueres qu'un mois dans ſes divers paſſages : il
ſe nourrit de grains ; on le tient en cage, où il
s'engraiſſe tellement que ſa chair devient un vrai
peloton de graiſſe, qu'on trouve fade à la longue : il en reſte quelques-uns en été qui nichent
ſur les ceps ; ils mangent alors des inſectes ; on
leur donne du chenevis & du millet dans les cages,
où ils chantent pendant la nuit.

L'ortolan des roſeaux. On peut regarder cette
eſpece comme une variété de l'ortolan : il eſt coloré de roux & de noir, ayant ſon ventre bleuâtre ;
il vole en troupes également, & ſe tient dans les
lieux bas, & humides, niche parmi les roſeaux
& les joncs. Il remue ſouvent la queue.

L'ortolan a produit des variétés plus remarquables encore, telles que notre chic *gavouet*, le
chic *mouſtache*. La premiere doit ſe rapporter à
l'ortolan primitif ; celle-ci ſe fait remarquer par
une bande qui deſcend des côtés du bec en guiſe
de mouſtache : il vit de graines, ſe perche ſur
les arbres, & paroît en Avril. Il y en a qui le regardent comme une eſpece nouvelle.

Les oiſeaux qu'on nomme chic en Provence
dont quelques-uns different des ortolans, & forment des genres à part, ſont aſſez multipliés. Le
chic de Mytilene, ainſi nommé par M. Guis de
Marſeille, parce qu'il eſt fort commun dans cette
partie de la Grece, diffcre du chic *gavouet* en ce
que le noir qu'il a au-deſſus de la tête, ſe réduit à

(a) *Emberiʒa*, *ortolanus pinguis*, l'ortolan, *l'ourtoulan*.

trois bandes noires séparées entre elles par trois
espaces blancs ; ses couleurs sont nuancées de blanc
& de noir : il a l'instinct d'avertir les autres oiseaux
de l'apparition de l'oiseau de proie. Voyez l'Histoire Naturelle de M. de Buffon.

(a) Le chic-perdrix, espece de bruant, le proyer
de M. de Buffon, nommé *trido* en quelques endroits
de la Provence, à cause de son cri désagréable, ne
s'éloigne gueres des prés où il niche, ainsi que dans
les blés : pendant le tems de la couvée, le mâle reste
perché sur un arbre, où il répete souvent son cri.
Dès que les petits sont élevés, ils volent ensemble
& se battent dans les champs d'avoine : il en reste
fort peu en hiver ; la plupart d'eux s'en vont en
Italie. Le chic-perdrix est varié de jaune & de
blanc ; il a les deux pieces de son bec mobiles.
On entend chanter quelquefois la femelle à midi.

(b) Le chic jaune, le bruant. Plusieurs marques
extérieures le rapprochent des ortolans : il a un
tubercule à grain d'orge dans le palais : il est de
passage ; ceux qui restent en hiver se mêlent avec
les moineaux & les pinçons ; la femelle pond plusieurs œufs à différentes reprises. Cet oiseau est
granivore ; le mâle a un chant agréable en été ;
il se fait remarquer par des plumes jaunes sur la
tête & au bas du corps : les chics ou verdiers sont
répandus partout. L'espece que Linneus a nommé
zip-zip volando sonitans, est plus rare ; elle ne
differe presque en rien du chic jaune ou bruant,
excepté par sa tête qui est marquée par une ligne
noire avec le col cendré & l'estomac noirâtre.

(a) *Emberiza grizea subtùs orbitis macula rubra miliaria*
Linnei, chic perdrix.
(b) *Emberiza citrinella rutricibus nigricantibus latere in-*
feriori macula alba, le bruant, le verdier.

(a) La lavandiere , *la vaccerouno*. Les Latins ont donné le nom de *motacilla* à ce joli oiſeau à cauſe de ſa queue qu'il balance continuellement : nous lui donnons auſſi celui de *guigno-quoue*, comme à la bergeronnette, avec laquelle on le confond ſouvent. La lavandiere eſt plus groſſe ; elle a la queue moins longue & le bec plus effilé que la bergeronnette : le deſſus de ſa tête eſt couvert d'un capuchon qui deſcend juſqu'au col ; la femelle a le ſommet de la tête de couleur jaune , au lieu que cette partie eſt noire dans le mâle : le ventre eſt d'un gris cendré dans les deux eſpeces ; elles ſont de paſſage. La lavandiere demeure en hiver dans des pays plus tempérés que la Provence , revient en printems & niche pendant l'été ſous les herbes au bord des rivieres & des ruiſſeaux. Le pere & la mere nourriſſent & élevent pendant long-tems leurs petits avec beaucoup d'attachement ; ils vivent d'inſectes, chaſſent aux mouches, aiment beaucoup les petits œufs de fourmis : on les entend pouſſer un petit cri en volant. Les lavandieres paroiſſent fort familieres, ne fuyent point à la vue de l'homme, voltigent volontiers ſur les moulins à eau le long des ruiſſeaux, ſe tiennent près des femmes qui lavent leurs leſſives, & ſemblent imiter par le battement de leurs queues le mouvement que celles-ci font en battant leur linge. Elles ſe raſſemblent en troupes en automne, & s'envolent avec les cailles, les hirondelles, traverſent la Méditerranée, d'où elles gagnent l'Afrique. Les pluies, les tempêtes, les obligent de s'arrêter quelquefois ſur les mâts des vaiſſeaux pour s'y repoſer ; elles vont juſques dans l'Ethiopie, l'Abiſſinie, où elles paſſent l'hiver.

(a) *Motacilla alba cinerea* Linn. la lavandiere, *guigno-quoue*.

(a) La bergeronnette, ou bergerette , *guigno-*
quoue proprement dite. Cet oiseau paroît si doux ,
si familier, qu'on le croiroit né pour faire compagnie à l'homme , si son indépendance & son
amour pour la liberté ne faisoient voir le contraire.
Il passe l'hiver dans nos prairies , au bord des ruisseaux , fréquente les environs des lieux habités ;
& tandis que les lavandieres quittent ces contrées ,
on voit les bergeronnettes à demeure , se méler
souvent avec les troupeaux , les suivre dans leur
course vagabonde , se poser familierement sur
leurs dos , avertir , pour ainsi dire , le berger par
leur fuite précipitée , de l'approche de l'oiseau de
proie , ou du loup que la finesse de leur vue leur
fait appercevoir de loin. Quoiqu'amie de l'homme ,
ne craignant pas même le bruit du fusil , qui ne
lui fait quitter sa place qu'un instant, la bergeronnette n'est point née pour être son esclave ; elle
redoute la captivité : on peut cependant la garder
en chambre pendant l'hiver , où elle vit sans contrainte , se nourrit de mouches , de petites miettes
de pain , & amuse les spectateurs par les mouvemens prestes de sa queue qu'elle remue de haut
en bas.

On distingue aujourd'hui mieux qu'on ne faisoit
autrefois trois especes de bergeronnettes que les Naturalistes nomment bergeronnette grise , bergeronnette de printems , & bergeronnette jaune : elles
sont connues en Provence. La bergeronnette grise
voyage & se retire en hiver ; la jaune est à demeure , & se met à l'abri des frimats le long des
ruisseaux , sous les buissons , où elle fait entendre

(a) *Motacilla pectore abdomineque griseo* Linnei , la bergeronnette grise.

un petit chant : la femelle couve fes œufs en printems dans un petit nid conftruit avec des herbes &
de la mouffe qu'on trouve à terre. Les œufs au
nombre de quatre ou cinq font marqués de taches
brunes. Les bergeronnettes vivent d'infectes, ainfi
que de petites graines : elles font toutes remarquables, furtout la jaune, par une longue queue
qui furpaffe fon corps en longueur. Elle aime à fe
tenir au milieu des troupeaux en automne, fréquente les bords des petites rivieres en hiver. La
bergeronnette de printems retourne avec plaifir
dans fa patrie, & s'y montre toujours plus familiere.

(a) Le motteux à cul blanc, *lou cuou blanc, lou
bouvier.* On donne ce dernier nom à cet oifeau,
parce qu'on le voit dans les terres nouvellement
labourées, où il cherche dans les fillons des vermiffeaux en fuivant le laboureur : il pond fes œufs
dans des trous entre les pierres. On ne fauroit le
garder en cage ; il n'a aucun chant fuivi ; fa groffeur approche de celle du moineau ; il fait un petit
cri, lorfqu'il s'envole, ou bien lorfqu'on le prend ;
il remue un peu la queue, a le ventre blanc, &
les plumes du croupion de la même couleur. Le
motteux eft de paffage.

(b) Le roffignol, *lou rouffignou.* Linneus a claffé
cet oifeau parmi les bergeronnettes, fur la fimple
apparence du mouvement qu'il donne à fa queue ;
mais quelle différence, entre le chantre des bois
& la muette bergerette ? Comment décrire élo-
quemment ces fons harmonieux, cette voix éclatante & fonore, ces foupirs languiffans, ces tons
enchanteurs, ces accens, ces roulades qu'un fi

(a) *Motacilla vitiflora*, le cul blanc, *lou bouvier.*
(b) *Motacilla lufcinia*, le roffignol. Linn.

petit oiseau tire d'un organe aussi foible que son gozier ? *Noctu vespereque vernali cantillans , tantâ vox, tam parvo in corpusculo, tam pertinax spiritus ! Spiritu priùs deficiens quàm cantu.* Linn. (a) Qui n'a pas entendu ce chantre inimitable pendant le silence majestueux de la nuit , lorsque toute la nature se repose ? Qui n'a pas été ému aux sons variés , interrompus & fréquens dont il anime les échos ? Il faut en lire la touchante & pittoresque description tracée par la main des graces dans le Pline françois. Bornons-nous seulement à n'en dire que ce qui a du rapport avec notre pays , pour ne pas vouloir en trop dire après ce modele inimitable.

On avoit cru jusqu'ici que le rossignol n'étoit point un oiseau de passage , qu'il se cachoit dans quelque tronc d'arbre en automne, d'où il ne sortoit qu'au printems ; c'est une erreur dont on est désabusé. Le rossignol, après avoir pourvu à sa postérité pendant le cours de l'été , dès que la disette de vermisseaux & d'insectes commence à se faire sentir , ayant toujours vécu solitaire jusqueslà , se rassemble en petites troupes , surtout les nouvelles pontes dont on voit plusieurs voler ensemble à l'entrée de l'automne. Cette famille récente commence à faire essai de ses forces : elle se dispose de loin , se prépare par des vols concertés au grand voyage qu'elle doit entreprendre. Le moment du départ arrivé , les vieux rossignols , les jeunes , tous rassemblés à cette époque partent en silence pendant l'obscurité de la nuit, s'envolent & arrivent, après plusieurs jours de voyage , aux régions

(a) *Systema naturæ , tom. I. aves passeres , motacilla.* pag. 329.

des tropiques , dans les champs fortunés de l'Afie ,
où ils font affurés de trouver de quoi fe nourrir
pendant tout le tems que les montagnes de l'Europe font couvertes de neige , & que les frimats
s'oppofent à la réproduction des infectes. L'inftinct de voyager eft tellement inné avec eux , qu'à
l'époque de leurs migrations , les roffignols captifs ,
leur jeune poftérité qui ne connoît que fa patrie ,
s'agitent , fe tourmentent dans la cage , au point
de fe caffer la tête contre les petits barreaux , fi
l'on n'y prend garde. On voit un paffage de roffignols à Malte dès les premiers jours d'Octobre ,
ainfi que des perfonnes dignes de foi me l'ont affuré.
Cette ifle offre un relâche à quantité d'oifeaux ,
qui s'y repofent pendant quelques jours dans un
long trajet , pour reprendre enfuite leur marche.
On y voit alors plufieurs roffignols qui font fort
gras ; quelques-uns vont en Afrique ; mais le plus
grand nombre gagne l'Afie , les régions des tropiques , où la végétation des fimples & des arbres
eft continuellement renaiffante , & met à la portée
des roffignols quantité d'infectes , de vermiffeaux
& de mouches qui piquent les fruits. Ils repren-
nent bientôt leur chant , avant même que le printems s'annonce en Europe. On doit le préfumer
par les jeunes roffignols captifs qui gazouillent avant
l'hiver. Le roffignol libre chante ainfi en hiver : à
peine eft-il arrivé chez nous en Avril pendant la
nuit , que fatigué encore & haraffé d'une longue
& pénible courfe , il fait entendre fa voix au lever
de l'aurore , & nous annonce fa préfence ; mais
c'eft dans le tems de fes amours , lorfque tous les
êtres fenfibles travaillent à la réproduction de
leur efpece , que le mâle peu éloigné de la femelle
qui couve fes œufs , fait redire aux échos ces fons

enchanteurs qui feront toujours les délices de ceux qui fe plaifent à la retraite & au filence des bois. C'eſt toujours dans cet afile écarté où le roſſignol a vu le jour, qu'il revient au printems, & qu'il recherche avec un empreſſement remarquable : tout lui rappelle les premieres impreſſions qu'il y a reçues ; mais il faut que les lieux de fa naiſſance lui offrent toujours de quoi fe nourrir. Plus le pays fera abondant, plus les inſectes feront multipliés, plus il y retournera avec une forte de reconnoiſſance. Plus les nids feront rapprochés entre eux, mieux ils indiqueront la fertilité du pays ; mais s'il fe trouve frappé de ſtérilité, fi la difette y regne, le roſſignol ira chercher l'abondance plus loin, & n'aura de prédilection pour quelque lieu que ce foit, que relativement à la nourriture qu'il pourra s'y procurer avec facilité.

(a) Le roſſignol de muraille. Cette efpece différente du roſſignol commun, n'a proprement du rapport avec lui que par fon chant qui emprunte quelque chofe de fa modulation, fans être plus étendu, ni auſſi varié : cet oifeau n'a point les mœurs du roſſignol franc ; il vit folitaire, nous arrive en printems, & fe retire en automne : il a la gorge, le devant du cou, le bas de la tête marqués de noir ; le derriere de la tête, le bas du cou, & le dos font d'un gris foncé ; fes plumes font rouffeâtres, fes pieds noirs, & fa langue fourchue. Il fe tient communément fur les vieux murs, où il niche dans des trous, dans le creux des vieux arbres : la femelle pond cinq à fix œufs ;

_____

(a) *Motacilla gula nigra, abdomine rufo, capite cano* Linnei, le roſſignol de muraille.

pendant tout le tems de la couvée le mâle perché sur quelque arbre voisin fait entendre sa voix dès la pointe du jour. Ces rossignols sont si craintifs qu'ils abandonnent facilement leurs nids, dès qu'ils s'apperçoivent qu'on y a touché, ou qu'on les observe. On ne peut les élever en cage : ils se nourrissent d'insectes, mangent aussi des baies & des figues. Il y a un autre (a) rossignol de muraille nommé communément, *lou cuou rousset*. C'est une variété du premier, ayant à-peu-près les mêmes habitudes : il chante fort peu ; il a la poitrine, le croupion & les côtés sous les ailes rougeâtres ; le dessus du ventre, & le haut de la tête sont marqués de blanc.

L'oiseau que nous nommons *fourneirou*, le fourmillier, *lou blavet* en d'autres endroits, doit être rapporté au rossignol de muraille, selon M. de Buffon : il se nourrit de fourmis, qu'il attire avec ses ailes en se vautrant dessus les fourmilieres ; lorsqu'elles en sont couvertes, il s'envole, & va les secouer en quelque endroit où il mange les fourmis à son aise : il se pose sur les cheminées pendant l'hiver, & passe souvent son bec dans le trou des murs, d'où le peuple le nomme encore *liquo-partus*, leche-trous.

Le gros cul rousset, *gros cuou rousset*, se fait remarquer dans les vallons pierreux, le long des bois taillis : les plumes de ses ailes & de son corps sont rousses & bariolées d'une bande noire.

J'ai parlé des alouettes à l'article de la Crau. Ces oiseaux n'abondent pas moins dans nos plaines sous différentes especes : elles aiment les terres

_____

(a) *Motacilla sive ruticilla phunicurus*, autre variété, le cul rousset.

élevées & seches en été ; l'hiver elles se réunissent ensemble auprès des ruisseaux & des fontaines. Les grands vents les emportent souvent bien loin ; c'est ainsi qu'on en voit quelquefois des passages à Malte, quoiqu'elles ne voyagent pas communément si loin. L'alouette a beaucoup d'ennemis : l'oiseau de proie la dévore ; mais attendu sa fécondité, on ne peut la détruire : on lui donne jusqu'à vingt ans de vie ; on peut lui apprendre à siffler en la tenant en cage.

(a) L'alouette blanche fréquente les jardins ; on la prendroit de loin pour un pinçon : elle a la queue courte & les sourcils blancs. Le mâle a sa poitrine, sa gorge & ses jambes marquées de jaune ; la femelle couve ses œufs dans un nid posé à terre & caché sous l'herbe ; tandis que le mâle chante perché sur un arbre : cette espece a la queue courte ; elle se mêle souvent avec les pinçons & les linottes. La grosse alouette ou *calandro* paroît affectée à la Provence & à l'Italie.

(b) L'alouette huppée, *la bedouide*, se voit plus communément aux montagnes que dans les plaines : elle est de passage, & disparoît à l'équinoxe. La grosse bedouide, dont la crête imite celle du coq, ne voyage point : on la voit dans les prés en hiver, où elle vole en troupes ; son plumage est varié de blanc ; elle s'accoutume difficilement à la captivité, quoiqu'on l'apprenne aisément à chanter. Le mélange de ces especes entre elles a donné naissance à plusieurs variétés : telle est cette alouette assez commune en Provence

---

(a) *Alauda superciliaria alba* Linnei, l'alouette blanche ; la femelle chante dans cette espece.

(b) *Alauda cristata* Lin. le cochevis.

Ii 4

nommée *la coquillade*, (a) que M. de Buffon regarde comme une nouvelle efpece qui par fa huppe
qu'elle abaiffe & releve à fon gré, fe rapporte aux
autres alouettes huppées : elle en a les mœurs &
l'inftinct ; le mâle & la femelle qui ne fe quittent
point, ont la propriété finguliere de s'avertir réciproquement du danger dont l'un d'eux eft menacé,
lorfque l'autre eft occupé à la chaffe des vermiffeaux : ce qui la fait regarder comme une efpece
nouvelle, dépend principalement des couleurs variées de blanc qu'elle a à la gorge, & au deffus
du corps, & des plumes noires bordées de blanc
à la huppe ; ce qu'on n'obferve point dans les autres alouettes. J'ai parlé de la locuftelle, *lou criou.*

(b) L'alouette des prés, *la farloufe.* Celle-ci
eft peu nombreufe ; elle fe nourrit d'infectes &
des vermiffeaux qu'elle va chercher dans les terres
nouvellement remuées. Le mâle chante pendant
que la femelle couve dans un nid caché fous l'herbe. Cette alouette eft fort petite.

Le bec-figue, *la beco figuo.* Ce petit oifeau d'un
goût délicat & fin, eft couvert d'un plumage obfcur nuancé de gris : fes ailes coupées par une tache
blanche le font diftinguer aifément ; il a le bec
effilé, la poitrine & le ventre teints de brun. On
confond, en Provence furtout, fous le nom de bec-
figue, plufieurs oifeaux qui n'en approchent point,
tels que la fauvette, de petites alouettes : delà
cette confufion qui regne fur cet article. M. de
Buffon vient d'y répandre l'ordre & la clarté qui
regnent dans tous fes ouvrages. Le bec-figue, proprement dit, nous arrive en été toujours feul dans

_____

(a) *Alauda trivialis*, petite alouette.
(b) *Alauda lineola fuperciliorum alba*, la farloufe.

les bois ; il s'apparie avec sa femelle , vole en troupes dans la suite , & se cache aisément dans les
campagnes ; à peine ces oiseaux font entendre un
petit gazouillement : ils se nourrissent d'abord d'insectes, bequettent ensuite les figues , dont ils s'engraissent au point d'égaler les ortolans. Pour peu
que l'air vienne à se rafraîchir , ils se retirent aux
côtes maritimes d'Italie , où ils demeurent jusques
en Décembre, d'où ils arrivent en troupes & par
vols multipliés à Malte , & dans toutes les isles
de l'Archipel. Ils gagnent des pays plus tempérés
en hiver qu'ils abandonnent à la fin du printems.
On commence à les appercevoir en Juin, suivant
que les fruits murissent sur les arbres ; ils aiment
ainsi les pays méridionaux ; on en voit beaucoup
aux limites de la Provence, & surtout au Comté de
Nice. Les chasseurs font si adroits à les tirer qu'avec
la plus petite charge & deux ou trois grains de
plomb , ils font assurés de les tuer. On en fait un
commerce , en les envoyant à Turin , non comme
faisoient les Vénitiens , lorsqu'ils étoient maîtres de
quelques isles de l'Archipel, c'est-à-dire, en les conservant dans des pots remplis de vinaigre avec des
herbes odoriférantes , (a) mais bien dans des boîtes
pleines de farine où le bec-figue tout plumé conserve
plusieurs jours de suite son goût & sa fraîcheur, &
passe les montagnes sans altération. Il est vrai que
là , comme ailleurs, on confond le bec-figue , avec
plusieurs especes d'oiseaux à bec effilé qui se nourrissent d'insectes & de fruits comme les pinçons,

---

(a) Cette maniere de conserver & transporter les oiseaux connus sous le nom générique de bec-figues se pratique encore aujourd'hui dans le commerce du Levant à
Marseille.

le friſt, la fauvette à tête noire, *la bouſcarlo*; mais là, comme en Italie, tout petit oiſeau en été eſt un vrai bec-figue, *al meſe d'.Agoſto ogni ucello è un beca figo.*

(*a*) La fauvette, *la lauſeto*. L'eſpece de ce petit oiſeau eſt nombreuſe; à peine le printems s'annonce, à peine les arbres commencent à ſe couvrir de feuilles, qu'elle arrive dans nos campagnes, & ſe répand juſques dans les jardins, où elle anime, pour ainſi dire, par ſes chants agréables, la nature encore languiſſante. La fauvette n'a point ſon plumage en raiſon de la gaieté qu'elle étale; mais ſi ſa robe eſt obſcure, ſi elle a des teintes ſombres, dans ſes nuances de blanc, de gris & de roux; ſon chant, ſa vivacité, & tous ſes mouvemens ſont pleins de légereté & de graces. La grande fauvette ſe fait remarquer; on en voit de plus petites qui toutes ſe mêlent enſemble, ſe pourſuivent, s'agacent, ſe jouent agréablement, nichent, pondent, couvent, élevent leur poſtérité à l'envi, de bonne compagnie, ſans chercher à ſe nuire. La femelle de la fauvette pond communément ſept à huit œufs, dans un petit nid d'herbes & de brins de chanvre & de lin, & les abandonne, ſitôt qu'elle s'apperçoit qu'on y touche. On peut conclure delà, dit M. de Buffon, combien peu l'on doit compter ſur les obſervations de quelques Naturaliſtes qui veulent que le coucou aille pondre dans le nid de la fauvette, après avoir dévoré, & détruit ſes œufs; que celle-ci couve ſans défiance ces œufs étrangers, & éleve le petit qui en éclot avec affection, ſans le con-

_____

(*a*) *Motacilla vireſcens ciperea ſubtùs flaveſcens abdomine albo*, la fauvette.

noître , fans foupçonner le monftre plein d'ingratitude , qui doit la dévorer bientôt ; ce qui ne
peut arriver que dans une efpece de fauvette , qui
par fa nature & fon inftinct diffère de celles
que nous connoiffons. Les premiers froids chaffent
bientôt les fauvettes. Plufieurs Naturaliftes ont
claffé cet oifeau parmi les bec-figues , *ficedula* :
combien d'autres efpeces ne comprend-on pas fous
ce nom générique ! mais l'obfervation nous apprend à mieux défigner ces petits êtres fenfibles ,
qui n'ont pas moins de droit à nos recherches que
les objets les plus rares & les plus curieux. C'eft
ainfi que nous diftinguons en Provence une petite
fauvette nommée *pafferounetto* en quelques cantons , & *bec-figuo* en d'autres , qui chante , voltige , s'égaie , fautille , comme les fauvettes : elle
a le corps & le ventre grisâtres ; les grandes plumes de fes ailes font noires ; elle a de plus un
petit trait blanc fur l'œil ; on l'entend dans les
buiffons où elle rend un petit chant monotone qui
exprime le mot *pip-pip*. Elle pofe fon nid à terre ,
où la femelle pond quatre œufs.

(*a*) Le bec-figue à tête noire eft encore une
fauvette , qui , après avoir fubi fa premiere mue ,
paroît peu-à-peu avec les plumes de la tête de
couleur noire : elle chante plus agréablement que
les autres efpeces , & continue long-tems à faire
fon ramage dans les bois , lors même que le roffignol eft muet ; elle nous quitte en Septembre ;
les régions méridionales & tempérées retiennent

(*a*) *Motacilla teftacea fubtùs fubcinereo pileo obfcuro* , la
fauvette noirâtre , *la pichote couloumbado*.

La fallotte , nommée *boufcarlo* , a fes couleurs un peu
brunes ou fauves.

long-tems ces petits oiseaux , qui n'y éprouvent
que fort tard la disette. *L'auseito de la testo negro.*

(a) Le rouge-gorge , *lou rigaut*. Ce joli petit
oiseau nommé par quelques Naturalistes le rossignol d'hiver , nous réjouit par son chant en automne , lorsque tous les autres oiseaux chantres
nous abandonnent : il a le bec effilé , la langue
fourchue , le haut de la tête , & le dessus du corps
d'un gris cendré ; l'estomac , le ventre blanchâtres , & la poitrine d'un rouge orangé. Le rouge-
gorge se nourrit d'insectes & de fruits ; il fréquente les bois ; il vit solitaire : les plus jeunes
s'approchent des habitations , & passent l'hiver
en des lieux abrités : ils sont doux , familiers ; ils
ne craignent point la vue des hommes , & entrent
quelquefois dans les maisons , dans les cuisines où
ils viennent ramasser les miettes. Le rouge-gorge
ne se mêle point avec les oiseaux de son espece ;
il se bat même courageusement contre eux , &
les éloigne des endroits où il fait son nid au penchant des montagnes couvertes de bois , ne vivant
qu'avec sa femelle : il vole en hiver en des endroits
plus tempérés. Le cul-rousset est une espece différente du rouge-gorge qui en a toutes les inclinations : il vit encore d'insectes & de fruits , quitte
le pays en hiver : le mâle chante la nuit pendant
la couvée. La plupart de ces oiseaux ont une tache
blanche en guise de collier à leur cou. Les rouge-
gorges remuent aussi la queue.

Le traquet. On le nomme encore *lou blavet* ,
en quelques endroits. C'est un petit oiseau toujours
en mouvement , qui voltige de buisson en buisson ,

(a) *Motacilla pectore rubro Linnei fascia alba* , le rouge-
gorge , *lou rigaut.*

ne fe pofe qu'un moment, fouleve fes ailes pour s'envoler auffitôt, & va par bonds & par fauts, pouffant un petit cri : il ne fe montre qu'en été fur les ceps des vignes ; il a le bec effilé, la tête & la gorge noires ondées de blanc, le deffus du corps d'un roux clair : fes pieds font noirs & longs ; il vit de vermiffeaux, niche aux pieds des buiffons : le pere & la mere nourriffent long-tems leurs petits ; on ne fauroit les élever en cage ; ils vivent folitaires. Quelques Naturaliftes les ont mis au rang des bec-figues : ils font fort délicats ; mais ils ne vivent que d'infectes.

(a) Le roitelet, *la petoue*. C'eft ici un des plus petits oifeaux du Continent, qu'on a fouvent beaucoup de peine à voir : il fe place fur les chênes, les pins, les genevriers, fe gliffe dans les jardins, fe cache fous la plus petite feuille d'arbre, s'échappe des cages, fe dérobe facilement, lorfqu'on croit le tenir, pouffe un petit cri aigu comme la fauterelle & fe nourrit des plus petits infectes : la femelle pond cinq à fix œufs gros comme des pois, dans un petit nid conftruit en forme de boule avec la mouffe & la toile d'araignée. Le roitelet paffe l'hiver dans les champs : lorfque le froid eft vif il s'approche des habitations & fe mêle avec les grimperaux, les méfanges : il eft fort agile, vole de branche en branche, faute, s'accroche par les pieds ; fa chair eft bonne à manger ; il réfifte au froid, quoique débile & petit ; il eft orné d'une belle couronne aurore bordée de noir aux côtés qu'il cache à fa volonté, par le jeu des mufcles de fa tête, & dont il tire fon nom : il a une raie

-----

(a) *Motacilla remigibus fecundariis exteriori margine flavis* Linn. *regulus criftatus*, le roitelet, *la petoue.*

blanche, au-deſſus des yeux ; le fonds de ſes plumes eſt noirâtre ; ſon corps paroît un mélange de
jaune & de roux.

(a) On confond ſouvent le troglodyte, eſpece de
roitelet ſans couronne, avec le roitelet couronné.
Le troglodyte habite les antres, les cavernes d'où
il a reçu ſon nom : il s'approche des maiſons en
hiver, fait entendre ſa voix, voltige ſur les buiſſons, ſautille, tenant ſa queue élevée, bat toujours des ailes, & n'a qu'un vol court ; ſes mœurs
different de celles du roitelet : ſon plumage eſt
bariolé comme celui de la bécaſſe ; il vit d'inſectes & de chryſalides, dont il cherche les cadavres
en hiver ; il eſt le ſeul oiſeau qui ſe faſſe entendre
alors ; l'agilité de ſes mouvemens le dérobe à l'œil ;
on ne ſauroit le prendre ; il conſtruit ſon nid avec
la mouſſe en printems dans les bois ; on le trouve
à terre avec cinq à ſix œufs ; il les abandonne
aiſément, ſi l'on y touche : les petits quittent bientôt leurs nids, courent dans les buiſſons avant de
pouvoir voler. Cet oiſeau eſt preſque toujours ſolitaire : les mâles ſe pourſuivent entr'eux ; on l'é-
leve difficilement ; il porte également le nom de
petoue d'hiver, *vaque petoue*, parce qu'on en fait
communément un roitelet.

(b) L'oiſeau nommé fifi, *le pouillot*, à cauſe de
ſon chant, eſt une autre roitelet ; il a le bec grêle
effilé, ne vit que de moucherons & autres petits
inſectes ; il reſſembleroit au roitelet par ſon pluma-

(a) *Motacilla griſea alis nigris cinereiſque undulatis, regulus non criſtatus, ibid.* le troglodyte.

(b) *Motacilla cinerea vireſcens, ſubtùs flaveſcens,* le
pouillot.

ge, s'il n'avoit une tache jaune dans l'aile : son nid a la forme d'une boule, où ses petits trouvent plus de chaleur ; ils n'en sortent qu'au moment où ils peuvent voler. L'hiver rapproche le fifi de nos jardins où il chante agréablement ; il ne cesse de voler de branche en branche en remuant la queue : la plupart s'en vont à cette époque pour revenir en troupes au printems. Ce foible & petit oiseau est assez répandu.

(a) La linotte, bec-figue d'hiver, ainsi nommé en quelques endroits, parce que sa chair est excellente. Cet oiseau a la tête & la poitrine marquées de rouge, quoiqu'avec des taches grises dans la plupart ; mais les linottes rouges sont plus communes. On peut les élever en cage ; elles sont susceptibles d'éducation & d'attachement ; leur ramage est agréable ; on leur apprend à prononcer quelques mots. La linotte est granivore, elle aime surtout la graine de lin d'où elle tire son nom ; elle se baigne souvent & se roule dans la poussiere. Le mâle s'accouple avec les femelles des serins.

(b) Le chardonneret, *la cardenillo* ou *cardelino*. La beauté de son plumage, la douceur de sa voix nous rendent cet oiseau précieux ; il joint à ces heureuses qualités que la nature lui a données pour tenir compagnie à l'homme, beaucoup d'adresse & d'agilité, étant susceptible d'éducation. Il chante en hiver dans les appartemens bien exposés ; il s'approprie le chant du serin qu'il imite parfaitement, s'apparie avec la femelle de celui-ci. L'espece de chardonneret prévaut toujours dans cet accouplement, parce que le mâle a plus d'ardeur

---

(a) *Linaria fringilla*, *avis papaverina*, la linotte.
(b) *Fringilla carduelis*, le chardonneret.

pour la ferine, que le mâle du ferin n'en a pouf
la femelle du chardonneret. Cet oifeau eft fi actif,
qu'il fe bat fouvent avec la femelle dans la cage,
& fait manquer la couvée. Les chardonnerets fe
nourriffent de graines ; ils aiment furtout celle du
chardon, dont ils portent le nom : ils mangent
encore des infectes, dont ils nourriffent leurs petits ; ils vivent jufqu'à vingt ans : les couleurs varient beaucoup dans l'efpece.

(a) Le ferin des Canaries, *lou canari*. Ce joli
oifeau, quoiqu'élevé parmi nous en des pays tempérés, où l'on ne fent prefque point les rigueurs de
l'hiver, n'eft point encore affez acclimaté, pour
être abandonné à lui-même pendant cette faifon.
Le climat des Îfles fortunées dont il eft originaire,
n'eft point auffi rude que le nôtre en hiver, les
ferins n'y manquent jamais d'alimens : on en voit
fort peu fur les côtes d'Afrique voifines des canaries, où les arbres font prefque toujours en feuilles, & où tous les fimples végetent continuellement. S'il nous en échappe quelqu'un de fa cage
en hiver, il y revient prefque toujours. Le ferin livré à lui-même en été pourroit s'accoutumer, &
trouver des alimens dans nos campagnes ; mais il
périroit en hiver. La domefticité où on le tient
toute fa vie, le rend peut-être infenfible à l'amour
de la liberté : il chérit fa prifon où il niche ; il
chante dix mois de l'année, apprend à fiffler des
airs, & s'apprivoife aifément.

(b) Le ferin vert de Provence, *lou cini*. Nous
avons deux efpeces de ferins, le *cini* & le *ventu-*

(a) *Fringilla canaria*, le ferin des Canaries.
(b) *Fringilla viridis noftras*, le ferin vert.

roun.

roun. La premiere espece est plus répandue ; la seconde ne se voit guere que le long des côtes maritimes. Le *cini* differe du *venturoun* par une couleur brune qui se trouve en ondes sur ses côtes; ses autres couleurs sont plus brillantes. Il vit long-tems en cage, & se plaît avec les chardonnerets : les femelles des serins, des chardonnerets se mê-lent avec les mâles de ces différens oiseaux, tout comme avec ceux des tarins, des pinçons ; tant ces especes se rapprochent entr'elles. C'est tou-jours le mâle qui agit le plus dans cette reproduc-tion. La race qui en provient n'est point stérile, mais donne des métis féconds qui produisent, entr'eux, ainsi qu'avec d'autres oiseaux dont les variétés peu-vent se mêler encore entr'elles. Tous ces différens individus n'auroient ils pas une origine commune qui se feroit multipliée de part & d'autre ? C'est ce que l'observation nous apprend tous les jours.

(*a*) Le tarin, *lou lucré*. Cet oiseau chantre se rapproche un peu du chardonneret, quoique plus petit : il a le ventre d'un jaune clair ; le dessus du corps moucheté de noir, sur un vert d'olive ; il se nourrit de graines, aime surtout celle de l'aune. Il se suspend aux branches des arbres par ses jam-bes ; on peut l'élever en cage, où il met en train les autres oiseaux par son ramage : il est docile, quoique vif; il niche dans les bois, où il cache son nid ; il est de passage, & s'apparie avec les serins.

(*b*) Le verdier, *lou verdier*, *lou verdoulet*, au-

(*a*) *Fringilla carduelis remigibus antrorsùm luteis*, Linnei, *lou lucré*, le tarin.

(*b*) *Fringilla loxia flavicans*. Linnei. *Lou verdier*, *lou verdoulet*.

Tome I.   K k

tre oifeau chantre qu'il ne faut pas confondre avec le bruant manquant de tubercule offeux à fon palais ; il paffe l'hiver dans les bois , où il vit de baies de genievre. La couleur verte de fon corps eft mêlée avec du gris brun ; il eft de paffage ; on peut le tenir en cage , où il chante beaucoup & paroît fort doux : il fe mêle avec plufieurs autres oifeaux & parcourt les campagnes en été. La femelle chante encore mieux que le mâle.

(a) Le bouvreuil pivoine , *gros quinfoun de la tefto negro*. Le bouvreuil eft couvert d'un joli plumage ; il chante & perfectionne fa voix par l'éducation , apprend à prononcer quelques mots , eft fufceptible d'attachement. Il prononce les premiers fons de fon chant fans ouvrir le bec ; la voix fort de fon gofier, ainfi qu'aux ventriloques : il fe tient dans les montagnes en été parmi les bois , fait fon nid qu'il attache aux buiffons : ce nid n'eft ouvert que d'un côté ; la femelle y pond cinq œufs tachetés de blanc & de violet. Ces oifeaux gorgent leurs petits , comme font les chardonnerets & les merles ; ils font toujours appariés & quittent les montagnes en hiver.

(b) Le pinçon, *lou quinfoun*, ainfi nommé, felon quelques-uns, par fon cri ; d'autres veulent que ce foit à caufe qu'il pince fortement la peau avec fon bec, lorfqu'on le tient. Les pinçons ne quittent point ces contrées en hiver ; on en voit arriver des troupes confidérables venant des pays feptentrionaux , où ils ne nichent point ; ils fe tiennent aux

---

(a) *Fringilla loxia artubus nigris , remigumque pofteriori-bus albis.* Linnei. Le Bouvreuil pivoine.
(b) *Fringilla amelea avis* , le pinçon , *lou quinfoun.*
Fringilla fufca crufta, flammea , le pinçon brun.

montagnes alpines en été , où ils font plus communément leur couvée. Dès que la neige couvre ces lieux, qu'ils ne trouvent plus de provisions , ils s'en retournent vers les côtes maritimes. Quelques naturalistes ont cru que les mâles feuls voyageoient ; ils ont été trompés par l'altération que le froid occasionne à leurs couleurs : les migrations des oiseaux font toujours relatives aux climats que la difette d'alimens les oblige à quitter. Les pinçons font vifs , alertes ; ils chantent fouvent dans les jardins , pendant les belles journées d'hiver ; ils aiment beaucoup la faîne du hêtre qu'ils trouvent aux montagnes. Le pinçon brun , le pinçon huppé varient en couleur : tous ces oiseaux font granivores.

(a) La méfange bleue, *lou guingarroun, ferro fino, la lardoire.* La famille des méfanges eft fort étendue , ces individus portent divers noms en différens endroits , au gré des chaffeurs & du peuple. Ils paroiffent foibles , parce qu'ils font petits ; mais ces oiseaux font vifs , agiles , & non moins courageux ; ils voltigent fans ceffe , fe fufpendent aux branches des arbres , fe nourriffent de graines qu'ils ne caffent point avec leur bec , mais qu'ils percent plutôt à plufieurs coups réitérés , en les tenant affujetties avec leurs pattes , de même que les noifettes , & les amandes. On voit beaucoup de méfanges en automne , en hiver , où elles quittent les bois ; elles mangent également des infeétes , & s'accommodent des petits oiseaux morts & vivans qu'elles peuvent faifir , leur percent le crâne , & leur mangent la cervelle ; ce qui leur arrive fouvent dans la voliere : cette cruauté qui n'eft pas relative au befoin , ne fait pas leur éloge.

(a) *Parus cæruleus.* Linnei. La méfange bleue.

Les méfanges pondent plufieurs œufs dans les troncs des arbres : quelques efpeces fufpendent leurs nids aux branches, & ne fe fervent dans leur conftruction que du duvet le plus fin, de racines, de fil de chanvre, de coton & de plumes : elles défendent leur couvée & en éloignent les autres oifeaux avec courage : elles vivent de bonne intelligence entr'elles, & on peut les élever en cage. Leur cri eft défagréable ; on leur apprend malgré cela à fiffler des airs. La méfange bleue fe laiffe prendre facilement ; le bleu de fon plumage eft remarquable à la partie fupérieure de fon corps & le jaune à l'inférieure ; le noir & le blanc relevent ces couleurs. La méfange bleue pince les boutons des arbres fruitiers & porte fouvent dans fon magafin tout le fruit, qu'elle détache adroitement d'avec fes graines : on la voit en tout tems aux montagnes ; elle fe plaît dans les bois ; la femelle eft plus petite que le mâle : les méfanges fe battent avec l'efpece charbonniere, & ne cohabitent point enfemble.

La méfange charbonniere, *lou farrallier.* Celle-ci a les mêmes mœurs que la méfange bleue : elle perce quelquefois le crâne aux jeunes oifeaux qu'elle peut faifir & fe repaît avidement de leur cervelle ; elle fe tient dans les bois, dans les vergers où le mâle chante toute l'année, furtout lorf-qu'il doit pleuvoir : ce chant reffemble au bruit que les ferruriers font entendre avec leur lime. On peut apprivoifer cet oifeau dont la femelle pond fept à huit œufs ; les petits s'envolent au bout de quinze jours, & vivent attroupés enfemble juf-qu'au tems de la ponte. Le ferrurier fe diftingue par un capuchon noir, qui defcend jufqu'à la moitié du cou ; il a les plumes de la queue & du ventre de couleur blanche. Le refte du corps jufqu'à la gorge eft en jaune, excepté le deffus qui eft d'un blanc jaunâtre.

La pendulino. On nomme ainfi cette efpece de méfange vers les bords du Rhône : ce n'eft point le remis de Pologne, *lou canari fauvagi* ; elle niche de part & d'autre le long de ce fleuve parmi les arbuftes : on lui donne encore le nom de *debaffairé* à caufe du tiffu de fon nid, qui imite à-peu-près celui des bas. Cette méfange ne fe voit gueres qu'aux bords du Rhône vers Tarafcon & Arles : elle eft remarquable par fa gorge rouge, dont le deffus eft blanchâtre, les couvertures des ailes font noirâtres ; les grandes pennes de même couleur font bordées de blanc ; fon bec eft noir, & fes pieds bruns; l'ongle poftérieur eft le plus fort & le plus aigu de tous : on lui a donné le nom de *pendulino* par la conftruction finguliere de fon nid qu'il attache à la bifurcation des branches flexibles du peuplier & du faule : ce nid affez grand eft fermé par-deffus, & couvert de duvet ; elle fe fert de la bourre du peuplier & du faule comme le remis de Pologne, & en couvre l'entrée par une efpece d'avant-toit ou rebord qui avance de plus de huit lignes ; fes petits font mis à l'abri par cette précaution : on peut voir le nid de cet oifeau dans le cabinet de quelques curieux à Salon, à Arles & en Languedoc ; il eft plus gros que celui du remis, avec lequel il ne faut pas confondre cette méfange, comme ont fait quelques-uns : le nid eft tiffu au moyen de différens duvets. *La (a) pendulino* fe tient parmi les

(a) Cet oifeau fe trouve encore en plufieurs endroits de la Crau ; on l'y nomme *pigra* ; fon nid qu'il attache aux branches du faule, reffemble de loin à un bonnet :

roſeaux & les joncs dans les marécages & les bas-fonds : quoique commune dans ces cantons, elle n'avoit point été décrite, comme il faut, avant M. de Buffon ; elle emploie encore plus d'art que le remis, dans la conſervation de ſa poſtérité. On obſerve encore d'autres eſpeces de méſanges, comme la méſange à miroir, à cauſe de ſes taches. Il y en a qui ont des taches bleues aux ailes ; d'autres au haut de la tête : cet oiſeau eſt fort multiplié.

Le moineau, *lou paſſeroun* ; celui-ci vit ſous nos toits & fuit les campagnes & les bois pour ſe tenir à portée de l'homme, profiter de ſes travaux, & ſe nourrir de ſes grains. Ses ruſes, ſa marche, ſes défiances ſont à portée d'un chacun. Il appelle les autres moineaux par ſes cris, lorſqu'il a découvert quelque grenier à blé pour lui aider à partager ſa bonne fortune : il guette la main du cultivateur, tandis qu'il ſeme pour manger le grain qui n'eſt pas couvert, va juſques à percer le jabot des petits pigeons dans leurs nids pour ſe nourrir des grains qu'il y trouve. Sa fécondité, ſa pétulance en amour s'oppoſent à ſa deſtruction ; il connoît l'art d'éluder les pieges qu'on lui tend : on met ſa tête à prix dans quelques villages d'Allemagne, où les payſans reçoivent une récompenſe du Bourgmeſtre pour chaque tête de moineau qu'ils lui portent. Croiroit-on que cet oiſeau ſi fin, ſi ruſé, eſt ſuſceptible de docilité & d'éducation ? qu'il ne pince plus avec ſon bec la main qui le nourrit, & ſemble

---

on y voit un trou à la partie ſupérieure ſurmonté d'un petit avant-toit ; il eſt compoſé des chatons des ſaules, & préſente un tiſſu difficile à rompre. M. Vidal, Docteur en Médecine à Martigues, a eu la bonté de m'envoyer un nid du *pigra.*

s'y attacher ? qu'il s'apprivoife aifément ? J'ai vu un moineau, élevé avec un chat fe jouer tous les jours enfemble, vivre en bonne intelligence, fe chercher lorfqu'ils ne fe voyoient plus, s'appeler par leurs cris, au point que le moineau s'étant caché un jour dans un trou inacceffible, il n'y eut que le miaulement du chat qui le fit revenir entre fes pattes dont il ne recevoit que des careffes, plutôt que des égratignures : tant l'art & l'induftrie corrigent quelquefois les mauvais naturels. (a)

Le friquet, efpece de moineau fauvage, *pafféroun de muraillo*. On peut le rapporter au moineau ordinaire ; il fe tient à la campagne, fréquente les bords des chemins, vole, marche mieux que celui-ci. Cet oifeau fait fon nid dans des trous près de terre : on le voit en petit nombre en été ; en hiver il fe rapproche davantage, & l'on en découvre fouvent plufieurs enfemble. Il ne fe mêle point avec les autres moineaux, vit de grains & d'infectes. On peut l'élever en cage, où il piaule & gazouille différemment que les autres moineaux : il a fon naturel plus fauvage. On trouvera tous ces différens oifeaux gravés dans la plupart des naturaliftes, tels que Briffon, Albin, & principalement dans M. de Buffon : je ferai mention de ceux qu'on obferve encore dans les différens cantons de la Provence, & principalement aux montagnes alpines.

(a) Les moineaux blancs, ainfi que les merles de cette couleur, font affez communs dans quelques endroits de la Province ; on en voit furtout dans les bois de Montagnac près de Riez. Les perfonnes qui les tiennent en cage, ont trouvé le moyen de leur faire changer de couleur en les plumant de tems en tems, & leur frottant la peau avec quelque liqueur fpiritueufe : c'eft ainfi qu'on voit des moineaux tout jaunes.

(*P. S.*) Si je me fuis un peu étendu , en parlant du climat de la ville d'Arles , fur les inconvénients des eaux ftagnantes & des marais qui l'avoifinent ; ç'a été plutôt pour indiquer les précautions qu'il faut employer afin de s'en garantir , que pour le décréditer : ce climat eft un des plus agréables & des plus rians que je connoiffe en Provence , attendu la riche végétation dont fes campagnes font couvertes. Les approches du Rhône dont les flots rapides donnent toujours un mouvement d'agitation à l'atmofphere & fon ciel ouvert , concourent à diffiper plus facilement les exhalaifons pernicieufes des marais ; je n'ai point obfervé dans les habitans d'Arles cette couleur pâle , cette efpece de bouffiffure que l'on voit communément dans ceux qui vivent près des lieux marécageux ; tous m'ont paru avoir les apparences d'une bonne fanté. M. Bouche , Avocat au Parlement d'Aix , petit neveu d'Honoré Bouche , Hiftorien de Provence , dit dans l'Hiftoire de Provence qu'il doit publier au premier jour : " Les mœurs des habi-
,, tans d'Arles font fort douces ; c'eft peut-être la
,, raifon pour laquelle on dit communément *Ar-*
,, *les en France.* Les femmes y ont la blancheur
,, éclatante des Gauloifes réunie aux graces & à
,, la beauté des Phocéennes. ,,

Fin du premier Volume.

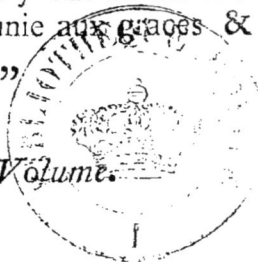

TABLE
DES CHAPITRES

Contenus dans ce premier Volume.

Fin de la Table des Chapitres.

ERRATA.

PAge 21 , ligne Iere. , fourdir , *lifez* fourdre partout où il y aura fourdir.

Page 23 , ligne 35 , près , *lifez* après.

Page 70 , ligne 17 , raifin doux , *lifez* raifin d'ours.

Page 71 , ligne 4 , M. Thouen , *lifez* M. Thouin.

Page 297 , ligne 8 , grandes houles , *lifez* grandoules.

Page 299 , ligne 31 , les Efpagnols ils laiffent , *lifez* les Efpagnols laiffent.

Page 554 , ligne 22 , *afelipica* , lifez *afclepica*.

Page 358 , note (*b*) ligne 3 , *torminata* , lifez *terminata*.

Page 369 , ligne 25 , fygenefie , *lifez* fyngenefie.

Page 465 , note (*b*) *anus* , lifez *alnus*.

Page 490 , ligne 11 , de Chines , *lifez* de chênes.

p. 152 retour de Brignoly à aix par le Var — lisez le Val. le Val est un fleuve, le Val est un village à une lieue de Brignoles.

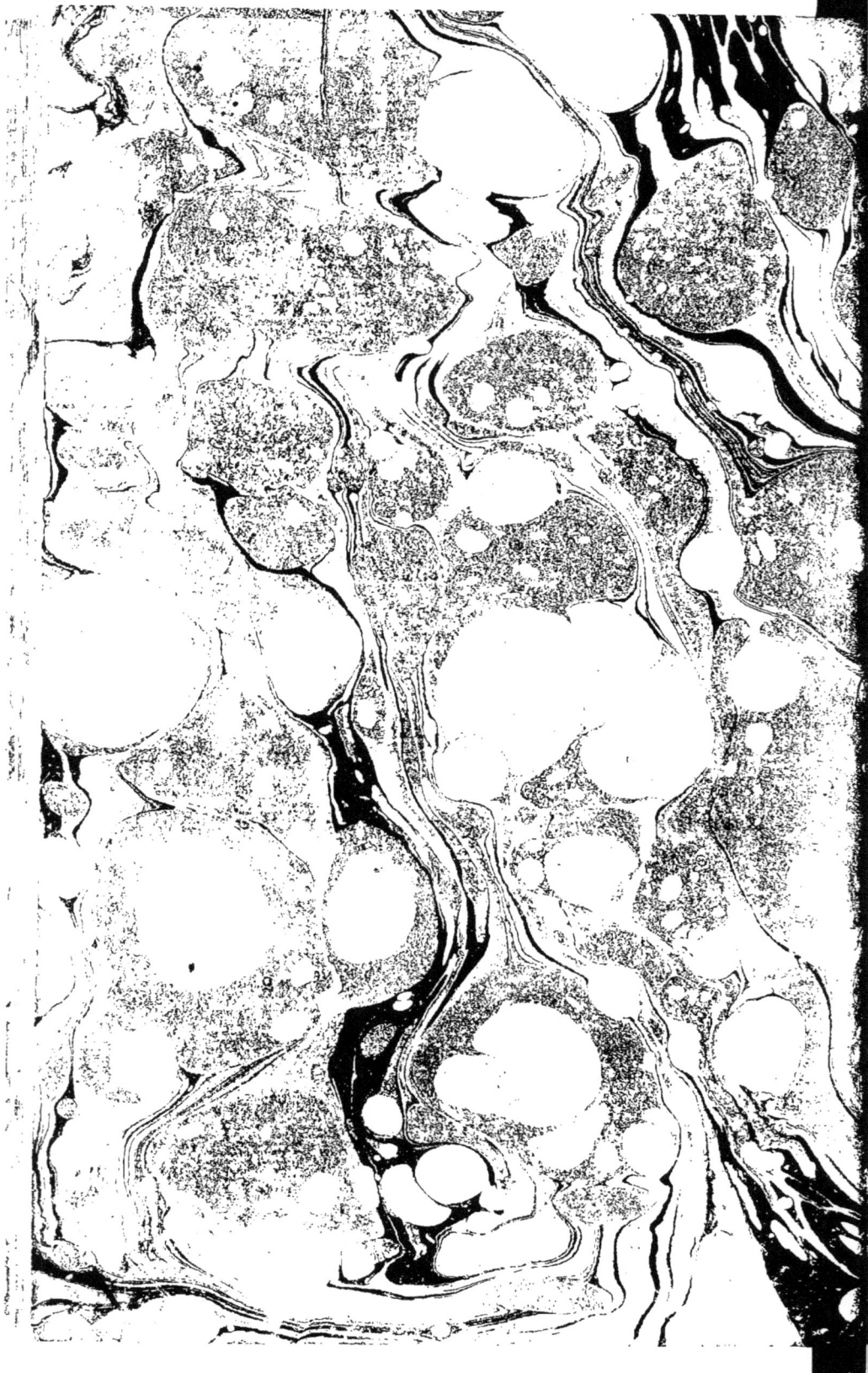

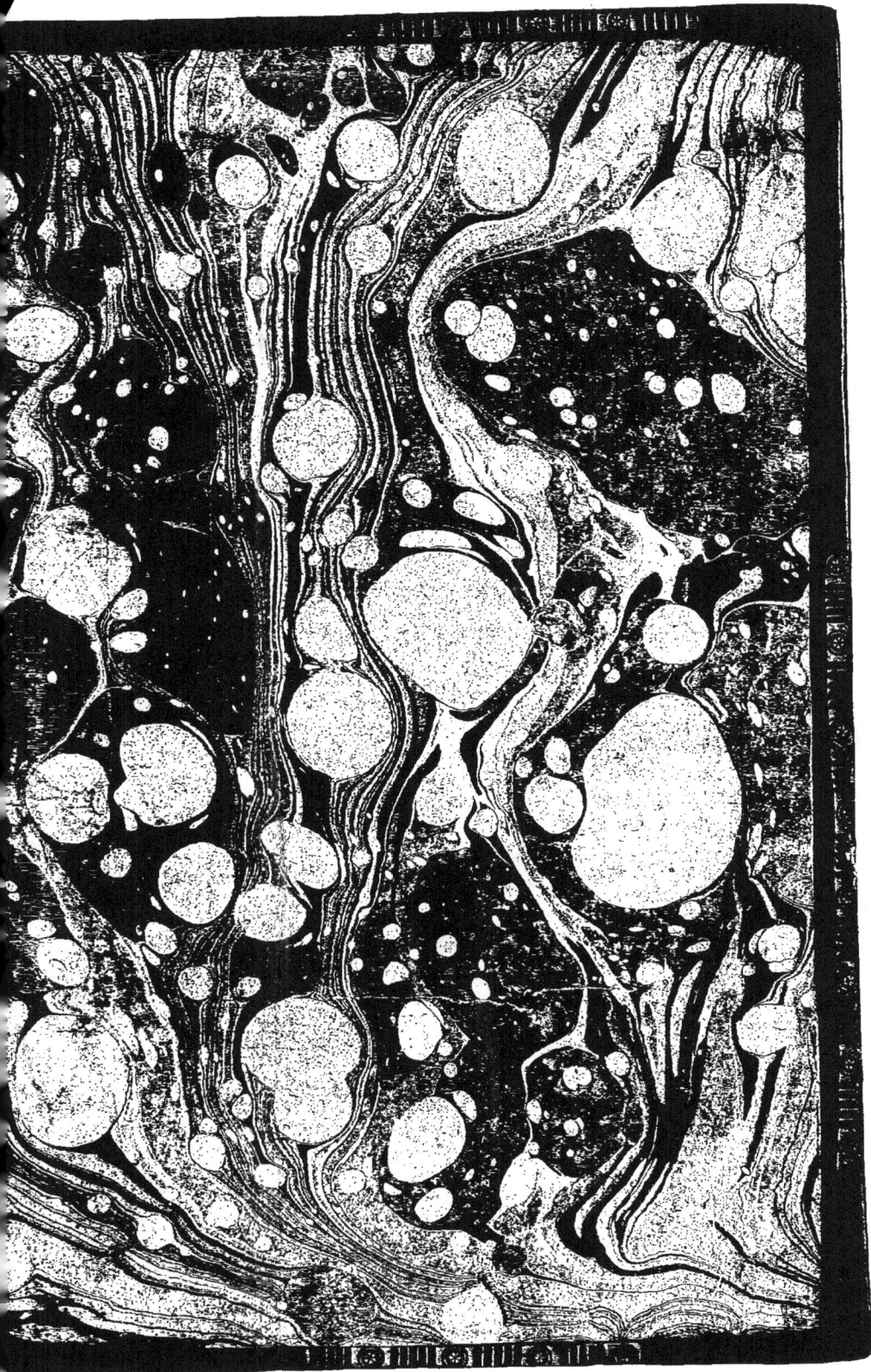